STARK

PRÜFUNGSWISSEN

Geographie Oberstufe

Rainer Koch (Hrsg.)

STARK

Geographie: Wissenschaft von der Erforschung der Landes- und Meeresteile der Erde. Die Geographie gilt als eine der wenigen teilwissenschaftsübergreifenden und synthetisierenden Wissenschaften. Sie vereint die einzelnen Disziplinen der Geowissenschaften und projiziert diese in ihren Wirkungen auf den Raum (z. B. die Erde, einen Kontinent, einen Staat, eine Naturlandschaft, eine Kulturlandschaft, einen kleineren Teilraum wie etwa ein Stadtviertel).
Die Geographie lässt sich unterteilen in die **Physische Geographie** (Naturgeographie) und die **Anthropogeographie** (Humangeographie).

ISBN 978-3-86668-804-9

Inhalt

Autoren

ELISABETH DE LANGE: Bevölkerungsgeographie – Tragfähigkeit der Erde; Mobilität – Migration, Pendlerwesen, Tourismus (Kap. 1, 2)

DR. JOSEF EẞER: Landschaftsökologische Systeme zwischen Zerstörung und Bewahrung; Industrie – Zwischen Handwerksbetrieb und virtueller Fabrik; Der weltweite Tertiärisierungsprozess; Mobilität – Migration, Pendlerwesen, Tourismus (Kap. 3)

RAINER KOCH: Herausgeber und Autor folgender Kapitel: Siedlungsgeographie – Leben in der Stadt und auf dem Land; Weltwirtschaft vor dem Hintergrund der Globalisierung; Unterschiedliche Entwicklung in der Einen Welt

DR. ANKE PHILIPP: Ressourcen – (gefährdete) Basis für Leben und Wirtschaften; Landwirtschaft – Raumnutzung und Raumprägung (Kap. 2, 3, 4)

EDUARD SPIELBAUER: Geomorphologie – Formen und formbildende Prozesse; Klimageographie – Die komplexe Dynamik der Atmosphäre; Landwirtschaft – Raumnutzung und Raumprägung (Kap. 1)

Vorwort

Liebe Schülerin, lieber Schüler,

mit diesem Band **Prüfungswissen Geographie Oberstufe** halten Sie eine wertvolle Unterstützung für Ihre Vorbereitung auf Unterricht, Klausuren sowie auf die mündliche und schriftliche Abiturprüfung in Händen.

- Die klare **Gliederung in 12 Hauptkapitel** erleichtert Ihnen das systematische Lernen wichtiger geographischer Inhalte der Oberstufe.
- Eine **Foto-Einstiegsseite** führt Sie mithilfe von jeweils drei Fotos anschaulich in das jeweilige Themen- und Sachgebiet ein.
- Die anschließenden **Darstellungen** fassen alle wesentlichen Aspekte und Erkenntnisse in fachangemessener Form verständlich zusammen. **Querverweise** am Rand auf andere Kapitel erlauben es Ihnen, die notwendigen sachlichen Zusammenhänge über das jeweilige Kapitel hinaus schnell herzustellen.
- Eine ähnliche Funktion hat das **Register** am Ende des Buches, mit dessen Hilfe Sie Aussagen zu einzelnen Fachbegriffen oder zu geographischen Sachverhalten zielsicher auffinden können.
- In **Info-Kästen** werden an mehreren Stellen besonders wichtige Aspekte hervorgehoben; ansonsten sind Fachbegriffe und Hauptaussagen durch blaue Schriftfarbe gekennzeichnet.
- Zugeordnete **Definitionen am Rand** erlauben Ihnen eine schnelle Vertiefung und Absicherung Ihrer Fachbegriffs-Kenntnisse.
- Ein wesentliches Gestaltungs- und Hilfsmittel zur Unterstützung Ihres geographischen Verständnisses sowie zur Absicherung der Wissensaufnahme sind die **vielfältigen fachspezifischen Materialien** auf jeder Doppelseite (Karten, Grafiken, Tabellen, Schemata, Skizzen, Bilder, Modelle, Karikaturen). Diese sind an die Aussage des jeweiligen Textes inhaltlich angebunden.
- **Zusammenfassungen** am Ende jedes der zwölf Hauptkapitel ermöglichen eine schnelle Überprüfung des Gelernten im Sinne einer Checkliste.

Herausgeber und Autorenteam sind sicher, dass Sie sich mit diesem Prüfungsband selbstständig und erfolgreich auf Unterricht und Prüfungen vorbereiten können.

Wir wünschen Ihnen dabei viel Erfolg!

Geomorphologie – Formen und formbildende Prozesse

1 Endogene Kräfte

1.1 Aufbau der Erde

Die Erde setzt sich aus mehreren **Schalen** zusammen: **Erdkruste**, **Erdmantel** und **Erdkern**, die sich nach Dichte, Temperatur und Hauptbestandteilen unterscheiden. So besteht die Erdkruste im Bereich der Ozeane hauptsächlich aus dem relativ leichten Silizium und Magnesium, während schwere Materialien wie Eisen und Nickel aufgrund der Schwerkraft in den Erdkern abgesunken sind. Aus dem Verhältnis von Dichte und Temperatur ergibt sich, ob bestimmte Bereiche fest oder zähflüssig sind. Dichte und Temperatur nehmen mit zunehmender Tiefe zu, allerdings nicht kontinuierlich. Dies führt z. B. dazu, dass Erdbebenwellen im Bereich von **Diskontinuitäten** ihre Richtung und Geschwindigkeit ändern, ähnlich wie Lichtstrahlen, die auf die Wasseroberfläche treffen. Aus der Messung dieser Veränderungen lassen sich u. a. Rückschlüsse auf den Aufbau der Erde ziehen:

Diskontinuitäten (in der Geologie): Grenzbereiche, an denen unterschiedlich dichte Schalen aufeinandertreffen

Die Erdkruste

Sie ist unter den Ozeanen zum Teil nur 6 km, unter Gebirgsstöcken der Kontinente bis über 60 km mächtig; ähnlich wie bei einem Eisberg befindet sich der größte Teil der Masse unter der Oberfläche. Je höher ein Gebirge ist, desto weiter reicht die Erdkruste auch unter dem Gebirge in die Tiefe. Sie bildet zusammen mit dem festen obersten Teil des Erdmantels die bis zu 200 km dicke **Lithosphäre**. Diese besteht aus verschiedenen Platten (z. B. Eurasische, Afrikanische etc.; vgl. Karte auf vorderer Umschlaginnenseite), die sich in verschiedenen Richtungen zueinander bewegen (vgl. Tabelle S. 4).

Der Erdmantel

→ **Plattentektonik:** vgl. S. 4 f. und Karte auf vorderer Umschlaginnenseite

Die Lithosphärenplatten schwimmen auf der **Asthenosphäre**, dem zähflüssigen Teil des oberen Erdmantels. Dieser reicht bis in ca. 700 km Tiefe. Die in der Asthenosphäre auftretenden **Konvektionsströme** versetzen die auf ihnen schwimmenden Lithosphärenplatten in Bewegung **(Plattentektonik)**.

Konvektionsströme entstehen, wenn heißes **Magma** aus dem Erdinnern aufsteigt, an der Unterseite der kühleren Lithosphäre abkühlt und daraufhin wieder absinkt. In der Tiefe nimmt die Temperatur des Magmas

Magma: silikatische, glutflüssige Gesteinsschmelze aus dem oberen Bereich des Erdmantels; an die Oberfläche gelangt, wird es als **Lava** bezeichnet erneut zu und es beginnt wieder aufzusteigen, wodurch der Kreislauf der Konvektionsströme geschlossen wird. Der untere Mantel bis in eine Tiefe von ca. 2 900 km ist fest.

Der Erdkern

Während der **innere Erdkern** bis zum Erdmittelpunkt in 6 370 km Tiefe fest ist, ist der **äußere Erdkern** zwischen 2 900 und 5 100 km Tiefe zähflüssig. Die in diesem Teil auftretenden eisenreichen Konvektionsströme sind vermutlich für das Entstehen des **Erdmagnetfelds** mitverantwortlich. Die Wirkungsweise entspricht der eines Elektromagneten.
Da sich aber sowohl der Verlauf der Konvektionsströme im Laufe der Zeit ändern kann als auch die Rotation der Erde um ihre Achse Schwankungen unterliegt, wandern die magnetischen Pole bzw. es kann gar zu einer Umpolung des Erdmagnetfelds kommen.

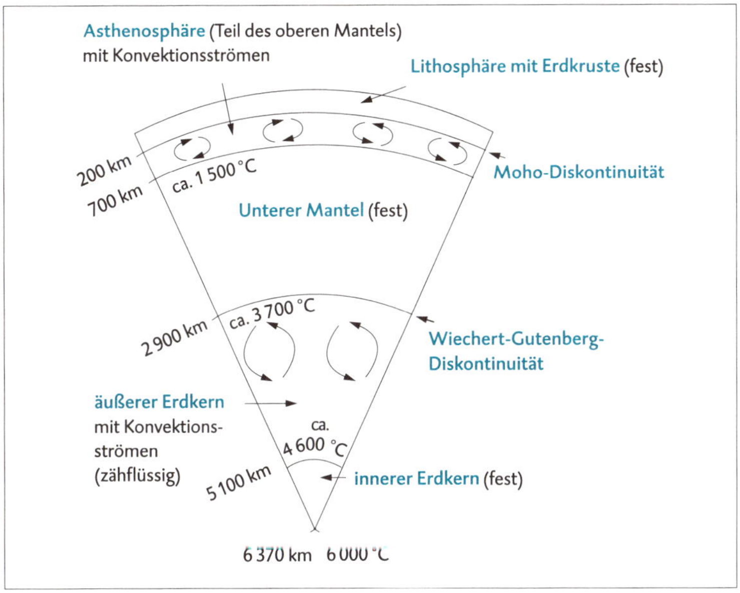

Der Aufbau der Erde

Moho-Diskontinuität (nach ihrem Entdecker auch Mohorovičić-Diskontinuität genannt): Grenze zwischen Erdkruste und Erdmantel

Wiechert-Gutenberg-Diskontinuität (auch: Kern-Mantel-Grenze): Grenze zwischen Erdmantel und Erdkern; benannt nach den deutschen Geophysikern E. WIECHERT und B. GUTENBERG

1.2 Plattentektonik

Platten: Bruchstücke der festen Erdkruste und Lithosphäre

endogen: Kräfte, Vorgänge, Substanzen im bzw. aus dem Erdinneren

Die Theorie der Plattentektonik beschreibt die Bewegung von **Platten**, die durch die Konvektionsströmungen in der Asthenosphäre verschoben werden. Diese aus dem Erdinneren wirkenden Kräfte werden als **endogene Kräfte** bezeichnet.

Die ozeanische Kruste, auch **Sima** (Hauptbestandteile: Silizium und Magnesium) genannt, ist schwerer als die kontinentale Kruste (**Sial:** Silizium und Aluminium). Es gibt verschiedene **Plattengrenzen**, je nachdem, wie sich die Platten zueinander bewegen, mit damit einhergehenden unterschiedlichen Oberflächenformen und Begleiterscheinungen:

Divergent (= konstruktive Plattenränder) ← →		Konvergent (= destruktive Plattenränder) → ←		Transformbewegungen ↓↑	
Ozean (**Seafloor-spreading**)	Kontinent	Kontinent-Kontinent-Kollision	Ozean-Kontinent-**Subduktion**	Ozean-Ozean-**Subduktion**	**Horizontalverschiebung**, z. B. Ozean-Kontinent
Ozeanische Rücken, effusiver Vulkanismus, Vulkaninseln, Black Smoker	Grabenbruch, Verwerfung, Erdbeben, Vulkanismus	Gebirgsbildung, Hebung, Faltung, Bruchtektonik, Erdbeben	Gebirgsbildung, Tiefseegräben, explosiver Vulkanismus, Erdbeben	Tiefseegräben, Inselketten, Vulkanismus, Erdbeben, Tsunamis	Verwerfung, Bruchspalten, Erdbeben
Mittelatlantischer Rücken	Oberrheingraben, Gr. Afrikanischer Grabenbruch	Himalaja, Alpen	Anden, Atacamagraben	Marianengraben, Philippinen	San-Andreas-Verwerfung

Die wichtigsten tektonischen Bewegungen, damit einhergehende Begleiterscheinungen und Oberflächenformen

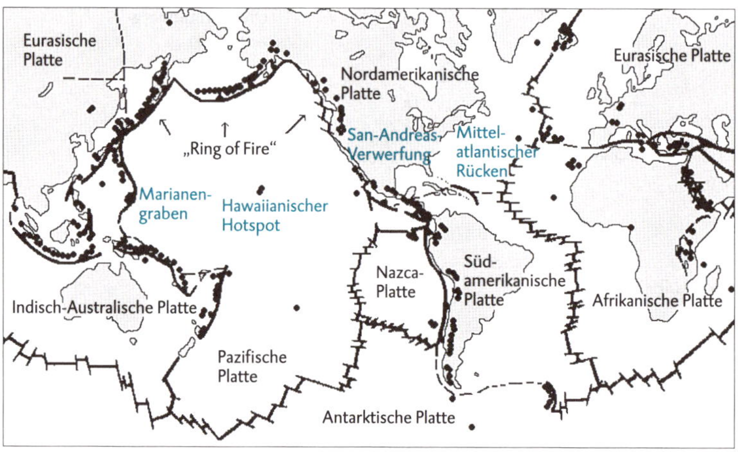

Plattentektonik und aktive Vulkane entlang des pazifischen Feuerrings (sog. „Ring of Fire“)

Subduktion (Ozean–Kontinent)

Die schwerere ozeanische Platte taucht unter die leichtere kontinentale Platte, die dabei gestaucht wird. In der Tiefe wird die ozeanische Kruste aufgeschmolzen. Das aufgeschmolzene Gestein steigt durch Risse in der kontinentalen Platte auf und bildet Vulkane.

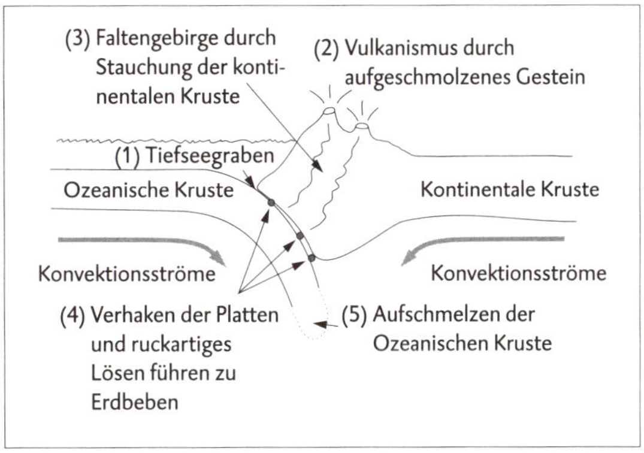

Ozean-Kontinent-Subduktion

Seafloorspreading (Ozean–Ozean)

Die auseinanderdriftenden ozeanischen Platten verursachen einen Riss in der Erdkruste, der das Aufsteigen von Magma ermöglicht. Das Magma erkaltet im Wasser sehr rasch und bildet ozeanische Rücken bzw. Vulkaninseln.

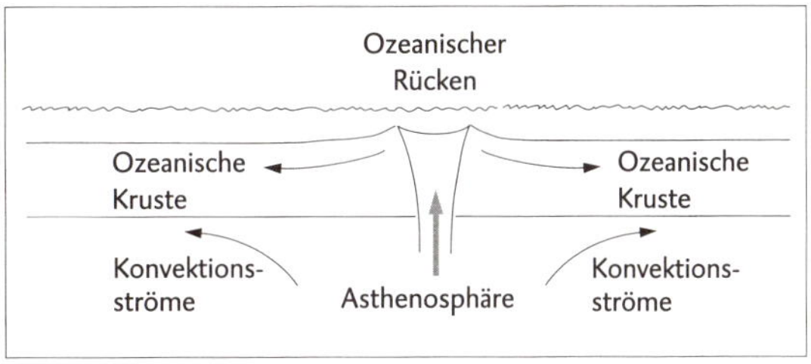

Seafloorspreading

Faltengebirge (Kontinent–Kontinent)

Da beide kontinentalen Platten relativ leicht sind, erfolgt keine Subduktion mit anschließendem Aufschmelzen einer Platte, selbst wenn eine der Platten sich unter die andere schiebt. Stattdessen werden beide gestaucht, gefaltet und emporgehoben. Erdbeben treten häufig auf, aber es gibt keinen Vulkanismus. Alpen und Himalaja sind auf diese Weise entstanden.

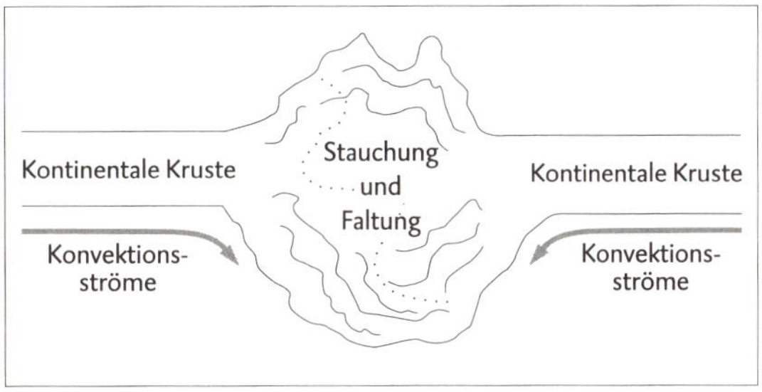

Kontinent-Kontinent-Kollision

Hotspots

Hotspots treten meist nicht an Plattengrenzen auf (Ausnahme: z. B. Island). Ursache für ihre Entstehung sind jedoch Ströme im Erdinnern, genauer ein im Bereich des Erdmantels aufsteigender, heißer Strom, der sich ähnlich einem Schneidbrenner durch die Erdkruste „fräst". Weil der Hotspot stationär ist, die Platte sich aber über ihn hinwegbewegt, entstehen **Inselketten**, deren jüngster Bereich vulkanisch aktiv ist, z. B. Hawaii.

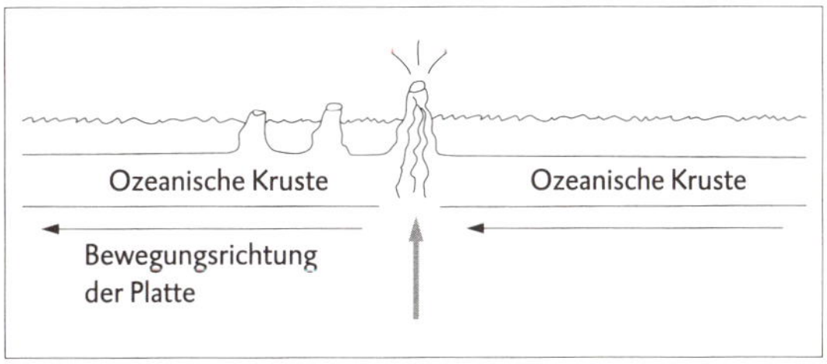

Hotspot

1.3 Vulkanismus, Erdbeben und Tsunamis

Die geologischen Prozesse der Plattentektonik laufen in Zeiträumen von Millionen von Jahren weitgehend unbemerkt ab. Lediglich die für den Menschen so gefährlichen Vulkanausbrüche, Erdbeben und Tsunamis zeigen, welche Kräfte im Erdinneren am Werk sind.

Vulkanismus

Vulkane entstehen, wenn **Magma** an Schwächezonen der Lithosphäre aufsteigt. Dabei können in Abhängigkeit von der Zusammensetzung des Magmas unterschiedliche Arten von Vulkanen entstehen.

Ist die austretende **Lava** basisch, d. h. enthält sie nur einen geringen Gasanteil und wenig Siliziumdioxid (SiO_2), spricht man von **effusivem Vulkanismus**. Die Lava fließt hierbei in der Regel ruhig aus. Geschieht dies bei hohen Temperaturen und hoher Fließgeschwindigkeit, bilden sich breite **Schildvulkane** (z. B. Mauna Loa/Hawaii) mit nur gering geneigten Flanken.

Caldera: weiträumige, kesselförmige Hohlform an Vulkangipfeln; entsteht entweder durch Wegsprengen der gesamten Gipfelregion (Explosionscaldera) oder durch nachträglichen Einsturz (Einsturzcaldera)

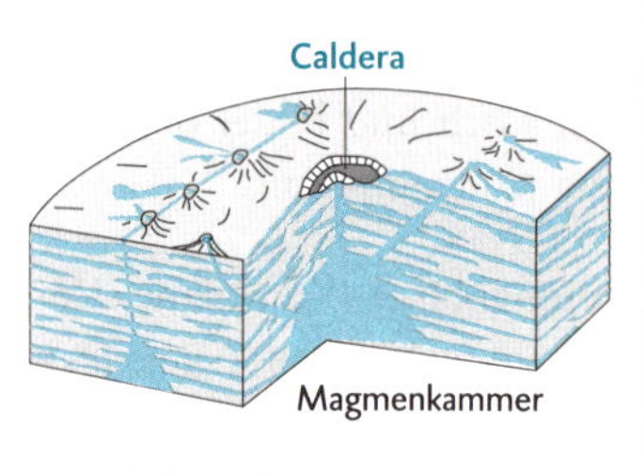

Schnitt durch einen typischen Schildvulkan

Tritt saure, dickflüssige Lava mit hohem Gasanteil und viel SiO_2 aus, handelt es sich um **explosiven Vulkanismus**. Durch wechselnde Ablagerung von Lava und Asche entstehen dabei kegelförmige **Schichtvulkane** (z. B. Vesuv). Sie können lange ruhen, ehe es zu neuen Ausbrüchen kommt. Sehr gefährlich sind dabei die **pyroklastischen Ströme**, denen z. B. das antike Pompeji zum Opfer fiel.

pyroklastische Ströme: Feststoff-Gas-Gemenge aus Gas und Asche, die sich mit Geschwindigkeiten bis zu 400 km/h den Hang hinab bewegen; dabei pulverisieren sie alles, was ihnen im Weg steht, da in ihrem Inneren Temperaturen von 300 – 800 °C herrschen

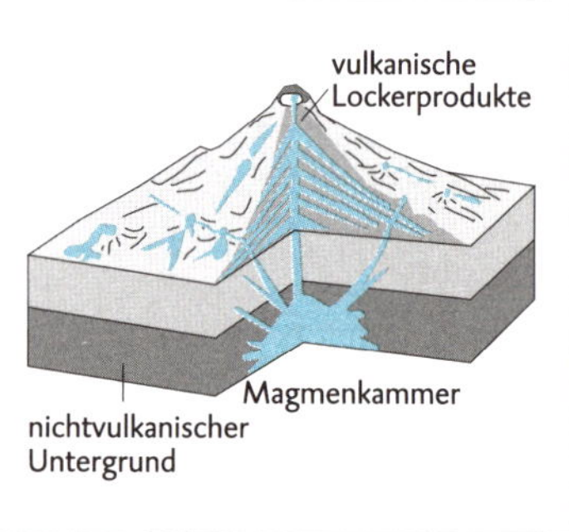

Schnitt durch einen typischen Schichtvulkan

Erdbeben

Erdbeben entstehen, wenn sich Spannungen, die sich am **Hypozentrum** aufgebaut haben, plötzlich entladen. Sie treten überwiegend an Plattengrenzen auf, weil sich Platten häufig verhaken, wenn sie aneinander reiben. Als Folge der Beben können sich die Platten ruckartig bis zu mehrere Meter horizontal oder vertikal verschieben.

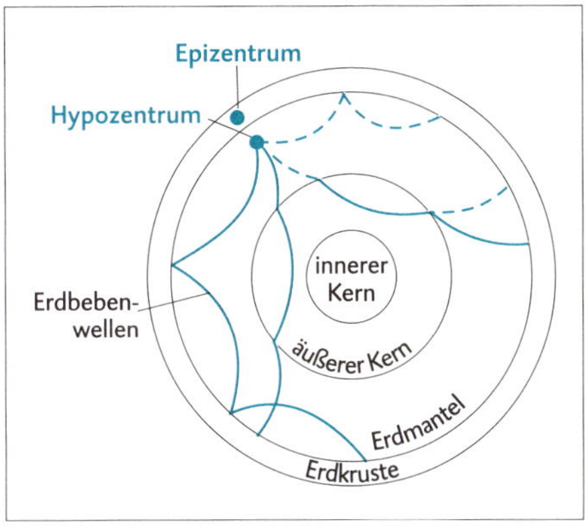

Erdbebenzentren und -wellen

Hypozentrum: eigentlicher Erdbebenherd in der Lithosphäre, von dem die Erschütterungen ausgehen

Epizentrum: liegt direkt senkrecht über dem Hypozentrum; hier treten die größten Schäden auf

Mercalli-Skala		charakteristische Effekte	Richter-Skala
I	messbar	nur mit Seismographen messbar	3,5–4,2
II	schwach	von empfindlichen Menschen wahrnehmbar	
III	gering	vergleichbar mit Vibrationen von Lkws; wahrnehmbar von ruhenden Menschen, besonders in höheren Stockwerken	
IV	mittel	wahrnehmbar von gehenden Menschen, auch stehende Gegenstände wackeln	4,3–4,8
V	ziemlich stark	allgemein wahrnehmbar, Erwachen der meisten Schlafenden, Glocken läuten	
VI	stark	Bäume schwanken und alles Hängende schwingt, Herunterfallen von einzelnen Dingen	4,9–5,4
VII	sehr stark	allgemeiner Alarm, Mauern brechen, Putz fällt ab	5,5–6,6
VIII	zerstörerisch	Autofahrer werden stark behindert, Schornsteine kippen, schlechte Bausubstanz wird beschädigt	6,7–6,9
IX	vernichtend	Einsturz von Häusern, Erdspalten brechen auf	7–7,3
X	verheerend	große Erdspalten, viele Gebäude zerstört, Eisenbahnlinien werden unterbrochen, Erdrutsche an steilen Hängen	
XI	sehr verheerend	nur wenige Gebäude stehen noch, Brücken sind zerstört, alle Verbindungen unterbrochen, Erdrutsche und Überflutungen	7,4–8,1
XII	katastrophal	völlige Zerstörung, Erdboden steigt und sinkt in Wellen	über 8,1; bekanntes Maximum: 8,9

Erdbebenskalen mit ungefähr vergleichbaren Werten

Mercalli-Skala: Skala zur Bestimmung der Erdbebenstärke; beschreibt die Stärke der Beben in ihren Auswirkungen

Richter-Skala: Skala zur Bestimmung der Erdbebenstärke; gibt die Amplituden der Energiefreisetzung der Erdbebenwellen an; logarithmisch aufgebaut

Durch die Erschütterung werden Materieteilchen in Schwingung versetzt und es bilden sich **seismische Wellen** (Erdbebenwellen), die sich sowohl an der Oberfläche als auch im Erdinneren ausbreiten. Mithilfe von **Seismographen** lassen sie sich messen und so die Stärke des Bebens bestimmen.

Seismograph: Messgerät, das die Stärke, Art und Herkunftsrichtung von Erdbebenwellen misst

Die Forschung kann bisher zwar vorhersagen, mit welcher statistischen Wahrscheinlichkeit in einem Gebiet ein Erdbeben einer bestimmten Stärke auftreten wird, aber nicht den exakten Zeitpunkt und Ort.

Tsunamis

Tsunami (jap.): „Hafenwelle"; Bezeichnung geht zurück auf Beobachtungen von japanischen Fischern, die während ihrer Arbeit auf hoher See keine größeren Wellen bemerkt hatten, bei der Rückkehr in den Heimathafen jedoch ihre Dörfer und Felder von Riesenwellen verwüstet vorfanden

Tsunamis treten auf, wenn Wasser im Ozean durch ein plötzliches Ereignis verdrängt wird. Meist geschieht dies als Folge von Seebeben, wenn sich eine Lithosphärenplatte ruckartig nach oben oder unten bewegt. Tsunamis können aber auch durch Erdrutsche, Meteoriteneinschläge oder Vulkanausbrüche hervorgerufen werden. Sie breiten sich vom Epizentrum in alle Richtungen aus und es können auch mehrere Wellen aufeinanderfolgen, abhängig von der Zahl der Erschütterungen.
Im offenen Ozean weisen diese Wellen an der Oberfläche nur eine geringe Höhe (Amplitude) auf, weil sie bis zum Meeresboden schwingen. Sie breiten sich aber mit einer Geschwindigkeit von mehreren Hundert Kilometern pro Stunde aus. Grundsätzlich gilt: Je tiefer das Meer ist, desto schneller, aber auch niedriger sind die Wellen; je flacher das Meer, desto langsamer, aber auch höher die Wellen. Aus diesem Grund treten die größten Schäden in flachen Buchten auf, wo die Tsunamiwellen bis über 30 m hoch werden können, nicht aber an Steilküsten.
Tsunamis können mithilfe eines Warnsystems, das aus Drucksensoren am Meeresboden und Bojen an der Meeresoberfläche besteht, die die Daten weiterleiten, vorhergesagt werden. Fehlt ein solches System, gibt es häufig Fehlalarme, da Seismographen nur die Seebeben messen können, nicht aber, ob die Platten sich so bewegen, dass Wasser verdrängt wird.

Entstehung und Ausbreitung eines Tsunamis

2 Exogene Kräfte

2.1 Verwitterung

An der Erdoberfläche wirken die **exogenen Kräfte**. Sie verändern die durch die endogenen Kräfte des Erdinneren verursachten Reliefformen. Zunächst zermürbt und zerkleinert die **Verwitterung** das Gestein. Dabei unterscheidet man zwei verschiedene Arten von Verwitterung:

exogen: von außen kommend; äußere; im Äußeren erzeugt

Physikalische Verwitterung

Sie zerbricht Gestein mechanisch in kleinere Stücke, z. B.

- durch Abschuppung infolge von Temperaturschwankungen an der Gesteinsoberfläche **(Insolationsverwitterung)**;
- durch **Frostsprengung**, wenn in Gesteinsritzen eingedrungenes Wasser zu Eis gefriert und sich dabei ausdehnt;
- durch **Salzsprengung**, wenn Salzkristalle nach Verdunstung des Wassers auskristallisieren und dabei ihr Volumen vergrößern;
- durch Wurzeln, die das Gestein sprengen **(Wurzelsprengung)**.

Chemische Verwitterung

Während die physikalische Verwitterung in den Trockengebieten, z. B. in Wüsten, und in den kalten Breiten dominiert, benötigt die chemische Verwitterung hohe Temperaturen und Wasser. Deshalb tritt sie verstärkt in den feuchten Tropen auf.

- **Lösungsverwitterung** beruht auf der Wasserlöslichkeit bestimmter Gesteine wie Kalkstein oder Gips. Kalklösungsverwitterung wird durch im Wasser gelöstes CO_2 verstärkt und kann auch zur Entstehung von unterirdischen Hohlformen, z. B. Tropfsteinhöhlen, führen. Durch Ausfällen des Kalks kommt es zur **Sinter**bildung (z. B. Tropfsteine). Die **Kalklösungsformel** lautet:
  $CaCO_3 + H_2O + CO_2 \longrightarrow Ca^{2+} + 2\,HCO_3^-$
- **Oxidationsverwitterung** findet statt, wenn durch Einbindung von Sauerstoff an der Gesteinsoberfläche neue Verbindungen entstehen. Bei der Verbindung von Sauerstoff mit Eisenmineralien entsteht z. B. Rost.
- Als **Hydratationsverwitterung** bezeichnet man die Anlagerung von Wassermolekülen an den Außenionen eines Kristallgitters. Dadurch wird die Gitterfestigkeit geschwächt und das Mineral zerfällt.

Sinter: entstehen, wenn in Wasser gelöste Mineralien abgeschieden werden. Kalk fällt aus und bildet Ablagerungen, wenn der CO_2-Gehalt des Wassers abnimmt. CO_2 entweicht z. B. bei verringertem Druck und/oder erhöhter Temperatur, etwa in Höhlen oder an den Stufen von Wasserfällen

2.2 Erosion und Akkumulation

Die durch die Verwitterung entstandenen Gesteinsbruchstücke werden durch Wasser, Wind, Eis und die Schwerkraft abgetragen und beim Weitertransport weiter zerkleinert. Dabei verstärken die mitgeführten Bruchstücke die **erosive**, d. h. abtragende Kraft ihres Transportmediums und es kommt unter anderem zu Wasser- und Winderosion.

V. a. im deutschen Sprachgebrauch gilt allgemein folgende Differenzierung: **Erosion:** die durch fließendes Wasser hervorgerufene (fluviatile) lineare Erosion; **Denudation:** flächenhaft wirkende Erosion

Erosion bezeichnet allgemein die Abtragung an der Erdoberfläche durch exogene geomorphologische Vorgänge. Nimmt die Fließgeschwindigkeit des Wassers oder Windes ab, wird das mitgeführte Material abgelagert. Dies bezeichnet man als **Akkumulation** bzw. **Sedimentation**. Erosion und Akkumulation gestalten zusammen das Relief der Erdoberfläche um, wobei man folgende Prozesse unterscheiden kann:

Massenbewegungen

Durch die **Schwerkraft** ausgelöste Bewegungen in steilem Gelände, die durch Vernässung des Untergrundes und Abholzung verstärkt werden: Muren, Bergstürze, Erdrutsche. Als **Solifluktion** (Bodenfließen) bezeichnet man das Abgleiten der obersten, wasserdurchtränkten Bodenschicht an Hängen.

Glaziale Überformung

Während der **Eiszeiten** – die letzte endete vor 10 000 Jahren – bildeten sich riesige Gletscher und Eispanzer, deren Wirken deutliche Spuren im Landschaftsbild hinterlassen hat. Aufgrund ihrer gewaltigen Masse und mithilfe des **Geschiebes** (Gesteinsschutt unter dem Gletscher) schufen sie mächtige U-förmige **Trogtäler** im Gebirge sowie Seen- und **Moränen**landschaften im Gebirgsvorland. Dazu gehören v. a.:

Moräne: unsortiertes Gesteinsmaterial, das vom Gletscher mitgeführt oder abgelagert wird

- **Endmoränen:** Geschiebe aus Lehm und Gestein, das der Gletscher vor sich her- und zu Wällen aufgeschoben hat;
- **Grundmoränen:** Geschiebe und Lockermaterial, die nach dem Abschmelzen des Gletschers ein Relief aus kleinen Hügeln und flachen Seen hinterlassen; besonders tief eingeschnittene Senken, welche die Gletscherzunge ausgeschabt hat, werden zu **Zungenbeckenseen**;
- **Sander-/Schotterflächen:** durch Schmelzwasser abtransportiertes und im Vorfeld der Gletscher abgelagertes, kleingemahlenes Gestein.

info

Glaziale Serie

Als **glaziale Serie** bezeichnet man die typische Abfolge von Grundmoränenlandschaft, Endmoränenwällen, trichterförmigen Trompetentälern, Sandern (Norddeutschland) oder Schotterflächen (Süddeutschland) und dem Urstromtal.

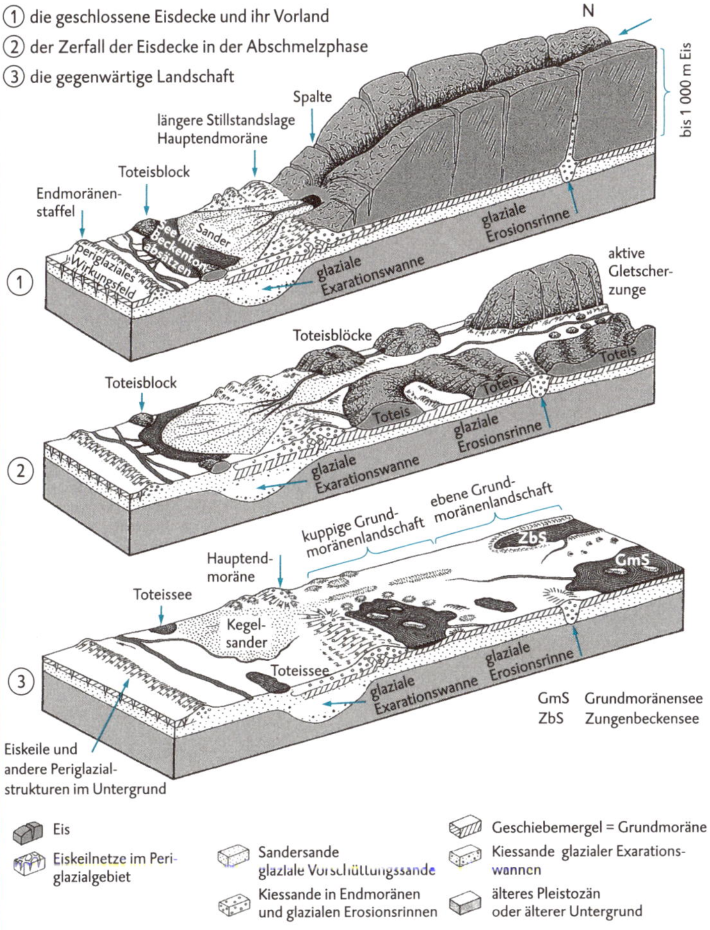

Exaration: Prozess der Ausschürfung von Gestein durch Gletscher

Periglazial: im Eis- bzw. Gletscherumland gebildet

Fluviatile Prozesse

Durch fließendes Wasser bedingte **fluviatile Prozesse** können sowohl zu Erosion als auch zu Akkumulation führen. Grundsätzlich gilt: Je größer das Gefälle und damit die Fließgeschwindigkeit eines Flusses ist, desto stärker wirken erodierende Kräfte; je geringer das Gefälle ist und damit die Fließgeschwindigkeit, desto mehr des im Oberlaufes erodierten Materials wird abgelagert. Entsprechend dieser Grundregel entstehen die in der folgenden Grafik dargestellten Talformen. Die Nummern 1–3 sind typisch für den Oberlauf, die Nummern 4–6 für den Mittellauf und 7–9 für den Unterlauf eines Flusses.

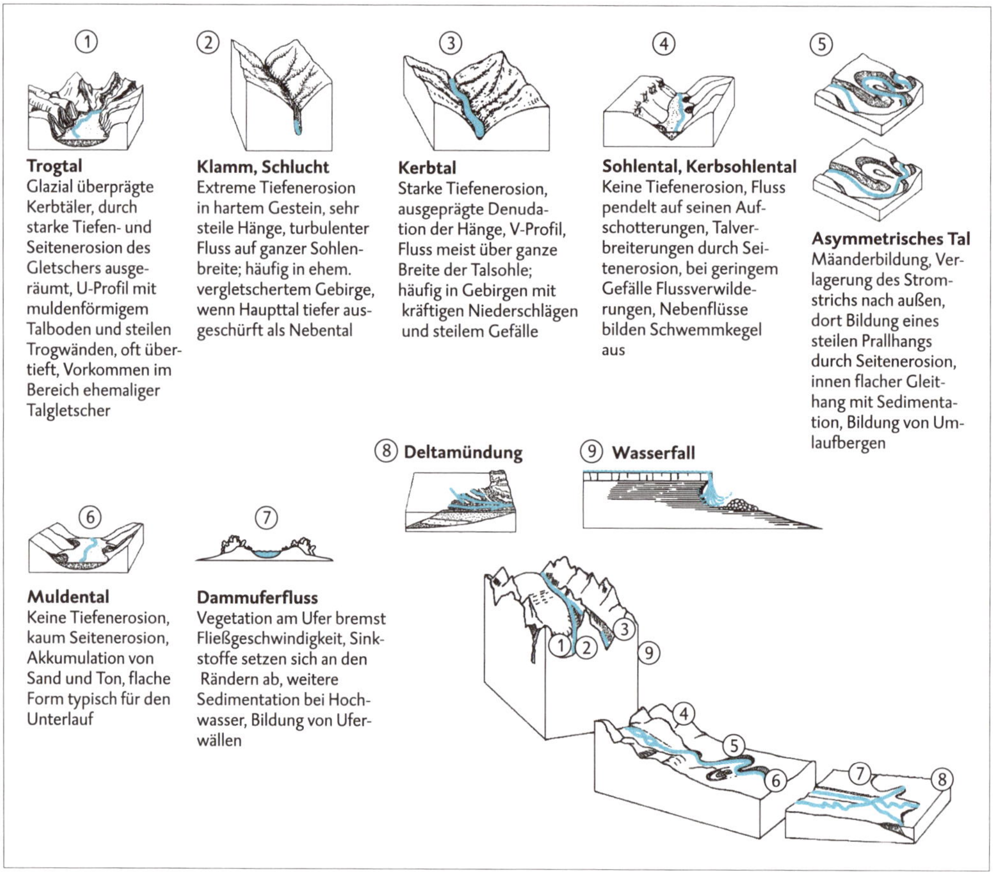

Talformen im Längsprofil eines Flusses (idealtypische Darstellung)

Marine Überformung

Die Gestalt von Küsten ist abhängig vom Ausgangsrelief (Flach- oder Steilküste), der Höhe des Meeresspiegels sowie von der marinen **Abrasion** und Sedimentation. Aus dem Zusammenspiel dieser Faktoren ergeben sich die einzelnen **Küstenformen**.

Abrasion: durch Wellen und Brandung verursachte Erosionsvorgänge an Küsten

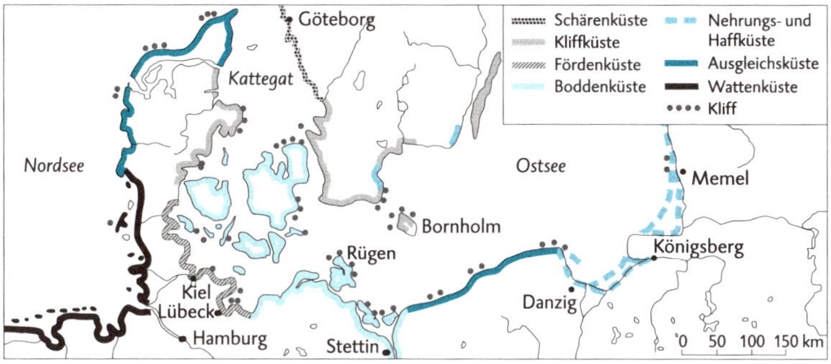

Küstenformen an der Nord- und Ostsee

info

Wichtige Küstenformen

- **Fjordküste:** durch Gletscher geschaffene, tief ins Gebirge eingegrabene Trogtäler, seit der letzten Eiszeit durch den angestiegenen Meeresspiegel überflutet
- **Schärenküste:** flachbuckelige, vom Inlandeis geformte Hügel, die durch den steigenden Meeresspiegel getrennt und zu Tausenden von kleinen Inseln wurden
- **Riasküste:** ehemals im Küstenbereich tief eingegrabene Flussläufe, durch den steigenden Meeresspiegel überflutet (z. B. in Nordwest-Spanien)
- **Fördenküste:** flache Seen und Schmelzwasserrinnen der Grundmoränenlandschaft, durch den steigenden Meeresspiegel überflutet
- **Boddenküste:** flache Hügel der Grundmoränenlandschaft = Inselkerne mit Steilküsten; durch die Ablagerung von Sand zwischen den Inselkernen miteinander verbunden; Vertiefungen der Grundmoränenlandschaft zwischen den Inselkernen und Sandablagerungen überflutet
- **Ausgleichsküste und Nehrungsküste:** durch die Ablagerung von Sand allmähliche Trennung der Buchten vom Meer; Entstehung von Strandseen. Verhindert die Strömung größerer Flüsse ein komplettes Abschließen der Meeresbucht, entstehen lange **Nehrungen** (schmale, langgestreckte Halbinseln aus Sand; die von Nehrungen vom Meer getrennten Buchten bezeichnet man als **Haff**)
- **Wattenküste:** entsteht bei sehr flachem Relief und starken Gezeiten mit einem ausgeprägten Unterschied zwischen Ebbe und Flut

Karstformen

→ **Kalklösungsverwitterung/Sinterbildung:** vgl. S. 9

Bei Karstformen handelt es sich um Verwitterungs- und Akkumulationsformen, die durch die **Kalklösungsverwitterung** bedingt sind. Neben Kleinformen wie z. B. **Rillenkarren**, rillenartigen Vertiefungen an der Oberfläche, gibt es folgende Großformen:

info

Karstlandschaft

- **Dolinen:** runde, trichterförmige Hohlformen an der Erdoberfläche, die durch den Einsturz einer Höhle (Einsturzdoline) oder Lösung (Lösungsdolinen) entstehen können
- **Uvala:** zusammengewachsene Dolinen
- **Poljen:** mehrere Quadratkilometer große Becken, die häufig aus Uvalas entstanden sind
- **Ponore/Schlucklöcher:** durch sie verschwindet ein Fluss in den Untergrund; an der Oberfläche bleiben die **Trockentäler** des ehemaligen Flusslaufs zurück; an **Karstquellen** tritt das Wasser wieder an die Oberfläche
- **Karsthöhlen:** durch unterirdische Lösungsverwitterung entstandene Hohlräume, die häufig durch unterirdische Flüsse geschaffen wurden. In trocken gefallenen Höhlen können durch Sinterbildung **Tropfsteine** entstehen: **Stalaktiten** (wachsen von der Decke), **Stalagmiten** (wachsen vom Boden).

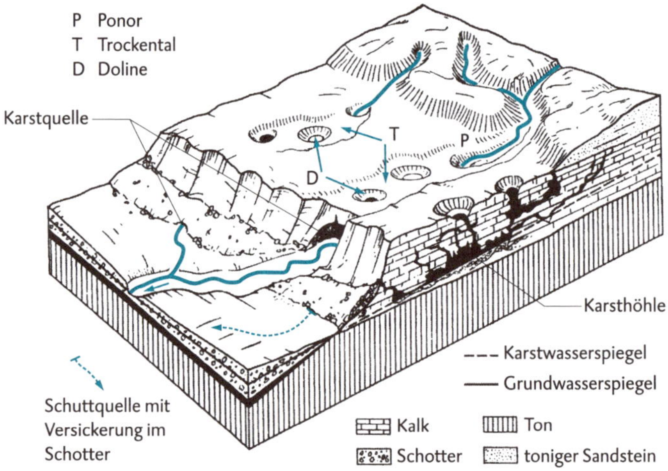

Äolische Überformung

Wenn Wind Feinmaterial wie Sand transportiert, können Erosionsformen wie **Pilzfelsen** oder Akkumulationsformen wie **Dünen** entstehen.

Pilzfelsen: äolische Form, die durch ständige Schleifwirkung des Windes und der mit ihm transportierten Feinmaterialien (z. B. Sand) entsteht, vgl. Foto S. 1

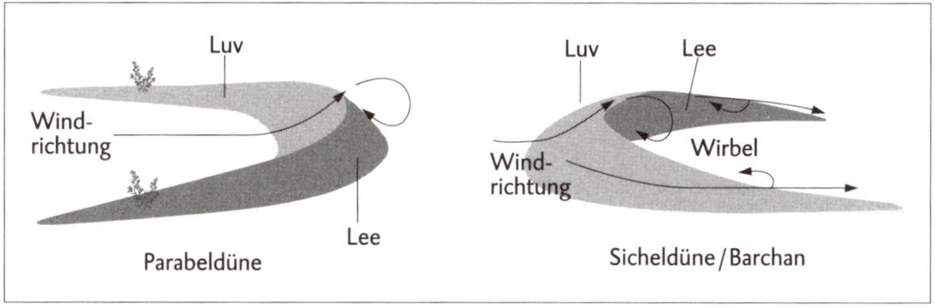

Unterschiedliche Dünentypen

Äolische Überformung spielt v. a. in Trockenregionen und an Küsten eine wichtige Rolle. In Deutschland wurden auch die **Lösslandschaften** der norddeutschen Börden und süddeutschen Gäue durch äolische Überformung geprägt: Sie entstanden durch Auswehung von fein zermahlenem Staub aus vegetationsfreien Gebieten während der letzten Eiszeit und dessen Ablagerung in Staulagen vor den Mittelgebirgen.

→ **Lösslandschaften:** vgl. S. 116

Zusammenfassung

- Die Erdoberfläche wird durch ein Zusammenspiel von endogenen und exogenen Kräften geformt.
- Die endogenen Kräfte werden durch die Konvektionsströme in der zähflüssigen Asthenosphäre bedingt und bewegen die auf ihr schwimmenden Erdplatten der Lithosphäre. Je nachdem, wie sich die Platten zueinander bewegen, entstehen unterschiedliche Plattengrenzen, z. B. Subduktionszonen oder Seafloorspreading, an denen Vulkanismus und Erdbeben gehäuft auftreten.
- Die exogenen Kräfte verändern die Erdoberfläche von außen. Dabei wird Gestein durch chemische und/oder physikalische Verwitterung zerkleinert, durch die Kräfte der Schwerkraft, des Wassers, des Eises und/oder des Windes abgetragen (Erosion), verfrachtet und an anderer Stelle wieder abgelagert (Akkumulation).

Klimageographie – Die komplexe Dynamik der Atmosphäre

1 Allgemeine Grundlagen

1.1 Aufbau und Zusammensetzung der Atmosphäre

Absorptionsrate: der Anteil der Strahlungsenergie, die von Molekülen (in der Atmosphäre z. B. H_2O, O_3, CO_2) absorbiert und in Wärme umgewandelt wird

Die **Atmosphäre** ist die Gashülle, die die Erde umgibt. Sie setzt sich chemisch aus folgenden Gasen zusammen: Stickstoff (N_2): 78,08 %, Sauerstoff (O_2): 20,95 %, Argon (Ar): 0,93 % und Kohlendioxid (CO_2): 0,038 %. Dazu kommen kleinste Mengen von Edelgasen (Neon, Helium etc.) und Wasserstoff.

Die Atmosphäre lässt sich in verschiedene Stockwerke einteilen, wobei die Teilchendichte und der Luftdruck mit der Höhe abnehmen, während die Temperatur in Abhängigkeit von der **Absorptionsrate** schwankt. Die in der folgenden Grafik angegebenen Höhen sind Durchschnittswerte, da aufgrund der durch die Erdrotation bedingten Fliehkraft die Atmosphäre im Bereich des Äquators in deutlich größere Höhe reicht als an den Polen. Für das Wettergeschehen auf der Erdoberfläche ist aber nur der unterste Teil, die **Troposphäre**, relevant.

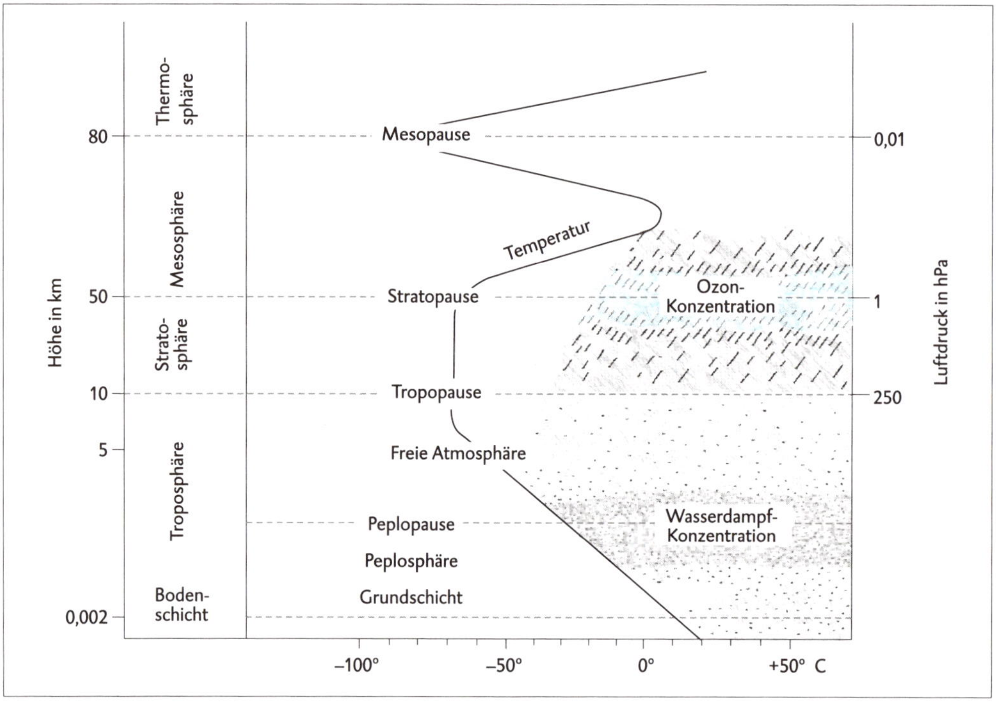

Vertikalgliederung der Erdatmosphäre

1.2 Strahlungs- und Wärmehaushalt

Die wichtigste Antriebskraft des globalen Klimasystems stellt die von der Sonne zugeführte Energie dar. Da diese Zufuhr je nach Gebiet schwankt, kommt es zur Ausbildung unterschiedlicher **Klimate**.

Klima: durchschnittlicher Zustand der Klimaelemente (Niederschlag, Temperatur, Wind, Bewölkung etc.) während eines langen Zeitraums an einem bestimmten Ort;
der Begriff **Wetter** dagegen beschreibt den aktuellen Zustand der Klimaelemente während eines kurzen Zeitraums

Ein wesentlicher Faktor ist dabei der Einfallswinkel der Sonnenstrahlen, da bei senkrechtem Einfall, z. B. am Äquator, mehr Strahlen (also Energie und damit Wärme) pro Flächeneinheit auftreffen als bei flachem Einfallswinkel, z. B. an den Polen. Der Umlauf der Erde um die Sonne wird als **Erdrevolution** bezeichnet. Dabei durchläuft die Erde keine Kreisbahn, sondern eine Ellipse, deren sonnennächster Punkt **Perihel** und deren sonnenfernster **Aphel** genannt wird.

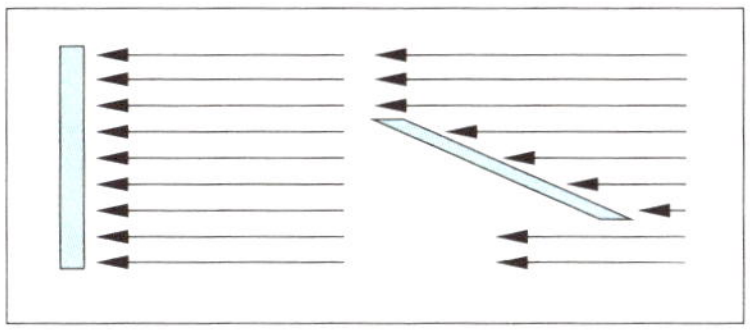

Strahlungsenergie in Abhängigkeit vom Einfallswinkel

Da die Erdachse zur Umlaufbahn der Erde um die Sonne um ca. 23,5° geneigt ist (sogenannte **Schiefe der Ekliptik**), verändern sich sowohl die Entfernung zur Sonne als auch die Einfallswinkel der Sonnenstrahlen im Jahresverlauf und es kommt zur Entstehung der verschiedenen Jahreszeiten. Sommer herrscht z. B. auf der Nordhalbkugel im Juni/Juli, da diese zu diesem Zeitpunkt der Sonne zugewandt ist, während gleichzeitig auf der sonnenabgewandten Südhalbkugel Winter ist. Ihren Höchststand erreicht die Sonne auf der Nordhalbkugel am 21. Juni (sogenannter **Solstitialstand**). Da zu diesem Zeitpunkt die Gebiete nördlich des nördlichen Polarkreises 24 Stunden lang von der Sonne bestrahlt werden, spricht man hier vom **Polartag**, während in den Gebieten jenseits des südlichen Polarkreises **Polarnacht** herrscht.

→ **Polartag/Polarnacht:** vgl. S. 36

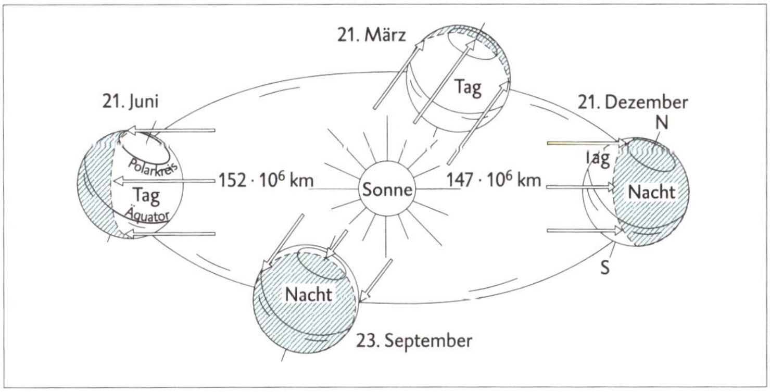

Die Erdrevolution

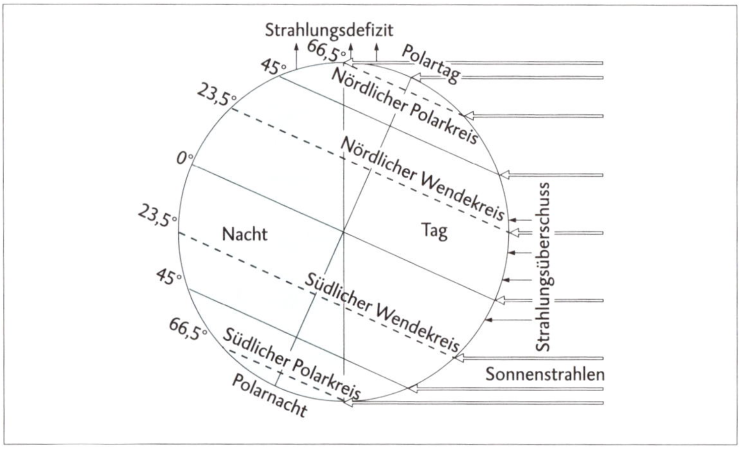

Die Beleuchtungsverhältnisse der Erde am 21. Juni

Äquinoktium: Tagundnachtgleiche am 21. März bzw. 23. September; Äquinoktien sind jene Zeitpunkte, an denen die Sonne auf ihrer scheinbaren Bahn um die Erde den Himmelsäquator schneidet; an diesen beiden Tagen steht die Sonne um 12 Uhr mittags Ortszeit senkrecht über dem Äquator; Tag- und Nachtlänge sind identisch

Am 21. März und am 23. September, zum Zeitpunkt der **Äquinoktialstände**, sind beide Pole gleich weit von der Sonne entfernt; Tag und Nacht sind dann überall auf der Erde 12 Stunden lang.

Die von der Sonne ausgestrahlte Energie, die an der Obergrenze der Erdatmosphäre ankommt, bezeichnet man als **Solarkonstante**. Allerdings entspricht sie nicht der Energiemenge, die die Erdoberfläche als **Globalstrahlung** erreicht: Rund 30 % der **kurzwelligen Einstrahlung** (= sichtbares Licht und UV-Strahlung) werden aufgrund von **Reflexion** an Wolken, Luftteilchen und der Erdoberfläche wieder in den Weltraum zurückgestrahlt. Weitere 26 % der Strahlung werden in der Atmosphäre durch Wolken und Luftteilchen aufgenommen (= **Absorption**) und in Form **langwelliger Wärmestrahlung** (= infrarotes Licht) in alle Richtungen wieder abgegeben. In Bereichen besonders hoher Absorptionsraten, z. B. in der Ozonschicht, kommt es so zu einem deutlichen Temperaturanstieg (vgl. Grafik S. 18). Der verbleibende Rest von ca. 44 %, bestehend aus **direkter** und **diffuser** (= durch Reflexion abgelenkter) **Einstrahlung**, wird an der Erdoberfläche absorbiert, also in Wärme umgewandelt. Diese wird entweder als Wärmestrahlung **emittiert** oder als fühlbare (Thermik) bzw. latente Wärme (Verdunstung) an die Atmosphäre abgegeben. Da ein Teil der langwelligen Ausstrahlung von Wolken und Gasen (z. B. CO_2) absorbiert wird, wird ein Teil der Wärmestrahlung wieder in Richtung Erdoberfläche zurückgestrahlt (= **Treibhauseffekt**). Die Globalstrahlung und dabei insbesondere die direkte Strahlung hängen stark vom Bewölkungsgrad ab. Deshalb erreichen sie ihr Maximum im Bereich der Wüstengürtel um die Wendekreise und ihr Minimum an den Polen.

→ **Treibhauseffekt:** vgl. S. 39

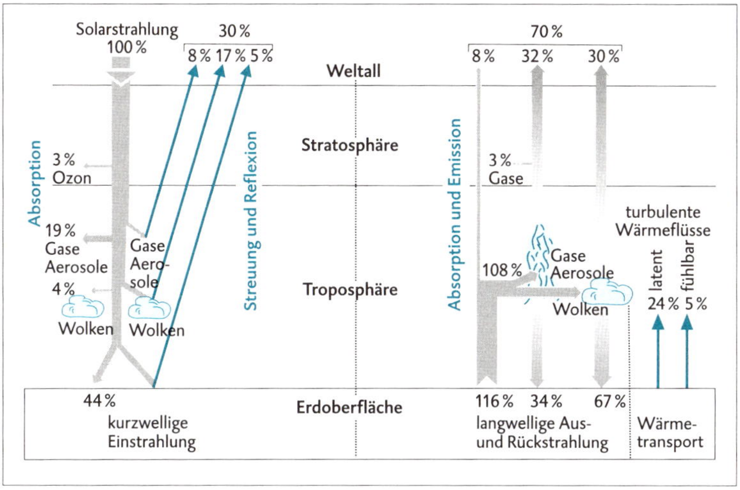

Strahlungshaushalt der Erde

1.3 Wasserkreislauf und Wolkenbildung

Als Folge der Verdunstung gelangt Wasser in die Atmosphäre. Dort verweilt es im Durchschnitt 10 bis 12 Tage, ehe es als Niederschlag wieder ausfällt. Insgesamt befindet sich nur ein winziger Bruchteil (ca. 0,001 %) des global vorhandenen Wassers in der Atmosphäre.

Die Menge an Wasser in der Atmosphäre hängt von der Lufttemperatur ab. Je wärmer die Luft ist, desto mehr Wasserdampf kann sie aufnehmen, ehe der **Taupunkt** erreicht ist und es zur **Kondensation** und damit zur Entstehung von Wolken kommt. **Kondensationskerne** (Staub, Salz, Ruß etc.) beschleunigen die Tröpfchenbildung.

Taupunkt und **Kondensation:** Wasser kann in der Luft in flüssigem (Tropfen, Wolken), gasförmigem (Wasserdampf) und festem (Eis, Schnee) Aggregatszustand vorkommen; Wasserdampf kondensiert, sobald die relative Luftfeuchtigkeit von 100 % und damit der Taupunkt erreicht wird; beim Übergang zwischen den Aggregatszuständen wird viel Energie umgesetzt, so wird bei der Kondensation die Energie als Wärme wieder frei, die vorher zur Verdunstung des Wassers nötig war, dabei wird die Atmosphäre erwärmt

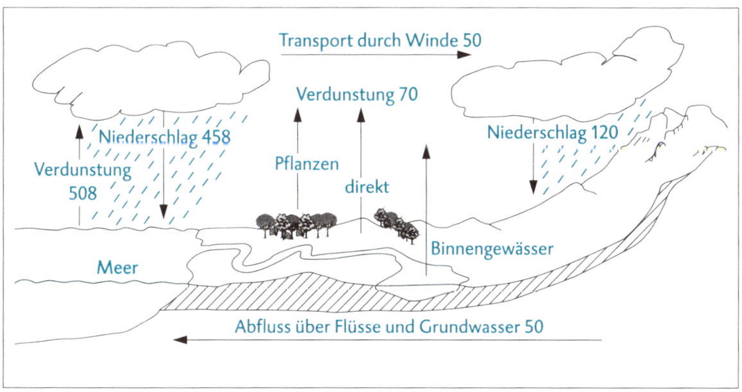

Wasserkreislauf der Erde (in 1 000 km^3 pro Jahr)

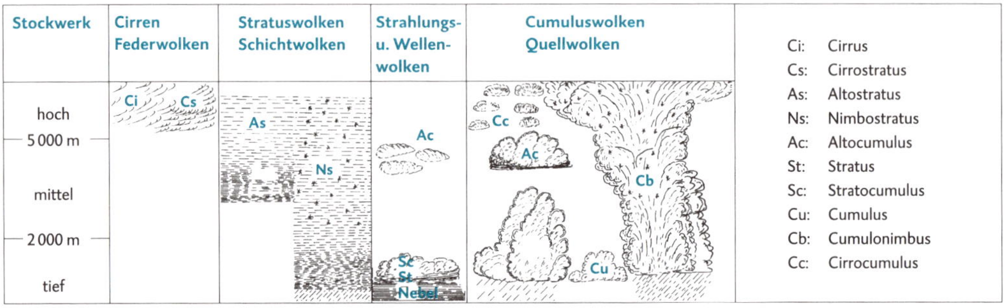

Die Wolkengattungen in ihren Stockwerken

Temperatur und Höhe: nicht gesättigte, trockene Luft ändert ihre Temperatur pro 100 Höhenmeter um ca. 1 °C **(trocken-adiabatisch)**; mit Wasser gesättigte, feuchte Luft erwärmt oder kühlt sich dagegen nur um ca. 0,6 °C pro 100 Höhenmeter **(feucht-adiabatisch)** ab, da Wasser ein guter Wärmespeicher ist und seine Temperatur deshalb nur langsam verändert

Je nach Wetterlage entstehen Wolken in verschiedenen Höhen und bilden typische Formen aus (vgl. Grafik oben).
Besonders häufig kommt es auf der dem Wind zugewandten Seite von Gebirgen **(Luv)** zur Wolkenbildung, da die **Temperatur** der aufsteigenden Luft mit zunehmender **Höhe** abnimmt. Da kältere Luft weniger Feuchtigkeit aufnehmen kann, wird der Taupunkt überschritten und es kommt zu **Steigungsregen**.
Auf der dem Wind abgewandten Seite **(Lee)** tritt der gegenteilige Effekt auf. Die absinkende Luft erwärmt sich und kann somit wieder mehr Feuchtigkeit aufnehmen. Die Wolken lösen sich auf und die nunmehr nicht mehr mit Wasser gesättigte Luft erwärmt sich noch schneller. Auf diese Weise entstehen warme und trockene Fallwinde, die in den Alpen als **Föhn** bezeichnet werden.

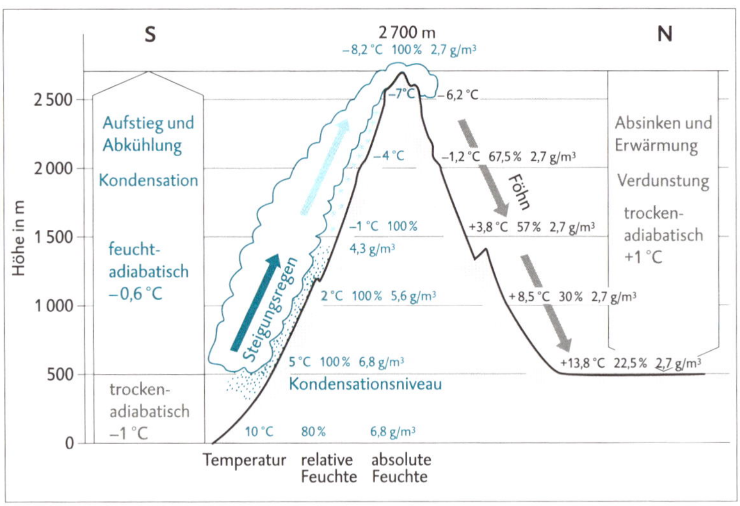

Steigungsregen und Föhn

1.4 Planetarische Zirkulation

Aufgrund der unterschiedlich starken Energiezufuhr durch die Sonne kommt es zu ausgeprägten Temperaturunterschieden zwischen den tropischen und den polaren Gebieten. Da warme Luft auf- und kalte Luft absteigt, entstehen im Bereich des Äquators ein Tiefdruckgebiet (wenige Luftteilchen pro Volumeneinheit) in Bodennähe und ein Hochdruckgebiet in der Höhe. An den Polen ist es genau umgekehrt. Um diese Defizite im Bereich des Tiefs und Überschüsse im Bereich des Hochs auszugleichen, entsteht **Wind**. Dieses Bestreben eines Druckausgleichs bezeichnet man auch als **Gradientkraft** (Gradient = Gefälle). Für eine statische, d. h. nicht rotierende Erde würde sich folgendes Grundmuster ergeben:

Wind: Ausgleichsströmung vom Hoch zum Tief, um den unterschiedlichen Luftdruck auszugleichen; je nach Druckunterschied fließt bzw. weht der Wind langsamer oder schneller

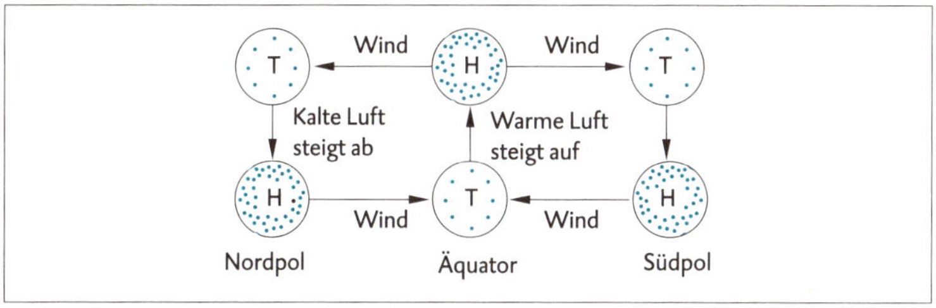

Grundmuster der Gradientkraft

Da die Erde um ihre eigene Achse rotiert, werden aber sämtliche Strömungen, also auch Winde, abgelenkt. Diese ablenkende Kraft nennt man **Corioliskraft**. Sie verhindert, wie aus der Grafik ersichtlich, einen direkten Energietransfer zwischen Äquator und Polen und führt zur

Corioliskraft: wirkt ausgehend von der Bewegungsrichtung auf der Nordhalbkugel nach rechts und auf der Südhalbkugel nach links; ihre Stärke nimmt mit der Wegstrecke und Geschwindigkeit der Strömungen zu, wird aber in Richtung Äquator immer schwächer

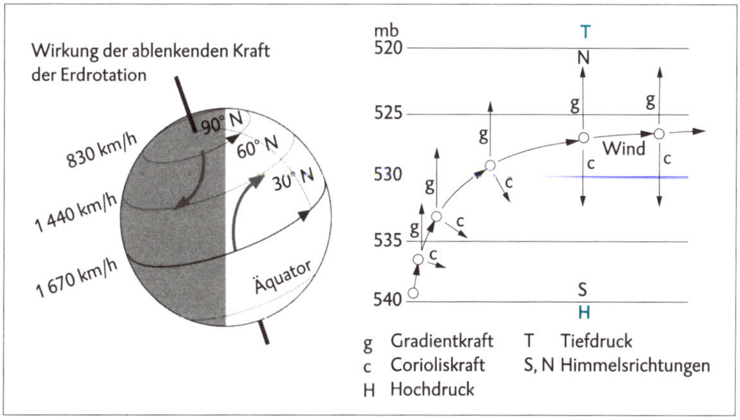

Die Wirkung der Corioliskraft

→ **Jetstreams:** vgl. S. 33

Entstehung starker Westwinde in der Höhe, der **Jetstreams**. Am Boden ist die Corioliskraft grundsätzlich weniger stark ausgeprägt, weil die Reibung die Windgeschwindigkeit reduziert und damit die Corioliskraft abschwächt.

→ **ITC:** vgl. S. 28

Der Tiefdruckgürtel um den Äquator wird als **äquatoriale Tiefdruckrinne** oder auch als **ITC** (Innertropische Konvergenzzone) bezeichnet. Am Rand der Tropen im Bereich der Wendekreise kommt es teilweise zum Absinken der im Bereich der ITC aufgestiegenen Luftmassen und zum Entstehen der **subtropischen Hochdruckgürtel** am Boden (Beispiel: Azorenhoch). Umgekehrt bilden sich im subpolaren Bereich Tiefdruckgebiete am Boden, die **subpolaren Tiefdruckrinnen** (Beispiel: Islandtief.

→ **Passat:** vgl. S. 27 f.

Zwischen allen Hoch- und Tiefdruckgebieten ergeben sich Ausgleichsströmungen, die von der Corioliskraft beeinflusst werden. Das bekannteste Beispiel sind die **Passate**.

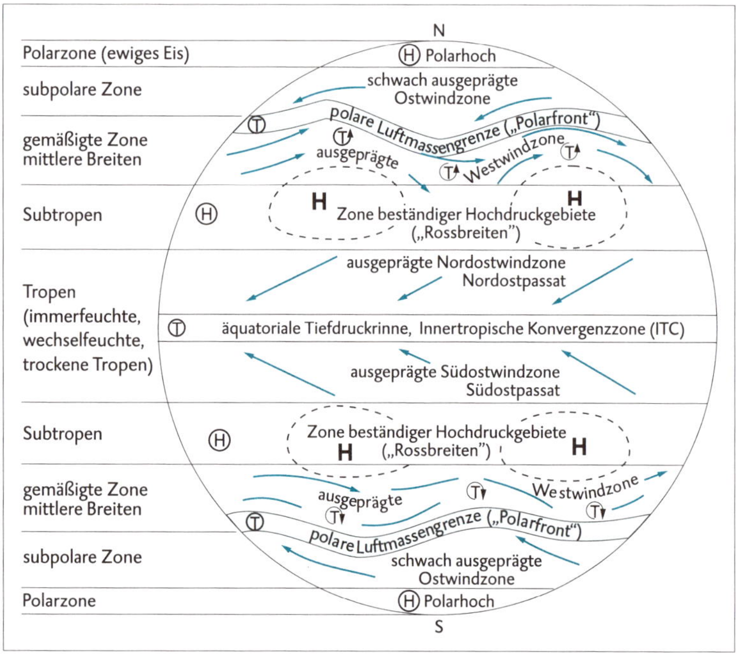

Luftdruck- und Windgürtel in der bodennahen Schicht (bis 3 km Höhe) der Atmosphäre

1.5 El Niño

El Niño (span. „der kleine Junge“, hier: „das Christkind“) beschreibt das Auftreten warmen Wassers im Bereich des kalten Humboldtstroms vor der Westküste Südamerikas um die Weihnachtszeit. Dieses Phänomen, das auch „Southern Oscillation“ genannt wird, stellt eine **Zirkulationsanomalie** dar, d. h. einen Ausnahmezustand, der vom normalen Muster abweicht und in unregelmäßigen Abständen von meist vier bis neun Jahren auftritt.

Im Normalzustand treibt der Südost-Passat das warme Oberflächenwasser im tropischen Pazifik südlich des Äquators Richtung Westen nach Australien und Indonesien. Das vor der Küste Perus aus der Tiefe und dem Süden **(Humboldtstrom)** aufsteigende Wasser ist kalt und nährstoffreich, weshalb es große Fischbestände ernährt. Im Westen staut sich dagegen das bei der Überquerung des Pazifiks im Äquatorbereich auf bis zu 30 °C erwärmte Wasser, sodass sich zwischen dem Ost- und Westpazifik ein Höhenunterschied des Meeresspiegels von bis zu 1 m ergibt. Die über dem warmen Oberflächenwasser im Westen aufsteigenden Luftmassen kühlen ab und entladen sich in heftigen Niederschlägen über den tropischen Regenwäldern Südostasiens und Nordost-Australiens. Dann fließen sie z. T. breitenkreisparallel (direkt am Äquator wirkt die Corioliskraft nicht) in der Höhe zum Ostpazifik zurück, wo sie im Bereich des kalten Ozeans absinken und ein Hochdruckgebiet mit einhergehender Trockenheit schaffen. Dieser Kreislauf ist Teil der weltumspannenden **Walkerzirkulation**. Da außerdem über dem kalten Ozean wenig Wasser verdunstet bzw. dort schon abregnet, bevor es das Land erreicht, und die feuchten Luftmassen des Amazonasbeckens auf der Westseite im Lee der Anden wegen des Föhneffekts keine Niederschläge bringen, herrscht entlang der peruanischen Küste ein ausgeprägtes Wüstenklima vor. Das Hochdruckgebiet im Bereich des tropischen Ostpazifiks schwächt aber die tropische **Passatzirkulation**, da weniger Luft am Äquator aufsteigt und Richtung Südpol abfließt.

Humboldtstrom: kalte, nördlich gerichtete Meeresströmung im Pazifischen Ozean entlang der südamerikanischen Küste; benannt nach dem deutschen Naturforscher ALEXANDER VON HUMBOLDT (1796 – 1859)

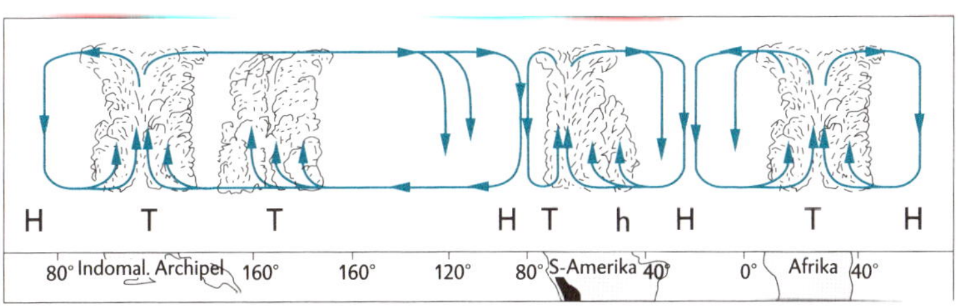

Walkerzirkulation in Normaljahren

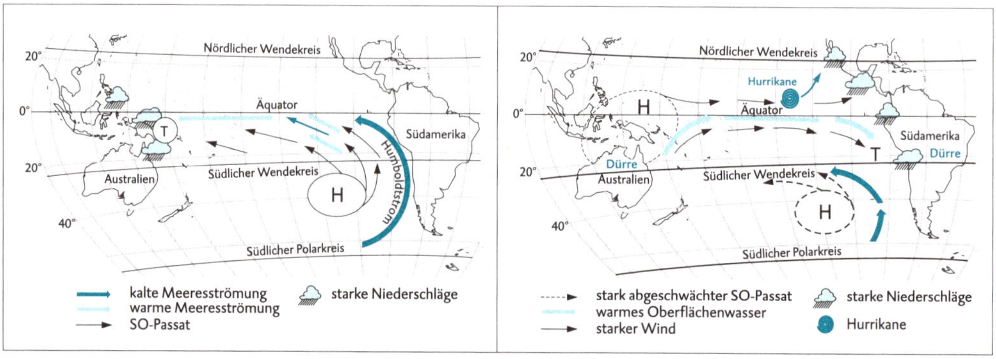

Normalzustand (links); Zustand in El Niño-Jahren (rechts)

Langfristig führt dies zu periodisch auftretenden Abschwächungen des subtropischen Hochs im Südpazifik und damit zu einer Verminderung der Intensität der Südost-Passate. Als Folge der schwächer ausgeprägten Südost-Passate schwappen die im Westpazifik aufgestauten Warmwassermassen in einer 10 bis 20 cm hohen Welle in den Ostpazifik und verdrängen dort das Kaltwasser. Dadurch verändern sich auch die Druckgebilde und Zirkulationsmuster im Pazifik, inklusive einer Umkehr der Walkerzirkulation. Im Ostpazifik führt das warme Wasser zu steigenden Temperaturen und Verdunstung, sodass Starkniederschläge über den Küstengebieten niedergehen. Der durchschnittliche Niederschlag steigt von < 50 mm auf bis zu 1 000 mm und in den Bergen sogar auf 4 000 mm, was zu teils verheerenden **Überschwemmungen** führt. Außerdem verschwinden mit dem kalten Wasser die für Bevölkerung und Seevögel lebensnotwendigen Fischschwärme vorübergehend, was v. a. die Erträge der Küstenfischer schmälert. Auch steigt die Zahl tropischer Krankheitsfälle wie Malaria.

Im Westpazifik dagegen herrscht aufgrund der fehlenden Niederschläge **Dürre**, die im Bereich des tropischen Regenwaldes zu großen Waldbränden führen kann, wie in den Jahren 1997/98, als weite Teile Südostasiens von riesigen Rauchschwaden bedeckt waren. Zudem verändern sich als Folge von El Niño auch die Niederschlagsregimes in anderen Regionen der Erde; z. B. treten Überschwemmungen in Kalifornien und Dürren in Ostafrika auf.

Nach einigen Monaten stellt sich mit dem Erstarken der Südost-Passate der Normalzustand wieder ein, häufig verbunden mit einer besonders starken Abkühlung des Meeres vor Südamerika und damit einhergehend geringen Niederschlägen im Ost- und hohen im Westpazifik. Dieses Phänomen bezeichnet man als **La Niña** (span. „das kleine Mädchen“).

2 Klimazonen

2.1 Zonale Gliederung

Grundsätzlich lässt sich die Erdoberfläche aufgrund der unterschiedlichen Sonneneinstrahlung in vier aufeinanderfolgende breitenkreisparallele Zonen zwischen dem Äquator und den Polen einteilen: **Tropen**, **Subtropen**, **gemäßigte** und **kalte Zone**. Diese breitenkreisparallele Zonierung wird aber durch regionale und lokale Faktoren variiert, wodurch sich eine Vielzahl kleinräumiger Klimate ergibt.

- Ein regional wirksamer Faktor ist v. a. die **Land-Meer-Verteilung**, die einen großen Einfluss auf **Temperaturamplitude** und Niederschlagshöhe hat. Man differenziert deshalb zwischen **kontinentalem** und **maritimem Klima**. Zudem beeinflusst die Land-Meer-Verteilung auch die Zirkulationsmuster der Atmosphäre.
- Auch die **Höhenlage** kann das Klima entscheidend prägen, z. B. regional im Hochland von Tibet oder in den Hochebenen der Anden oder lokal z. B. auf dem „Steinernen Meer“, einem Karsthochplateau der nördlichen Kalkalpen.
- Ein weiterer wichtiger Faktor, der das Klima lokal beeinflusst, ist die **Exposition** (Süd- oder Nordausrichtung) eines Hanges, die eine stark unterschiedliche Sonneneinstrahlung bedingt.

Die wichtigsten Klimate werden in den folgenden Teilkapiteln detailliert betrachtet.

Temperaturamplitude: Differenz zwischen der maximalen und der minimalen Durchschnittstemperatur einer Klimastation

maritimes Klima: Klima küstennaher Gebiete, das vom ausgleichenden Einfluss der Meere geprägt ist; Kennzeichen: relativ geringe Temperaturunterschiede zwischen Tag – Nacht/ Sommer – Winter, hohe Luftfeuchtigkeit und Jahresniederschlag

kontinentales Klima: Klima meerferner Gebiete der Festländer; Kennzeichen: große Temperaturunterschiede zwischen Tag – Nacht/Sommer – Winter; geringe Luftfeuchtigkeit und Jahresniederschlag

2.2 Das Klima der Tropen und die Passatzirkulation

Der Bereich der Tropen umfasst die Gebiete zwischen den Wendekreisen, also den Bereich, an dem die Sonnenstrahlen mindestens einmal im Jahr senkrecht auftreffen und in dem das sogenannte **Tageszeitenklima** vorherrscht.

Das Klima der Tropen wird zudem wesentlich durch die **Passatzirkulation** bestimmt: Am Äquator befindet sich ganzjährig am Boden ein Tiefdruckgebiet, da aufgrund der intensiven Sonneneinstrahlung die erwärmten Luftmassen aufsteigen. Dies führt zur Wolkenbildung und schließlich zu kräftigem Niederschlag, der zusammen mit den hohen Temperaturen tropischen Regenwald als Vegetation in den inneren Tropen begünstigt.

Tageszeitenklima (vgl. Thermoisoplethendiagramm Belem, S. 36): aufgrund der das ganze Jahr über nahezu gleichbleibenden Intensität der Sonneneinstrahlung sind die Schwankungen der Temperaturamplitude in den Tropen im Jahresverlauf geringer als zwischen Tag und Nacht

Die Luft strömt in der Höhe polwärts und sinkt allmählich, v. a. im Bereich der Wendekreise, wieder zu Boden. Dabei erwärmt sie sich mit der Folge, dass sie mehr Feuchtigkeit speichern kann. Folglich werden die Wolken aufgelöst, Niederschläge bleiben aus und es entsteht ein Wüstengürtel entlang der Wendekreise, die **Passatwüsten** (z. B. Sahara, australische Wüsten). Aus dem subtropischen Hochdruckgürtel fließen die Winde als Passate zur ITC zurück, weshalb diese auch **innertropische Konvergenzzone** genannt wird.

konvergieren: zusammenlaufen, zusammenfließen

Die ITC verharrt aber nicht am Äquator im Bereich der fast ganzjährig Niederschläge aufweisenden **immerfeuchten Tropen**, sondern folgt dem **Zenitalstand** (= Senkrechtstand) der Sonne im Sommer der jeweiligen Halbkugel zu den Wendekreisen. Die Verlagerung der ITC bedingt eine Verlagerung der Zone des höchsten Niederschlags in den Tropen: Dabei folgen die Niederschlagsspitzen zeitlich verzögert auf die Zenitalstände der Sonne und verschmelzen Richtung Wendekreise wegen des zunehmend geringeren zeitlichen Abstands zwischen den beiden Zenitalständen (an den Wendekreisen gibt es nur einen) zu einer Niederschlagsspitze (vgl. Klimadiagramm Zinder, S. 29). Diesen Bereich der Tropen nennt man auch **wechselfeuchte Tropen**.

Passatinversion: durch absinkende Luftmassen im Bereich der Passate entstehende Schicht mit Temperaturumkehr; an dieser stabilen Luftmassengrenze treffen absteigende und sich dabei erwärmende Luft sowie aufsteigende und sich dabei abkühlende Luft aufeinander, ohne sich zu durchmischen

Außerhalb der durch die ITC bedingten Regenzeit fallen nur selten Niederschläge, weil die Luft nur bis zur **Passatinversion** aufsteigen kann und sich deshalb nicht stark genug abkühlt, um Kondensation und damit Niederschlag auslösen zu können.

Die Länge der Regenzeit und die jährliche Niederschlagshöhe in den wechselfeuchten Tropen nehmen mit wachsender Entfernung vom Äquator ab.

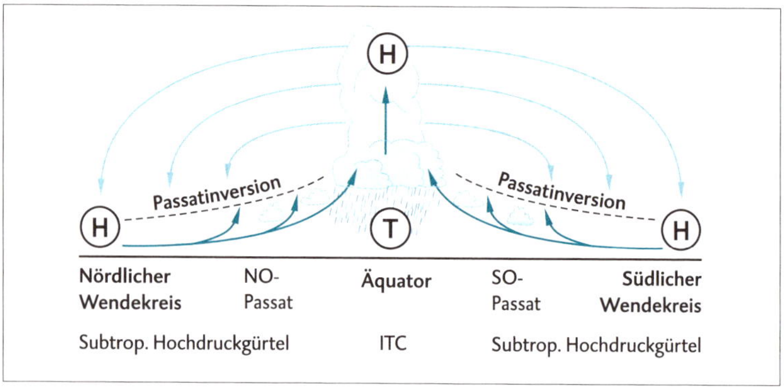

Tropische Passatzirkulation

Klimastationen	Kisangani/Rep. Kongo 0° 31' N/25° 12' O 460 m/25,4 °C/1 804 mm 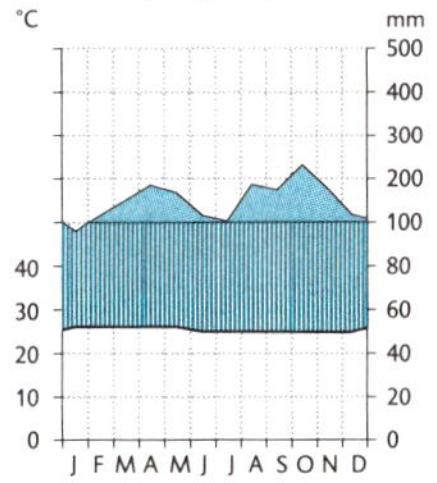	Enugu/Nigeria 6° 38' N/7° 33' O 140 m/27,3 °C/1 754 mm 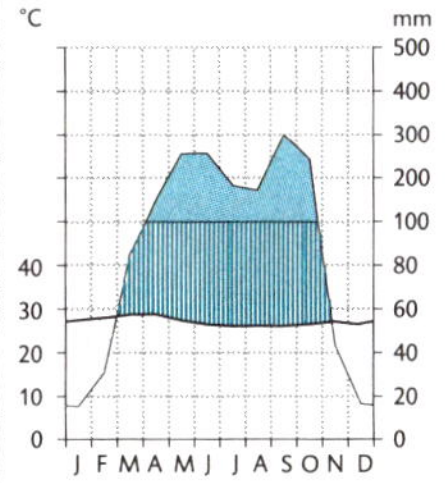	Kano/Nigeria 12° 0' N/78° 32' O 470 m/26,2 °C/873 mm 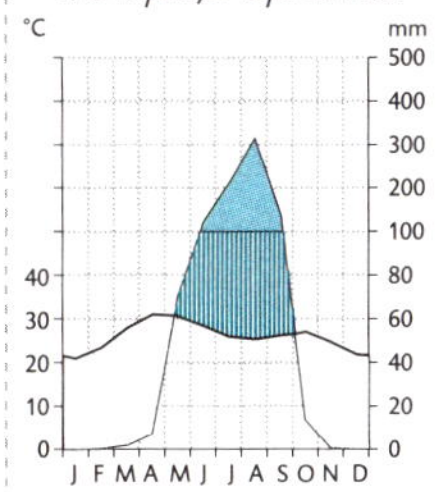	Zinder/Niger 13° 47' N/8° 59' O 453 m/28,0 °C/412 mm 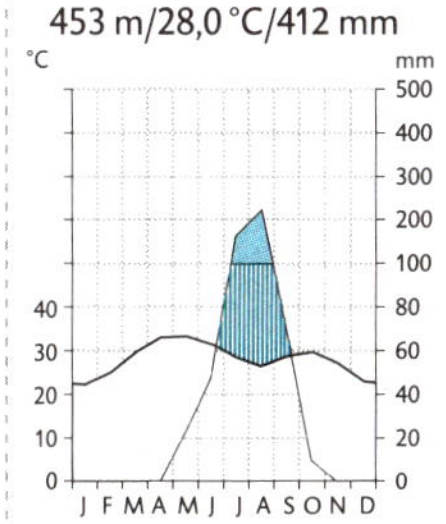
Vegetations-/ Klimazone	tropischer Regenwald	Feuchtsavanne	Trockensavanne	Dornsavanne
Temperatur	minimale monatliche Schwankungen um 25 °C Tageszeitenklima	wärmster Monat < 30 °C kältester Monat im Tiefland > 18 °C	wärmster Monat < 32 °C kältester Monat im Tiefland > 18 °C	wärmster Monat < 35 °C kältester Monat im Tiefland > 18 °C
Niederschlag	10–12 humide Monate > 1 500 mm	7–10 humide Monate Trockenzeit und Regenzeit 1 000–1 500 mm	4,5–7 humide Monate Trockenzeit und Regenzeit 500–1 000 mm	2–4,5 humide Monate Trockenzeit und Regenzeit 200–500 mm
Klimaprozesse	meist täglich gleicher Wetterablauf mit Mittagsregen Klima ganzjährig von der ITC bestimmt	Klima ganzjährig von der ITC bestimmt		

Klima der immerfeuchten und wechselfeuchten Tropen

In Abhängigkeit von der Niederschlagshöhe und der Länge der Trockenzeit findet man unterschiedliche Vegetationsformen. Ist dies am Äquator meist immerfeuchter tropischer Regenwald, so nehmen im Bereich der Savannen die Größe und die Dichte der Vegetation von der Feucht- über die Trocken- bis hin zur Dornsavanne aufgrund allmählich abnehmender Feuchtigkeit immer mehr ab. Büsche, v. a. Dornsträucher, und Gräser gewinnen an Bedeutung, bis auch sie allmählich ausdünnen und der praktisch vegetationslosen Wüste Platz machen.

2.3 Die Subtropen und der Monsun

Die Subtropen umfassen das Gebiet zwischen den Wendekreisen und den gemäßigten Breiten. Im Gegensatz zu Letzteren liegen sie nicht ganzjährig im Einflussbereich der Westwindzone. Je nach Verteilung und Größe der Kontinente reicht die subtropische Zone dabei unterschiedlich weit nach Norden bzw. auf der Südhalbkugel nach Süden, weil die Kontinente die Entstehung des Monsuns bedingen.

Monsun (arabisch mausim = wechselnder Wind): jahreszeitlich systematisch wechselnde Winde, bei denen die beiden Hauptwindrichtungen sich im Jahresverlauf um mindestens 120 Grad ändern

Der **Monsun** stellt einen Sonderfall der Passatzirkulation dar, bei dem aufgrund der Land-Meer-Verteilung im jeweiligen Sommer tropisch-feuchtwarme Luftmassen über die Ränder der Tropen bis in die Subtropen strömen. Besonders ausgeprägt ist der Monsun in Süd- und Ostasien. Ein Großteil Indiens würde entsprechend seiner Lage am nördlichen Wendekreis eigentlich im Bereich der Passatwüsten liegen. Grund dafür ist die gewaltige Kontinentalmasse Asiens. Da diese sich im Sommer wesentlich schneller erwärmt als der Indische Ozean, bildet sich über Nordindien aufgrund der aufsteigenden warmen Luftmassen ein starkes Tiefdruckgebiet. Dieses Tiefdruckgebiet zieht feuchte Luftmassen vom indischen Ozean an, die als **Sommermonsun**, von Südwest kommend, während der Regenzeit von Juni bis September starke Niederschläge bringen, insbesondere im Luv der Gebirge der Westghats und des Himalaja. Der Südwest-Monsun ist dabei nichts anderes als der Südost-Passat der Südhalbkugel, der – vom Tiefdruckgebiet über Asien angezogen – den Äquator überschreitet und aufgrund der auf der Nordhalbkugel nach rechts wirkenden Corioliskraft zu einem Südwest-Wind abgelenkt wird. Dabei wird häufig von einer Verlagerung der ITC bis an den Himalaja gesprochen. Es handelt sich aber nicht um eine Verlagerung, da es aufgrund des fehlenden Nordost-Passats zu keiner Konvergenz der Passatwinde kommt. Das thermische Hitzetief über Asien ist so stark, dass sich über Indien keine ITC bildet.

Im Winter dagegen entsteht über dem sich rasch abkühlenden Kontinent ein starkes Hochdruckgebiet, aus dem Winde Richtung Tiefdruckgebiet über dem jetzt wärmeren Indischen Ozean strömen. Dieser **Wintermonsun** aus dem Nordosten bringt zwischen Dezember und März trockene Luftmassen aus dem tibetanischen Hochland mit sich, sodass eine ausgeprägte Trockenzeit herrscht. Eine Ausnahme stellen nur Gebiete im Norden von Sri Lanka und um Madras in Südost-Indien dar, weil der Nordost-Monsun, bevor er auf diese Gebiete trifft, den Golf von Bengalen überquert, wobei er Feuchtigkeit aufnimmt.

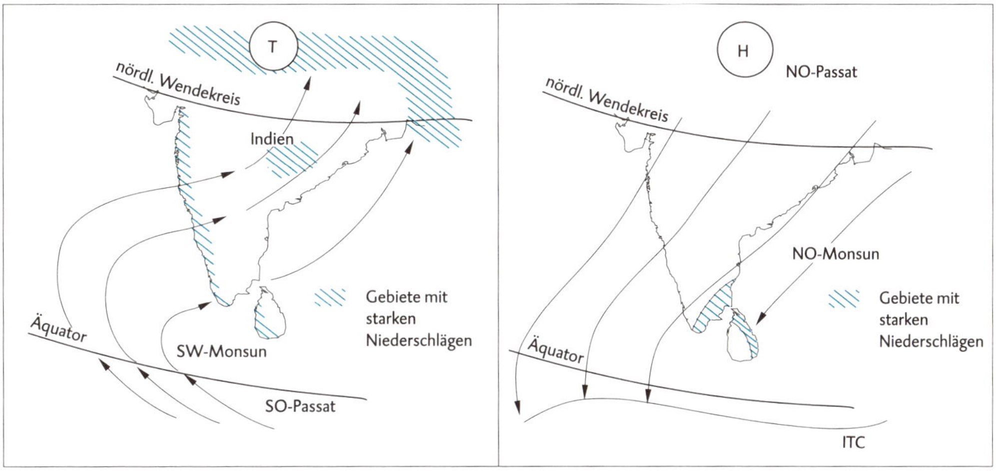

Sommermonsun   Wintermonsun

Neben dem tropisch-subtropischen Südasien ist v. a. auch das überwiegend zu den Subtropen gehörende Ostasien durch monsunale, jahreszeitlich systematisch wechselnde Winde geprägt. Im Sommer wird der Nordost-Passat über dem Pazifik Richtung Hitzetief über dem Kontinent zu einer Südost-Strömung abgelenkt, die starke Niederschläge mit sich bringt. Im Winter fließt trockene Luft aus dem Kältehoch über der Wüste Gobi im Nordwesten Richtung Pazifik.

Grundsätzlich findet man dieses durch monsunale, sommerliche Niederschläge geprägte Klima auf den **subtropischen Ostseiten** aller Kontinente. Beispielstationen sind Brisbane/Australien; Durban/Südafrika; Buenos Aires/Südamerika und Charleston/USA.

Auf der **subtropischen Westseite** der Kontinente (Beispielstationen: Perth/Australien; Kapstadt/Südafrika; Santiago de Chile/Südamerika; Los Angeles/USA sowie der gesamte Mittelmeerraum) herrscht dagegen ein jahreszeitlich genau entgegengesetztes Niederschlagsregime mit sommerlicher Trockenheit und Winterregen (vgl. Klimadiagramm Palermo, S. 32). Grund dafür ist die Verlagerung der subtropischen Hochdruckgürtel mit dem Zenitstand der Sonne. Im jeweiligen Sommer verschieben sie sich polwärts und dominieren dann das Wettergeschehen in diesen Regionen. Aufgrund der absinkenden Luftmassen kommt es kaum zu Wolkenbildung und Niederschlag. Im Winter hingegen verlagern sich die Hochdruckgebiete wieder Richtung Äquator. Dadurch gelangen die subtropischen Westseiten der Kontinente in den Einflussbereich der mit den Polarfrontjetstreams von West nach Ost ziehenden Zyklonen, die für ausgeprägten Winterregen sorgen. Im Bereich des

Mittelmeeres treten die Hauptniederschläge bereits im Herbst auf, weil dann über dem warmen Wasser besonders viel Feuchtigkeit verdunstet. Neben den subtropischen Winter- und Sommerregenklimaten gibt es auch **subtropische Trockenklimate**, die dauerhaft im Bereich des subtropischen Hochdruckgürtels oder im Regenschatten (Lee) hoher Gebirge liegen und deshalb kaum Niederschläge aufweisen (vgl. Klimadiagramm Kairo).

Klimastationen	Palermo/Italien 38° 11' N/13° 06' W 21 m/18,5 °C/611 mm 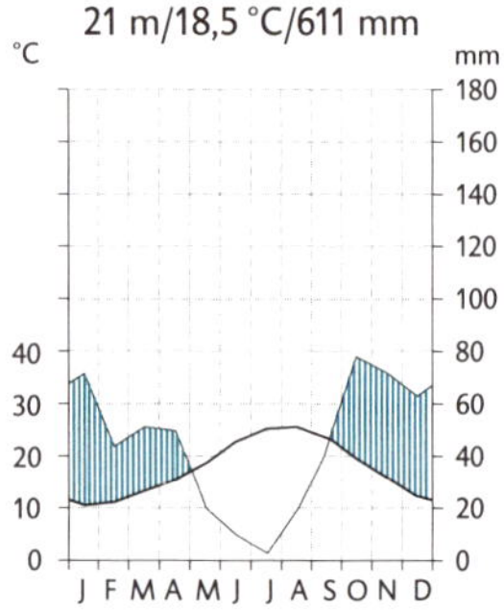	Shanghai/China 31° 12' N/121° 26' E 5 m/15,3 °C/1 135 mm 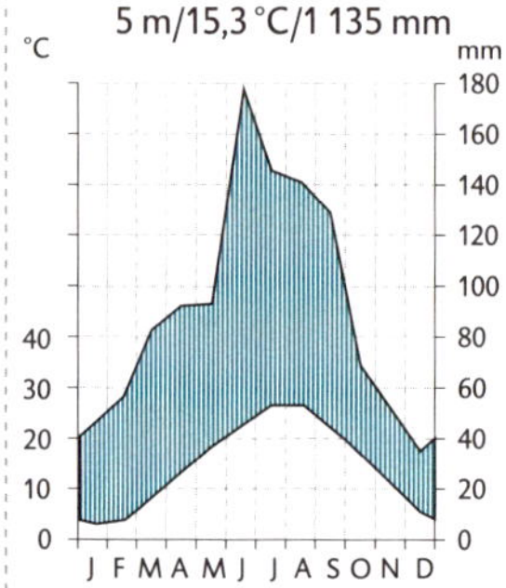	Kairo/Ägypten 30° 8' N/31° 34' E 95 m/21,7 °C/24 mm 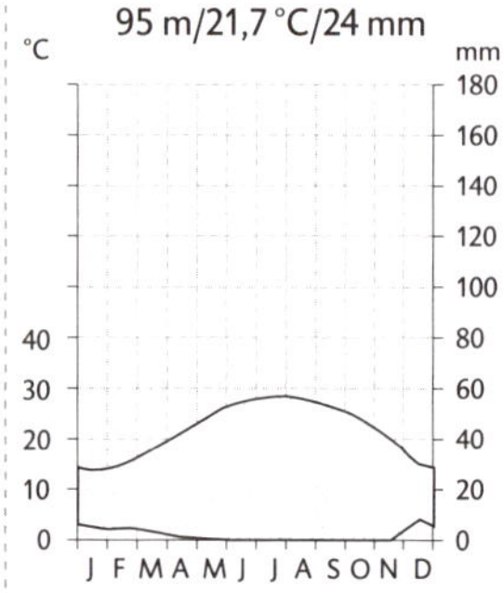
Vegetations-/Klimazone	**subtropische Winterregenklimate an Westseiten der Kontinente, Mittelmeerklima**	**subtropische Sommerregenklimate an Ostseiten der Kontinente**	**subtropische Trockenklimate** **a wintermilde Steppen** **b Halbwüsten** **c Wüsten**
Temperatur	Winter: mild, frostfrei Sommer: um 25 °C	Winter: mild, frostfrei Sommer: um 25 °C	c fehlende Wolken: tags extrem heiß; nachts Frost möglich
Niederschlag	Herbst/Winter: starke Niederschläge Sommer: arid	Winter: außertropische Zyklonen Sommer: starke Monsunniederschläge	c sehr selten, nur aride Monate
Klimaprozesse	Winter: Einfluss der Zyklonen des Polarfrontjets durch Südverlagerung der ITC; Sommer: im Bereich der nach Norden verlagerten subtropischen Hochdruckzellen	Sommermonsun, Taifune können auftreten	c ganzjährig im Bereich der randtropischen Hochdruckzellen mit absinkender Luft, im Winter seltene Niederschläge durch Zyklonen

Klima der Subtropen

2.4 Die gemäßigten Klimazonen und das zyklonale Wettergeschehen

Die gemäßigten Klimazonen umfassen die Gebiete, die ganzjährig im Bereich der Westwindzone liegen.
Sie weisen ein weitaus instabileres Klima auf als die Tropen, Subtropen oder auch die Polargebiete, weil in dieser Zone warme Luftmassen aus den Tropen und kalte Luftmassen aus den Polargebieten aufeinandertreffen und sich vermischen können. Diese Austauschprozesse sind höchst komplex, denn die Corioliskraft verhindert zunächst, dass die polwärts strömenden Höhenwinde weiter nach Norden bzw. Süden vordringen können. Stattdessen werden sie zu Westwinden, die als **Jetstreams** mit hoher Geschwindigkeit die Erde umkreisen, dabei auch bodennahe Luftschichten als **Westwinddrift** mitreißen und so einen Luftmassenaustausch zwischen Polen und Tropen verhindern. Sobald der Temperatur- und Druckgegensatz zwischen Pol und Äquator aber einen kritischen Punkt überschreitet, beginnen die Jetstreams zu mäandrieren (vgl. Grafik), also zu „schlingern". Eine wichtige Rolle spielen dabei hohe Gebirge, die in die Jetstreams hineinragen, weil durch die dabei auftretende Reibung die Schlingerbewegungen mit ausgelöst werden. Als Folge des Mäandrierens können tropische Warmluft (Warmluftrücken) polwärts und polare Kaltluft (Kaltlufttröge) Richtung Äquator vordringen.
Der Energieaustausch erfolgt durch die Verwirbelung der Luftmassen im Bereich von **außertropischen Zyklonen**, dynamischen Tiefdruckgebieten. Diese entstehen ebenso wie **Antizyklonen**, dynamische Hochdruckgebiete, als Folge des Mäandrierens der Jetstreams. An Verengungen der Jetstreams werden Luftteilchen nach unten gedrückt und es entsteht ein dynamisches Hoch, bei Dehnungsvorgängen dagegen werden Luftteilchen angesaugt und am Boden bildet sich ein Tief.

Jetstreams/Strahlströme: ein mehrere 100 km breites Band von starken Luftströmungen in der oberen Troposphäre und unteren Stratosphäre mit Windgeschwindigkeiten von bis über 300 km/h; man unterscheidet den **Polarfront-Jetstream** über den gemäßigten Breiten und den **Subtropen-Jetstream** über dem subtropischen Hochdruckgürtel

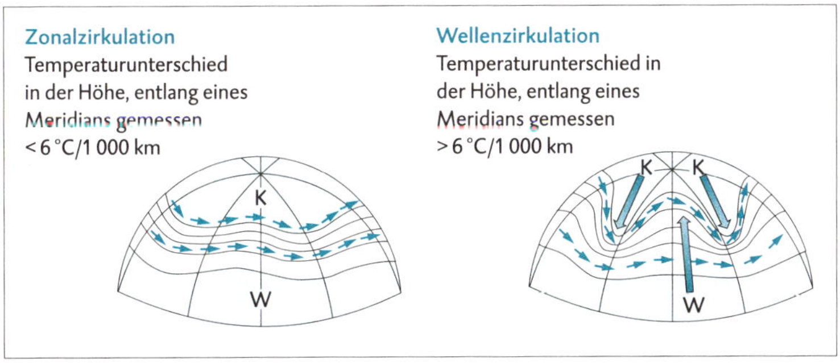

Mäandrieren des Polarfront-Jetstreams

Kaltfront: Luftmassengrenze, der i. d. R. eine Abkühlung folgt; wobei sich kalte Luft keilförmig unter die wärmere Luftmasse schiebt; die Front stellt die Schnittlinie der Frontfläche mit der Erdoberfläche dar

Warmfront: hier gleitet wärmere Luft auf die Vorderseitenkaltluft auf → typische Aufgleitbewölkung, die sich zuerst durch einzelne hohe Cirruswolken, Stratus und schließlich durch Nimbostratus mit kräftigen, z. T. länger andauernden Niederschlägen bemerkbar macht

Die Zyklonen spielen eine größere Rolle als die Antizyklonen, weil sie als Tiefdruckgebiete Luft ansaugen. Dabei strömen die ursprünglich entlang der Polarfront aneinander vorbeigleitenden Luftmassen Richtung Tief, es entstehen **Kaltfront** und **Warmfront.**

Da die Corioliskraft eine direkte Strömung verhindert, kommt es zu einer Drehung der Fronten um das Zentrum des Tiefs gegen den Uhrzeigersinn. Die Kaltfront bewegt sich schneller als die Warmfront, weil Letztere beim Aufgleiten auf die Kaltfront Energie verbraucht, während die Kaltfront mit ihrer höheren Dichte ungebremst in die Warmfront eindringen kann. Schließlich holt die Kaltfront die Warmfront ein und hebt sie vollständig vom Boden ab. Es kommt zur **Okklusion** (vgl. Grafik) und damit letztendlich zur Vermischung der tropischen und polaren Luftmassen. Die Lebensdauer einer solchen Zyklone beträgt dabei im Durchschnitt fünf bis sechs Tage, während derer sie mit der Westwinddrift nach Osten verlagert wird.

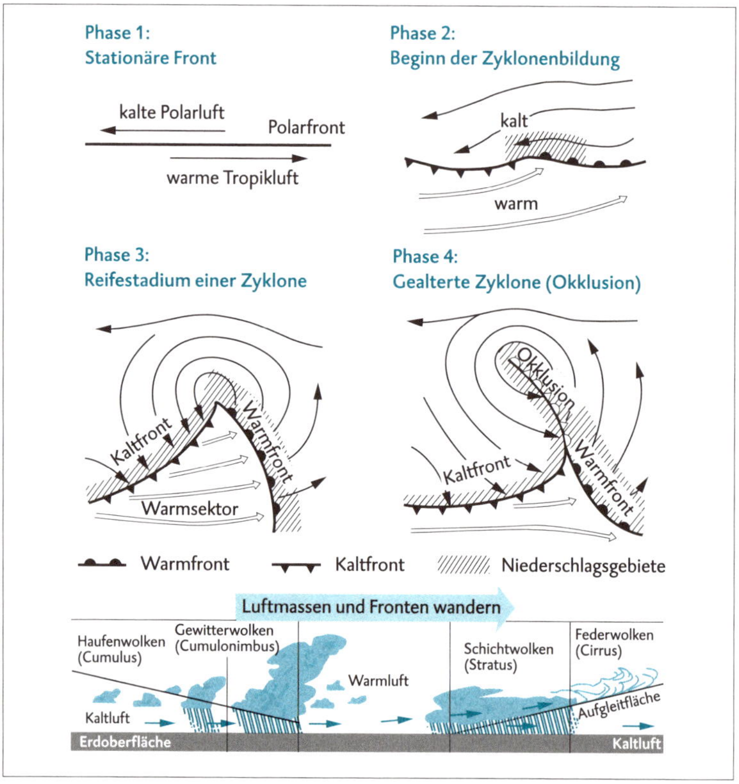

Entwicklung einer außertropischen Zyklone

Klimastationen	Brest/Frankreich 48° 27' N/4° 25' W 103 m/10,8 °C/1 085 mm 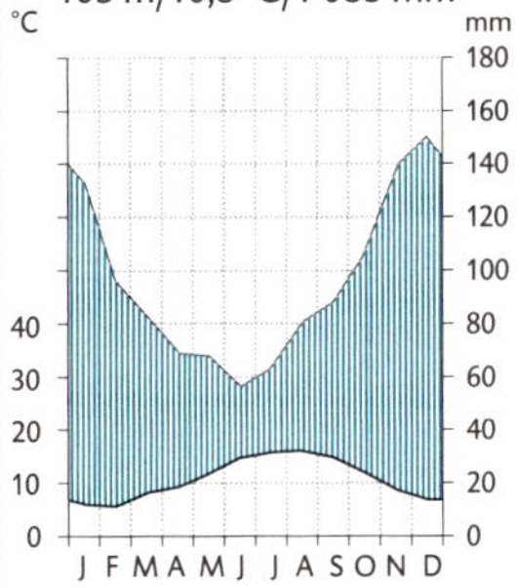	Moskau/Russland 55° 45' N/37° 34' O 156 m/5,0 °C/688 mm 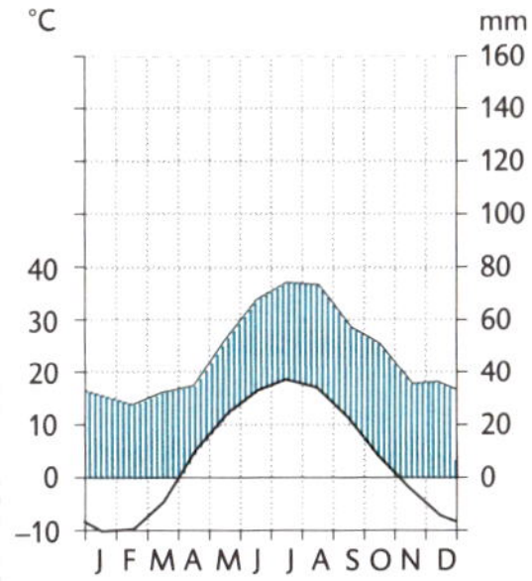	Koktschaw/Kasachstan 53° 07' N/69° 23' O 280 m/2,8 °C/242 mm 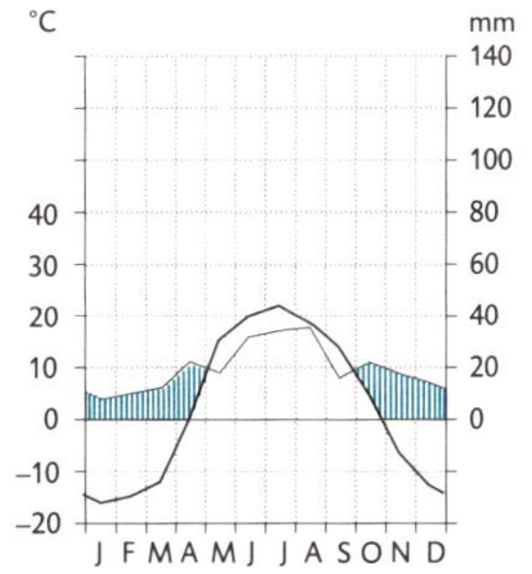
Vegetations-/Klimazone	Sommergrüne Laub- und Mischwälder: a ozeanische Klimate b kühlgemäßigte Übergangsklimate c kontinentale Klimate d sommerwarme Klimate der Ostseiten		Steppen, Halbwüsten und Wüsten (winterkalte Trockenklimate)
Temperatur	a wärmster Monat < 15 °C kältester Monat 2–10 °C	c wärmster Monat bis 15 °C kältester Monat bis –20 °C	wärmster Monat bis 25 °C kältester Monat bis –20 °C
Niederschlag	> 1 000 mm an Küsten und Westseiten von Gebirgen, nach Osten hin abnehmend, Max. im Herbst/Winter	meist 500–600 mm, ganzjährig humid, Max. im Sommer	unter 500 mm, Konvektionsniederschläge und Gewitter im Sommer, hohe Variabilität; > 5 Monate arid
Klimaprozesse	Einfluss des Golfstroms, Feuchtigkeit/Wärme durch zyklonale Westwinde bis weit in den Kontinent transportiert, im Sommer Einfluss des randtropischen Azorenhochs	abnehmender bis geringer Einfluss der Westwinddrift, zunehmend kontinentales Klima	Winter: kontinentales Kältehoch Sommer: kontinentales Hitzetief, Dürreperioden möglich

Gemäßigte Klimate der Nordhalbkugel

Die wandernden Zyklonen bedingen das wechselhafte Wetter in den gemäßigten Breiten: häufige Temperaturschwankungen beim Durchzug von Warm- und Kaltfronten, wechselnde Windrichtungen und mit den Fronten einhergehende Niederschläge, die sich durch das Aufsteigen der Warmluft und ihre Abkühlung mit daraus folgender Wolkenbildung ergeben. Eine Kaltfront bringt z. T. heftige Schauer, während eine Warmfront eher lang anhaltenden leichten Regen verursacht.

Die Niederschlagsmenge hängt aufgrund der Westwinddrift stark von der Lage der Klimastationen auf den Kontinenten ab (vgl. Klimadiagramme auf S. 35). Am höchsten fällt sie im **maritimen** Westen der Kontinente aus. Aufgrund der höheren Temperatur- und Druckdifferenzen zwischen Tropen und Polen im Winterhalbjahr sorgen die dadurch bedingten Herbst- und Winterstürme dann für ein Niederschlagsmaximum. Im **kontinentalen** Bereich fällt der Hauptniederschlag aufgrund der mit den höheren Temperaturen einhergehenden höheren Verdunstung im Sommer.

2.5 Die kalten Zonen

Thermoisoplethendiagramm: zeigt den Tagesgang der Temperatur einer Station in den verschiedenen Monaten und den Jahresgang der Temperatur einer Station zu bestimmten Tageszeiten

Die kalten Zonen der Arktis und Antarktis weisen nicht nur die niedrigsten Temperaturen auf, sondern auch die extremste Form des **Jahreszeitenklimas** (vgl. **Thermoisoplethendiagramm** Reykjavik) mit ausgeprägten Temperaturunterschieden zwischen Sommer und Winter. Die Ursache dafür ist, dass im Bereich zwischen den Polen und den Polarkreisen bei 66,5° nördlicher und südlicher Breite die Sonne im Sommer zeitweise nicht unter- und im Winter nicht aufgeht. Dieses Phänomen bezeichnet man als **Polartag** bzw. **Polarnacht**. Beide dauern an den Polen jeweils genau ein halbes Jahr. An den Polarkreisen tritt dieses Phänomen dagegen nur an jeweils einem Tag im Jahr auf, am 21.6 und 21.12. Zwar herrscht an den Polen auch im Sommer ein **Kältehoch**, doch ist der Druckunterschied im strahlungsarmen Winter, während der Polarnacht, deutlich höher. Dann werden auch die **polaren Ostwinde**, die im Sommer nur schwach ausgeprägt sind, stärker und weiten ihren Einflussbereich auch auf den subpolaren Raum aus, der im Sommer überwiegend im Einflussbereich der Westwinde liegt.

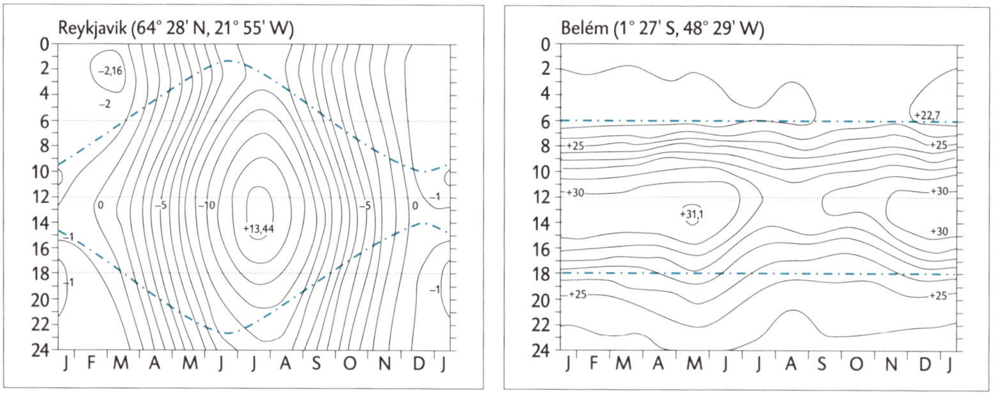

Thermoisoplethendiagramme (gestrichelte Linien zeigen die Auf- und Untergangszeiten der Sonne)

Klimastationen	Kap Tscheljuskin/Russland 77° 43' N/104° 17' O 13 m/–15,3 °C/240 mm 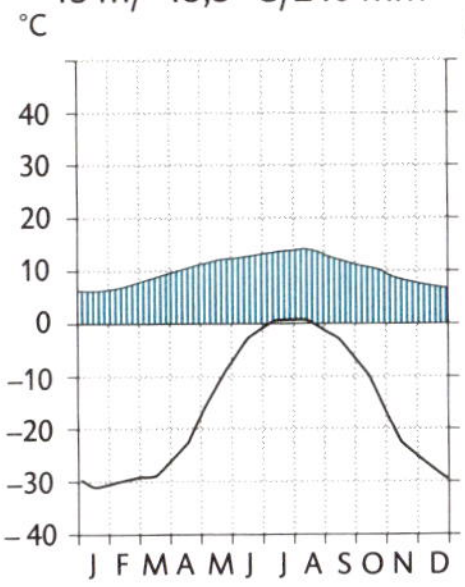	Chesterfield-Inlet/Kanada 64° 18' N/96° 00' W 4 m/–11,3 °C/251 mm 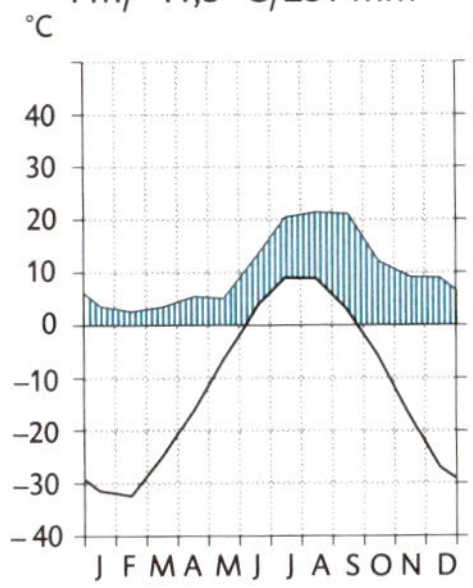	Jakutsk/Russland 62° 05' N/129° 45' O 103 m/–10,0 °C/235 mm 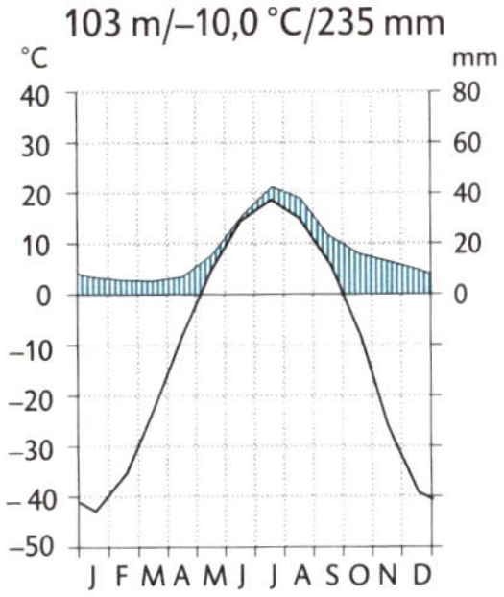
Vegetations-/ Klimazone	Eis- und Geröllwüsten polare Klimate	Tundra subpolare Klimate	Taiga (boreale Klimate) a extrem kontinentaler Nadelwald b kontinentaler Nadelwald
Temperatur	wärmster Monat < 6 °C Arktis ∅-Temp. –19,2 °C Antarktis ∅-Temp. –43,3 °C hohe Amplitude	wärmster Monat < 10 °C kältester Monat < –10 °C hohe Amplitude	wärmster Monat < 20 °C kältester Monat: a unter –25 °C; extreme Gegensätze möglich b unter –3 °C hohe Amplitude
Niederschlag	sehr gering, jedoch kaum Verdunstung, deshalb ganzjährig humid	gering, jedoch kaum Verdunstung, deshalb ganzjährig humid	humid a trockene Winter b sehr schneereiche Winter
Klima-prozesse	Polartag – Polarnacht ganzjähriges Kältehoch	extreme Winterkälte in kontinentaler Lage	Winter: kontinentales Kältehoch Sommer: kontinentales Hitzetief

Kalte Klimate

3 Klimawandel – Panikmache oder Realität?

3.1 Ist der Mensch für den Klimawandel verantwortlich?

globales Klima: Durchschnittswert aller Klimastationen auf der Erde; als Bezugspunkt für den aktuellen Klimawandel verwenden die Forscher die globale Durchschnittstemperatur vor Beginn der Industriellen Revolution; für die Zeit vor der systematischen Klimamessung werden Daten herangezogen, die z. B. mithilfe von Eisbohrkernen oder Fossilien gewonnen wurden

Das **globale Klima** war schon immer erheblichen Schwankungen unterworfen, wie man in der folgenden Grafik erkennen kann.

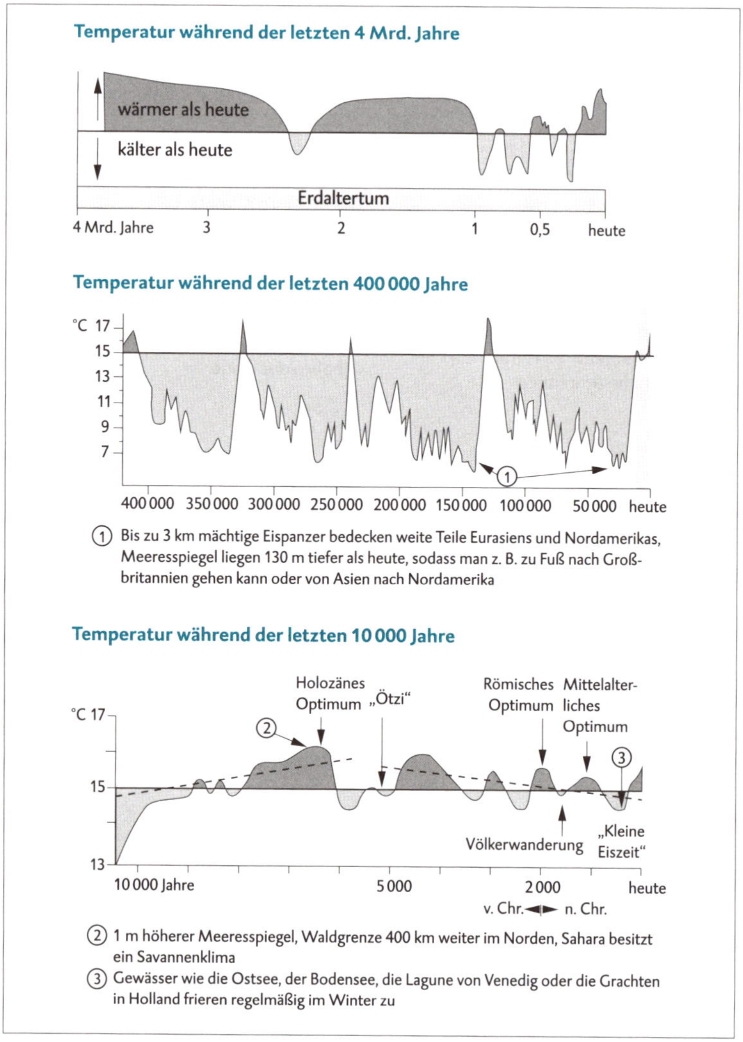

Schwankungen der globalen Mitteltemperatur

Es gibt verschiedene Faktoren, die für diese Temperaturschwankungen verantwortlich gemacht werden. Hauptursache für die Abfolge von Eis- und Warmzeiten ist eine sich immer wieder verändernde Umlaufbahn der Erde um die Sonne. Aber auch Schwankungen in der Intensität der Sonnenstrahlung (erkennbar an der Zahl der **Sonnenflecken:** je mehr, desto intensiver) führen zu Zyklen mit steigenden oder sinkenden Globaltemperaturen, allerdings nicht im Zeitraum von Jahrtausenden (wie bei den Schwankungen in der Umlaufbahn), sondern im Bereich von Jahrzehnten.

Sonnenflecken: elektromagnetisch stark aktive Gebiete; entstehen durch lokale Störungen im solaren Magnetfeld; in ihnen herrschen etwas tiefere Temperaturen als im Rest der Sonnenoberfläche, wodurch die Strahlungsintensität im Bereich des sichtbaren Lichts sinkt und sie dunkler erscheinen

Zudem beeinflusst die Lage der Kontinente das Erdklima langfristig. Aufgrund der erhöhten Kontinentalität und der Ausbildung eines dicken Eispanzers führt eine große Landmasse wie die der Antarktis am Südpol zu einer Reduktion der globalen Mitteltemperatur. Die Aktivität von Vulkanen kann die Erde sowohl erwärmen als auch abkühlen. Freigesetzte Treibhausgase führen langfristig zu einer Erwärmung als Folge des **Treibhauseffekts**, während Aschewolken die Erde verdunkeln und kurzfristig abkühlen.

Man unterscheidet zwischen natürlichem und anthropogenem (durch das Wirken des Menschen bedingten) Treibhauseffekt. Der **natürliche Treibhauseffekt** wird durch Wasserdampf und Spurengase wie CO_2 und Methan verursacht. Ohne diesen Effekt würde die globale Durchschnittstemperatur in Bodennähe statt +15 °C nur –18 °C betragen. Der

info

Treibhauseffekt

Ähnlich wie das Glasdach eines Treibhauses lassen Treibhausgase wie Kohlenstoffdioxid (CO_2), Methan (CH_4) oder troposphärisches Ozon (O_3) kurzwellige Sonnenstrahlung fast ungehindert passieren. Sie absorbieren aber die von der Erdoberfläche nach dem Erhitzen durch die Sonne abgegebenen langwelligen Wärmestrahlen und strahlen einen Teil dieser Wärmeenergie wieder Richtung Erdoberfläche zurück.

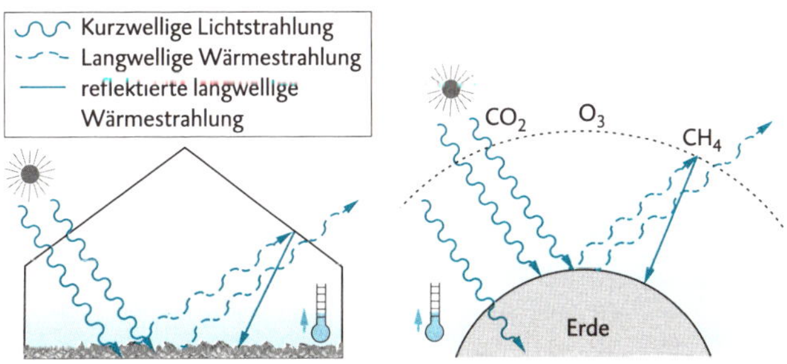

natürliche Treibhauseffekt war auch hauptverantwortlich für die besonders heiße Phase in der Erdfrühgeschichte, als Vulkane große Mengen an CO_2 ausstießen. Erst nachdem die Pflanzen das Prinzip der Photosynthese entwickelt hatten und Unmengen von CO_2 in Biomasse eingelagert wurden (langfristig u. a. als Erdöl, Erdgas und Kohle), nahm die Stärke des Treibhauseffekts ab.

Es gilt herauszufinden, ob der Mensch oder die Natur für die gestiegenen globalen Durchschnittstemperaturen verantwortlich ist. Dazu muss also überprüft werden, ob sich dieser Anstieg durch aktuelle Tendenzen der oben genannten natürlichen Faktoren erklären lässt.

IPCC: Intergovernmental Panel on Climate Change, ein internationales Gremium von Klimatologen

Klimawandel-Skeptiker: v. a. in den USA; glauben entweder nicht, dass die Klimatologen die Daten richtig auswerten, oder gar, dass es sich um eine Verschwörung der Forscher und Politiker handelt; für sie geht es darum, den bisherigen, auf Öl und Kohle basierenden Lebensstil beibehalten zu können; sie versuchen auf politischem Wege, Maßnahmen zur Reduktion des Treibhausgasausstoßes zu verhindern

Wie in der folgenden Grafik ersichtlich wird, die vom **IPCC** mithilfe verschiedener Computermodelle erstellt wurde, kann man die Temperaturveränderungen der letzten Jahrzehnte nicht auf natürliche Ursachen zurückführen. Zum einen sind die langfristig wirkenden Faktoren unverändert geblieben, während die kurzfristig wirkenden entweder unauffällig waren, z. B. die vulkanische Aktivität, oder sich sogar abschwächen, wie die solare Aktivität, die derzeit auf ein absolutes Minimum zuzusteuern scheint. Aufgrund dieser Forschungsergebnisse gibt es unter den Klimatologen auch keinen Diskussionsbedarf bezüglich der Hauptverursacher des aktuellen Temperaturanstiegs. Wer also nicht wie manche **Klimawandel-Skeptiker** davon ausgeht, dass wir es mit einer weltweiten Verschwörung aller Klimatologen zu tun haben, muss zu der Erkenntnis gelangen, dass es der Mensch ist, der durch seine Aktivität das Erdklima beeinflusst.

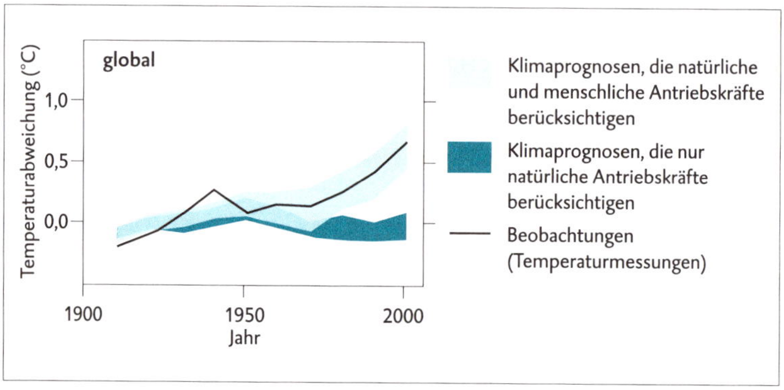

Veränderungen der globalen Temperaturen und ihre Ursachen

3.2 Wie beeinflusst der Mensch das Klima der Erde?

Der Mensch beeinflusst das Klima, indem er den natürlichen Treibhauseffekt verstärkt. Dieser sogenannte **anthropogene Treibhauseffekt** beruht auf demselben Prinzip wie der natürliche und beschreibt die zusätzliche Erwärmung, die auf menschliche Aktivitäten zurückgeht. Durch das Wirtschaften des Menschen werden CO_2 (aus fossilen Rohstoffen und der Abholzung von Wäldern), Methan (aus Reisfeldbau, Rindermägen und Mülldeponien, in denen jeweils Biomasse ohne Sauerstoffzufuhr in Methan umgewandelt wird), Lachgas (aus Kunstdünger), FCKW (aus Spraydosen und Kühlmitteln) und bodennahes, d. h. troposphärisches Ozon (Folge des Straßenverkehrs) freigesetzt.

Die Wirkung der einzelnen Treibhausgase ist dabei abhängig von ihrer Menge und ihrem Treibhauspotenzial im Vergleich mit CO_2. So wirkt Methan rund 25-mal und **FCKW** sogar fast 4 000-mal so stark wie CO_2. Beide kommen aber in wesentlich geringeren Mengen in der Atmosphäre vor als CO_2, das insgesamt rund 57 % zum anthropogenen Treibhauseffekt beiträgt. Pro Jahr bringt der Mensch derzeit etwa 7,5 Mrd. Tonnen CO_2 in den normalerweise ausgewogenen **Kohlenstoffkreislauf** ein, von denen allerdings nur knapp weniger als die Hälfte in der Atmosphäre verbleibt.

FCKW: **F**luor**c**hlor**k**ohlen**w**asserstoff, im 20. Jh. entwickelt und u. a. in Kühlgeräten und als Treibgas in Spraydosen eingesetzt; Produktion ist inzwischen offiziell verboten; einziges wichtiges Treibhausgas, dessen Konzentration in der Atmosphäre in den letzten Jahren nicht weiter zugenommen hat; FCKW weist allerdings eine mittlere Verweilzeit in der Atmosphäre von 65 Jahren auf, weshalb es immer noch eine bedeutsame Rolle spielt

Treibhausgase	anthropogene Quellen	Anteil an der Atmosphäre in ppm*	mittlere Verweilzeit in Jahren	relatives Treibhauspotenzial (CO_2-Äquivalent)	Anteil am zusätzlichen Treibhauseffekt
Kohlendioxid CO_2	Verbrennung fossiler Energieträger, Brandrodung	390,5	100	1	57 %
Methan CH_4	Reisfelder, Rindermägen, Mülldeponien	1,87	12	25	16 %
Distickstoffoxid (Lachgas) N_2O	Düngung, Verbrennung fossiler Energieträger	0,323	114	298	6 %
Ozon O_3 (troposphärisch)	Verkehr	0,034	Stunden bis Tage	1 800	11 %

* ppm (engl.): „*parts per million*" (hier: Teile pro Million Luftteilchen)

Anmerkung: Die fehlenden 10 % Anteil am zusätzlichen Treibhauseffekt gehen auf verschiedene künstlich vom Menschen hergestellte Gase zurück, u. a. auf FCKW

Bedeutung wichtiger Treibhausgase für den anthropogenen Treibhauseffekt, Stand 2012

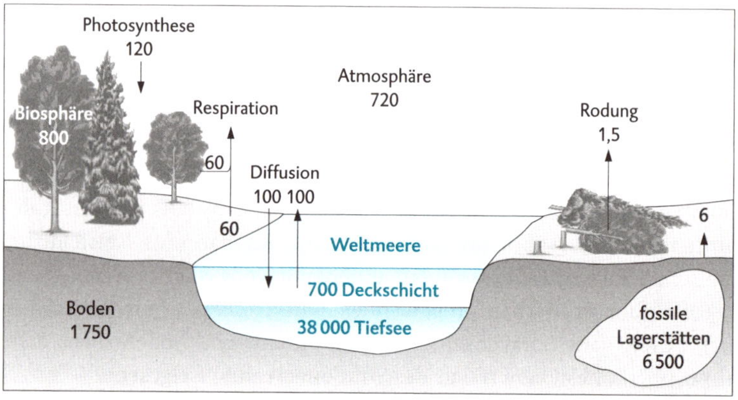

Der globale Kohlenstoffkreislauf (in Mrd. Tonnen)

Der Rest verschwindet in CO_2-Senken, v. a. in den Weltmeeren und in der Biosphäre, weil ein erhöhtes Angebot an CO_2 die Pflanzen zunächst schneller wachsen lässt und sie dabei den Kohlenstoff in ihre Biomasse einlagern. Abgestorbene Algen, die in die Tiefsee absinken, entziehen dem Kreislauf so langfristig Kohlenstoff. Es ist zurzeit allerdings kaum vorhersagbar, wie lange diese Senken noch CO_2 aufnehmen können. Gleichzeitig steigt die Freisetzung von CO_2 durch aufstrebende Nationen, v. a. durch China, den seit 2009 größten Emittenten, weiter an.

3.3 Mögliche Folgen des Klimawandels

Als Folge des anthropogenen Treibhauseffekts muss mit einem weiteren **Temperaturanstieg** gerechnet werden. Zwar sind genaue Prognosen schwierig, weil sich das menschliche Verhalten nur schwer vorhersagen lässt und somit der zukünftige Verbrauch fossiler Energieträger kaum abzuschätzen ist. Doch haben die von der UN beauftragten Forscher des IPCC einen Temperaturanstieg in einer Bandbreite zwischen 1,4 und 5,8 °C bis zum Jahr 2100 prognostiziert. Am wahrscheinlichsten wird sich der Temperaturanstieg im mittleren Bereich dieser Schätzungen bewegen, auch wenn die politische Zielsetzung einen maximalen Anstieg von 2 °C anstrebt. Allerdings wird der Temperaturanstieg in den einzelnen Regionen der Erde ganz unterschiedlich ausfallen. Während man vermutet, dass sich Gebiete wie Island und Norwegen in NW-Europa kaum erwärmen, da ein sich abschwächender **Golfstrom** den globalen Temperaturanstieg lokal ausgleicht, wird besonders für die Arktis von einer Temperaturzunahme bis über 7 °C ausgegangen. Der Grund dafür liegt in der unterschiedlichen **Albedo** von Eis und Wasser.

Albedo: Rückstrahlungsfähigkeit von Oberflächen, die das Verhältnis zwischen eingehender und reflektierter Sonnenstrahlung wiedergibt; je heller eine Fläche ist, umso höher ist die Albedo und umso niedriger ist der Anteil der absorbierten Strahlung, die zur Erderwärmung beiträgt

Eis reflektiert durchschnittlich rund siebenmal mehr einfallende kurzwellige Sonnenstrahlen als Meerwasser, erwärmt sich also deutlich langsamer. Und da die Arktis mit Meereis bedeckt ist, bedeutet jeder Rückgang des Eises eine weitere Erwärmung, da sich das zum Vorschein kommende Wasser erwärmt, wodurch noch mehr Eis abschmilzt und die Erwärmung noch weiter voranschreitet. Ein derartiges sich selbst verstärkendes System ist eines der größten Risiken des Klimawandels, weil es sich, einmal in Gang gesetzt, kaum mehr aufhalten lässt. Viele Prognosen gehen davon aus, dass das arktische Meereis noch in diesem Jahrhundert komplett verschwinden wird. Dies würde die Schifffahrt und den Abbau von Rohstoffen (v. a. Erdöl) in der Arktis erleichtern, hätte aber den Kollaps des arktischen Ökosystems zur Folge, weil z. B. Eisbären auf Meereis angewiesen sind. Das Abschmelzen des arktischen Meereises hat allerdings keinen Einfluss auf die Höhe des Meeresspiegels, weil im Wasser treibendes Eis genau die Menge an Wasser verdrängt, die beim Schmelzen des Eises anfällt.

Auch das Ökosystem **Tundra** würde nahezu verschwinden, wenn sich die Klimazonen mit steigenden Temperaturen polwärts verschieben, da die Tundra nicht nach Norden in den arktischen Ozean ausweichen kann.

Ein weiteres Problem für die Ökosysteme wie auch den Menschen ergibt sich aus dem veränderten Niederschlagsverhalten. Aufgrund der höheren Temperaturen kann mehr Wasser verdunsten, wodurch es in ariden Räumen noch trockener wird und in humiden Gebieten zu noch höheren Niederschlägen kommt. **Wetterextreme** werden wahrscheinlich zunehmen. Für Indien ist eine kürzere Regenzeit zu erwarten, da die Temperaturunterschiede zwischen Meer und Land im Sommer, die den Monsun bedingen, bei wärmerem Ozean geringer ausfallen. Andererseits kann über dem warmen Ozean mehr Wasser verdunsten, sodass die Niederschläge heftiger ausfallen und zu mehr **Überschwemmungen** führen. Zusammen mit der Zunahme der Weltbevölkerung und dem damit einhergehenden erhöhten Nahrungsmittelbedarf ergibt sich aus der gesteigerten Verdunstung und den sich verändernden Niederschlägen eine Herausforderung für die globale Landwirtschaft.

Die folgende Übersicht zeigt weitere zu erwartende Auswirkungen eines globalen Temperaturanstiegs.

Wetterextreme, z. B. Dürren, Wirbelstürme oder Überschwemmungskatastrophen: gab es auch schon, bevor der Mensch das Klima verändert hat; insofern ist unklar, welchen Anteil der Klimawandel an einer speziellen Naturkatastrophe hat. Man kann lediglich allgemein von einer zunehmenden Wahrscheinlichkeit solcher Ereignisse ausgehen, aber nicht sicher sagen, an einer bestimmten Katastrophe sei allein der Klimawandel schuld

info

Weitere zu erwartende Auswirkungen eines globalen Temperaturanstiegs

- Zunahme der **Intensität von Stürmen**, v. a. von tropischen Wirbelstürmen, deren Energiezufuhr von der Oberflächentemperatur tropischer Meere abhängt (je höher, desto stärker)
- Ausbreitung **tropischer Krankheiten** und Seuchen in den mittleren Breiten, z. B. Europa
- Abschmelzen von Gebirgsgletschern auf den Kontinenten, dadurch reduzierter Pegelstand vieler Flüsse mit gravierenden Auswirkungen in Gebieten, in denen Schmelzwasser während der Trockenzeit die einzige Wasserquelle ist, z. B. Ganges in Südasien, Huang He in China
- Abschmelzen der grönländischen Inlandeismassen und der Eismassen auf der Antarktischen Halbinsel, mit einem damit einhergehenden **Anstieg des Meeresspiegels**, der auch aufgrund der thermischen Ausdehnung der sich erwärmenden Ozeane steigt. Folgen: u. a. Überflutung flacher Inselgruppen wie der Malediven und von dicht besiedelten, niedrig gelegenen Küstenräumen, v. a. in Flussdeltas wie dem Ganges-Delta in Bangladesch oder dem Nildelta in Ägypten

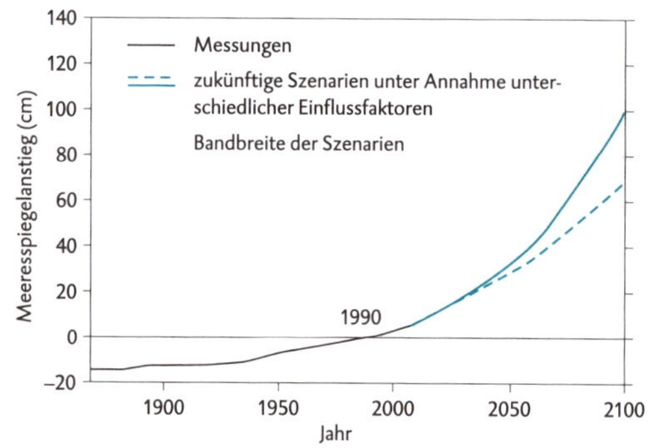

- Veränderung der Intensität der **Meeresströmungen:** Abschwächung der thermohalinen Zirkulation vor Grönland, wenn der Salzgehalt des Wassers durch fehlende Meereisbedeckung und erhöhte Zufuhr von Süßwasser, durch höhere Niederschläge und ein Abschmelzen des grönländischen Eises abnimmt und die Wassertemperatur steigt

Ein Teil dieser Folgen, v. a. der Anstieg des Meeresspiegels, wird sich über einen Zeitraum von vielen Jahrhunderten erstrecken, da das Klimasystem relativ träge ist (vgl. folgende Grafik). Dies bedeutet, dass die Auswirkungen unseres derzeitigen Verhaltens noch viele Generationen vor Probleme stellen werden.

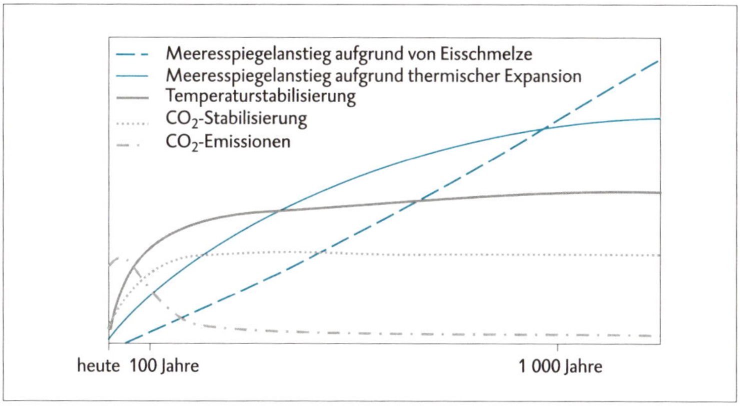

Trägheit des Klimasystems

Eine einmal in Gang gesetzte Klimaveränderung lässt sich nicht eben von heute auf morgen stoppen oder gar rückgängig machen. Umso wichtiger ist es, dass die Menschheit rechtzeitig Maßnahmen zur Stabilisierung des Klimas ergreift.

3.4 Möglichkeiten der Anpassung an den Klimawandel

Da die Folgen des Klimawandels wie Ernteausfälle, Stürme und Meeresspiegelanstieg Ökosysteme und Menschenleben bedrohen und hohe Kosten verursachen, ist es geboten, die Auswirkungen des anthropogenen Klimawandels so gering wie möglich zu halten. Dabei gilt es zunächst, den Ausstoß an Treibhausgasen, besonders an CO_2, zu reduzieren. Viele der möglichen Maßnahmen zur **Emissionsminderung** sparen sogar Geld, z. B. die Dämmung von Gebäuden oder effizientere Fahrzeuge, da mit ihnen der Energieverbrauch reduziert werden kann.
Erneuerbare Energien können die nur begrenzt vorhandenen fossilen Energieträger wie Kohle und Erdöl ersetzen. Maßnahmen zum Schutz der CO_2-Senken, v. a. der tropischen Regenwälder, bewahren nebenbei auch wertvolle Ökosysteme. Zusätzlich kann durch **Aufforstung** CO_2 in Biomasse, in diesem Fall Holz, langfristig eingelagert werden, wenn das Holz als Baumaterial im Hausbau oder für Möbel verwendet wird. Außerdem gibt es erste Versuche, CO_2, das bei der Verbrennung fossiler Energieträger in Kraftwerken freigesetzt wird, herauszufiltern (**CO_2-Sequestrierung**) und anschließend unterirdisch einzulagern; dies ist aber sehr umstritten.

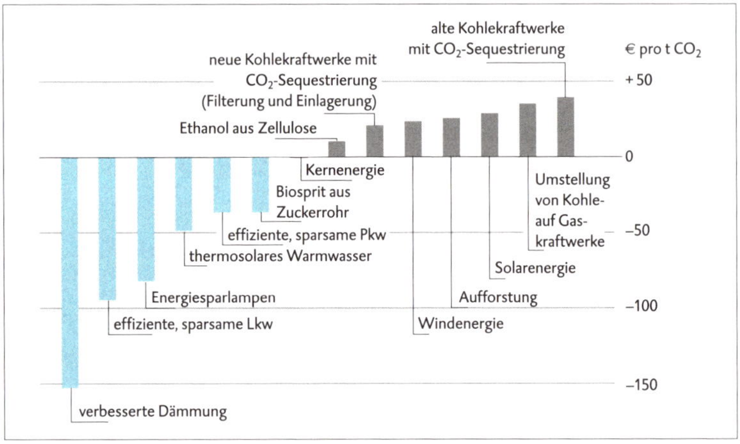

Die Kosten verschiedener Maßnahmen zur Reduktion von Treibhausgasen

Da der Klimawandel ein globales Problem darstellt, ist es notwendig, dass die Staatengemeinschaft bei seiner Bekämpfung zusammenarbeitet. Allerdings ist dies bisher nicht gelungen. Der erste Versuch einer internationalen Vereinbarung, das **Kyoto-Protokoll**, in dem sich die Unterzeichner zu einer Reduktion ihrer Emissionen bis 2012 verpflichtet hatten, ist aus mehreren Gründen gescheitert: Zum einen wurde der Vertrag vom damals größten Emittenten, den USA, nicht ratifiziert. Zum anderen waren Entwicklungs- und Schwellenländer wie China, inzwischen größter Produzent von Treibhausgasen, damals von der Verpflichtung zur Emissionsreduktion entbunden. **Klimakonferenzen** bringen meist kaum konkrete Ergebnisse. Auch auf der UN-Konferenz in Doha/Katar Ende 2012 wurde nur ein „Mini-Kompromiss" erzielt: Zwar wurde das Kyoto-Protokoll bis 2020 verlängert. Die USA und China sind dem Protokoll jedoch nach wie vor nicht beigetreten; Japan und Kanada bei der Verlängerung nicht mehr dabei. Und während die Verhandlungen scheitern, nehmen die Treibhausgasemissionen von Jahr zu Jahr zu.

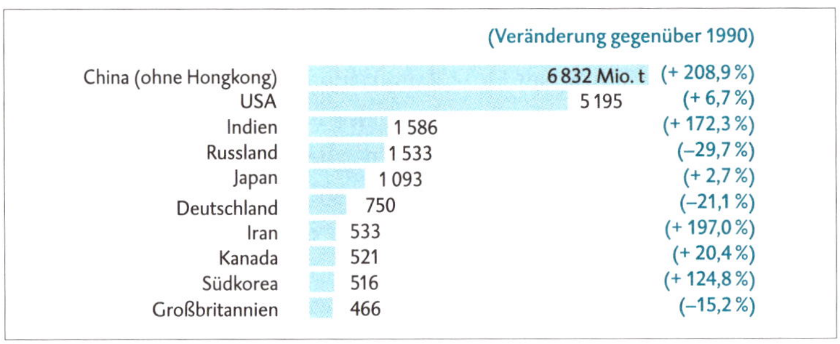

Staaten mit den größten energiebedingten CO_2-Emissionen, Stand 2009

Da sich der Klimawandel nach unserem derzeitigen Wissensstand nur noch dämpfen, aber nicht mehr stoppen lässt, ist es nötig, sich an die veränderten Bedingungen relativ rasch anzupassen. Dafür gibt es eine Vielzahl an **Maßnahmen**, zu denen unter anderem folgende gehören:

- Errichtung von Staudämmen. Sie können die Funktion von Gebirgsgletschern übernehmen und Wasser für die Trockenzeit speichern;
- Verwendung effizienterer Bewässerungsmethoden und Züchtung trockenheitsresistenterer Pflanzen bei zunehmender Wasserknappheit;
- Gewinnung von Trinkwasser aus Meerwasserentsalzungsanlagen;
- Anlage von Deichen zum Küstenschutz bei steigendem Meeresspiegel;
- Ausweitung von Überschwemmungsflächen an hochwassergefährdeten Flüssen und Rückbau menschlicher Infrastruktur in diesen Gebieten, um die Schäden gering zu halten;
- Aufforstung von desertifikationsgefährdeten Gebieten.

info

Individuelle Maßnahmen zum Schutz des Klimas

Es gibt eine Vielzahl von Maßnahmen, mit deren Hilfe man seinen eigenen Energieverbrauch reduzieren und nebenbei auch Geld sparen kann.

- Man kann z. B. Computer und Fernseher ausschalten, wenn man sie nicht braucht, wodurch eine beträchtliche Menge an Strom eingespart werden kann. Allein der **Standby-Verbrauch** in Deutschland benötigt den Strom von ein bis zwei Kraftwerken.
- Auch in Schulen und anderen öffentlichen Gebäuden wird viel Energie verschwendet. So würde eine Reduktion der häufig deutlich über 20 °C liegenden **Raumtemperatur** auf 18–19 °C zusammen mit einem angepassten Lüften (kurzes Stoßlüften statt gekippter Fenster) nicht nur den Heizenergiebedarf deutlich senken, sondern nebenbei auch noch die geistige Leistungsfähigkeit erhöhen, die bei ca. 18 °C Raumtemperatur ihr Optimum erreicht.
- Wer nicht auf **Flugreisen** verzichten will, kann die dabei entstehenden Emissionen durch einen „Klimaschutzbeitrag" kompensieren – Informationen dazu gibt es unter *www.atmosfair.de*
- Wer lieber selbst einen Beitrag zur Reduktion des CO_2-Gehalts der Atmosphäre leisten möchte, kann z. B. **Bäume pflanzen**. Informationen dazu sind unter *www.plant-for-the-planet.org/de* zu finden.

3.5 Der Zusammenhang zwischen Ozon, Ozonloch und Klimawandel

→ **Stratosphäre:** vgl. S. 18

UV-Strahlung: für den Menschen unsichtbare elektromagnetische Strahlung, die eine kürzere Wellenlänge (1 – 380 nm) aufweist als sichtbares Licht; von der Sonne kommend, erreichen UV-A und UV-B-Strahlen die Erdoberfläche, während die energiereicheren UV-C-Strahlen von der Atmosphäre absorbiert werden (vgl. Info rechts); UV-B Strahlung ist für den Menschen lebenswichtig, weil mit ihrer Hilfe Vitamin D gebildet wird; sie verursacht Bräunung der Haut, kann aber auch zu Sonnenbrand führen und langfristig zu Hautkrebs

Ozon (O_3) ist in Bodennähe ein durch Luftverschmutzung hervorgerufenes giftiges Treibhausgas. In der **Stratosphäre** jedoch, in der sich 90 % des Ozons konzentrieren, bildet es die lebenswichtige **Ozonschicht**, die einen Großteil der für Organismen schädlichen energiereichen **UV-Strahlung** (v. a. UV-B- und UV-C-Strahlung) von der Erde abhält.

info

Ozon

Ozon entsteht, wenn Sauerstoffmoleküle von energiereichen Photonen der UV-Strahlung zu Sauerstoffradikalen zerlegt werden:

1. O_2 + Photon < 242 nm (Nanometer Wellenlänge) $\longrightarrow$ O + O
2. O_2 + O $\longrightarrow$ O_3

Da zum Entstehen von Ozon Sonnenstrahlen nötig sind, wird es hauptsächlich im Bereich der starken Sonneneinstrahlung in den Tropen gebildet, nicht jedoch während der Polarnacht in den Polarregionen. Auch der Abbau kann nur stattfinden, wenn energiereiche, langwellige UV-Strahlung > 242 nm auf Ozonmoleküle trifft und von diesen absorbiert wird. Aufgrund dieser Absorption können die energiereichen UV-Strahlen nicht in tiefere Schichten der Atmosphäre eindringen. Als Folge der Energieaufnahme werden die Ozonmoleküle zersetzt:

3. O_3 + Photon > 242 nm $\longrightarrow$ O_2 + O
4. O_3 + O $\longrightarrow$ 2 O_2

Da sich Bildung und Abbau des Ozons in der Stratosphäre normalerweise im Gleichgewicht befinden, entsteht eine stabile Ozonschicht. Allerdings kann das Ozon auch mithilfe von Katalysatoren wie Chlor (Cl), Brom (Br) und Hydroxyl-Radikalen (OH) zersetzt werden, die dabei nicht aufgebraucht werden. So kann z. B. ein Chlor-Atom zwischen 10 000 und 100 000 Ozonmoleküle zerstören, bevor es in einer stabilen chemischen Verbindung gefangen wird. Je mehr Katalysatoren in die Stratosphäre gelangen, desto stärker wird die Ozonschicht ausgedünnt. Sie kann jedoch nicht zerstört werden, weil durch die Sonneneinstrahlung besonders in den Tropen ständig neues Ozon gebildet wird, das in Richtung Pole abfließt und dort die Ozonschicht erneuert. Allerdings kann in den jeweiligen Frühjahren in den Polargebieten, besonders über der Antarktis, die Ausdünnung der Ozonschicht so stark sein, dass man von einem **Ozonloch** spricht, auch wenn es sich nur um einen Bereich mit geringerer Ozonkonzentration handelt.

Für das Entstehen des Ozonlochs gibt es mehrere Gründe: Aufgrund der im Winter deutlich größeren Temperaturunterschiede zwischen Polen und Tropen herrschen ausgeprägte Luftdruckunterschiede, was wiederum zu stärkeren **Polarwirbeln** (Ostwinden) führt. Die Wirbel verhindern während des Winters einen Transport von Ozon aus den Tropen zu den Polen, während dort wegen der Polarnacht kein Ozon gebildet werden kann.

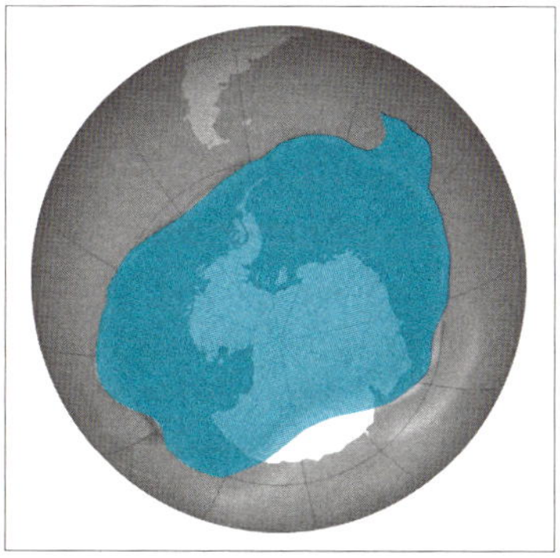

Bislang größte Ausdehnung des Ozonlochs, gemessen im September 2006

Aufgrund der unterschiedlichen Land-Meer-Verteilung sind diese Polarwirbel über der Antarktis sehr stabil, über der Arktis jedoch nicht, wodurch dort mehr Ozon nachgeführt wird und die Ozonkonzentration stabiler bleibt. Außerdem bilden sich im Winter wegen der extrem niedrigen Temperaturen über den Polargebieten **Stratosphärenwolken**, die den Ozonabbau fördern. Salpetersäure, die ansonsten Chloratome binden kann, friert dort an, und die freien Chloratome können im Frühjahr unter Einfluss des UV-Lichts das Ozon zerstören.

Da es während der Polarnacht keine UV-Strahlung gibt, tritt das Ozonloch erst zu Beginn des noch kalten Frühjahrs auf. Mit steigenden Temperaturen lösen sich die Stratosphärenwolken wieder auf, neues Ozon strömt aus den Tropen heran und während des Polartages wird neues Ozon gebildet, sodass die Ozonkonzentration wieder ansteigt.

Dieser natürliche Zyklus wird durch den Menschen beeinflusst, der chlorhaltiges FCKW in die Atmosphäre entlässt. Dadurch nimmt die natürliche Konzentration an Katalysatoren in der Stratosphäre zu, die z. B. aus Vulkanausbrüchen stammen, und die Ozonabbauprozesse verstärken sich. Dies gilt als Hauptursache für den seit den 1950er-Jahren in der Antarktis gemessenen Rückgang der Ozonwerte. Da die Produktion von FCKW inzwischen eingestellt wurde, was nebenbei mehr für die Bekämpfung des Klimawandels bewirkt hat als alle anderen internationalen Vereinbarungen zusammen, prognostizieren die Wissenschaftler eine Stabilisierung bzw. einen Wiederanstieg der Ozonkonzentration über der Antarktis bis 2050. Allerdings kann dies durch den **Treibhauseffekt** hinausgezögert werden, weil höhere Temperaturen in der Troposphäre mit niedrigeren in der Stratosphäre (Stratosphärenwolken!) korrelieren, wodurch der Ozonabbau beschleunigt wird.

Treibhauseffekt und Ozonloch: Das Ozonloch hat nur einen sehr geringen Einfluss auf den Treibhauseffekt; es kann zwar das Plankton im Südpolarmeer schädigen, wodurch dieses weniger CO_2 binden kann; da das Ozonloch aber im Frühjahr auftritt, überschneidet es sich zeitlich mit der größten Ausdehnung des Meereises, das das darunterliegende Plankton schützt

Zusammenfassung

- Das Klima der Erde ist durch die unterschiedliche Sonneneinstrahlung bedingt, die zu Temperatur- und Druckunterschieden zwischen dem Äquator und den Polen führt.
- Die Temperatur- und Druckunterschiede führen zu Ausgleichsströmungen in der Atmosphäre (Winde) die aber aufgrund der Erdrotation abgelenkt werden (Corioliskraft). Erst wenn der Druckunterschied so groß wird, dass das weltumspannende Band der so entstandenen Jetstreams instabil wird, erfolgt ein Ausgleich entlang der Polarfront durch das dynamische zyklonale Wettergeschehen der Mittelbreiten.
- Das Klima der Tropen ist geprägt von nahezu konstanten Temperaturen (Tageszeitenklima) und großer Humidität in den inneren Tropen sowie durch einen Wechsel von Regen- und Trockenzeiten in den Savannen, wobei der Niederschlag dem Zenitalstand der Sonne folgt (ITC).
- Das Klima der kalten Zonen ist geprägt durch die stark unterschiedliche Beleuchtung im Sommer (Polartag) und Winter (Polarnacht), wodurch sich ein extremes Jahreszeitenklima ergibt.
- Die einstrahlungsbedingten Klimazonen werden durch weitere Faktoren variiert, wobei v. a. die Land-Meer-Verteilung eine wichtige Rolle spielt (Maritimität/Kontinentalität; Monsun).
- Das Verbrennen fossiler Energieträger führt zu einer Zunahme der Konzentration von Treibhausgasen (v. a. CO_2) in der Atmosphäre, wodurch sich die globale Durchschnittstemperatur erhöht (anthropogener Treibhauseffekt). Als Folge kommt es zu drastischen Veränderungen, z. B. Abschmelzen von Gletschern, Anstieg des Meeresspiegels, extremen Wetterereignissen wie Dürren oder Überschwemmungen, Aussterben ganzer Ökosysteme wie der Tundra.
- Trotz dieser Gefahren gibt es bisher keine global abgestimmte Strategie, um das Problem in den Griff zu bekommen. Deshalb ist zunächst jeder für sich selbst aufgerufen, Energie zu sparen und sein Verhalten anzupassen.

Landschaftsökologische Systeme zwischen Zerstörung und Bewahrung

1 „Ökosystem“ und „Ökozone“ – Begriffsdefinitionen

Ökosystem: Wechselwirkungsgefüge, das sich aus **biotischen** (lebenden) und **abiotischen** (unbelebten) Elementen zusammensetzt, in Teilen offen ist und über eine begrenzte Selbstregulationsfähigkeit verfügt; unterschieden werden: terrestrische, semiterrestrische, ozeanische und limnische (Seen betreffende) Ökosysteme; „Motor“ eines Ökosystems ist die aus dem Sonnenlicht gewonnene Energie

Der britische Botaniker ARTHUR GEORGE TANSLEY führte 1935 den Begriff **Ökosystem** in die Forschung ein.

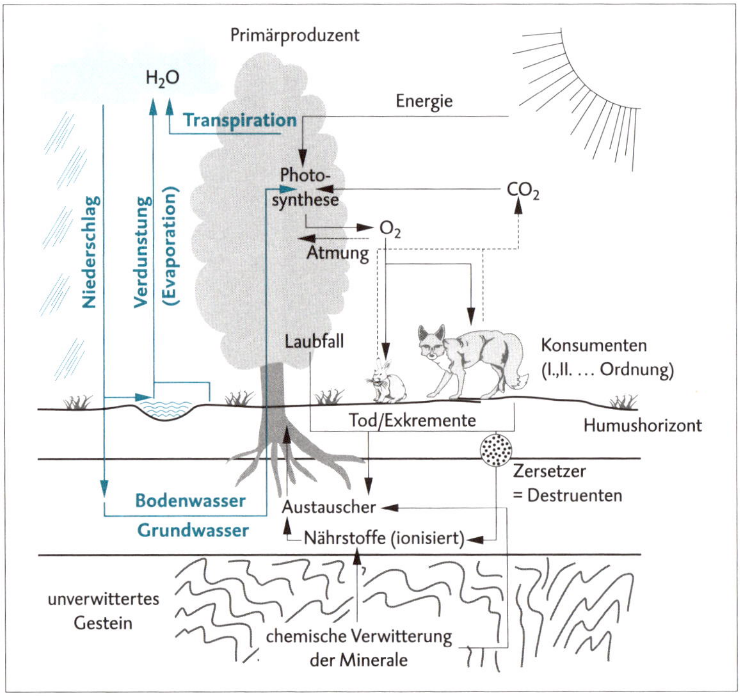

Elemente eines Ökosystems

Ökozonen: Großräume der Erde, die sich durch jeweils eigenständige Klimagenese, Morphodynamik, Bodenbildungsprozesse, Lebensweisen von Pflanzen und Tieren sowie Erträge in der Land- und Forstwirtschaft auszeichnen (nach J. SCHULTZ 2008)

Die räumliche Ausdehnung, die einem Ökosystem zugestanden wird, hängt von Anlass und Zweck der Untersuchung ab. Die kleinste Raumeinheit ist das **Ökotop** (z. B ein Teich), die ausgedehntesten Ökosysteme sind die **Ökozonen**[1].

Trotz fließender Übergänge zwischen den Teilräumen und der realen Vielfalt von Standortverhältnissen kann man generalisierend zu einer weltweiten **Differenzierung** in **Zonen** gelangen. Diese erfahren nur in den **Hochgebirgen** jeweils deutliche Modifikationen **(Höhenstufen)**.

1 Der Terminus Ökozone wurde 1988 von JÜRGEN SCHULTZ in die Forschung eingebracht. Vergleichbare Bezeichnungen anderer Autoren sind z. B. Landschaftszonen, Landschaftsgürtel, geographische Zonen, Geozonen, Zonobiome.

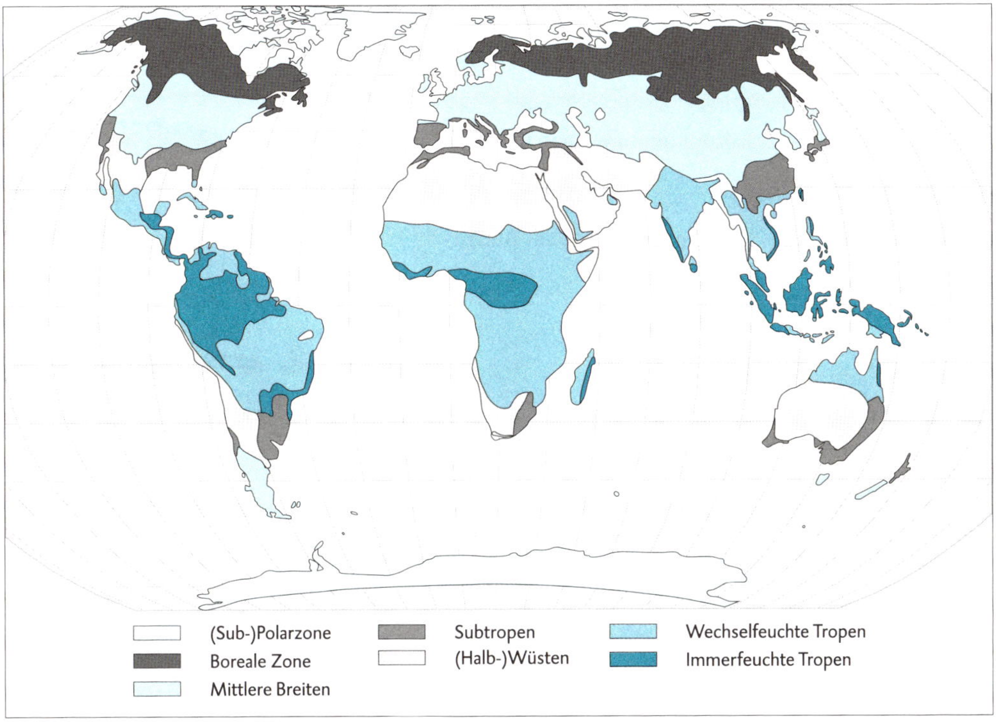

Ökozonen der Erde (vereinfachte Darstellung ohne Berücksichtigung der Sonderverhältnisse in den Gebirgen)

2 Ökozonen als Ökosysteme

Augenfälligster **Geoökofaktor** innerhalb der Ökozonen ist die Vegetation. In deutlicher Entsprechung zu den globalen Hauptklimaten (z. B. nach E. NEEF) gliedert man i. d. R. sieben **Vegetationszonen** aus.
Durch den Einfluss des Menschen wird die **potenzielle natürliche Vegetation** innerhalb dieser Zonen immer weiter zurückgedrängt und verändert.
Im Vergleich zum Begriff Vegetationszone legt der Begriff **Ökozone** einen zusätzlichen Akzent auf die **abiotischen** Elemente des Ökosystems, also v. a. Klima, Wasser, Gestein, Boden, Relief.

Geoökofaktoren: Natur und Landschaftsbild bestimmende Faktoren und Elemente: Gestein, Klima, Boden, Vegetation, Tierwelt, Wasser, Relief

potenzielle natürliche Vegetation: Vegetation unter den Bedingungen eines Standorts ohne menschlichen Einfluss

2.1 Die Polar- und Subpolarzone – nicht nutzbare Anökumene?

Diese Zone umfasst ca. 22 Mio. km^2 bzw. beinahe 15 % der Festlandsfläche um die Pole. Sie wird äquatorwärts begrenzt durch die **Baumgrenze**.

KLIMA

Wechsel zwischen Polarnacht und -tag (am Pol jeweils ein halbes Jahr)
→ thermisches Jahreszeitenklima
mittlere Temperaturen in wenigstens 9 Monaten < 5 °C; wärmster Monat max. 10 °C
Niederschläge meist < 250 mm, zu allen Jahreszeiten, überwiegend bzw. ausschließlich als Schnee

VEGETATION

in der Antarktis nahezu ausschließlich Eiswüste, nordhemisphärisch auch Frostschutt- und Tundrengebiete (Flechten, Moose)

TIERWELT

Rentiere, Karibus, Moschusochsen, Lemminge, Polarhasen, Schneehühner, Schneeeulen, Gänse, Enten, an den Küsten Robben, Walrosse, Eisbären, Tölpel usw.; Stechmücken

MORPHOLOGIE

Frostsprengung → eckiger Gesteinsschutt, Frostmusterböden und Bodenfließen (Solifluktion) im sommerlichen Auftauboden über Dauerfrost (Permafrost); Überschwemmungen während der Schneeschmelze

BÖDEN

skelettreiche Rohböden
in den Tundren Gleye und arktische Braunerden
Moor-/Torfböden

Die Polar- und Subpolarzone

Landnutzung

Aufgrund der niedrigen Sommertemperaturen können die (sub-)polaren Zonen ackerbaulich nicht genutzt werden. Allenfalls ist eine extensive Weidewirtschaft möglich, z. B. Rentierhaltung, ferner die Jagd auf Robben und Fische am Polarsaum der **Ökumene**.

Ökumene: der durch den Menschen nutzbare Raum; seine Grenzen werden durch naturbedingte Einschränkungen gesetzt; den nicht nutzbaren Raum nennt man **Anökumene**

Während indigene Völker ihre Heimat über Jahrhunderte hinweg nachhaltig genutzt haben, sind die (Sub-)Polarregionen heute ökologisch gefährdet, u. a. wegen

- einer erhöhten Strahlenbelastung durch den über den Polen starken Ozonabbau mit Folgen für Mensch, Tier und Pflanzen,
- der Folgen z. B. von Ölunfällen oder der Entsorgung von Gift- und Atommüll, da aufgrund der niedrigen Temperaturen und des geringen Lichteinfalls alle Zerfallsprozesse verlangsamt ablaufen,
- des abschmelzenden Eises und des Meeresspiegelanstiegs als Resultat der globalen Erwärmung.

Ein erster Vertrag zum Schutz der **Antarktis** wurde 1959/1961 geschlossen und mehrfach ergänzt. Bis 2041 ist der Abbau der geschätzt vorhandenen 45 Mrd. Barrel Öl, 115 000 Mrd. m^3 Erdgas, von Titan, Chrom, Kupfer, Kohle und Gold untersagt.

In der **Arktis** eröffnen sich durch den Rückgang des Eises neue Möglichkeiten für die Schifffahrt und die Rohstoffgewinnung. Dies hat dazu geführt, dass Russland, Kanada und Dänemark im Hinblick auf Bodenschätze Gebietsansprüche angemeldet haben, während die USA für eine Internationalisierung der bald eisfreien **Nordwestpassage** eintreten.

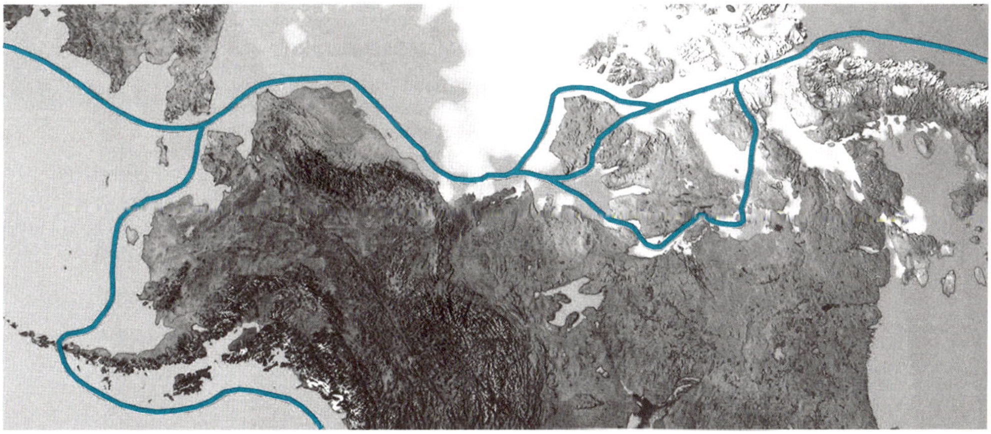

Mögliche Routen der Nordwestpassage

2.2 Die boreale Zone – Potenziale des größten Waldgebiets der Erde

Die boreale Zone umfasst ca. 20 Mio. km^2 bzw. 13 % der Fläche des Festlands. Es handelt sich um einen erdumspannenden, ausschließlich nordhemisphärischen Gürtel von 700 bis 2 000 km Breite jenseits 50° n. Br. (Westseiten der Kontinente) bzw. 60° n. Br. (Ostseiten).

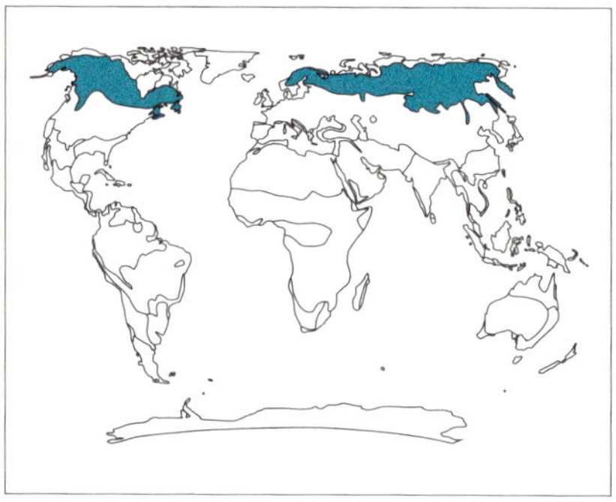

KLIMA

lange, kalte Winter; mäßig warme Sommer mit 3–6 Monaten > +5 °C und einer maximalen Monatsmitteltemperatur von < +18 °C
Niederschläge 250–500 mm (Regenanteil > Schneeanteil)

VEGETATION

artenarme Nadelwälder (Taiga) aus Fichten, Kiefern, Tannen oder Lärchen, mit Strauchschicht aus Birken, Pappeln, Weiden oder Erlen
Torfmoore

TIERWELT

Elche, Hirsche, Bären, Biber, Wölfe, Füchse, Schneehasen u. a.
Wildbestandsdichte gering; zyklische Populationsschwankungen

MORPHOLOGIE

Landoberfläche weithin eben
flache Seen, die beim Auftauen des Permafrosts entstehen, neben Buckeln oder Hügeln (bis über 100 m Höhe) über Eislinsen/-kernen

BÖDEN

Podsole, Gleye, Moorböden; verbreitet Staunässe über Permafrost, mächtige Rohhumusauflagen, die durch Waldbrände mineralisiert werden und erst so eine Verjüngung des Waldes ermöglichen

Die boreale Zone

Landnutzung

Im Vordergrund stehen der Holzeinschlag (etwa 90 % des globalen Papier- und Schnittholzbedarfs) und die Nutzung der weltweit größten **Torf**vorkommen. Grünlandwirtschaft sowie Anbau von Kartoffeln, Gerste, Roggen und Hafer sind bei künstlicher Düngung bis jenseits der Waldgrenze möglich, aber aus klimatischen und pedologischen Gründen unbedeutend. Dennoch beeinträchtigen die Mineralsalzeinträge der Landwirtschaft und auch der Industrie die Moore. Durch auftauenden **Permafrost** werden große Mengen Methan und CO_2 freigesetzt.

Torf: in Mooren unter Sauerstoffabschluss gebildetes Zersetzungsprodukt aus organischem Material, v. a. Moosen

Permafrost: bis 1 500 m tief gefrorene Boden- und Gesteinsschichten, die im Sommer oberflächlich auftauen

2.3 Die mittleren Breiten: Wälder und Steppen

Die Entfernung zu den Ozeanen bedingt eine Aufspaltung der Zone in zwei klar zu trennende Bereiche:

Die **feuchten Mittelbreiten** sind an den Westseiten der Kontinente zwischen 40 ° und 60 °, an den Ostseiten zwischen 35 ° und 50 ° n. Br. zu finden. Sie umfassen ein Gebiet von 14,5 Mio. km^2 und nehmen knapp 10 % der Festlandsfläche ein.

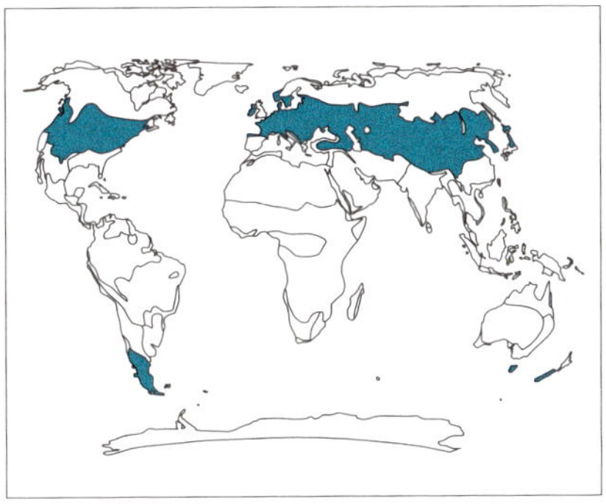

Die **trockenen Mittelbreiten** liegen im meerfernen Innern der Nordkontinente bzw. im Lee der Anden (Patagonien). Sie umfassen 16,5 Mio. km^2 bzw. über 11 % der Festlandsfläche.

Landnutzung

In den nordhemisphärischen feuchten Mittelbreiten erreichen Industriebesatz und Bevölkerungsdichte weltweit die höchsten Werte. Die Versorgung der Menschen mit Nahrungsmitteln wird durch eine arbeits- und kapitalintensive Landwirtschaft sichergestellt. Angebaut werden v. a. Getreide (Weizen, Mais, Roggen, Gerste, Hafer) und Hackfrüchte (Kartoffeln, Rüben), ferner Futterpflanzen, Ölsaaten und Obst. In den ozeanisch geprägten Räumen, z. B. in Irland, dominiert intensive Viehzucht. Diese Nutzungen haben dazu geführt, dass in den feuchten Mittelbreiten die potenzielle Vegetation nur noch in Resten erhalten ist.

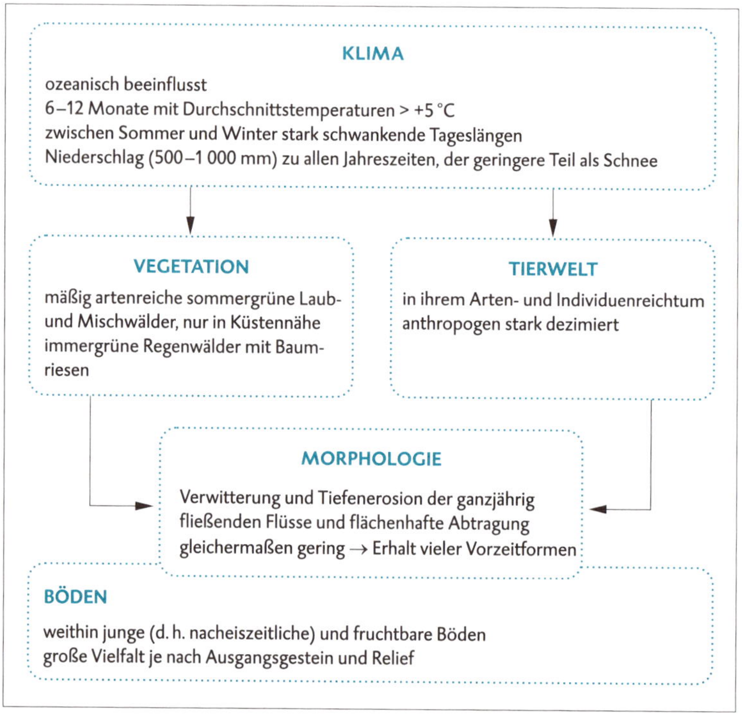

Feuchte Mittelbreiten

In den trockenen Mittelbreiten herrscht der Anbau von Sommerweizen vor, in den noch trockeneren Bereichen derjenige von Sonnenblumen oder Baumwolle. Allerdings ist **Regenfeldbau** angesichts der Niederschlagsvariabilität riskant und nur bei Einsatz von Methoden des **Dry Farming** oder bei künstlicher Bewässerung möglich. Sinkende Weizenerträge als Folge von Bodenerosion und Versalzung in Kasachstan und China oder katastrophale Missernten wie in den 1930er-Jahren in den Great Plains des amerikanischen Mittelwestens zeigen die Verletzbarkeit **(Labilität)** des Ökosystems.

Regenfeldbau: Anbau von Feldfrüchten unter ausschließlicher Nutzung der natürlich vorhandenen Niederschläge; Gegenteil: **Bewässerungsfeldbau**

Dry Farming: ackerbauliche Methoden in Regionen nahe der Trockengrenze zur Anreicherung oder zum Erhalt von Niederschlagswasser im Boden, z. B. durch Einschalten eines Brachejahres, Eggen nach Regenfällen oder Mulchen (Ausbringen von Ernterückständen auf den Feldern)

Nur in der Mongolei gibt es noch ökologisch nachhaltige nomadische Weidewirtschaft mit einer geringen Bestockungsdichte. In den hochentwickelten Staaten hingegen ist deutlich kommerziell ausgerichtetes, stationäres (ortsfestes) **Ranching** die am häufigsten praktizierte Form extensiver Weidewirtschaft. Der Anbau von Futterpflanzen in Nachbarregionen verlagert die Probleme dorthin (z. B. Übernutzung des Ogallala-Aquifers zwischen Nebraska und Texas).

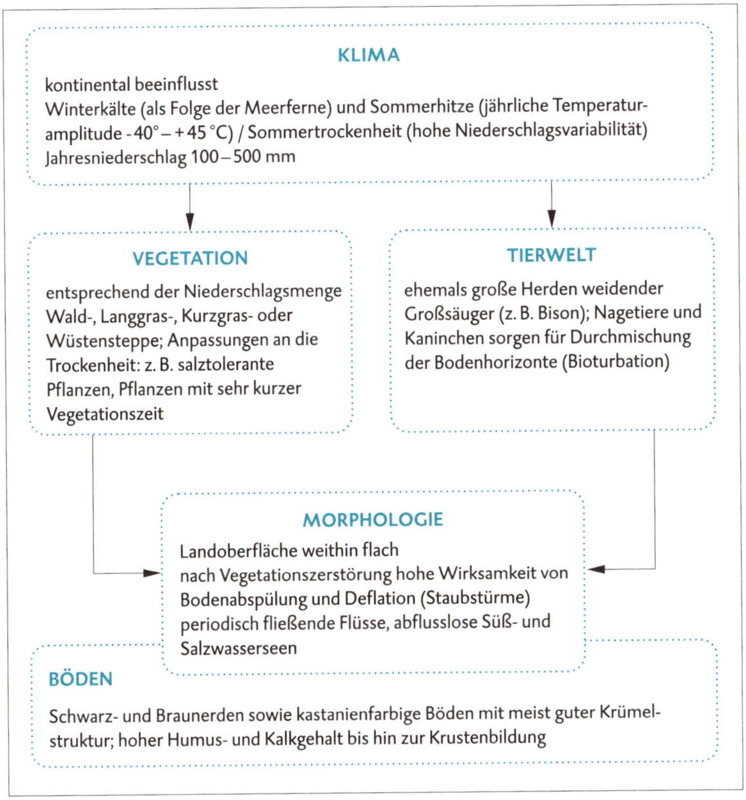

Trockene Mittelbreiten

2.4 Die subtropischen Regionen – Gemeinsamkeiten und Unterschiede

Im subtropischen Bereich unterscheiden sich West- und Ostseiten der Kontinente erheblich: Auf den **Westseiten** der Kontinente findet man **Regionen mit Winterregenklima**. Die Ausdehnung dieser Regionen zwischen 30° und 40° n. Br./s. Br. Beträgt nur 2,5 Mio. km² oder weniger als 2 % der Festlandsfläche.

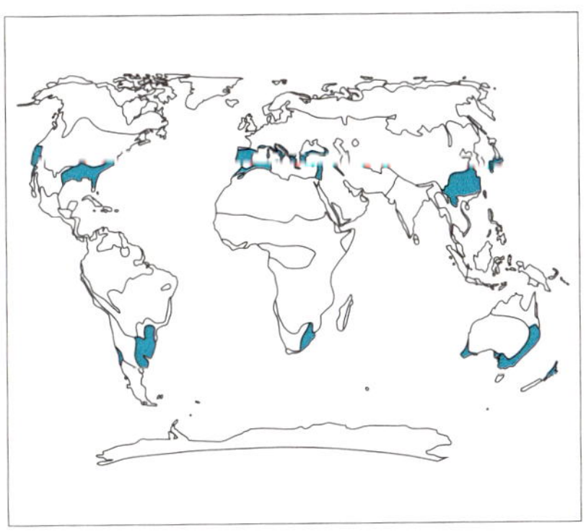

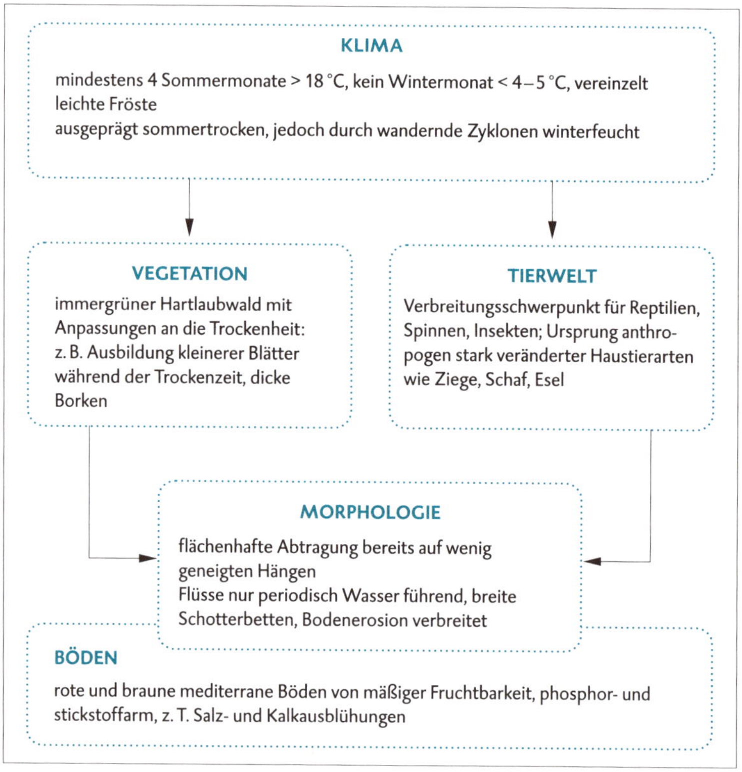

Regionen mit Winterregenklima

Landnutzung

Hartlaubvegetation: besteht aus immergrünen Pflanzen, die sich an sommerliche Trockenheit und milde Winter angepasst haben, z.B. durch wachsüberzogene Blätter, kleine Blattformen, Behaarung der Blattoberfläche zur Reduzierung der Verdunstung; Beispiele: Lorbeer, Steineiche, Korkeiche

Ausgedehnter Getreidebau in den Tiefländern, Anbau von z. B. Obst, Gemüse, Wein, Oliven und Zitrusfrüchten in Bewässerungslandwirtschaft sowie die gezielte Abholzung für Brennholz, Schiffs- und Wohnungsbau haben in nahezu allen Gebieten mit **Hartlaubvegetation** deren Verbreitung deutlich zurückgedrängt. Diese intensive agrarische Nutzung, oft über Jahrhunderte hinweg, hat zu einer anthropogen bedingten **Degradation** der Vegetation geführt:

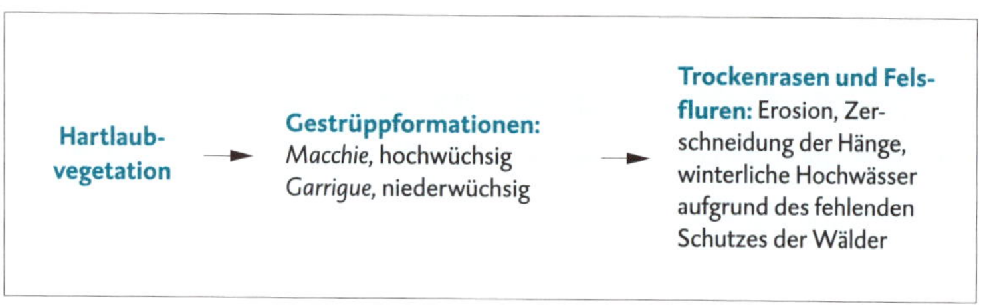

Beispiel Mittelmeerraum: Degradationsreihe der Vegetation

Die **humiden Subtropen** erstrecken sich auf den **Ostseiten** der Kontinente auf 6 Mio. km^2 oder 4 % der Festlandsfläche zwischen 25° und 35° n. Br./s. Br. und entsprechen weitgehend NEEFs subtropischem Ostseitenklima.

Auch hier ist aufgrund ganzjährig ausreichender Niederschläge und milder Winter Kulturland an die Stelle der ursprünglichen Vegetation getreten. Dabei ist die Bandbreite der meist in spezialisierten und mechanisierten Marktfruchtbetrieben angebauten Früchte groß: Tee- und Zitruskulturen in Ostasien, Baumwolle, Erdnuss und Tabak in den südöstlichen USA, Soja und Mais in Uruguay und Brasilien, Weizen im australischen New South Wales.

Humide Subtropen

2.5 Halbwüsten und Wüsten: nachhaltige Nutzung in ariden Räumen?

Halbwüsten und Wüsten umfassen 31 Mio. km^2 oder 21 % der Festlandsfläche. Sie liegen im Einflussbereich der Passate und des subtropischen Hochdruckgürtels, küstennah im Einflussbereich kalter Meeresströmungen, in Leelage (Nordamerika) sowie im meerfernen Inneren der Kontinente (Asien).

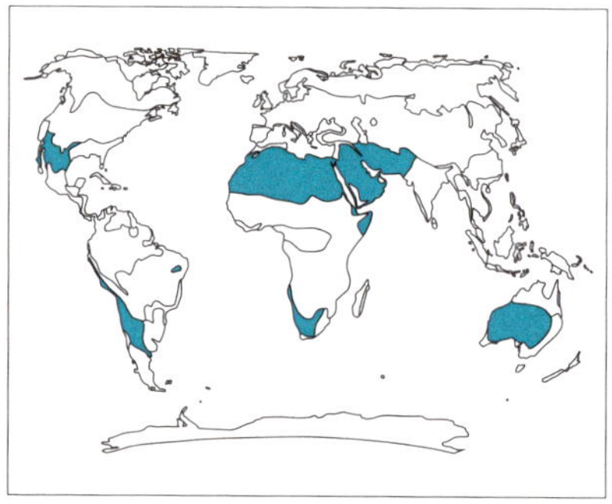

KLIMA

Bereich höchster Sonnenein- und -ausstrahlung → extreme Temperaturunterschiede zwischen Tag und Nacht bei ganzjährig hohen Monatsdurchschnittstemperaturen; max. 2 humide Monate, extreme Niederschlagsvariabilität, durchschnittl. Jahresniederschlag in Halbwüsten < 250/300, in Wüsten < 50 mm; in Küstenwüsten (Namib, Atacama) Nebel als Feuchtigkeitsspender

VEGETATION

auf Gunststandorte beschränkt; Halbwüsten und Wüstensteppen als Übergangszonen mit diffuser Vegetation; einjährige oder an die Trockenheit angepasste Pflanzen, z. B. durch tief reichendes oder ausgedehntes oberflächennahes Wurzelsystem, extrem kleine oder gänzlich fehlende Blätter, Behaarung, Fähigkeit zur Wasserspeicherung (Sukkulenz)

TIERWELT

individuenarm, angepasst an Hitze und Trockenheit z. B. Nagetiere, Reptilien, Ameisen

MORPHOLOGIE

intensive Salz- und Temperaturverwitterung: mächtige Gesteinsschuttdecken am Gebirgsfuß, Kiesdecken durch Schichtfluten nach Starkregen, Sand- und Dünengebiete durch Ausblasung; in Salzpfannen endende Trockentäler

BÖDEN

aufgrund fehlender chemischer Verwitterung allenfalls extrem humusarme Rohböden, häufig mit Gips- oder Salzanreicherungen

Halbwüsten und Wüsten

Landnutzung

Außer entlang von **Fremdlingsflüssen** ist die Besiedlung der Trockengebiete dünn, eine Nutzung nur in Form extensiver Wanderweidewirtschaft (Ziege, Schaf, Kamel) möglich. In den weniger trockenen Randgebieten können im Regenfeldbau nur schnellwüchsige oder trockenresistente Pflanzen wie Hirse angebaut werden. In den traditionellen **Oasen** wird ein intensiver Stockwerkanbau betrieben.

In der jüngeren Vergangenheit wurde versucht, in mehreren hundert Metern Tiefe lagernde fossile Grundwasserlinsen mithilfe modernster Technik zu nutzen. Das entnommene Wasser wird jedoch nicht erneuert, sodass dieser Ansatz keine nachhaltige Lösung darstellt.

Versalzung wegen unzulänglicher Be- und v. a. Entwässerung, **sinkende Grundwasserspiegel** durch eine unkontrollierte Wasserentnahme und **Überweidung** sind wesentliche Gründe für die sich ausbreitenden Wüsten und den zunehmenden Prozess der **Desertifikation**.

Fremdlingsfluss: Fluss in einem Trockengebiet, der aus humiden Regionen stammt; Beispiele: Nil, Colorado River

→ **Versalzung:** vgl. S. 118

Desertifikation: Ausbreitung wüstenhafter Bedingungen in (semi-)ariden Gebieten, hervorgerufen durch ein Zusammenwirken natürlicher und anthropogener Einflüsse: Niederschlagsvariabilität, Überweidung, Abholzung

2.6 Die Savannen der wechselfeuchten Tropen – mehr Gemeinsamkeiten als Unterschiede?

Diesen Landschaftsgürtel findet man auf 25 Mio km² bzw. 16 % des Festlands. Die Graslandschaften der Savannen sind geprägt durch einen Wechsel von Regen- und Trockenzeiten. Je nach Dauer und Höhe des Niederschlags unterscheidet man drei Typen: An den Regenwald schließt die **Feuchtsavanne** an. Polwärts folgen **Trocken-** und **Dornsavanne**.

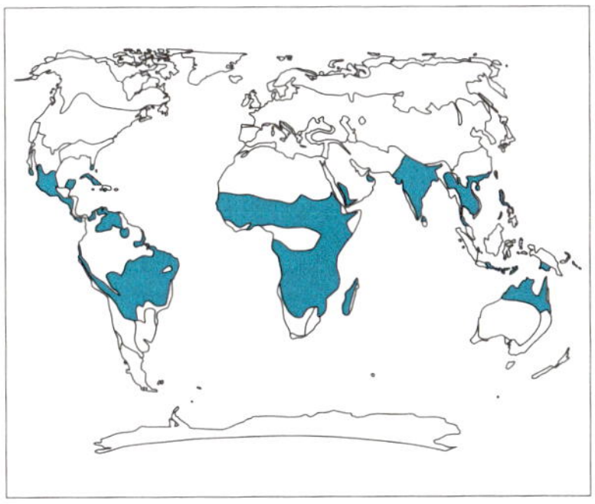

Die Savannen der wechselfeuchten Tropen Afrikas: Feuchtsavanne, Trockensavanne, Dornsavanne

KLIMA

ausgeprägter Gegensatz zwischen Regen- und Trockenzeit
Tageszeitenklima mit Monatsdurchschnittstemperaturen um 20 bis >30 °C
Temperaturmaxima meist vor Beginn der Regenzeit

VEGETATION

Nebeneinander von Grasland und lichten Waldformationen als Folge von Bodenunterschieden, der Einwirkung von Feuern, menschlicher Nutzung:
Feuchtsavanne ↔ halbimmergrüner Wald
Trockensavanne ↔ regengrüner Trockenwald
Dornsavanne ↔ Dornbüsche
Anpassungen der Pflanzen an Hitze und saisonale Trockenheit: Schirmwuchs, Sukkulenz, ledrige Blätter, Behaarung, Laubwurf, feingliedrige Blätter oder Dornen zur Reduktion der transpirierenden Oberfläche und als Fraßschutz

TIERWELT

Läufer: Huf- (Zebra, Antilope) und Raubtiere (Hyäne, Gepard), Laufvögel (Nandu, Strauß, Emu), Springer (Känguru, Springmaus); oft in großen Populationen; Termiten (neben den Feuern wichtig für den Streuumsatz), Heuschrecken

MORPHOLOGIE

ausgedehnte Rumpfflächen; flache Täler mit in der Regel periodisch fließenden Flüssen; Inselberge

BÖDEN

in den Feuchtsavannen rote Böden mit recht niedriger Austauschkapazität: saurer, stärker zersetzt, noch humusärmer und damit insgesamt weniger fruchtbar als die der Trockensavannen; dort eher rotbraune Böden
in den Dornsavannen überwiegend sandig oder steinig und mit sehr geringen organischen Anteilen

Die Savannen der wechselfeuchten Tropen

Landnutzung

Die Savannen werden ackerbaulich meist in extensiver Landwechselwirtschaft genutzt.
In den Feuchtsavannen werden dabei neben Körner- auch Knollenfrüchte wie Maniok angebaut sowie Baumwolle für den Weltmarkt (z.T. mit künstlicher Bewässerung). Das Nebeneinander von Gras- und Waldlandschaften sowie die Auswirkungen natürlicher und von Menschen gelegter Feuer bedingen hier ein äußerst vielfältiges Landschaftsmosaik.
In den Trockensavannen dominiert der Anbau von Körnerfrüchten wie Hirse und Mais; für den Weltmarkt werden Erdnuss, Tabak und Sesam kultiviert. Zusätzlich werden Rinder gehalten, sofern die Tsetsefliege dies nicht verhindert. Durch Rodungen, Überweidung und Feuerholz-

einschlag sind die Trockensavannen nicht selten übernutzt, in ihrem ökologischen Gleichgewicht gestört und zu anthropogenen Wüsten degradiert worden.
In den Dornsavannen dominiert die Haltung genügsamer Schafe, Ziegen und Kamele. Einige Regionen sind die Heimat von Jägern und Sammlern, z. B. den Aborigines in Australien. Die ursprüngliche Tierwelt ist durch die Jagd vielerorts stark dezimiert worden.
Jenseits der **agronomischen Trockengrenze** gedeihen nur noch wenige anspruchslose Kulturpflanzen wie Kichererbsen oder einige Hirsearten. Stattdessen steht die Viehzucht im Vordergrund.

agronomische Trockengrenze: Grenze, jenseits derer kein Regenfeldbau mehr möglich ist, meist bei ca. 500 mm Jahresniederschlag

2.7 Die immerfeuchten Tropen – Kann der tropische Regenwald erhalten werden?

Mit 12,5 Mio. km² umfasst die Ökozone etwa 8,5 % der Festlandsfläche; sie liegt zum weitaus größten Teil zwischen 10° n. Br. und 10° s. Br.

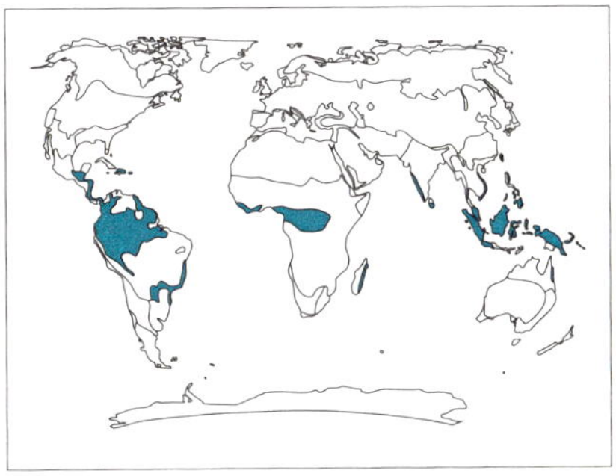

Landnutzung

Regenwälder sind die ältesten terrestrischen Ökosysteme und überaus komplex. **Primärproduktion** und Zersetzungsgeschwindigkeit sind nirgendwo auf der Erde höher als in den tropischen Regenwäldern.
Die an die geringe Bodenfruchtbarkeit angepasste traditionelle Nutzungsform ist der Brandrodungswanderfeldbau **(Shifting Cultivation)** mit typischem Ablauf (vgl. Grafiken nächste Seite).
Bei geringer Bevölkerungsdichte und deshalb langen Rotationszyklen handelt es sich um eine schonende Nutzungsform. Sie verliert ihre Berechtigung jedoch bei Nutzung derselben Parzelle im Abstand von wenigen Jahren. Denn dem entstehenden **Sekundärwald** fehlt so die Zeit, eine ausreichende Menge an **Phytomasse** aufzubauen, deren Asche die für den folgenden Anbauzyklus notwendigen Nährstoffe bereitstellen könnte.

Primärproduktion: Masse an organischer Substanz, die von den (grünen) Pflanzen aus nicht-organischen Verbindungen in einer bestimmten Zeit aufgebaut wird; Beispielwerte: tropischer Regenwald bis 30 t/ha/Jahr; mitteleuropäische Wälder um 10 t/ha/Jahr; Taiga 4 – 8 t/ha/Jahr

Phytomasse: organische pflanzliche Substanz in einer Raumeinheit, meist gemessen in Tonnen pro Hektar

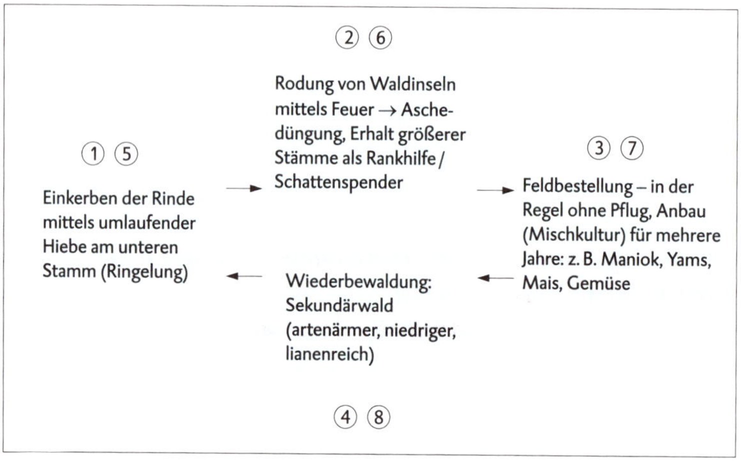

Modellhafter Ablauf des Brandrodungswanderfeldbaus

Problematisch ist zudem, dass gegenwärtig 13 % der globalen CO_2-Emissionen durch Brandrodung verursacht werden. Indonesien und Brasilien gehören zu den weltweit größten Verursachern von Treibhausgasen. Marktorientiert war der Brandrodungswanderfeldbau – im Gegensatz zur einzigen traditionellen Form innertropischen Daueranbaus, dem in Südostasien verbreiteten Nassreisanbau – nie, er diente ausschließlich der Eigenversorgung **(Subsistenzwirtschaft)**.

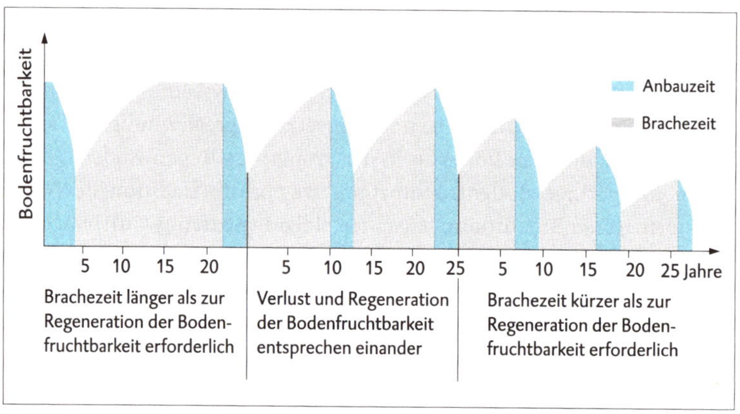

Ertragsfähigkeit und Anbauintervalle in Regenwaldgebieten

KLIMA

ganzjährige Monatsmitteltemperaturen von 25–27 °C mit Tagesschwankungen von bis zu 10 °C: Tageszeitenklima
ganzjährige Niederschläge (2 000–4 000 mm); meist zwei ausgeprägte Regenzeiten, kurze Trockenzeit (max. zwei Monate); Schwüle

VEGETATION

extrem artenreiche immergrüne Wälder mit geschlossenem Kronendach in 30–40 m Höhe, noch höheren Baumriesen und aufgrund der Lichtverhältnisse wenig dichtem Unterwuchs: „Stockwerkbau“
zahlreiche Anpassungen an die Nährstoffarmut der Böden, die Lichtverhältnisse, die Niederschläge: z. B. hohe, schlanke Stämme, flache Wurzeln (→ Stützung durch Brettwurzeln), Stammblütigkeit, Besetzung ökologischer Nischen durch Lianen und Epiphyten („Aufsitzerpflanzen“), Symbiose der Bäume mit Bodenpilzen (Mykorrhiza)

TIERWELT

artenreich, aber relativ individuenarm (Ausnahme: Insekten)
die meisten Arten leben in den höheren Stockwerken des Waldes

MORPHOLOGIE

als Folge starker chemischer Verwitterung aller Gesteine Flächenbildung und -erhaltung, da die Abspülung unter der durch den Wald geschützten Bodenoberfläche gering ist
daneben intensive fluviale Prozesse: etwa 50 % des Regenwassers fließen über das dichte Flussnetz ab
neben wenig eingetieften „Spülmulden“ im Flachland sind in Gebirgen Kerb(sohlen)täler und steilflankige Riedel verbreitet

BÖDEN

außer in Vulkangebieten und Flusstälern sehr alte, intensiv chemisch verwitterte Böden → extrem tiefgründig, eisen- und aluminiumhaltig (zur Verkrustung neigend) → Austauschkapazität, Basensättigung, Humusgehalt und damit Bodenfruchtbarkeit gering

Die immerfeuchten Tropen

Auch **Plantagen** stören vielfach das ökologische Gleichgewicht, z. B. durch eine einseitige Auslaugung der Böden und Schädlingsbefall als Folge der Monokultur.
Zunehmend ist Viehhaltung mit züchterisch an die innertropischen Verhältnisse angepassten Rinderarten von Bedeutung, ferner die Gewinnung von Bodenschätzen. Der Einschlag von Edelhölzern wie Mahagoni oder Teak sowie die Gewinnung von Harzen und Gerbstoffen tragen massiv zur anhaltenden Waldzerstörung bei. Die folgende Karte

Plantage: arbeits- und kapitalintensiver landwirtschaftlicher Großbetrieb im (sub-)tropischen Bereich, exportorientierter Anbau mehrjähriger Nutzpflanzen (Kaffee, Kakao, Kautschuk, Banane, Zuckerrohr, Ölpalme) mit zumindest teilweiser Aufbereitung/Weiterverarbeitung vor Ort der Waldzerstörung der Erde zeigt, dass gerade die Tropenwälder weiterhin abgeholzt werden, obwohl man um deren Wert und Bedeutung inzwischen weiß. So ist z. B. am Amazonas zwischen den Jahren 2000 und 2010 eine Fläche abgeholzt worden, die der Größe der Insel Großbritannien entspricht. Zwar hat die Geschwindigkeit der Abholzung in vielen Staaten inzwischen abgenommen. Doch fallen noch immer täglich große Flächen illegalem Holzeinschlag, dem Bau von Autobahnen und Staudämmen, der Rodung von Anbau- und Weideflächen, dem Bergbau sowie der Öl- und Gasförderung zum Opfer.

nachhaltige Agroforstwirtschaft: Produktionssystem, das Land- und Forstwirtschaft kombiniert und wichtige Elemente des natürlichen Aufbaus des Regenwaldes erhält, um die Degradation und Erosion des Bodens zu verhindern

Anzustreben ist eine **nachhaltige Agroforstwirtschaft**. Von 2005 bis 2010 ist die Fläche des zukunftsfähig bewirtschafteten tropischen Regenwaldes von 36 auf 50 Mio. ha gestiegen – dies sind allerdings weniger als 10 % der Gesamtfläche des genutzten Regenwaldes. In der Zukunft könnten insbesondere steigende Preise für Nahrungsmittel und Biotreibstoffe diesen kleinen Fortschritt wieder zunichtemachen.

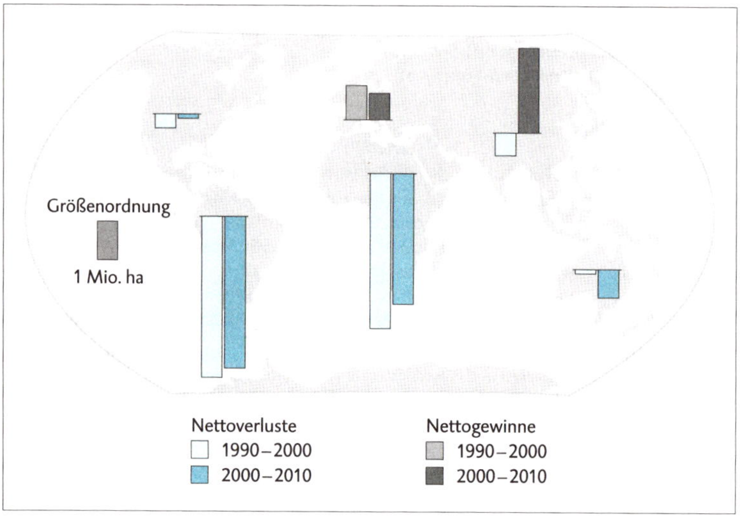

Waldverlust und Waldgewinn nach Regionen

3 Hochgebirge – gefährliche oder gefährdete Räume?

3.1 Höhenstufen der Vegetation

Nur die **Fußstufe** eines **Hochgebirges** besitzt die ökologischen Merkmale der Ökozone, in der es liegt. Infolge der höhenwärts abnehmenden Temperaturen (in den Alpen 0,58 °C/100 Höhenmeter) und einer Zunahme von Bewölkung und Niederschlag ändern sich an **Höhengrenzen** die ökologischen Verhältnisse. Dies ist deutlich ablesbar an den **Höhenstufen** der Vegetation (vgl. folgende Grafiken).
Die angegebenen Höhengrenzen zwischen den Stufen differieren von Landschaftszone zu Landschaftszone, von Gebirge zu Gebirge und selbst innerhalb eines Gebirges erheblich. So schwankt die Höhenlage der Waldgrenze innerhalb der Alpen um rund 800 Höhenmeter.

Hochgebirge: über die Baumgrenze aufragendes Gebirge; Merkmale: schroffe, hohe Felswände, steil aufragende Gipfel, Grate und Trogtäler; während der Kaltzeiten durch Gletscher umgeformt; Beispiele: Alpen, Himalaja, Anden, Rocky Mountains, Karpaten, Pyrenäen

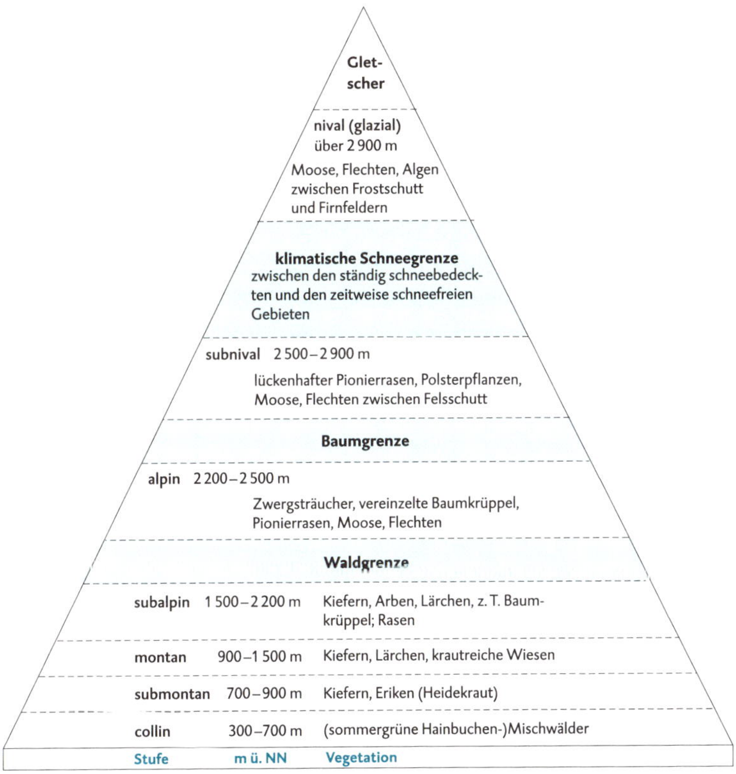

Höhenstufen der Vegetation in den Südalpen

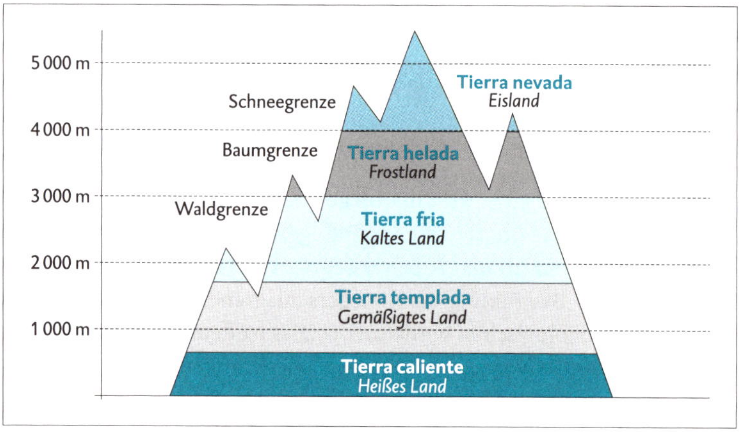

Höhenstufen in den Anden (generalisiert)

3.2 Landnutzung

Die meisten Hochgebirge sind bis in die alpine Stufe anthropogen beeinflusst. So wird in den höheren Lagen der Alpen Weide-, in den Rocky Mountains Forstwirtschaft betrieben. Brennholzeinschlag führt zur Entwaldung und zum Absinken der Waldgrenze. In den unteren Höhenstufen hat die Produktion von **Cashcrops** zur Umgestaltung der Natur geführt, so am Kilimandscharo und in Äthiopien durch Kaffeeanbau.

Cashcrops: Agrarprodukte, die für den Absatz auf dem Weltmarkt und nicht zur Eigenversorgung angebaut werden

In jüngster Zeit beansprucht der Tourismus v. a. durch den Wintersport die Gebirgsregionen stark. Eine zunehmende Zahl von Klettersportlern nutzt sogar die ökologisch besonders labilen Hochregionen im Himalaja und am Kilimandscharo.

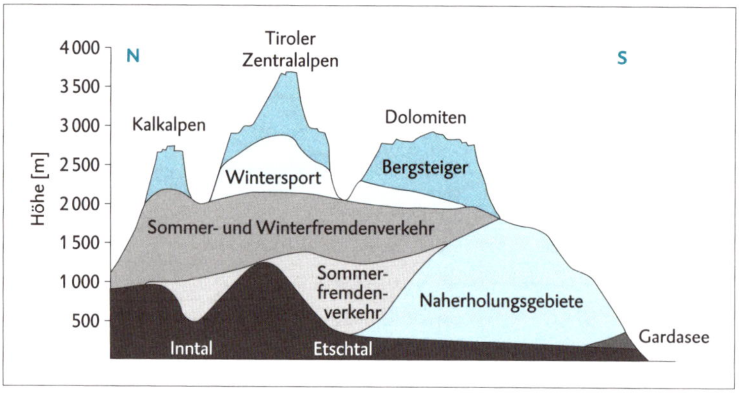

Nutzungsprofil der Ostalpen

4 Marine Ökosysteme: Weltmeere als Zukunftsraum

4.1 Was unterscheidet marine und terrestrische Ökosysteme?

Die Meere sind das größte irdische Ökosystem: 71 % der Erdoberfläche sind von Ozeanen bedeckt. Diese sind im Mittel 3 700 m tief und enthalten insgesamt 97,2 % der Wasservorräte der Erde.
Die ungleiche Verteilung unterschiedlicher Meerestiefen ist durch den tektonischen Bau der Erde bedingt:

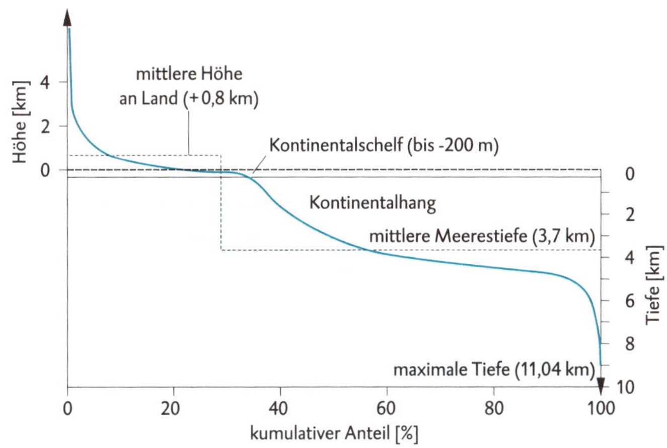

Höhenverteilung der Erde

Mit der Tiefe nimmt der Einfall von Sonnenlicht ab: Nur in den obersten Meeresbereichen des **Kontinentalschelfs**, in denen eine ausreichende Lichtversorgung besteht, können Pflanzen uneingeschränkt Photosynthese betreiben.

(Kontinental-)Schelf: flach geneigter, bis zu 200 m tiefer Meeresbereich zwischen Küste und Kontinentalhang

Tiefere Meeresschichten sind aufgrund des hohen Wasserdrucks und des fehlenden Lichts lebensfeindlich. Nur rund ein Drittel der Produktivität der Biosphäre entfällt daher auf die Ozeane, zu 95 % durch das **Phytoplankton**. Primärproduktion im Meer vollzieht sich v. a. in Auftriebsgebieten, in denen aufquellendes kühleres Tiefenwasser die Nährstoffe (Phosphat, Nitrat, Silikat) in die euphotische Zone liefert, sowie in Küstennähe durch den ungewollten, durch Ab-/Ausspülung bedingten Nährstoffeintrag vom Land.

Phytoplankton: pflanzliches Plankton, überwiegend aus mikroskopisch kleinen Algen bestehend, die dem Zooplankton als Nahrung dienen

→ **Kohlenstoffkreislauf:** vgl. S. 42

Kohlenstoffsenke: Reservoir, das zeitweilig oder dauerhaft Kohlenstoff aufnimmt, speichert und damit der Anreicherung von CO_2 in der Erdatmosphäre als Folge steigender Emissionen durch den Menschen entgegenwirkt

Dieser Nährstoffeintrag aus eingeschwemmter Biomasse ist neben der Atmungskohlensäure der Boden- und Wasserorganismen das wichtigste Element der Kohlenstoffzufuhr und -speicherung für die Meere, die Aufnahme von CO_2 aus der Luft ist quantitativ etwas weniger bedeutend. Die Ozeane spielen im **Kohlenstoffkreislauf** der Erde eine wichtige Rolle als **Kohlenstoffsenke**, die nach Schätzungen insgesamt 38 000 Gigatonnen Kohlenstoff aufnehmen kann.
Landferne Gebiete und Regionen mit sehr warmem, stabil geschichtetem Wasser sind biologische Wüsten.
Wichtig für die globale Energieverteilung ist die sogenannte **thermohaline Zirkulation**. Dabei fließt u. a. warmes Oberflächenwasser aus dem Golf von Mexiko nach Norden (Golf- bzw. Nordatlantikstrom). Unter arktischen Winden kühlt das Wasser an der Oberfläche bis auf unter 0 °C ab, wird durch die Bildung von (salzfreiem) Eis salzreicher, gewinnt dadurch an Dichte und sinkt zwischen Grönland und Spitzbergen schließlich in die Tiefe. Dort fließt es zunächst südwärts, umrundet als Tiefenstrom die Antarktis, bevor es sich, als kalter Oberflächenstrom vor der Westküste Afrikas auftauchend, bei seinem Weg westwärts über den Atlantik wieder erwärmt. Nach mehreren hundert Jahren tritt das Wasser so erneut seinen Weg Richtung Nordatlantik an.
Weitere Äste der thermohalinen Zirkulation durchströmen auch die anderen Weltmeere. Dabei treten Strömungsgeschwindigkeiten von bis zu 35–60 km pro Tag auf.

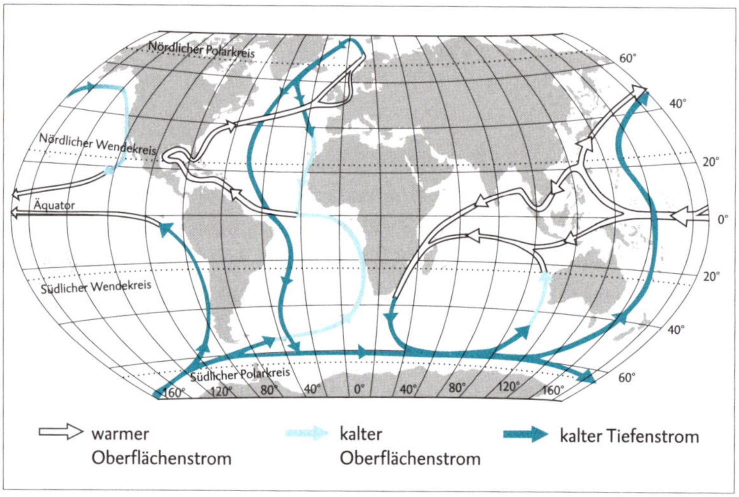

Der globale Strömungskreislauf

Konstant in gleiche Richtung wehende Winde verstärken den Oberflächentransport von Wasser: So bringen innertropische oder polare Westwinde Wasser auf die Kontinentwestseiten, das dann entweder Richtung Pol (Golfstrom) oder Richtung Äquator (Humboldtstrom, Westaustralstrom) fließt. Analog wirken **Passate** oder jahreszeitlich wechselnd **Monsun**winde im nördlichen Bereich des Indischen Ozeans. **Corioliskraft**, Reibung und Meeresbodenrelief beeinflussen zusätzlich Richtung und Geschwindigkeit der Strömungen.

→ **Passat:** vgl. S. 27 f

→ **Monsun:** vgl. S. 30

→ **Corioliskraft:** vgl. S. 23

Die thermohaline Zirkulation ermöglicht die Rückführung von Nährstoffen aus der Tiefe. Durch die Fähigkeit des Wassers, Wärme zu speichern und zu transportieren, sind Meeresströmungen von großem Einfluss auf das Weltklima. Sie fördern den Wärmeaustausch zwischen niederen und hohen Breiten und schwächen Klimaextreme ab.

4.2 Fisch, Rohstoffe, Energie – Ist das Potenzial der Meere unendlich?

Die Meere als Fischgründe

Weltweit sind Fischfang und -konsum in den letzten Jahren stark angestiegen. Gegenwärtig werden durch den Verzehr von Fisch etwa 10 % des Weltproteinverbrauchs gedeckt.

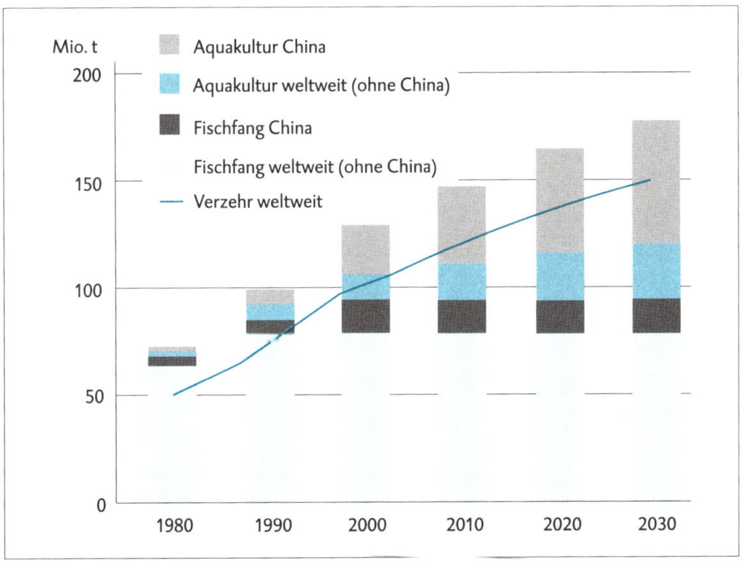

Fischproduktion und -konsum weltweit, Entwicklung und Prognose

Flotillenfischerei: Zusammenarbeit mehrerer Fangschiffe und eines Verarbeitungsschiffs mit Köpf-, Filetier-, Enthäutungs- und Tiefkühlkapazitäten

Höhere Fangerträge wurden v. a. durch Entwicklungen im Bereich der Hochseefischerei möglich. Hier liefern 4 % der Fischer 60 % des Fangs, v. a. dank des Einsatzes von Schleppnetzen und **Flotillenfischerei**, bis in mehrere Kilometer Tiefe zuverlässig arbeitender Echolote und der Ausdehnung des Fischfangs auf lange Zeit weniger befischte Regionen der Südhalbkugel.

Einige Regionen, v. a. der Nordostatlantik einschließlich Nordsee, der Südostatlantik, der Südostpazifik und der Indische Ozean, sind **überfischt**, bestimmte Fischarten (Thunfisch, Kabeljau, Heilbutt) sind vom Aussterben bedroht. Bei 52 % aller Bestände ist eine Fangsteigerung nicht mehr möglich; bei 7 % sind die Fangquoten stark rückläufig.

Aquakultur: Erzeugung tierischer, selten auch pflanzlicher (Tang, Algen) Produkte in abgegrenzten Zuchträumen in Meeren, Seen oder in küstennah angelegten Becken

Angesichts steigender Nachfrage wird die Fischzucht in **Aquakulturen**, v. a. in asiatischen Ländern, stark ausgebaut. Der jährliche Produktionszuwachs liegt über dem nahezu aller anderen Lebensmittelsektoren (vgl. folgende Tabelle).

Mangroven: Stelzwurzel-Gehölze im Gezeitenbereich tropischer Küsten, Flussmündungen oder Riffe

Fisch aus Aquakulturen macht bereits über 40 % des weltweiten Fischkonsums aus. Viele Zuchtfische sind jedoch Raubfische und benötigen im Meer gefangene Fische als Futter – pro Kilogramm Aquakultur-Fisch ca. fünf Kilogramm Fischmehl. Ferner zeigen die Zerstörung von **Mangroven** für Shrimpsfarmen sowie mit Antibiotika belasteter Pangasius und Lachs, dass Fisch aus Aquakulturen nicht grundsätzlich ökologisch unbedenklich ist.

	Produktion (Mio. t)	Anteil an der Weltproduktion (%)
China	36,7	61,0
Indien	4,6	7,8
Vietnam	2,7	4,5
Indonesien	2,3	3,9
Welt	60,0	

Fisch und Krustentiere aus Aquakulturen, Stand 2010

Die Meere als Rohstoffreservoir

Meerwasser hat einen Salzgehalt von rd. 3,5 % (35 g/l) mit deutlichen regionalen Unterschieden (Ostsee 0,8 %, Rotes Meer 4 %). Bereits in der Antike wurde Kochsalz (NaCl) durch Verdunstung aus Meerwasser gewonnen, heute industriell auch Magnesium und Brom.

Das Gegenstück zur Salzgewinnung ist **Meerwasserentsalzung**. Sie geschieht in großtechnischen Entsalzungsanlagen entweder durch Umkehrosmose oder durch Verdampfung mit dem Ziel, Trink- oder Brauchwasser (zur Bewässerung) zu gewinnen.

Trotz des Ausstoßes klimaschädlicher Treibhausgase und der Rückführung hypersalinen Wassers ins Meer mit negativen Folgen für Fischbestände, Wasserpflanzen und Korallen hat sich die Menge entsalzten Wassers weltweit zwischen 2000 und 2007 verdoppelt. Bis 2016 wird eine weitere Verdopplung auf 109 Mio. m^3/Tag prognostiziert.

Die **Förderung von Bodenschätzen** ist heute im Schelfbereich weitgehend problemlos möglich. Korallenbänke tropischer Meere dienen zur Zementherstellung, Mineralien wie Zirkon und Rutil stammen zu rd. 75 % aus Sanden der Flachseen. Vor Mexiko wird Schwefel, vor Japan Kohle gefördert (mehr als 20 % der Produktion des Landes).

Erdgas und **Erdöl** sind die wichtigsten Rohstoffe aus untermeerischen Lagerstätten. Man schätzt, dass hier 15 % der globalen Vorräte lagern. Bohrplattformen arbeiten u. a. im Golf von Mexiko, zwischen Australien und Tasmanien, im Schwarzen Meer, an den Küsten Kaliforniens, vor Venezuela, in der Nordsee sowie zwischen den Philippinen und Borneo. Obwohl Bohrinseln teuer sind, stammen heute ungefähr 40 % der Ölförderung aus den **Offshore-Vorkommen** (1972: 18 %). Vermutlich wird dieser Anteil im Falle weiterer Ölpreissteigerungen ebenso steigen wie die Zahl von Tiefseebohrungen. Die Risiken der Tiefseebohrungen sind jedoch im Falle eines **Blowouts** kaum beherrschbar, wie z. B. die Explosion der BP-Bohrinsel „Deepwater Horizon" im Golf von Mexiko im Jahr 2010 zeigt.

Technisch noch nicht möglich oder unrentabel ist die Förderung der Manganknollen vom Grund des Pazifischen und Indischen Ozeans, der Roten Tiefseetone mit hohem Aluminium- und Eisengehalt sowie von **Gashydrat**, einem möglichen Energierohstoff der Zukunft.

→ **Erdöl/Erdgas:** vgl. S. 84

Offshore-Vorkommen: Vorkommen an Erdöl und Erdgas vor der Festlandsküste im Flachwasserbereich (Schelf) und in größeren Binnengewässern

Blowout: unkontrollierter Austritt von Erdöl/-gas aus einem Bohrloch

Gashydrat: feste, Eis-ähnliche Verbindung aus Gasmolekülen und Wasser; enthält Gashydrat hauptsächlich Methan (CH_4), wird es Methanhydrat genannt

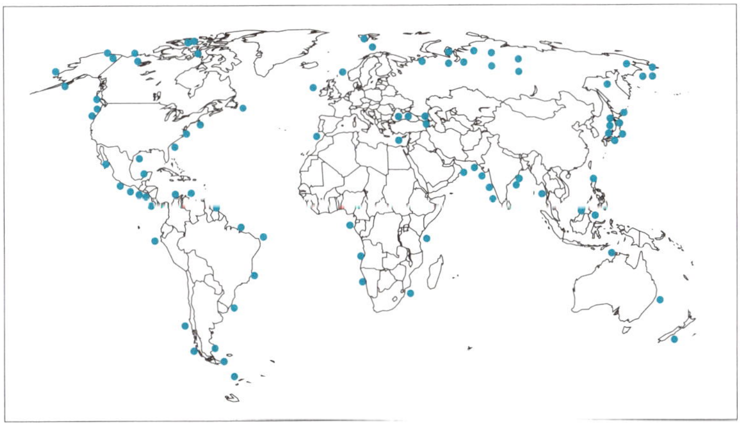

Nachgewiesene Gashydrat-Lagerstätten an den Kontinentalrändern und im Permafrostbereich

Das energetische Potenzial der Meere

Seaflow-Rotoren: vom Wechsel der Gezeiten angetriebene Rotoren im Meer

40 000 Gigawattstunden beträgt das Potenzial einer einzigen Tide; mit den **Tiden** von sechs Monaten könnte der aktuelle Weltenergiebedarf eines ganzen Jahres gedeckt werden. Diese Energie nutzen weltweit **Gezeitenkraftwerke** und – vor Großbritannien – **Seaflow-Rotoren**. Vor Schottland, Portugal, Norwegen, Dänemark und Japan wird die Kraft der Wellen zur Energieerzeugung genutzt, und zwar mittels beweglicher Stahlrohrschlangen und durch Flöße. Den unterschiedlichen Salzgehalt zwischen Fluss- und Meerwasser nutzt ein Kraftwerk im norwegischen Oslofjord, Temperaturunterschiede des Wassers nutzen Versuchsanlagen vor Abidjan (Elfenbeinküste) und Hawaii.
Die auf dem Meer höheren Windgeschwindigkeiten machen den Festlandssockel bis 30 m Wassertiefe auch zum geeigneten Standort für Windkraftanlagen, die über Seekabel ans festländische Netz angebunden werden. Weitere Potenziale lassen sich aufgrund der Vielzahl vorhandener Schifffahrts-, Fischerei-, Verteidigungs- und Naturschutzinteressen nur teilweise erschließen, doch gelten allein in Deutschland bis zum Jahr 2030 zusätzliche 25 000 Megawatt installierte Offshore-Leistung als möglich (2012: 9 000 MW).

Zusammenfassung

- Die Abfolge der Klimazonen bedingt sieben Ökozonen. Innerhalb dieser Zonen existieren ähnliche Anpassungen der Pflanzen, ähnliche Böden, ähnliche morphologische Prozesse, eine ähnliche Tierwelt und ähnliche Landnutzungsformen.
- Die Taiga ist nur nordhemisphärisch ausgeprägt. In den mittleren Breiten (gemäßigte Zone, Subtropen) unterscheiden sich West- und Ostseiten sowie das Innere der Kontinente erheblich.
- In den Hochgebirgen erfahren die Vegetationszonen mit der Höhe deutliche Abwandlungen.
- Ausgedehnte Bereiche nahezu aller terrestrischen Ökozonen und Höhenstufen sind anthropogen umgestaltet. Gerade in labilen Ökosystemen (Regenwald, Trockengebiete, Polarregionen) besteht die Gefahr einer völligen Destabilisierung.
- Das größte Ökosystem ist das Meer. Auch die Ozeane werden zunehmend intensiv genutzt; sie sind – nicht zuletzt durch den Klimawandel (vgl. S. 38 ff.) – gefährdet.

Ressourcen – (gefährdete) Basis für Leben und Wirtschaften

1 Rohstoffe – Vorkommen und Verfügbarkeit

1.1 Begrifflichkeit und Systematik

Ressourcen: Mittel zur Produktion von Gütern und Dienstleistungen; man unterscheidet: **natürliche R.** („R. im weiteren Sinne"): Sammelbegriff für Rohstoffe sowie für produktions- und lebensbedeutsame Umweltgüter wie Boden, Wasser; **technisch-wirtschaftliche R.** wie Personal, Betriebsmittel, Kapital, Wissen

Die **natürlichen Ressourcen** dienen den Menschen als Basis zum Leben und Wirtschaften. Der nachhaltige Umgang mit Ressourcen erscheint angesichts der wachsenden Weltbevölkerung und der Zunahme des weltweiten Energiebedarfs als zentrale Herausforderung für die Menschheit. Ihre Bewältigung könnte entscheidend dafür sein, in welchem Umfang künftige Generationen in friedlichem Miteinander, in einer intakten Umwelt und in angemessenem Wohlstand leben werden. Neben den Rohstoffen sind es v.a. die Umweltgüter Wasser, Boden und Biodiversität (biologische Vielfalt), die als **Produktionsfaktoren** wichtig sind. Die Verfügbarkeit von Produktionsfaktoren sowie die Art und Weise ihrer Nutzung beeinflussen die Raumentwicklung stark, weshalb Ressourcen zum Gegenstand geographischer Forschung werden. Die Bedeutung von Ressourcen kann sich mit den kulturellen und wissenschaftlich-technischen Rahmenbedingungen ändern. So können z.B. Stoffe, die im Verlauf der historischen Entwicklung lange Zeit **Abfallstoffe** waren, plötzlich zu wertvollen **Rohstoffen** werden, wie Nickel im Erzbergbau, Kiese im Abraum des Braunkohlenabbaus oder Rinde in der Holzproduktion. Ähnlich verhält es sich mit den natürlichen Ressourcen Luft und Wasser, die erst bei einer Begrenzung bzw. Beeinträchtigung als wertvolle Güter angesehen und entsprechend sorgfältig behandelt und sparsam eingesetzt werden.

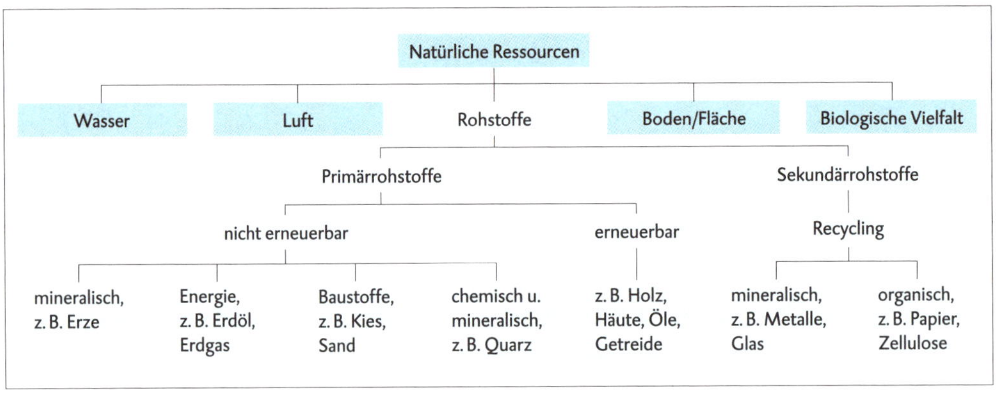

Natürliche Ressourcen

1.2 Lagerstättenkunde: Rohstoffvorkommen und deren Verteilung

Grundlagen der Entstehung von Lagerstätten

Die natürlichen Prozesse, die zur Bildung von **Lagerstätten** in der Erdkruste führen, sind sehr komplex und laufen über erdgeschichtlich lange Zeiträume ab.

Lagerstätten: Bereiche der Erdkruste, in denen sich bergbaulich gewinnbare Rohstoffe (fest, flüssig oder gasförmig) in einer Konzentration befinden, die unter den heutigen Voraussetzungen für einen wirtschaftlichen Abbau ausreicht

Rohstoffkategorie	Lagerstätten
Elementrohstoffe (dienen der technischen Gewinnung von Metallen oder weiterer chemischer Elemente oder elementarer Verbindungen)	• Erzlagerstätten • Salzlagerstätten • Lagerstätten von elementarem Schwefel
Eigenschaftsrohstoffe (mineralische Rohstoffe, die durch ihre besonderen Eigenschaften Verwendung in Industrie und Technik, der Baubranche oder im Schmuckgewerbe finden)	• Lagerstätten von Industriemineralien wie Glimmer, Asbest, Quarz, Graphit, Talk • Lagerstätten nutzbarer Gesteine wie Kalkstein, Dolomit, Sand, Kies, Ton, Gips, Phosphate, Farberden • Lagerstätten der Edelsteine und Halbedelsteine wie Diamant, Smaragd, Rubin, Granat
Energierohstoffe (dienen der Energieerzeugung durch thermische Umsetzung)	• Lagerstätten von Kohlenwasserstoffen wie Erdöl, Erdgas, Asphalt, Bitumen, Ölschiefer • Kohlelagerstätten wie Torf, Braunkohle, Steinkohle, Anthrazit
Wasser und Geothermie	• Grundwasser, heiße Quellen, Mineralwasser, Trinkwasser, Geothermalenergie

Einteilung von Lagerstätten nach Rohstoffkategorien

Die Bildung von Lagerstätten bei mineralischen Rohstoffen erschließt sich in ihren Grundzügen über den **Kreislauf der Gesteine** (auch genannt: Gesteinskreislauf oder Gesteinszyklus). Er zeigt in schematisierter Form, wie Gesteine und Gesteinsarten entstehen und umgewandelt werden.
Bei diesen Prozessen kann es auch zu Anreicherungen bestimmter Elemente kommen.

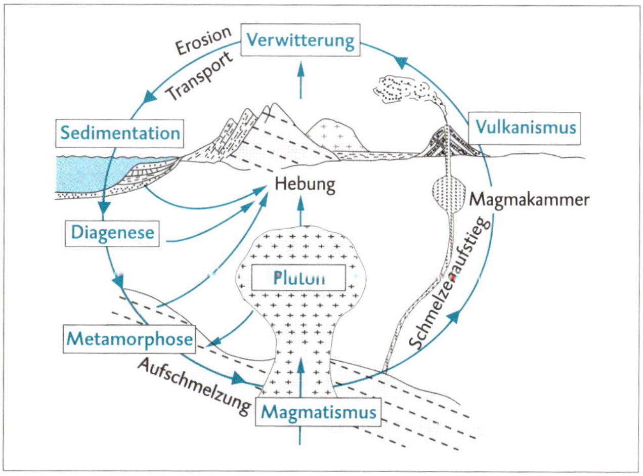

Kreislauf der Gesteine

→ **endogene/exogene Kräfte:** vgl. S. 4/9

Endogene und **exogene Kräfte** wirken auf Gesteinskreislauf und Lagerstättenbildung ein: Durch die endogenen Kräfte der Erde gelangt immer wieder neues Magma an die Erdoberfläche, erkaltet und erstarrt. Es entstehen **magmatische Gesteine** oder **Magmatite**. Erstarren die Gesteinsschmelzen unter der Erdoberfläche, spricht man von **Plutoniten** oder Tiefengesteinen; treten sie an der Erdoberfläche aus, entstehen **Vulkanite** bzw. Ergussgesteine.

→ **Erosion:** vgl. S. 10

An der Erdoberfläche sind die Gesteine dem Einfluss exogener Prozesse wie Verwitterung, **Erosion**, Um- und Ablagerung ausgesetzt. So entstehen **Lockermaterialien**, die bei entsprechender Verfestigung **(Diagenese)** durch Druck oder Verkittung zu **sedimentären Gesteinen** oder **Sedimentgesteinen** werden; auch diese können erneut der Verwitterung unterliegen. Werden sie jedoch durch Umlagerungen, z. B. bei Gebirgsbildungen, wieder verfrachtet, können sie durch starken Druck und hohe Temperaturen zu sogenannten **Metamorphiten** umgewandelt oder sogar wieder aufgeschmolzen werden.

Die Zusammensetzung der Gesteine in einer Region ist von deren geologisch-tektonischem Bau und den die Gesteine bewegenden endogenen Kräften abhängig. Hinzu kommen klimatische Einflüsse, die sich über erdgeschichtliche Zeiträume immer wieder verändern können.

Bei der Suche nach wirtschaftlich lohnenden Lagerstätten orientieren sich Geologen an tektonischen Prozessen und Strukturen, die charakteristisch für die Entstehung und Anreicherung bestimmter Rohstoffe sind.

Gesteinsgruppe	Entstehungsprozess	Beispiele für Gesteine	Beispiele für Bodenschätze
Magmatite	Entstehung bei Abkühlung und Erstarren von Gesteinsschmelze (Magma/Lava) a) an der Erdoberfläche: Vulkanite b) unter der Erdoberfläche: Plutonite	Vulkanite: Basalt, Olivin, Andesit, Rhyolith Plutonite: Periodit, Gabbro, Granit	Magneteisen/Magnetit, Edel- und Halbedelsteine, Gold in Goldadern
Sedimentite	Entstehung durch Verwitterung, Abtragung und erneute Ablagerung an der Erdoberfläche; bei Verfestigung und Verkittung entstehen Festgesteine	Schotter, Kiese, Sande etc., Konglomerat Steinsalz, Sandstein, Ölschiefer, Kalkstein	Braun- und Steinkohle, Sand und Kies, Goldseifen, Manganknollen, Muschelkalk
Metamorphite	Umwandlung (Metamorphose) in mehr oder weniger festem Zustand bei meist hohen Temperaturen und/oder hohem Druck	Tonschiefer wird zu Phyllit oder Glimmerschiefer bzw. Garbenschiefer; Kalkstein wird zu Marmor	Anthrazit und Graphit (aus Kohle umgewandelt), Diamant, Marmor

Gesteinsgruppen und Lagerstättenbildung

Nach ihrer Entstehung **(Genese)** kann man mineralische Lagerstätten in **magmatische**, **sedimentäre** und **metamorphe** Lagerstätten unterteilen. Da magmatische Lagerstätten an Aufschmelzungs- und Abkühlungsprozesse gebunden sind, finden sie sich v. a. an **Plattengrenzen**. Auf den weitgehend stabilen **Kontinentalschilden** bilden sich hingegen in erster Linie sedimentäre Lagerstätten, z. B. Salz-, Kohle- oder Erdöllager in den Senken großer Tafeln und auf dem **Schelf**. In **Faltengebirgen** treten sedimentäre, metamorphe und magmatische Bildungen nebeneinander und in vielen Mischformen auf, was zu einer großen Vielfalt an Mineralen und damit auch an Lagerstätten führt.

→ **Plattengrenzen:** vgl. S. 4

→ **(Kontinental-)Schelf:** vgl. S. 71

Faltengebirge: durch tektonische Faltung, Hebung und Überschiebung von Erdkrustenteilen entstanden

Erzlagerstätten

Anreicherungen von Erzmineralen in der Erdkruste, die als **Erzlagerstätten**, **Vererzungen** oder **Erzkörper** bezeichnet werden, entstehen im Rahmen magmatischer, sedimentärer und seltener auch metamorpher Bildungsprozesse sowie durch Absatz aus wässrigen, metallhaltigen Lösungen.

Erze: Minerale, aus denen sich Metalle schmelzen lassen, z. B. Galenit (Bleierz), Sphalerit (Zinkerz) oder Hämatit (Eisenerz)

Zonen	Entstehungsprozesse	Erze (Beispiele)
Grabenbrüche	Aufstieg glutflüssiger Schmelze; Bildung heißer salzhaltiger Laugen; Ausfällung von Buntmetallen	Buntmetall-Erze
Mittelozeanischer Rücken	Eindringen von Wasser in Gesteinsspalten der Basaltkruste, Erhitzung und Anreicherung mit Mineralien (v. a. Sulfide);	Erzschlämme
	Austritt in schwarzen Wolken über Schlote am Meeresboden (Black Smoker);	Pyrit, Chromit, Zinkblende, Kupferkies
	Abkühlung und Ausfällung der Metallverbindungen	Manganknollen
Subduktionszonen	Aufschmelzvorgänge; Anreicherung von Erzen	v. a. Kupfer-, Chrom- und Nickelerze; Verbindungen mit Mangan, Eisen, Silber, Gold

Erzlagerstättenbildung an tektonisch aktiven Zonen

Magmatische Erzlagerstätten bilden sich, wenn glutflüssige Gesteinsschmelzen aus dem Erdmantel in die Erdkruste eindringen **(Intrusion)** und dort langsam zu **Plutonen** erstarren.
Bei der Abkühlung entstehen Teilschmelzen unterschiedlicher chemischer Zusammensetzung. Hierdurch werden die Erze nach ihrem Schmelz- und Kristallisationspunkt in unterschiedliche Lagerstätten aufgetrennt. Man nennt diesen Vorgang **magmatische Differenziation**.

Pluton: Tiefengesteinskörper, der durch die Kristallisation aus großen Schmelzmassen in 5–10 km Tiefe in der Erdkruste entsteht; vgl. auch Grafik S. 79

hydrothermale Lagerstätte: Minerallagerstätte, entstanden durch Ausscheidung von im Wasser gelösten Stoffen (Salze, Gase) beim Abkühlungsvorgang des aus Tiefengesteinen an die Erdoberfläche aufsteigenden Wassers

Voraussetzung für die Entstehung **hydrothermaler Lagerstätten** ist mehrere 100 °C heißes Wasser. Im Bereich der mittelozeanischen Rücken dringt z. B. ständig Meerwasser tief in die zerklüftete Basaltkruste ein. Es wird in der Nähe der **Magmakammern** aufgeheizt, sodass **hydrothermale Lösungen** entstehen. Diese treten am Meeresboden wieder aus, wobei die gelösten Stoffe im kalten Wasser ausgefällt werden. An den Austrittsstellen wachsen aus den Ablagerungen hohe Schlote empor, die dichte Wolken von dunklen Eisen-, Zink-, Kupfer- und Chromsulfiden ausstoßen, sogenannte **Black Smoker**.

Black Smoker

In Senken lagern sich mächtige Lagen von Eisenschlämmen ab. In den **hydrothermalen Lösungen** ist auch Mangan enthalten, das sich zusammen mit Eisen, Nickel, Kobalt und Kupfer schalenförmig um Konzentrationskerne anlagert und so auf dem Tiefseeboden kartoffelgroße **Manganknollen** bildet.

Kohlelagerstätten

Kohlen sind die steingewordenen Überreste fossiler Sumpfwälder und Moore. Bedingung für die Entstehung ausgedehnter Kohlelagerstätten ist also eine hohe Pflanzenproduktion, für die warme und feuchte klimatische Bedingungen Voraussetzung sind.

Unter sauerstoffreichen Verhältnissen wird Biomasse normalerweise rasch wieder zersetzt, nicht aber abgelagert. Deshalb sind großräumige Absenkungen, in denen die übliche, an Sauerstoff gebundene Zersetzung der Biomasse durch **Überflutung** verhindert wird, eine weitere Voraussetzung für die Entstehung von Kohle.

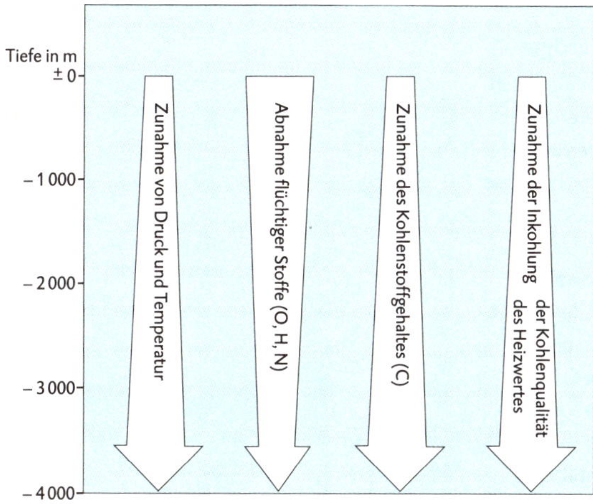

C%	O%	H%		
50	43	6	organische Pflanzenreste	
60	33	6	Torf	
70	23	6	Braunkohle	
82	10	5,8	Flammkohle	Steinkohle
84	8	5,7	Gasflammkohle	
87	6	5,5	Gaskohle	
89	4	5,0	Fettkohle	
90	3	4,3	Esskohle	
91	2,5	3,9	Magerkohle	
92	2	3,7	Anthrazit	
100	–	–	Graphit	

Vertorfungs- und Inkohlungsprozesse

Erdöl- und Erdgaslagerstätten

Auch die Bildung von **Erdöl** und **Erdgas** geht zurück auf organische Ausgangsstoffe und ist an **Flachmeere** gebunden. Unter warmen, licht- und sauerstoffreichen Verhältnissen kann hier ein reiches **Planktonwachstum** stattfinden. Stirbt das Plankton ab, sinkt es auf den Grund des Meeres. Aufgrund von Sauerstoffarmut erfolgt die Zersetzung in Fäulnisprozessen. Zusammen mit anderen organischen Substanzen wie abgestorbenen Wasserpflanzen, tierischen Überresten und feinkörnigen anorganischen Sedimenten bildet es den **Faulschlamm**. Die organischen Substanzen werden bakteriell abgebaut und umgewandelt. Die Überlagerung des Faulschlamms mit **Sedimentschichten** erhöht den Druck und die Temperatur. In Abhängigkeit von den herrschenden Druck- und Temperaturverhältnissen entstehen unter **Luftabschluss** Kohlenwasserstoff-Verbindungen wie Erdöl (zwischen 50 und 150 °C) und Erdgas (> 150 °C). Sie wandern aus dem Schlamm in **poröse Speichergesteine** ein und sammeln sich in besonders günstigen geologischen Strukturen, die die Anreicherung zu Lagerstätten erst ermöglichen. Das meiste Öl ist in geologisch jüngeren Speichergesteinen aus dem **Känozoikum** (60 %) und dem **Mesozoikum** (20 %) vorhanden. Am Südrand der asiatischen Gebirge liegen mächtige Sedimente mit günstiger tektonischer Struktur – die Träger der großen Ölvorkommen des Nahen Ostens. Eine ähnliche geologisch-tektonische Situation gibt es im karibischen Raum, was die Erdöllagerstätten im Golf von Mexiko, in Texas, Louisiana, Kolumbien und Venezuela erklärt.

Känozoikum: Erdneuzeit; Beginn vor etwa 65 Mio. Jahren

Mesozoikum: Erdmittelalter, Beginn vor ca. 225 Mio. Jahren, Ende vor ca. 65 Mio. Jahren

info

Erdöl und Erdgas

Erdöl ist ein Gemisch aus ca. 500 verschiedenen Kohlenwasserstoffen. Je nach Dichte unterscheidet man zwischen **Leichtöl (konventionellem Erdöl)** und den **nichtkonventionellen Ölen Schweröl, Schwerstöl** und **Bitumen**.

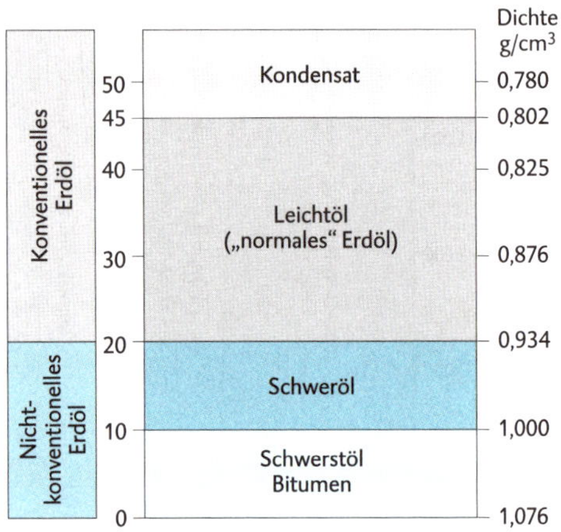

Bei der Destillation von Rohöl in Raffinerien fallen in unterschiedlichen Temperaturstufen und Druckbereichen die einzelnen Bestandteile aus, z. B. **Leichtbenzin** (Normaldruck, 90 °C) und **Petroleum** (Normaldruck, 100–150 °C), **Diesel** und **Heizöl** (im Vakuum, 300–350 °C), bei höheren Temperaturen u. a. **Schmieröle**.

Erdgas ist ein brennbares Gas, das zu den fossilen Brennstoffen gehört und das bei der Bildung von Erdöl entsteht. Es besteht zu 75–95 % aus Methan.

Reichert sich Schweröl aus Erdöllagerstätten in meist oberflächennahen Sanden an, spricht man von **Teersand** oder **Ölsand**. Die beiden mit Abstand größten Vorkommen befinden sich im Orinoco-Belt in Venezuela und in der kanadischen Provinz Alberta. Die Athabasca-Teersande in Alberta erstrecken sich mit einer Mächtigkeit von ca. 50 cm über eine Fläche von 30 000 km². Die 50–80 m starken Deckschichten erlauben den großflächigen Abbau im **Tagebau**. Hiervon und von den Verfahren, mit deren Hilfe das Öl von den übrigen Komponenten getrennt wird, gehen jedoch schwerwiegende Umweltschäden aus.

Tagebau: Abbau von nutzbaren Roh- und Endstoffen an oder dicht unter der Erdoberfläche, vgl. Foto S. 77

Bei **Ölschiefer** handelt es sich um ein öl- oder bitumenhaltiges toniges Gestein, das aus Faulschlamm entstanden ist. Es weist die Eigenschaften eines Erdöl-Muttergesteins auf, hat jedoch die Erdölreife noch nicht erreicht. Aus einer Tonne Ölschiefer lassen sich ca. 50 l Öl gewinnen. Die umfangreichen weltweiten Ölschiefervorkommen stellen prinzipiell ein riesiges Potenzial für die Erdölgewinnung dar. Die Extraktion des Öls ist jedoch mit einem enormen Energieaufwand verbunden, da das Gestein hierzu stark erhitzt werden muss.

1.3 Wird es auch in Zukunft genügend Rohstoffe geben?

Die natürliche Verbreitung der mineralischen und fossilen Rohstoffe wird in erster Linie von der geologischen Beschaffenheit der äußeren Erdkruste bestimmt. Von einer **volkswirtschaftlichen Verfügbarkeit** kann man jedoch erst ausgehen, wenn die politischen, ökonomisch-technischen und personellen Voraussetzungen für den Rohstoffabbau gegeben sind.

Im 20. Jh. wurden mehr Rohstoffe verbraucht als in der gesamten Menschheitsgeschichte zuvor. Die **globale Wirtschaftsleistung** und damit auch der Rohstoffverbrauch sind jedoch ungleich verteilt. Auf weniger als ein Fünftel der Weltbevölkerung in den hochentwickelten Industriestaaten der **OECD** entfallen mehr als drei Viertel des globalen BIP und rund die Hälfte des Rohstoffverbrauchs. In dieser Staatengruppe liegt der jährliche Pro-Kopf-Rohstoffverbrauch bei ca. 15 Tonnen, dem 5-Fachen des Vergleichswertes in den Nicht-OECD-Staaten.

OECD (engl. **O**rganisation for **E**conomic **C**ooperation and **D**evelopment): Organisation für wirtschaftliche Zusammenarbeit und Entwicklung, internationale Organisation mit 34 Mitgliedstaaten, marktwirtschaftliche Ausrichtung

Man geht davon aus, dass sich das Wachstum des Rohstoffbedarfs in den kommenden Jahrzehnten zunächst unverändert fortsetzen wird. Bis zum Jahr 2030 ist mit einer Verdoppelung des jährlichen Verbrauchs mineralischer Rohstoffe zu rechnen. Die heutigen Industriestaaten werden weiterhin einen großen Rohstoffverbrauch aufweisen; der Bedarf in den bevölkerungsreichen Volkswirtschaften mit überdurchschnittlichem Wirtschaftswachstum, darunter insbesondere in den **BRIC-Staaten B**rasilien, **R**ussland, **I**ndien und **C**hina, in denen 40 % der Weltbevölkerung leben, wird voraussichtlich deutlich ansteigen.

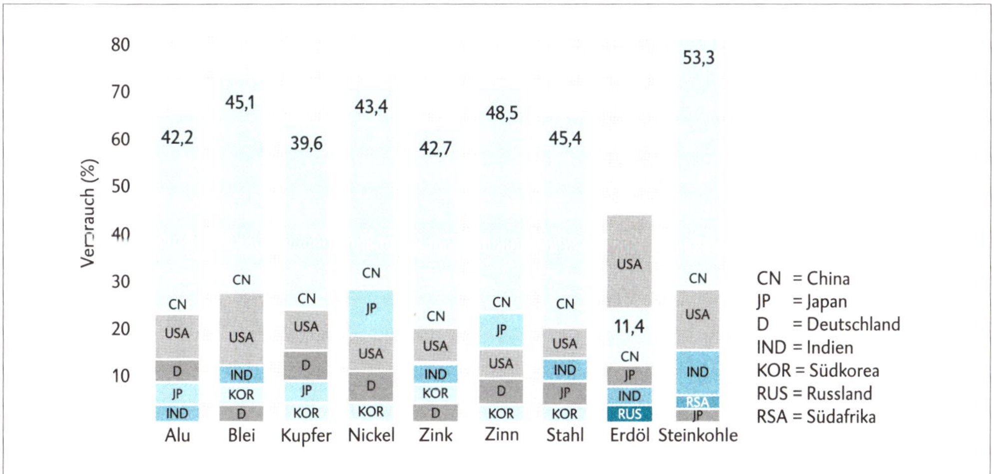

Anteil der jeweils fünf größten Länder an der globalen Nachfrage wichtiger Industrie- und Energierohstoffe, Stand 2011

Bereits in den 1970er-Jahren wurden erste Befürchtungen über zur Neige gehende Rohstoffe geäußert. So wurde in der einflussreichen Veröffentlichung „Die Grenzen des Wachstums" des **Club of Rome** 1972 prognostiziert, dass Kupfer-, Blei- und Zinnerze sowie Bauxit bis zur Jahrtausendwende erschöpft sein würden. Prognosen wie diese basieren auf der sogenannten **statistischen Reichweite** eines Rohstoffs. Durch eine Reihe von Faktoren ist diese jedoch veränderbar und daher schwer vorherzusagen. Zu diesen Faktoren gehören die Entdeckung neuer Rohstofflagerstätten, ebenso die Entwicklung neuer Technologien oder die effizientere Gewinnung von Metallen aus Erzen. Gegenwärtig ist nur bei wenigen mineralischen Rohstoffen eine **Knappheit** auf den internationalen Rohstoffmärkten zu befürchten.

Club of Rome: 1968 gegründete Vereinigung, die sich mit den „Grenzen des Wachstums" des Planeten Erde befasst; stellt z. B. Modelle und Wachstumsszenarien zur Voraussage künftiger Entwicklungen auf

statistische Reichweite: voraussichtliche zeitliche Reichweite, errechnet aus dem Quotienten aus den jeweils aktuellen Reserven eines Rohstoffs und der jährlichen Fördermenge

Problematischer stellt sich auf der Nachfrageseite die räumliche Konzentration der Lagerstätten bestimmter Rohstoffe auf einige wenige Förderländer dar, was zu **Abhängigkeiten** führt und **Preisabsprachen** auf der Anbieterseite erleichtert. Handelt es sich bei den Förderländern zudem um politisch instabile Länder, ist die Zuverlässigkeit der Rohstoffversorgung gefährdet. Darüber hinaus ist der Weltmarkt für mineralische Rohstoffe von der zunehmenden **Dominanz** einiger weniger Bergbauunternehmen gekennzeichnet, die ihre **Marktmacht** nutzen können, um Preise zu diktieren. Dies gilt insbesondere für **Seltene Erden**, ferner für Wolfram, Antimon, Niob, Tantal, Platingruppenmetalle, aber auch für Eisenerz sowie für viele Industrieminerale.

Seltene Erden: Metalle bzw. chemische Elemente (z. B. Europium, Lanthan); aufwendig und kostspielig zu fördern, jedoch unentbehrlich bei der Herstellung zahlreicher Elektroprodukte, z.B. Handy, PC

87 % des weltweiten **Primärenergieverbrauchs** werden durch die fossilen Energieträger Erdöl (35 %), Kohle (28 %) und Erdgas (24 %) gedeckt. Die Verfügbarkeit **fossiler Rohstoffe** wird deshalb mit besonderem Interesse beobachtet.

Primärenergie: Energie, die mit den natürlich vorkommenden Energieformen oder Energieträgern zur Verfügung steht, etwa als Kohle, Erdgas oder Wind

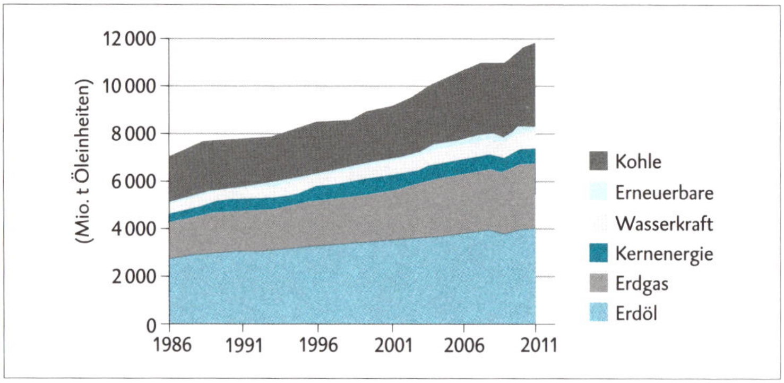

Entwicklung des globalen Primärenergieverbrauchs

Für die kommenden Jahre kann bei einem moderaten Anstieg des Erdölverbrauchs die Versorgung mit Erdöl gewährleistet werden. Laut einer Prognose der **Bundesanstalt für Geowissenschaften und Rohstoffe** aus dem Jahr 2011 ist es möglich, die Erdölförderung weltweit bis etwa 2036 zu steigern und ein Niveau von etwa 4,6 Gigatonnen pro Jahr zu erreichen. Dieser Wert deckt den von der **Internationalen Energieagentur** prognostizierten Bedarf jedoch nicht ab. Erdöl wird nach dieser Einschätzung dann der erste Energierohstoff sein, bei dem eine steigende Nachfrage nicht mehr gedeckt werden kann. Problematisch ist zudem, dass sich über 70 % der konventionellen Erdölreserven in einem relativ eng begrenzten Gebiet befinden. Dieses Gebiet, die sogenannte **„strategische Ellipse"**, reicht vom Nahen Osten über den Kaspischen Raum bis nach Nordwest-Sibirien und umfasst politisch sehr instabile Räume. Es besteht die Gefahr, dass Grenzstreitigkeiten und Kriege die Erdölförderung und -lieferung einschränken und den Ölpreis in die Höhe treiben.

In den letzten Jahrzehnten nahm die Bedeutung der Erdölförderung küstennah im Meer, also im **Offshore-Bereich**, ständig zu. Dabei war eine zunehmende Verlagerung vom Flachwasser (< 500 m Wassertiefe) in Tief- (> 500 m Wassertiefe) und Tiefstwasser (> 1 500 m Wassertiefe) zu beobachten. Seit 2006 stammen etwa 50 % aller neu gefundenen Reserven und 6 % der Welterdölförderung aus dem Tiefwasser. Diese Förderung stellt hohe Ansprüche an Technik und Sicherheit.

Bundesanstalt für Geowissenschaften und Rohstoffe (BGR): Bundesbehörde mit Sitz in Hannover; berät die Bundesregierung und die Wirtschaft in geowissenschaftlichen und rohstoffwirtschaftlichen Fragen

Internationale Energieagentur (IEA): Kooperationsplattform der Industriestaaten für die Erforschung, Entwicklung und Anwendung von Energietechnologien; verfügt über strategische Ölreserven, mit denen sie in den Ölmarkt eingreifen kann, veröffentlicht regelmäßig Berichte und Prognosen über die weltweite Energieentwicklung

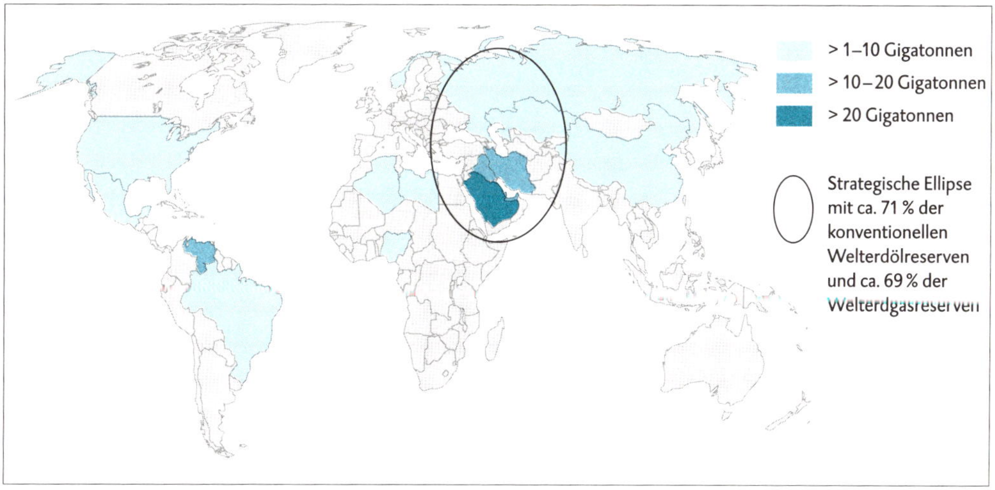

Verteilung der Erdölreserven auf der Welt

Reserven: Teil des Gesamtpotenzials eines Rohstoffs, der mit großer Genauigkeit erfasst wurde und mit den derzeitigen technischen Möglichkeiten wirtschaftlich gewonnen werden kann

Ressourcen (im geowissenschaftlichen Sinne): Teil des Gesamtpotenzials, der zwar nachgewiesen werden kann, aber derzeit noch nicht wirtschaftlich gewinnbar oder geologisch noch nicht erfasst ist (nicht zu verwechseln mit dem allgemeinen Ressourcen-Begriff, vgl. S. 78)

Gesamtpotenzial: Summe aus Reserven und Ressourcen, also das Potenzial, das für den künftigen Verbrauch nach derzeitigem Kenntnisstand zur Verfügung steht

Nicht-konventionelle Erdöle wie Schwerstöl, Ölsande oder Ölschiefer werden in der Zukunft eine immer größere Rolle bei der Energieversorgung spielen. Ihre **Reserven** entsprechen etwa 40 % der Reserven an **konventionellem Erdöl**.

Die **Ressourcen** übersteigen die des konventionellen Erdöls hingegen um das Dreifache. Dabei entfallen jeweils knapp 40 % der nicht-konventionellen Ressourcen auf Ölsande und Ölschiefer, deren Förderung jedoch sehr kostenaufwendig und mit großen Umweltbelastungen verbunden ist. Trotzdem geht man davon aus, dass der Marktanteil des nicht-konventionellen Erdöls, insbesondere der Ölsande aus Kanada und Schwerstöle aus Venezuela, beim momentanen Ölpreisniveau in den nächsten Jahren weiter zunehmen und bis zum Jahr 2035 einen Anteil von ca. 10 % an der Gesamtförderung erreichen wird.

Im Gegensatz zum Erdöl kann **Kohle** als **Energieträger** mit den weltweit größten Vorkommen die Versorgung noch für viele Jahrhunderte sicherstellen.

Von den weltweit nachgewiesenen Kohlereserven entfallen rund 73 % auf Steinkohle und 27 % auf Braunkohle.

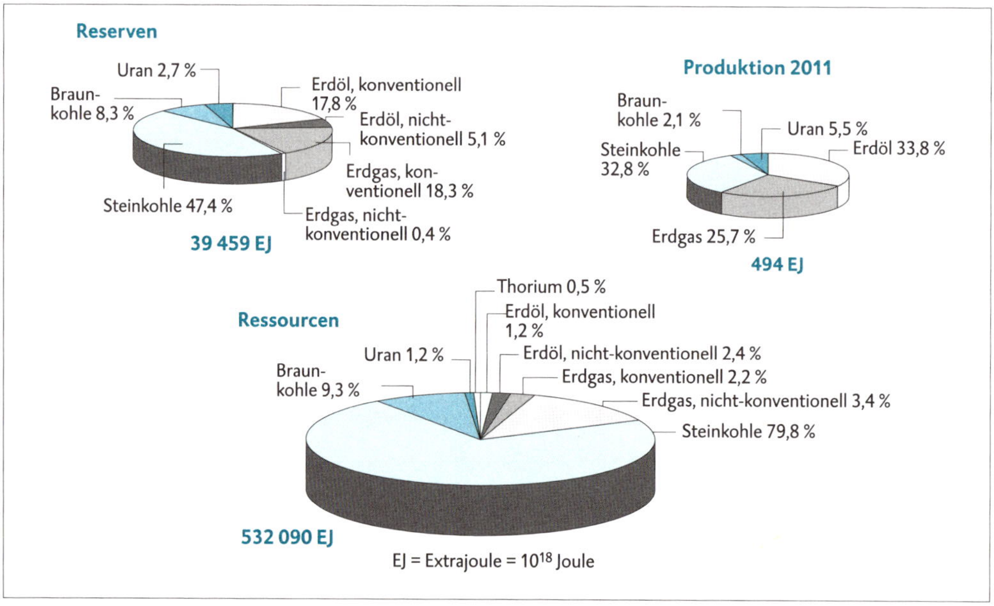

Weltweiter Anteil der nicht erneuerbaren Energierohstoffe an Förderung, Reserven und Ressourcen, Stand Ende 2011

1.4 Rohstoffsituation Deutschlands

Der Rohstoffbedarf in Deutschland wird aus verschiedenen Quellen gedeckt. Zwar wird die Bundesrepublik häufig als rohstoffarmes Land bezeichnet, sie verfügt jedoch über erhebliche Reserven an Steinen und Erden, Braunkohle und Industriemineralen, die teilweise sogar zu großen Anteilen exportiert werden können. Demgegenüber werden **energetische Rohstoffe**, Metalle und Erze fast vollständig importiert. In zunehmendem Maße werden zudem Rohstoffe aus dem Recycling eingesetzt.

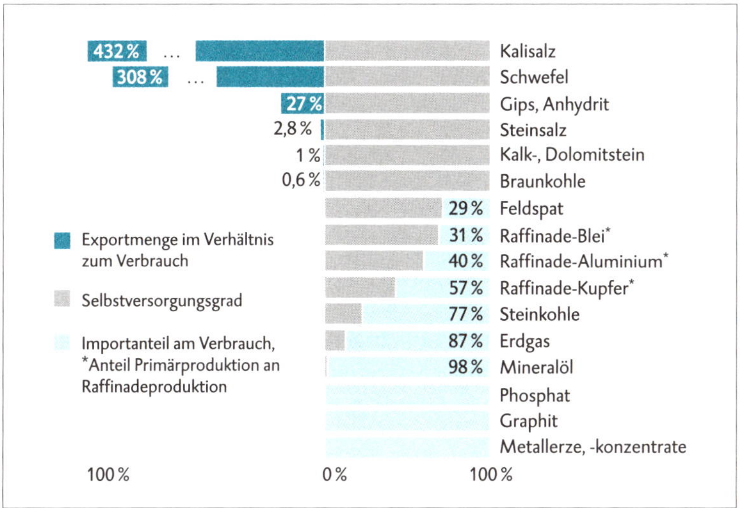

Deutschlands Rohstoffsituation (Auswahl), Stand 2010 (Kalisalz: Stand 2008)

2 Unterschiedliche Perspektiven der Ressourcennutzung

2.1 Umweltprobleme bei der Gewinnung und Nutzung von Rohstoffen

Von der Gewinnung und Nutzung der Rohstoffe gehen vielfältige Umweltbelastungen aus: Die Belastungen auf den ersten drei Stufen der **Wertschöpfungskette**, also im Bereich der Rohstoffgewinnung und -aufbereitung, sind insgesamt am gravierendsten. Bei einer Erschließung

→ **Wertschöpfungskette:** vgl. S. 285

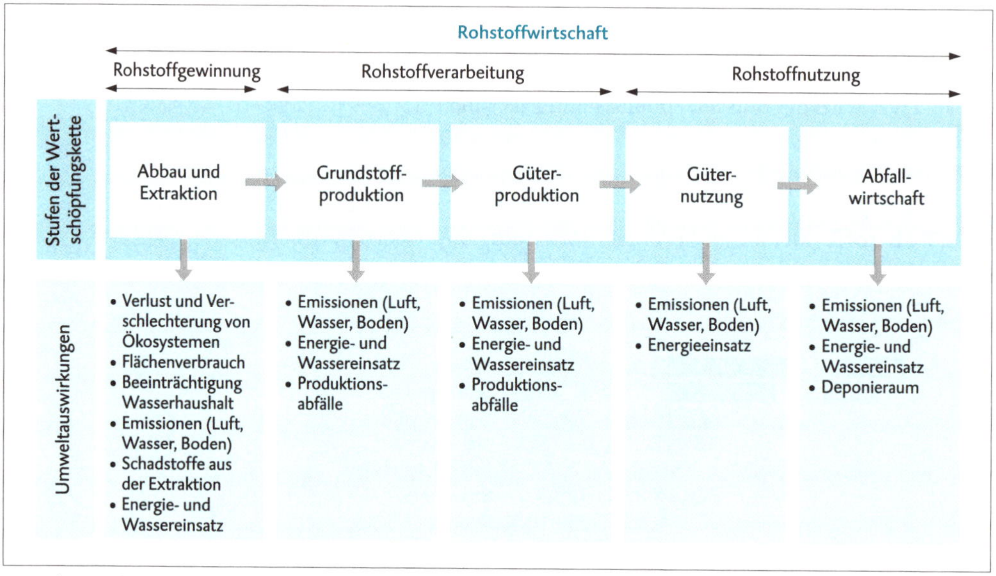

Umweltauswirkungen entlang der Wertschöpfungskette

Abraum: beim Bergbau anfallendes, nicht nutzbares Material; wird auf Halden oder Kippen abgelagert

von Vorkommen mit immer niedrigeren Konzentrationen verschärfen sich die Umweltauswirkungen aufgrund des höheren Energieaufwands der Förderung, der aufwendigeren Aufbereitung sowie der steigenden Mengen an **Abraum**.

Rohstoffabbau als gravierender Eingriff in den Raum – das Beispiel des Rheinischen Braunkohlentagebaus

Im Rheinland zwischen den Städten Köln, Aachen und Mönchengladbach befindet sich mit 2 500 km² die größte Braunkohlenlagerstätte Europas und – gemessen an der Fördermenge – das größte deutsche Braunkohlenrevier. Durch den Abbau und die **Verstromung** in den nahegelegenen Kraftwerken werden 15 % des Stromes der öffentlichen Versorgung in der gesamten Bundesrepublik Deutschland erzeugt.
Die Kohleflöze liegen unter mächtigen, lockeren Sedimentschichten aus dem Tertiär und den Eiszeiten, weshalb sie nur im offenen **Tagebau** abgebaut werden können. Gegenwärtig sind drei Großtagebaue in Betrieb. Das jüngste Abbaufeld, Garzweiler II, wurde 2006 erschlossen. Bis 2044 sollen hier jährlich 35–40 Mio. Tonnen Braunkohle gefördert werden. Um die Genehmigung wurde im Vorfeld über Jahre hinweg erbittert gerungen.

Befürworter des Projekts berufen sich auf die energiepolitische Notwendigkeit und die wirtschaftliche Bedeutung des Braunkohlenabbaus; Gegner des Tagebaus befürchten gravierende Belastungen für Natur und Umwelt. Um die über 200 m tiefe Grube trocken zu halten, muss das Grundwasser in einem weiten Umkreis durch Pumpen abgesenkt werden, was wertvolle Feuchtgebiete in der Region bedroht und die Trinkwasserversorgung benachbarter Städte beeinträchtigt. Zumindest bis zur **Rekultivierung** gehen darüber hinaus wertvolle landwirtschaftliche Nutzflächen verloren – in einem Gebiet, in dem besonders hochwertige **Löss**böden vorliegen.

Das Abbaugebiet liegt in einer dicht besiedelten Region. Für Garzweiler II müssen bis ca. 2030 13 Ortschaften mit insgesamt 7 600 Einwohnern umgesiedelt werden. Zwar bemüht man sich sehr um **Sozialverträglichkeit** der Umsiedlungsmaßnahmen. Doch ist das unwiederbringliche Verschwinden gewachsener Ortschaften mit ihren baulich-kulturellen und sozialen Strukturen schwer zu kompensieren und bedeutet für die Betroffenen häufig eine hohe emotionale Belastung. Die gravierenden Eingriffe in die Landschaft müssen durch Rekultivierungsmaßnahmen nach Abschluss des Abbaus wieder ausgeglichen werden. Die Wiederherstellung von Agrar- und Forstflächen ist langwierig; viele Menschen stört der Charakter des Künstlichen, welcher der neu gestalteten Landschaft anhaftet. Andere empfinden neu geschaffene **Naherholungsflächen** und **Naturräume** v. a. im Umfeld der **Restseen** durchaus als Gewinn für eine ansonsten überwiegend agrarisch intensiv genutzte Region.

Rekultivierung: Wiederherstellung/Neugestaltung eines durch menschliche Eingriffe stark beeinträchtigten Areals (z. B. Tagebaugruben, Steinbrüche, Industriebrachen); hierbei wird häufig nicht der Ausgangszustand wiederhergestellt, sondern ein Raum mit neuen Eigenschaften geschaffen, z. B. Seelandschaft für Freizeit und Erholung oder Naturschutzgebiete

→ **Löss:** vgl. S. 116

Restsee: nach Teilverfüllung von Tagebaugruben verbleibender See

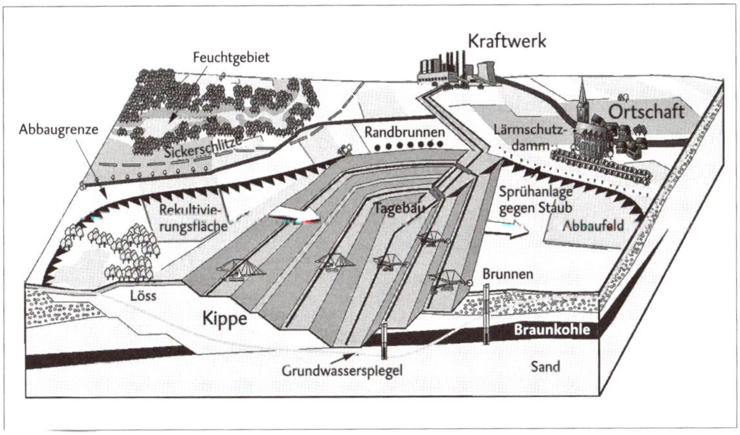

Tagebau im Rheinischen Revier

2.2 Ressourcen als Chance und Risiko für die wirtschaftliche Entwicklung von Entwicklungsländern

Viele Entwicklungsländer sind reich an natürlichen Ressourcen. Nachhaltig genutzt, bieten diese eine wichtige **Entwicklungsbasis**. Doch der Rohstoffreichtum eines Landes ist nicht automatisch gleichbedeutend mit einer positiven wirtschaftlichen und sozialen Entwicklung. Es zeigt sich, dass das Wirtschaftswachstum in Ländern, die stark vom **Export** mineralischer und fossiler Rohstoffe abhängig sind, häufig geringer ist als in vergleichbaren rohstoffarmen Ländern. Diese paradoxe Situation erklärt man mit dem **„Fluch der Ressourcen"**. Er ist gleichermaßen Folge von und Ursache für Unterentwicklung und hat verschiedene Gründe:

- Durch die hohen Erlöse aus der Ausfuhr von Bodenschätzen kommt es tendenziell zu einer **Aufwertung der heimischen Währung**. Hierdurch werden die **Exportmöglichkeiten** für andere auf dem Weltmarkt angebotene Produkte geschmälert. In vielen Ländern ist eine Verkümmerung anderer Wirtschaftsbereiche zu erkennen.
- Die Abhängigkeit vom Rohstoffexport führt dazu, dass die Staaten den **Preisschwankungen** auf den **Rohstoffmärkten** ausgesetzt sind (vgl. Grafik unten). Dies erschwert eine verlässliche Haushaltsplanung.
- Die hohen Einnahmen aus dem Rohstoffgeschäft bieten einen Nährboden für **Korruption**.
- Statt eine nachhaltige Wirtschafts- und Entwicklungspolitik zu verfolgen, die die Preisschwankungen und Begrenztheit der Ressourcen berücksichtigt, investieren viele Regierungen in unrealistische **Großprojekte**, langfristig nicht zu unterhaltende Infrastrukturen oder die Erweiterung des Staatsapparates. So stärken die Einnahmen aus dem Rohstoffsektor **autoritäre Regimes** und gefährden die Demokratie.
- Wenn ein Land wirtschaftlich überwiegend von seinen Bodenschätzen lebt, so steigt das Risiko für **Ressourcenkonflikte** um ein Vielfaches. Dies gilt v. a. für jene Länder, die über hochpreisige Rohstoffe wie z. B. Gold, Silber oder Diamanten verfügen.

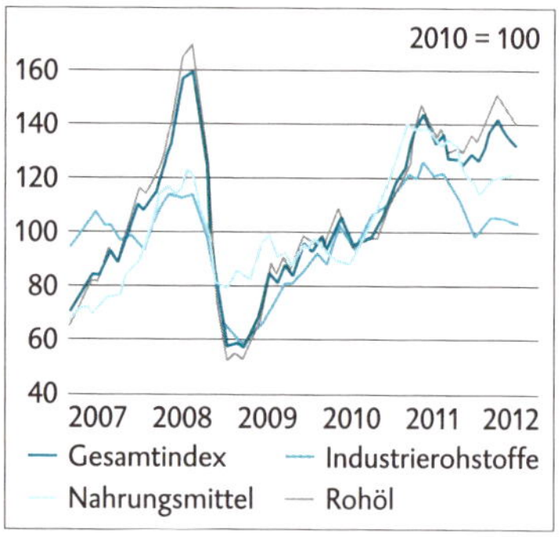

Entwicklung der Rohstoffpreise an den internationalen Warenbörsen

Positive Beispiele wie Botswana, Chile und Brasilien zeigen jedoch, dass natürliche Ressourcen nicht per se einen Fluch bedeuten müssen und durchaus zum Wohlstand eines Landes beitragen können, statt ihn zu blockieren. Ob Rohstoffe für ein Land zum Fluch oder Segen werden, entscheidet die jeweilige Regierungsqualität **(Good Governance)**.

Good Governance: gutes Regierungssystem in einem Staat, das politisches Handeln und Verwaltungshandeln unter breiter Beteiligung vieler kompetenter Akteure vorsieht, einschließlich guter Haushaltsführung, d. h. ohne Korruption und Verschwendung

3 Möglichkeiten eines nachhaltigen Rohstoffeinsatzes

Inzwischen hat der Schutz der natürlichen Ressourcen einen hohen Stellenwert erlangt und ist zum Gegenstand zahlreicher Programme, Strategien und Vereinbarungen auf internationaler, europäischer und nationaler Ebene geworden. Die Möglichkeiten für einen nachhaltigeren Rohstoffeinsatz sind vielfältig. Die wichtigsten sind folgende:

- Einsatz regenerativer, d. h. **erneuerbarer Energien** und **nachwachsender Rohstoffe**;
- Einsparungen durch Erhöhung der **Material- und Energieeffizienz**;
- Ersatz **(Substitution)** knapper Rohstoffe durch solche, die noch eine längere Reichweite aufweisen;
- **Recycling**.

Substitution: Ersatz eines Rohstoffs/Produkts durch einen anderen/ein anderes; in den Industrieländern z. B. Substitution von Eisen und Stahl durch Kunststoffe seit den 1970er-Jahren; auch der Ersatz nicht-erneuerbarer Rohstoffe durch erneuerbare Rohstoffe oder durch Recycling-Material ist eine Form der Substitution

3.1 Regenerative Energien und nachwachsende Rohstoffe

Erneuerbare, oder genauer: **sich erneuernde Energien** beziehen ihre Kraft v. a. aus der Sonnenstrahlung, aber auch aus der Erdwärme (Geothermie) und der Gravitationskraft zwischen Erde und Mond.

Das tatsächliche Potenzial der erneuerbaren Energien für die zukünftige Energieversorgung hängt davon ab, inwieweit es gelingt, sie technisch verfügbar zu machen. Wichtige technische Hürden sind die Erhöhung des **Wirkungsgrads**, die Speicherung sowie der Transport der standortgebunden erzeugten Energie.

Die Energiebereitstellung aus erneuerbaren Energien hat sich seit Beginn der 1980er-Jahre annähernd verdoppelt. Da jedoch gleichzeitig auch die Nutzung von Kohle, Öl, Erdgas und Kernenergie gestiegen ist, hat sich der Anteil der erneuerbaren Energien am **Weltenergieverbrauch** von gut 16 % im selben Zeitraum nicht verändert. Die Investitionen in diesen Bereich nehmen jedoch stetig zu. Im Jahr 2010 wurden

Primärenergiequelle	Erscheinungsform	Natürliche Energieumwandlung	Technische Energieumwandlung	Sekundärenergie
Sonne	Biomasse	Biomasse-Produktion	Heizkraftwerk/Konversionsanlage	Wärme, Strom, Brennstoff
	Wasserkraft	Verdunstung, Niederschlag, Schmelzen	Wasserkraftwerk	Strom
	Windkraft	Atmosphärenbewegung	Windenergieanlage	Strom
		Wellenbewegung	Wellenkraftwerk	Strom
	Solarstrahlung	Meeresströmung	Meeresströmungskraftwerk	Strom
		Erwärmung der Erdoberfläche und Atmosphäre	Wärmepumpen	Wärme
			Meereswärmekraftwerk	Strom
		Solarstrahlung	Photolyse	Brennstoff
			Solarzelle, Photovoltaik-Kraftwerk	Strom
			Kollektor, solartherm. Kraftwerk	Wärme, Strom
Mond	Gravitation	Gezeiten	Gezeitenkraftwerk	Strom
Erde	Isotopenzerfall und Restwärme aus Erdentstehung	Geothermie	Heizwerk, Heizkraftwerk	Wärme, Strom

Energiegewinnung aus erneuerbaren Energien

bereits mehr **Investitionen** in die Nutzung erneuerbarer Energie-Kapazitäten als in diejenige fossiler Kapazitäten getätigt. Weltweit gab es 2010 etwa 3,5 Mio. **Arbeitsplätze** in der Branche der erneuerbaren Energien. Deren Nutzung ermöglicht damit nicht nur die Überwindung eines **Engpasses** im Bereich der **fossilen Energieträger**, sondern eröffnet zukunftsweisende wirtschaftliche Perspektiven. Dies gilt insbesondere für im herkömmlichen Sinne ressourcenarme Länder oder Entwicklungsländer. Auch lässt sich eine steigende **Versorgungssicherheit** durch verschiedene Möglichkeiten und Orte der Energieerzeugung geltend machen. Darüber hinaus haben erneuerbare Energien auch eine **sicherheitspolitische Bedeutung:**

- Steigerung der Versorgungssicherheit,
- Senkung der Importabhängigkeit,
- Reduzierung der Verwundbarkeit durch Abschaffung der Risikotechnik Atomkraft und Dezentralisierung der Energieversorgung,
- Schaffung neuer Entwicklungsmöglichkeiten v. a. in ressourcenarmen Ländern (z. B. ländliche Elektrifizierung),
- Entschärfung des Konfliktpotenzials zwischen den Erdöl exportierenden und den Erdöl importierenden Ländern,
- Reduktion der Folgen des Klimawandels.

Nachwachsende Energierohstoffe

Die Erzeugung von Energie aus nachwachsenden Rohstoffen hat den Vorteil, dass pflanzliche Rohstoffe immer nur die Menge an CO_2 freisetzen, die sie während des Wachstums im Zuge der **Photosynthese** der Atmosphäre entnommen haben. Im Gegensatz zu den endlichen Rohstoffen sind sie daher weitgehend **CO_2-neutral**. **Energiepflanzen** werden zur Erzeugung von Wärme, Strom und Treibstoffen genutzt.

Die Verwendung nachwachsender Rohstoffe für die Energie- und Kraftstoffgewinnung ist jedoch umstritten. Den Vorteilen im Bereich des Klimaschutzes, der Energiesicherheit und der wirtschaftlichen Förderung des ländlichen Raums stehen ökologische und soziale Nachteile gegenüber. Dabei wird v. a. die Produktion von **Biokraftstoff** kritisch gesehen:

- Extreme Preissteigerungen für Agrarrohstoffe seit 2007, v. a. für Getreide und Ölsaaten, werden z. T. auf die durch Biokraftstoffe ausgelöste Nachfragesteigerung zurückgeführt. Unter der **„Konkurrenz zwischen Teller und Tank“** leidet v. a. die ärmere Bevölkerung in Entwicklungsländern, die die erhöhten Nahrungsmittelpreise nicht zahlen kann.
- Der Anbau der Energiepflanzen erfolgt überwiegend auf **agroindustrieller Basis** in **Monokulturen**. Die hohen Gewinnspannen beschleunigen die Umwandlung von Natur- in Kulturflächen. So gehen wichtige Lebensräume für Tiere und Pflanzen verloren.
- In vielen Ländern führt die Ausweitung von Anbauflächen zur Verdrängung bzw. Vertreibung von Kleinbauern. Auch das Phänomen des **„Landgrabbing“**, der Aneignung riesiger Flächen für die landwirtschaftliche Nutzung in Entwicklungsländern durch in- und ausländische Investoren, wird u. a. mit der Wertsteigerung landwirtschaftlicher Produkte im Zuge des Biokraftstoff-Booms verknüpft.

Energiepflanzen: landwirtschaftliche Nutzpflanzen, die ausschließlich für die Energiegewinnung angebaut werden; Beispiele: Zuckerrohr, Mais, Kartoffeln, Getreide für die Umwandlung in Ethanol, Raps, Sonnenblumen, Palmöl für die Gewinnung von Biodiesel

Biokraftstoffe (auch: Bio-/Agrotreibstoffe): flüssige oder gasförmige Kraftstoffe, die aus Biomasse hergestellt werden (Vorsilbe „Bio-“ weist also nicht auf ökologischen Anbau hin); ökologischer Wert der Biokraftstoffe ist umstritten

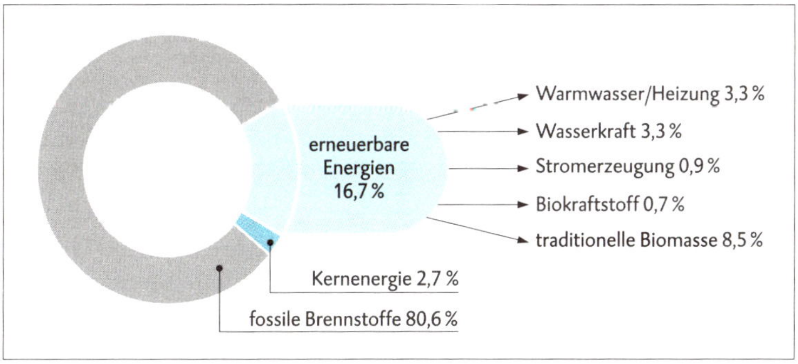

Anteil erneuerbarer Energien am weltweiten Gesamt-Energieverbrauch, Stand 2010

Die sogenannten **„Biokraftstoffe der zweiten Generation"** aus besonders zellulosereichen Pflanzenteilen (Blätter, Holz, Grünabfälle) weisen gegenüber den auf Energiepflanzen basierenden Kraftstoffen der ersten Generation Vorteile auf, können aber die genannten Problembereiche nicht vollständig ausräumen. Das bekannteste Beispiel ist der synthetische Biokraftstoff nach dem Prinzip **„biomass to liquid" (BTL, „Biomasse zu Flüssigkeit")**. Er kann aus Holzresten, Stroh oder Molkereiabfällen gewonnen werden und konkurriert damit nicht oder zumindest nicht direkt um die Anbauflächen für Nahrungs- oder Futtermittel. Auch hinsichtlich seiner Auswirkung auf die Erderwärmung **(Klimabilanz)** und seiner technischen Eigenschaften weist er deutliche Verbesserungen auf. Biokraftstoffe der zweiten Generation haben jedoch noch keine **Marktreife** erlangt; sie könnten ab 2020 verfügbar sein. Noch in der Entwicklungsphase befinden sich die **Biokraftstoffe der dritten Generation** aus Algen, die ebenfalls den Vorteil haben, dass ihre Produktion die für die Nahrungsmittelerzeugung verfügbaren Ackerflächen nicht weiter reduziert.

Solarenergie

Bei der technischen Nutzung der Sonnenenergie unterscheidet man zwischen der Photovoltaik und der Solarthermie.

	Photovoltaik	Solarthermie
technisches Prinzip	photochemische Umwandlung von Lichtenergie in elektrische Energie in Halbleiterschichten (meist aus Silizium) in Solarzellen entstehen unter Lichteinfluss freie Ladungen, die als Elektronen über einen elektrischen Leiter als Gleichstrom abfließen	primär: Umwandlung der Strahlungsenergie in Wärmeenergie durch Erwärmung von Wärmeträgern wie Flüssigkeiten oder Luft, Verstärkung durch Brennspiegelsysteme oder Absorber (Materialien, die sich gut erwärmen) sekundär: Nutzung dieser Effekte für die Stromerzeugung in Kraftwerken
Ausbaustand und Entwicklungstendenzen	Solarzellen: im Jahr 2010 potenzielle Leistung von 40 GW installiert; entspricht einer Versiebenfachung innerhalb von fünf Jahren; Steigerung der weltweiten Produktion jährlich durchschnittlich um 50 %	• Sonnenkollektoren/Solaranlagen: 1,5 Mio. Anlagen mit 14 Mio. m^2 Fläche • solarthermische Kraftwerke: Anlagen weltweit in der Entwicklung und im Bau, Vorreiter USA und Spanien • Aufwindkraftwerke: Versuchskraftwerk in Spanien, Projekte weltweit in Entwicklung, darunter in China, Spanien, USA

Technische Nutzung der Sonnenenergie

Für solarthermische Kraftwerke liegen die Regionen mit dem größten Potenzial im sogenannten **„Sonnengürtel“** der Erde, also zwischen dem 20. und 40. Breitengrad der südlichen und nördlichen Hemisphäre. Die nördlich und südlich angrenzenden Zonen sind infolge der tropischen Bewölkung im Bereich des Äquators und der Tiefdruckgebiete in den Westwindzonen weniger geeignet. Ein ähnliches Muster ergibt sich auch für photovoltaische Systeme. Allerdings hat hier die Bewölkung einen geringeren Einfluss, da die Photovoltaik auch **diffuse Strahlung** nutzt.

→ **diffuse Strahlung:** vgl. S. 20

info

DESERTEC

Das in den Jahren 2003 bis 2007 von einem internationalen Netzwerk von Politikern, Wissenschaftlern und Ökonomen entwickelte DESERTEC-Konzept sieht vor, dass sich die Energieversorgung der Zukunft auf die Wüsten stützen soll. Vor dem Hintergrund, dass die Wüsten der Erde durch die Sonneneinstrahlung in sechs Stunden mehr Energie empfangen, als die Menschheit in einem Jahr verbraucht, bietet die Installation von Solarkraftwerken eine klimaschonende und schadstoffarme Möglichkeit zur Stromgewinnung.
Über spezielle Leitungen mit geringen Verlusten soll der Strom von den Orten der Erzeugung zu den Verbrauchsorten geleitet werden. Zum einen soll er den Strombedarf der Erzeugerländer decken und zum anderen in das solar weniger begünstigte Ausland verkauft werden.
Die gemeinnützige DESERTEC-Stiftung, die die weltweite Umsetzung des Konzepts betreibt, hat Pläne für ein solches Stromerzeugungs- und Transport-System rund um das Mittelmeer entwickelt, von dem sowohl die Länder der MENA-Region („Middle East & North Africa“) als auch die europäischen Länder profitieren sollen. Das Konzept beinhaltet in beträchtlichem Umfang auch die Integration von Wind- und Wasserkraftnutzung.

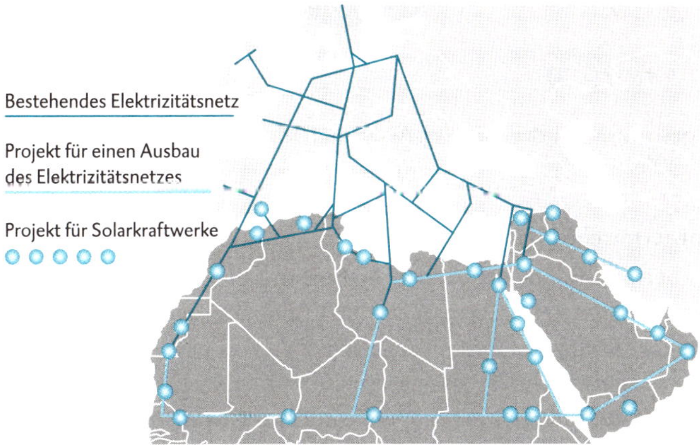

Windkraft

Windenergieanlagen können in allen Klimazonen, auf See und in allen Landschaftsformen (Küste, Binnenland, Gebirge) zur Stromerzeugung eingesetzt werden. Aufgrund der Unstetigkeit des Windes kann die mit Windenergieanlagen gewonnene elektrische Energie jedoch nur im Verbund mit anderen Energiequellen oder mit technischen Speichermöglichkeiten für eine kontinuierliche Energiebereitstellung genutzt werden. Die **Wirtschaftlichkeit** hängt von verschiedenen Faktoren ab. Ausschlaggebend ist neben den **natürlichen Windverhältnissen** v. a. der **Stromverkaufspreis**, der wiederum maßgeblich von der Energiepolitik eines Landes beeinflusst wird.
Ende 2010 waren weltweit Windenergieanlagen mit 194 390 Megawatt (MW) Gesamtleistung installiert. Das entspricht der Leistung von circa 250 Kohlekraftwerken. Beim Ausbau der Windkraft lag Deutschland 2011 mit einer Kapazität von 29 060 MW weltweit auf Platz drei.

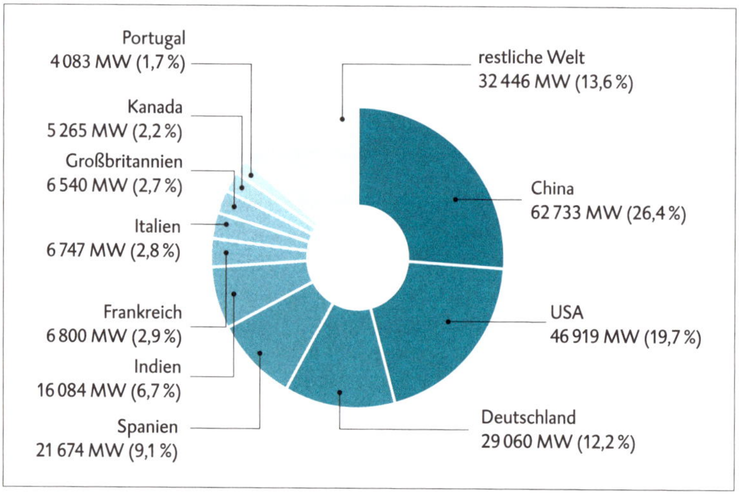

Energieerzeugung durch Windenergie weltweit: TOP 10 der installierten Leistung und Marktanteil, Stand 2011

Geothermische Energie

Geysir: heiße Quelle, die in Spalten eingesickertes Wasser zusammen mit Dampf meist in regelmäßigen Abständen ausstößt, verbreitet v. a. in jungvulkanischen Gebieten

Geothermische Energie – auch **Erdwärme** genannt – ist die Wärme, die vom schmelzflüssigen Kern im Erdinneren an die Erdoberfläche dringt. Sie erhitzt auf ihrem Weg nach oben Gesteins- und Erdschichten sowie unterirdische Wasserreservoirs. An manchen Stellen dringen Wasser und Dampf als heiße Quelle oder als **Geysir** bis an die Erdoberfläche vor.

Die Wärme nimmt mit der Tiefe zu, in Mitteleuropa durchschnittlich um 3 °C pro 100 m. Die gewonnene Wärme lässt sich unmittelbar zur Beheizung von Gebäuden einsetzen. Auf Erdwärme basierende Kraftwerke können diese Energie auch zur Stromgewinnung nutzen.

Die **Temperaturverteilung im Untergrund** ist nicht einheitlich. In manchen Gebieten des Oberrheingrabens, bei Landshut in Bayern, am Fuße der Schwäbischen Alb oder in einzelnen Bereichen im Norddeutschen Becken steigt die Temperatur in der Tiefe überdurchschnittlich schnell an. Für die Nutzung der geothermischen Energie hat diese **positive Temperaturanomalie** den Vorteil, dass die gewünschte Temperatur in geringerer Tiefe erreicht wird und die Bohrkosten und damit die Investitionskosten niedriger ausfallen.

Die Bedeutung der geothermischen Energie für die Wärmeversorgung und Stromerzeugung nimmt laufend zu. Im Jahr 2010 waren weltweit Anlagen mit einer thermischen Leistung von insgesamt 50,6 GW sowie mit einer elektrischen Leistung von insgesamt 10,7 GW installiert. Deutschland belegt bei der installierten Kapazität zur Wärmeerzeugung mit rund 2,5 GW thermischer Leistung im weltweiten Vergleich den fünften Rang nach den USA, China, Schweden und Norwegen.

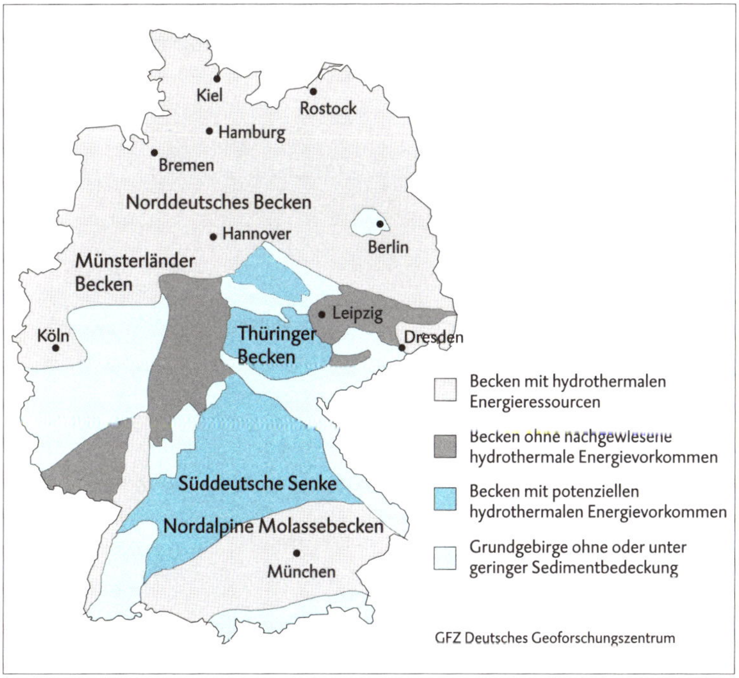

Geothermie-Vorkommen in Deutschland

3.2 Ressourcenschutz durch sparsameren Umgang mit knappen Ressourcen

Die gestiegenen Rohstoffpreise erhöhen die wirtschaftlichen Anreize für einen sparsameren Umgang mit den vorhandenen Rohstoffen und für eine Suche nach **Ersatzstoffen (Substitution)**.

Rohstoffproduktivität

Rohstoffproduktivität: Verhältnis von Produktionsmenge (Output) zu Faktoreneinsatz (Input), hier: zum Rohstoffeinsatz

In der deutschen Nachhaltigkeitsstrategie aus dem Jahr 2002 wurde eine Verdopplung der **Rohstoffproduktivität** bis 2020 als konkretes Ziel festgelegt, gemessen am Wert von 1994. Bis 2010 wurden 47,5 % Steigerung erreicht. Dabei ist eine **Entkopplung** des Wirtschaftswachstums vom Rohstoffverbrauch erfolgt: Die Wirtschaftsleistung ist zwar gestiegen, der hierzu nötige Rohstoffverbrauch nahm jedoch nicht im selben Maße zu. Dieser Trend ist in den meisten Ländern zu beobachten, allerdings mit stark unterschiedlicher Geschwindigkeit.
Ein effizienter Ressourceneinsatz steigert über die Senkung der Produktionskosten die **Wettbewerbsfähigkeit** und entlastet die Verbraucher. Weniger natürliche Ressourcen zu verbrauchen bedeutet gleichzeitig, die mit der Ressourcengewinnung, -aufbereitung und -nutzung verbundenen **Treibhausgasemissionen** zu senken und damit zum **Klimaschutz** beizutragen. Ökonomische, soziale und ökologische Ziele greifen hier ineinander.

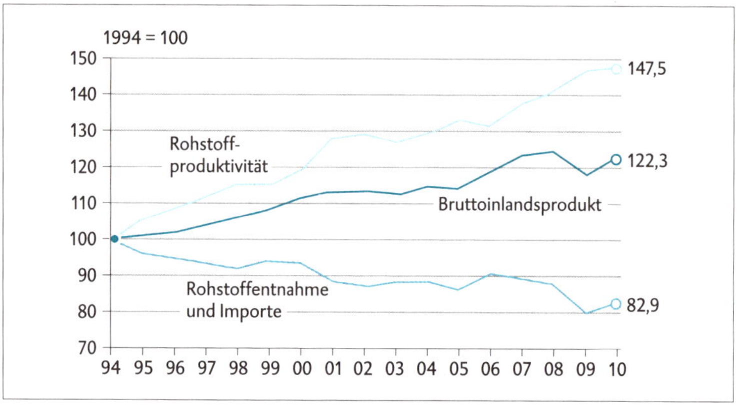

Rohstoffproduktivität und Wirtschaftswachstum in Deutschland

Der ökologische Rucksack

Der **ökologische Rucksack** ist eine sinnbildliche Darstellung der Menge an Ressourcen, die bei der Herstellung, dem Gebrauch und der Entsorgung eines Produkts oder einer Dienstleistung verbraucht werden. Seine Berechnung ermöglicht es, **Ineffizienzen** und **Ressourcenverschwendungen** zu identifizieren und Anreize für die Entwicklung nachhaltigerer Alternativen zu entwickeln.
Jede Tonne Steinkohle, die verbrannt wird, trägt z. B. einen Rucksack von 5 Tonnen Abraum und Wasser. Dazu kommen ca. 3,3 Tonnen Kohlendioxidemissionen, die im Verbrennungsprozess entstehen. Der ökologische Rucksack von Steinkohle ist also knapp 8,5-mal, der von Braunkohle sogar insgesamt zehnmal so schwer wie die Kohle selbst.
Wenn man einen aus Sicht der Nachhaltigkeit angemessenen Preis zahlen würde, müsste man neben den Kosten für das Produkt selbst auch die Kosten für dessen ökologischen Rucksack tragen. Ökologische Rucksäcke von Konsumartikeln zeigen auf, welche Rolle den Konsumenten im Ressourcenschutz zukommt. Sie können im Rahmen ihrer Kaufentscheidungen über den Konsumverzicht oder die Wahl ressourcenschonender Artikel den Ressourcenverbrauch direkt senken und indirekt Einfluss auf den Markt bzw. die Produzenten nehmen.

ökologischer Rucksack eines Produkts: Summe aller in und aus der Natur bewegten Massen (Materialinput) bis zum verkaufsfertigen Produkt, vermindert um das Gewicht des Produkts selbst (Einheit: kg oder t)

ökologischer Rucksack von Dienstleistungen (die mithilfe der Nutzung von Gütern erbracht werden): Summe der anteiligen „Rucksäcke" der eingesetzten technischen Mittel (z. B. Geräte, Fahrzeuge, Gebäude) vermehrt um die Summe des Verbrauchs an Material und Energie während der Nutzung

Bauteil	Material für die Herstellung inkl. Energiegewinnung (in kg)	Gewicht des Teils (in kg)
Gehäuse	19,2	1,22
Leiterplatten, bestückt	286,6	0,41
Display	48,0	0,33
Prozessor und Arbeitsspeicher	29,7	0,01
Sonstiges	45,5	0,78
Verpackung	5,9	1,30
Gesamt	434,9	4,05
Ökologischer Rucksack	434,9 kg – 4,05 kg = 430,85 kg	

Materialeinsatz bei der Herstellung eines Notebooks

4 Wasser als Basisressource

4.1 Wasservorkommen auf dem „blauen Planeten“

Als Voraussetzung für die Existenz von Leben gehört Wasser zu den bedeutendsten Ressourcen überhaupt. Für die Produktion von Lebensmitteln in der Landwirtschaft, aber auch für die industrielle Produktion und die Energiegewinnung ist es unverzichtbar. Das weltweit genutzte Wasser kommt in flüssiger, fester und gasförmiger Form **(Aggregatzustände)** vor und hat, wie allein der Vergleich zwischen Salz- und Süßwasser zeigt, unterschiedliche chemische und biologische Eigenschaften.

Aggregatzustand	Anteil am Gesamtwasser	Speicherorte
fest	1,766 %	Gletscher, Polarkappen, Schneeauflage, Dauerfrostboden
flüssig	98,233 %	Meerwasser, Frischwasser in Seen und Flüssen, Grundwasser, Sumpfwasser, Bodenfeuchtigkeit
gasförmig	0,001 %	atmosphärischer Wasserdampf

Globale Wasseranteile nach Aggregatzuständen

Die **Hydrosphäre** (Wasserhülle) der Erde ist wahrscheinlich durch Ausgasung aus Gesteinen und durch Vulkanausbrüche entstanden. Die Erdoberfläche ist zu etwa 70 % von Wasserflächen bedeckt. Das Gesamtvolumen des Wassers auf der Erde beträgt etwa 1,4 Mrd. km^3, was einem Würfel mit einer Kantenlänge von 1 100 km entspricht.
Für die Trink- und Brauchwassernutzung sind die Menschen auf **Süßwasser** angewiesen, das nur 2,5 % dieser Menge ausmacht. Davon wiederum ist ein großer Teil in Gletschern und **Permafrost** gebunden oder als **Grundwasser** gar nicht in den Wasserkreislauf einbezogen. In der Bilanz sind nur etwa 0,3 % der Süßwasservorräte, also 0,008 % der Gesamtwassermenge auf der Erde, in Form von **Oberflächenwasser** relativ leicht zugänglich. Die den Menschen zur Verfügung stehende Wassermenge hängt heute – abgesehen vom natürlichen Wasserhaushalt – v. a. von anthropogenen Einflussfaktoren wie Bevölkerungswachstum oder Wasserverbrauch ab. Obwohl sich Wasser im globalen Wasserkreislauf beständig erneuert, ist es eine begrenzte Ressource. Keine Technik kann den Grundvorrat wesentlich vermehren.

Grundwasser: im oberflächennahen oder tieferen Untergrund angesammeltes Wasser, das die Hohlräume der Lockersedimente und des Gesteins füllt, durch Versickern von Niederschlag und Eindringen von Flusswasser gebildet

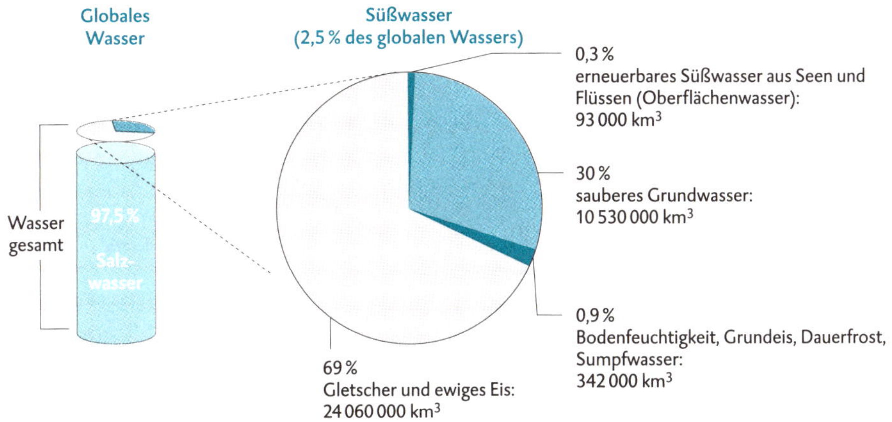

Verteilung des globalen Wassers

Zwischen den drei großen **Wasserreservoirs** – Meer, Atmosphäre, Festland – werden die Wasserressourcen im Rahmen des globalen **Wasserkreislaufs** ständig erneuert. Ca. 90 % des über den Meeren verdunsteten Wassers regnen auch dort wieder ab. Nur etwa 10 % gehen als Niederschlag über dem Land nieder. Die Landniederschläge werden zudem aus Wasser gespeist, das über dem Land verdunstet.

→ **Wasserkreislauf:** vgl. S. 21

4.2 Nutzung des Wassers und Wasserverbrauch

Wasser kann im eigentlichen Sinne nicht verbraucht, sondern lediglich gebraucht werden. Früher oder später wird das entnommene Wasser wieder in den globalen Wasserkreislauf zurückgeführt.
Der **weltweite Wasserverbrauch** hat sich zwischen 1930 und 2000 etwa versechsfacht. Im selben Zeitraum hat sich die Weltbevölkerung „lediglich" verdreifacht. Die Zunahme des Wasserverbrauchs ist also auch auf eine Verdopplung des durchschnittlichen Wasserverbrauchs pro Kopf zurückzuführen. Dieser wiederum lässt sich mit dem ökonomischen Wachstum, der zunehmenden Verbreitung verbrauchsintensiver Lebensstile sowie mit der globalen Verstädterung begründen.
Der Wasserverbrauch in den meisten Industrieländern hat sich seit den 1980er-Jahren auf sehr hohem Niveau stabilisiert. Für weniger entwickelte Länder mit hohem Bevölkerungswachstum und wachsender Wirtschaftstätigkeit wird für die Zukunft noch mit **hohen Steigerungsraten** gerechnet. Man geht davon aus, dass der Wasserverbrauch in den

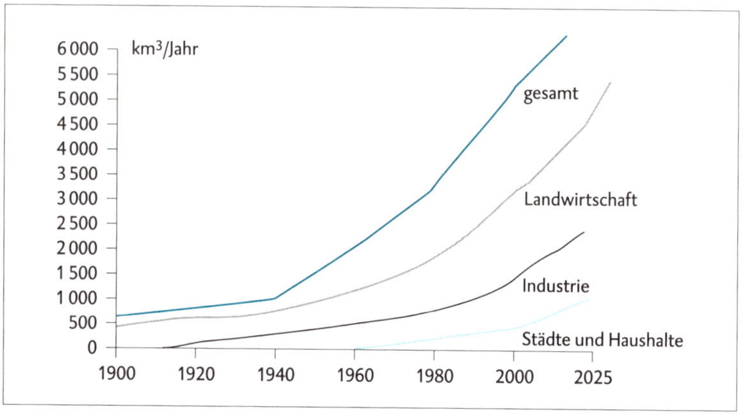

Entwicklung der weltweiten Wassernachfrage

Entwicklungsländern bis 2025 um 50 % zunehmen wird. Wasser wird hauptsächlich in **Haushalten**, für **industrielle Zwecke** und in der **Landwirtschaft** genutzt. Mit ca. 70 % hat die Landwirtschaft mit weitem Abstand den größten Anteil am globalen Wasserverbrauch. Regional variiert die Verwendung von Wasser, v. a. in Abhängigkeit von der wirtschaftlichen Entwicklung und den klimatischen Bedingungen. In den Industrieländern werden z. B. bis zu 50 % des Wassers für industrielle Zwecke eingesetzt. Hier ist der Anteil der Landwirtschaft entsprechend geringer.

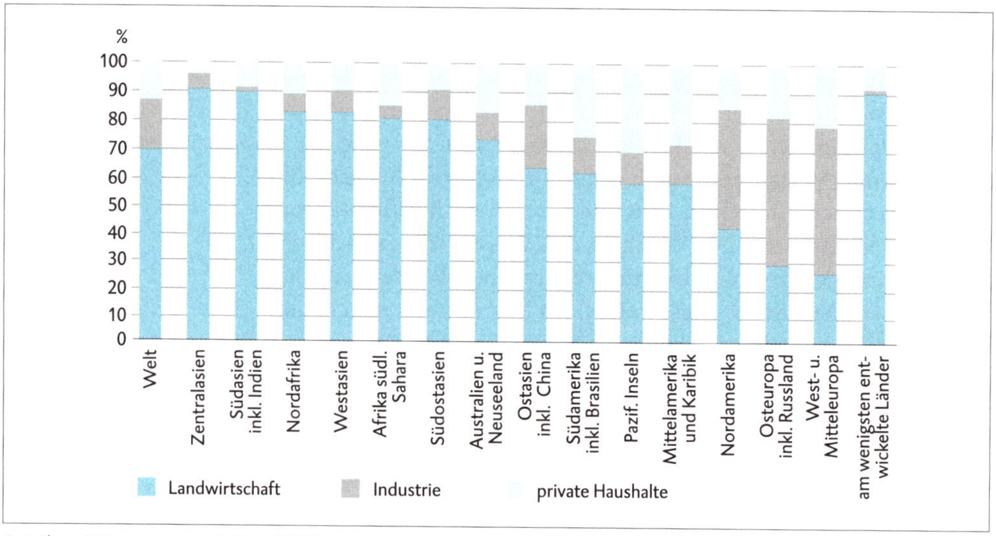

Anteiliger Wasserverbrauch, Stand 2011

Wassernutzung in der Landwirtschaft

Ein Großteil des Wasserverbrauchs in der Landwirtschaft geht auf künstliche **Bewässerung** zurück. Weltweit wird knapp ein Fünftel der landwirtschaftlichen Fläche bewässert. Auf dieser Fläche werden aber 40 % aller Nahrungsmittel produziert. Der landwirtschaftliche Flächenertrag bei Bewässerung ist durchschnittlich 2,7-mal höher als auf Flächen, für die nur die natürliche Feuchtigkeit zur Verfügung steht.

Bewässerung dient nicht nur der Ertragssteigerung, sondern macht den Anbau jenseits der **agronomischen Trockengrenze** überhaupt erst möglich. Das nötige Wasser wird Oberflächengewässern oder dem Grundwasser entnommen bzw. durch Speicherung in Zisternen und Stauseen zuvor angesammelt. Verbreitete Bewässerungsmethoden sind die flächenhafte Bewässerung durch **Überschwemmung** des Bodens, die **Furchenbewässerung**, Anlage von Terrassen mit einem bestimmten Gefälle für den Wasserzu- und Abfluss, **Berieselung** und **Beregnung** der Flächen sowie **Tröpfchenbewässerung** über im Boden verlegte Schlauchleitungen. Die Bewässerungsmethoden sind traditionell an die naturräumlichen Möglichkeiten und die angebauten Kulturpflanzen angepasst. Sie sind jedoch auch abhängig vom jeweiligen technischen und ökonomischen Entwicklungsstand. Unsachgemäß eingesetzt, können sie die Böden und damit auch die Kulturen durch **Versalzung**, Verschlämmung oder Versauerung schädigen. Zwischen den Methoden bestehen zudem Unterschiede hinsichtlich der Effizienz.

→ **Trockengrenze:** vgl. S. 65

→ **Versalzung:** vgl. S. 118

Von **großmaßstäblichen Bewässerungsprojekten** verspricht man sich häufig wichtige Impulse für die Wirtschaft in naturräumlich benachteiligten Regionen. Oft sind die mit hohem Kapital- und Technologieeinsatz durchgeführten Projekte jedoch sowohl ökonomisch als auch ökologisch und sozial sehr problematisch.

	Oberflächenbewässerung	Beregnung	Tröpfchenbewässerung
Verdunstungsverluste	hoch	hoch	gering
Versickerungsverluste	mittel	gering	gering
Wassernutzungseffizienz	40–50 %	60–70 %	80–90 %
Versalzungsgefahr	gering	hoch	gering
Verschlämmungsgefahr	mittel	hoch	mittel
Installationskosten	gering	hoch	hoch
geeignete Böden	schwere Böden, kein Gefälle	alle Böden, kein bis leichtes Gefälle	alle Böden, jedes Gefälle
mögliche Kulturarten	stauwassertolerante Arten, z. B. Reis	alle	hauptsächlich Dauerkulturen, z. B. Wein, Obst und Gemüse

Bewässerungsmethoden im Vergleich

info

1957

1984

2007

Aralsee

Entlang der Flüsse Amudarja und Syrdarja in Mittelasien hat sich infolge der Ausdehnung der Bewässerungsflächen eine Umweltkatastrophe entwickelt. Hier hat die Entnahme des Wassers für die Bewässerungslandwirtschaft zur Verlandung des Aralsees geführt. Der ehemals viertgrößte See der Erde hat sich auf ein Drittel der ursprünglichen Fläche reduziert und in mehrere kleine Restseen aufgespalten. Das hat gravierende ökologische Folgen:

- Die Salzkonzentration des Sees hat sich verfünffacht.
- Chemikalien aus Düngemittelrückständen und Pestiziden, die mit dem verbliebenen Zufluss aus den landwirtschaftlichen Intensivräumen in den See gelangten, haben sich hier konzentriert.
- Fauna und Flora sind weitgehend abgestorben.
- Die Fischereiwirtschaft, einst die wichtigste Erwerbsquelle der einheimischen Bevölkerung, ist zum Erliegen gekommen.
- Die Trinkwasserqualität ist dramatisch gesunken.
- Salze und Giftstoffe werden aus dem ausgetrockneten Seeboden ausgeweht und schädigen die Gesundheit der Einwohner im weiten Umkreis. Sie leiden vermehrt unter Krebs-, Magen-, Darm- und Augenerkrankungen. Die Säuglingssterblichkeit ist extrem hoch. Die Lebenserwartung liegt 20 Jahre unter dem Durchschnitt der Anrainerstaaten.

Virtuelles Wasser und der Wasserfußabdruck

Ein modernes Konzept zur Erfassung des tatsächlichen Wasserverbrauchs ist der **Wasserfußabdruck**. Ihm liegt zugrunde, dass ein Großteil des von Einzelpersonen, Unternehmen oder Nationen verbrauchten Wassers in den Produkten verborgen ist, die konsumiert oder erzeugt werden. Man spricht in diesem Zusammenhang von verstecktem oder **virtuellem Wasser**. Der Wasserfußabdruck beinhaltet sowohl die direkt verbrauchte Wassermenge als auch das in der Nahrung und für andere Waren verbrauchte virtuelle Wasser. Während der durchschnittliche tägliche Trinkwasserbedarf eines erwachsenen Menschen bei zwei bis vier Litern liegt, werden für die Herstellung der von einer Person täglich konsumierten Lebensmittel 2 000 bis 5 000 Liter Wasser benötigt. Zur Herstellung eines Kilogramms Kartoffeln werden z. B. ca. 105 Liter Wasser gebraucht, für ein Kilogramm Mais etwa 710 Liter und für ein Kilogramm Weizen rund 1 500 Liter. Tierische Lebensmittel haben einen besonders großen Wasserfußabdruck. So werden für die Produktion eines Kilogramms Rindfleisch 13 000–15 000 Liter Wasser benötigt.

Mithilfe des Wasserfußabdrucks werden **globale Verflechtungen** im Bereich des Wasserverbrauchs und damit verknüpfte Missverhältnisse deutlich. Er gibt nicht nur an, wie viel Wasser verbraucht wird, sondern auch, woher dieses Wasser stammt. Man unterscheidet zwischen dem **internen Wasserverbrauch** im eigenen Land und dem **externen Wasserverbrauch** im Ausland, der aus dem Import virtuellen Wassers über den Import von Produkten oder Dienstleistungen resultiert. Viele Industrieländer in Zonen mit **Wasserüberschuss** importieren über landwirtschaftliche Produkte und Rohstoffe Wasser aus Ländern mit **Wasserdefiziten**. Deutschland importiert z. B. über Nahrungsmittel und Industriegüter jedes Jahr 106 Mrd. m^3 Wasser. Modellrechnungen zufolge konsumiert ein Durchschnittseuropäer täglich 3 m^3 an importiertem virtuellem Wasser, was etwa 30-mal mehr ist als der durchschnittliche Tagesverbrauch an Leitungswasser.

1 Blatt Papier	10 l
1 Liter Bier	75 l
1 Ei	135 l
1 Liter Milch	200 l
1 Kilogramm Reis	3 000 l
1 T-Shirt	4 000 l
1 Jeans	11 000 l
1 Kilogramm Rindfleisch	15 500 l
1 PC	20 000 l

Beispiele für „versteckten" Wasserverbrauch

4.3 Regionaler Wassermangel

Der Wassermangel könnte sich zu einem der größten Probleme des 21. Jh. entwickeln. Rein theoretisch ist auf der Erde genug Wasser vorhanden, um den Bedarf zu decken. Die dauerhaft nutzbaren **Wasservorräte** sind auf der Erde jedoch sehr ungleich verteilt. Zwei Drittel der Weltbevölkerung lebt in Regionen, auf die insgesamt nur ein Viertel der Niederschläge entfällt.

Bereits heute sind Menschen in über 30 Staaten der Erde von **Wasserknappheit** bedroht.

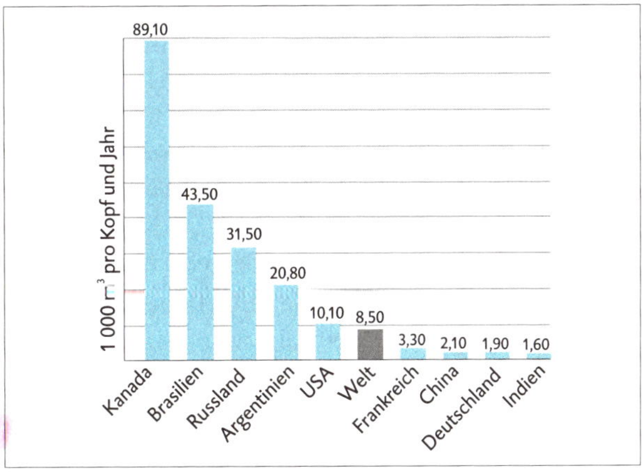

Erneuerbare Wasserressourcen in ausgewählten Ländern, Stand 2010

info

Wasserverfügbarkeit

- **Wasserknappheit:** < 1 700 m³ Wasser pro Person und Jahr
  - **Physische Wasserknappheit:** Wasservorkommen im Land reichen nicht aus, um den Grundbedarf zu decken
  - **Ökonomische Wasserknappheit:** Wasservorkommen im Land sind zwar ausreichend, aber die Wasserversorgung ist aufgrund fehlender Infrastrukturen nicht sichergestellt
- **Wassermangel:** < 1 000 m³ Wasser pro Person und Jahr
- **Relativer Wasserstress-Index:** Verhältnis der Wassernutzung zu den durch Oberflächen- und Grundwasserzufluss erneuerbaren Wasserressourcen, ermöglicht eine Klassifizierung der Gefährdung der Wasserversorgung. Beispiele:
  - ungefährlich: Nutzung von weniger als 10 % der verfügbaren Ressourcen
  - starke Gefährdung: Nutzung von mehr als 40 % der verfügbaren Ressourcen

Gebiete, die von Wassermangel betroffen sind, finden sich v. a. in Nordafrika, im Mittelmeerraum, im Mittleren und Nahen Osten, in Südasien, Nord-China, Australien, Teilen der USA, Nordost-Brasilien und an der Westküste von Südamerika. In diesen Gebieten leben ca. 1,4 Mrd. Menschen. Schätzungen der FAO zufolge werden 2025 1,8 Mrd. Menschen in Ländern mit akutem Wassermangel leben, für zwei Drittel der Weltbevölkerung wird es immer wieder Wasserknappheit geben.

Wasserknappheit ist kein Problem, das allein Entwicklungsländer betrifft: Ein Beispiel hierfür sind Länder Südeuropas wie Spanien, Italien und Griechenland, die regional und saisonal bereits unter gravierenden **Wasserversorgungsproblemen** leiden.

→ **Migration:** vgl. S. 250

Mit Wassermangel ist auch ein **Migrationsproblem** verknüpft. Nach Schätzungen der Internationalen Organisation für Migration sind derzeit 25 Mio. Menschen auf der Flucht, weil ein unzureichendes Wasserangebot sie zum Verlassen ihrer Heimat gezwungen hat.

Wassermangel in Europa

→ **Bewässerung:** vgl. S. 138

Für die **Mittelmeerländer** werden in den nächsten Jahrzehnten durch den Klimawandel drastisch verringerte Niederschläge erwartet. Besonders problematisch ist dieser Umstand für die Landwirtschaft, v. a. die **Bewässerungslandwirtschaft**. Häufig werden hier sehr wasserintensive Nahrungsmittel angebaut, z. B. Erdbeeren, Tomaten oder Salat, größtenteils für den Export. Reicht das verfügbare Oberflächenwasser nicht mehr aus, greift man auf immer tiefer liegende Grundwasservorräte zurück. Sinkt der Grundwasserspiegel hierdurch ab, trocknen die Böden aus und die natürliche Vegetation stirbt ab. In küstennahen Gebieten dringt Salzwasser ein und macht das Wasser unbrauchbar.

In den ariden Sommermonaten, wenn der Wasserbedarf am höchsten ist, kommt es zu **Nutzungskonflikten** mit der Tourismusbranche. Der durchschnittliche Wasserbedarf eines Touristen liegt z. B. in Spanien bei 880 Litern pro Tag, dreimal so hoch wie der eines Einheimischen.

Stausee bei Susqueda/Nordostspanien im Sommer

Die Folgen des Wassermangels sind bereits deutlich spürbar: Die Wasserpreise steigen seit Jahren an. Bei akutem Wassermangel kommt es zu Trinkwasserrationierungen. Sinken die Wasserpegel der **Stauseen** zu weit ab, müssen Wasserkraftwerke vom Netz genommen werden. In vielen Gemeinden Südspaniens und auf den Balearen muss alljährlich Trinkwasser mit Tanklastwagen bereitgestellt werden; Tankschiffe liefern Wasser zu den Inseln.

Die Problematik der Wasserqualität

Parallel zur steigenden Entnahme werden die nutzbaren Süßwasservorkommen durch den **Klimawandel** und die **Verschmutzung** weiter verringert. In den Entwicklungsländern werden mehr als 80 % des **Abwassers** unbehandelt in Flüsse, Seen und Meere geleitet. Insgesamt geht man davon aus, dass täglich ca. 2 Mio. Tonnen Abfälle in die **Vorfluter** gelangen. Die Landwirtschaft trägt ebenfalls erheblich zur Verschlechterung der Wasserqualität bei. **Nitrate** aus der Düngung sind die am meisten verbreiteten chemischen Schadstoffe im Grundwasser weltweit.

Vorfluter: natürliches oder künstliches Fließgewässer, das das abfließende Wasser aus kleineren Nebengewässern sammelt und weiterleitet

Das **Recht auf Trinkwasser und Sanitärversorgung** ist ein Menschenrecht. Als solches wurde es im Juli 2010 von der UN-Generalversammlung offiziell anerkannt. Zwar haben 89 % der Weltbevölkerung heute Zugang zu sauberem Trinkwasser, doch ist das Problem in vielen Entwicklungsländern weiter akut. Insgesamt steht 884 Mio. Menschen kein sauberes Trinkwasser zur Verfügung, davon leben 120 Mio. in Europa. Verunreinigtes Trinkwasser ist weltweit die Hauptursache für Cholera und Durchfallerkrankungen. Jedes Jahr sterben etwa 3,5 Mio. Menschen an den Folgen schlechter Wasserversorgung.

4.4 Konflikte wegen der Ressource Wasser

Wasser gilt als **Allgemeingut**. Die **Eigentumsrechte** am Wasser sind in vielen Gebieten der Erde oft unklar oder gar nicht vorhanden, teilweise kontrollieren Einzelne oder gesellschaftliche Gruppen den Zugang zum Wasser. Dieser Umstand führt in vielen Regionen der Erde zu Konflikten: Wird der Zugang zu Wasser eingeschränkt, z. B. durch Übernutzung, Verschmutzung oder aus politischen Gründen, kann das zu massiven innergesellschaftlichen oder zwischenstaatlichen Spannungen führen. Diese Spannungen äußern sich z. B. in **Verteilungskonflikten** zwischen Landwirtschaft und Industrie, Stadt- und Landbevölkerung oder zwischen ethnischen Gruppen. Konkurrenz um die Wasserverteilung entsteht besonders dort, wo Wasserknappheit und dichte Besiedlung aufeinandertreffen, z. B. im Nahen Osten, in Südasien und in Teilen Zentralasiens.

„Die Kriege des 21. Jh. werden nicht um Öl, sondern um Wasser geführt werden", prophezeite der frühere UN-Generalsekretär BOUTROS-GHALI in den 1990er-Jahren. Allein seit der Jahrtausendwende ist es weltweit tatsächlich schon zu über 50 Konflikten mit Gewalteinwirkung gekommen, bei denen die Nutzung von Wasser eine wichtige auslösende Rolle spielte.

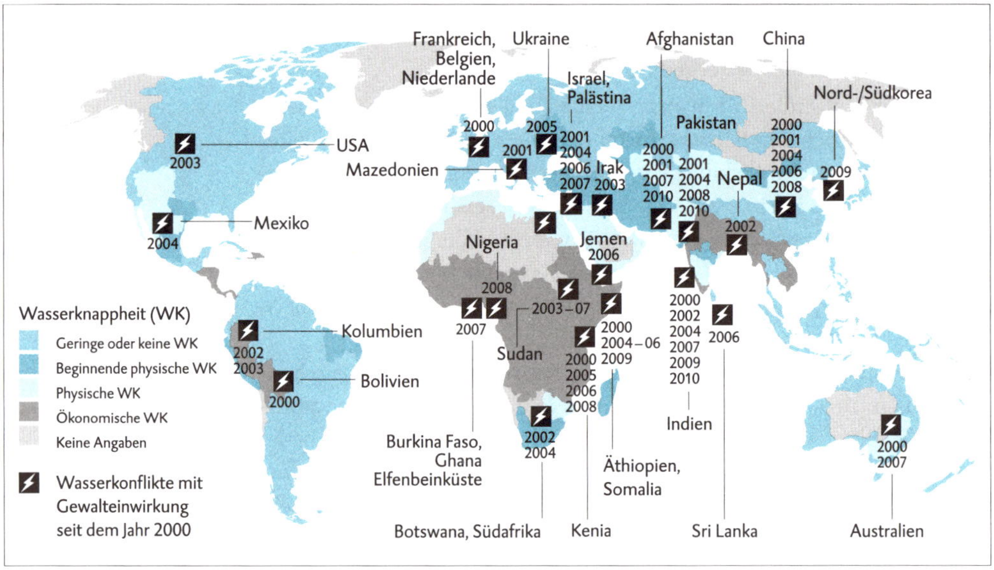

Weltweite Wasserknappheit und Konflikte seit 2000

Eine besondere Gefahr von Konflikten besteht in grenzüberschreitenden Flussgebieten, die fast 50 % der Landoberfläche der Erde bedecken und ca. 40 % der Weltbevölkerung beheimaten. Weltweit gibt es 276 grenzüberschreitende Flussgebiete, an denen 148 Staaten Anteil haben. Für über die Hälfte dieser Flussgebiete wurden bis heute keine internationalen Richtlinien zur Bewirtschaftung vereinbart.
Ähnlich verhält es sich mit den weltweit 273 grenzüberschreitenden **Grundwasserleitern**. Es gibt aber auch Positivbeispiele für funktionierende zwischenstaatliche Abkommen, z. B. die „Nile Basin Initiative", eine Kooperation der Nil-Anrainerstaaten seit 1999. Viele Konflikte um Wasser konnten durch internationale Kooperation verhindert oder bewältigt werden.

Grundwasserleiter (Aquifer): Grundwasserspeicher in Form von porösem und/oder kluftenreichem Substrat über einer wasserstauenden Schicht

Zusammenfassung

- Die natürlichen Ressourcen sind eine unabdingbare Voraussetzung menschlichen Lebens und Wirtschaftens auf der Erde. Jedoch sind die meisten Ressourcen endlich oder können sich zumindest in menschlichen Zeitdimensionen nicht erneuern.
- Die fossilen Energieträger Kohle, Erdöl und Erdgas und andere mineralische Rohstoffe sind das Resultat geologischer Prozesse, die über erdgeschichtliche Zeiträume hinweg abgelaufen sind. Ihre statistische Reichweite ist unterschiedlich; sie hängt neben der geologischen Verfügbarkeit auch vom Ressourcenverbrauch bzw. von der Nachfrage ab.
- Die Ressourcennutzung, wie sie derzeit geschieht, führt auf allen Stufen der Wertschöpfungskette zu Umweltbelastungen und gefährdet dadurch die natürlichen Lebensgrundlagen des Menschen.
- So ist die eigentlich im Überfluss vorhandene, jedoch räumlich sehr ungleich verteilte Ressource Wasser in vielen Regionen der Erde durch Übernutzung bereits zu einem knappen Gut geworden. Versalzung und Verschmutzung schränken ihre Verwendbarkeit häufig zusätzlich ein.
- Eine nachhaltige Ressourcennutzung setzt nicht-erneuerbare Ressourcen so schonend und sparsam wie möglich ein und reduziert ihren Verbrauch durch eine möglichst weitreichende Wiederverwertung.
- Den erneuerbaren Ressourcen (Wind, Wasser, Sonnenstrahlung etc.) kommt eine Schlüsselrolle in der Zukunftssicherung zu, die es technologisch noch weiterzuentwickeln gilt.

Landwirtschaft – Raumnutzung und Raumprägung

1 Böden – Zerstört der Mensch die Grundlage seiner Existenz?

1.1 Bedeutung der Bodenqualität für den Menschen

Neben dem Klima ist die **Bodenfruchtbarkeit** entscheidend für die vorindustrielle Bevölkerungsentwicklung auf unserer Erde. Die Fruchtbarkeit eines Bodens hängt primär davon ab, wie viele der für das Pflanzenwachstum notwendigen Nährstoffe er zur Verfügung stellen kann. Dafür ist v. a. seine **Kationenaustauschkapazität** wichtig. Aber auch die Fähigkeit, Wasser zu speichern, oder die Möglichkeit von Wurzeln, einen Boden zu durchdringen, spielen eine Rolle.

Kationenaustauschkapazität: Gradmesser für die Fähigkeit der Tonmineralien eines Bodens, Nährstoffe festzuhalten, sodass sie nicht ausgewaschen werden können

Tragfähigkeit: beschreibt die maximale Zahl der Menschen, die in einer bestimmten Region unter den dort aktuell vorherrschenden Bedingungen dauerhaft leben können

Seit den Anfängen der Landwirtschaft vor fast 10 000 Jahren bestimmt die Bodenfruchtbarkeit die **Tragfähigkeit** eines bestimmten Gebiets. Es ist kein Zufall, dass sich die Gebiete mit der höchsten Bevölkerungsdichte im Bereich fruchtbarer Böden befinden, denn nur dort konnte eine ausreichende Zahl an Menschen ernährt werden. Beispiele sind die nährstoffreichen Schwemmlandböden in der chinesischen Großen Ebene zwischen Peking und Shanghai oder die Gebiete um Euphrat, Tigris und Nil, die alle durch die Ablagerungen von Sedimenten infolge wiederholter Überschwemmungen entstanden. Erst mit der Entwicklung und dem großflächigen Einsatz von Kunstdünger konnte sich der Mensch zumindest teilweise aus diesem Abhängigkeitsverhältnis lösen.

1.2 Wie entsteht Boden?

Boden ist ein Umwandlungsprodukt aus mineralischen und organischen Substanzen, d. h., er entsteht hauptsächlich durch Verwitterung des Ausgangsgesteins und Zersetzung von Pflanzenmaterial. Bodenbildung ist deshalb ein fortwährender, meist langsam voranschreitender Prozess, bei dem in Abhängigkeit von Ausgangsgestein, Klima, Relief, Flora und Fauna jeweils ein bestimmter **Bodentyp** entsteht.

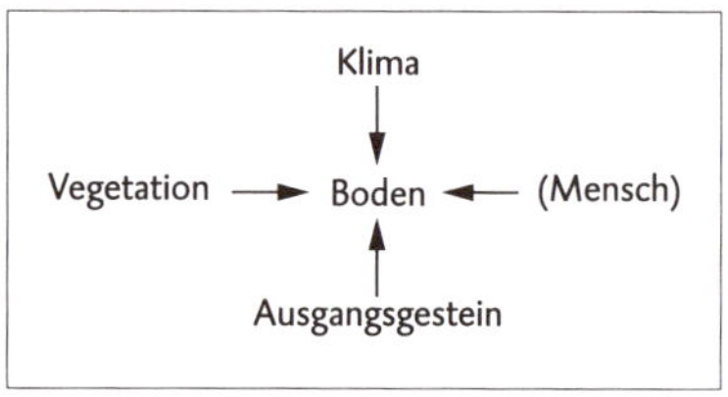

Faktoren, die die Bodenbildung beeinflussen

Bodentyp: bezeichnet eine bestimmte Abfolge der Bodenhorizonte (vgl. nächste Seite); unter dem Einfluss gleicher bzw. ähnlicher bodenbildender Faktoren entstanden

Als weiterer Einflussfaktor spielt heute der Mensch eine wichtige Rolle – allerdings meist im destruktiven Sinne, denn Böden können durch unangepasste Nutzung zerstört werden.

1.3 Bodentypen

Die Verbreitung der einzelnen Bodentypen ist an jeweils unterschiedliche Klima- und Vegetationszonen gebunden. Sie unterscheiden sich durch eine typische Abfolge der verschiedenen **Bodenhorizonte**, die mit Großbuchstaben beschrieben werden.

Bodenhorizonte: „Bodenschichten“ mit unterschiedlichen chemischen und physikalischen Eigenschaften, die sich durch die im Boden ablaufenden Prozesse ausbilden

info

Die wichtigsten **Bodenhorizonte** sind:

- **O** Organische Auflage (Humus)
- **A** Mineralischer Oberbodenhorizont mit zersetzter organischer Substanz vermischt
- **B** Mineralischer Unterbodenhorizont aus verwittertem Ausgangsgestein
- **C** Ausgangsgestein (unverwittert)
- **G** abgeleitet von Gley; von Grundwasser beeinflusster Horizont
- **S** von Stauwasser beeinflusster Horizont

Je nachdem, welche Mineralien sich in einem Horizont angereichert haben oder ob er ausgewaschen wurde, kann diese Grundeinteilung weiter differenziert werden. Die entsprechenden Charakteristika werden durch Kleinbuchstaben wiedergegeben. Beispiele sind:

- **h** reich an Humus
- **v** verwittert (vgl. das folgende Beispiel „Braunerde“)
- **l** lessiviert (ausgewaschen, arm an Tonmineralien)
- **e** eluvial (ausgewaschen, arm an organischer Substanz und Mineralien)
- **fe** reich an Eisen
- **al** reich an Aluminium
- **o** oxidiert

Im Folgenden werden wichtige Bodentypen beschrieben, die aufgrund ihrer weiten Verbreitung eine große Rolle für die Menschen spielen. Regional gibt es daneben eine Vielzahl kleinräumig auftretender Böden wie die oben erwähnten Schwemmlandböden im Bereich von Flussläufen.

Braunerde entsteht im Bereich der Mischwälder in gemäßigten Klimazonen, z. B. in Mitteleuropa. Sie besitzt die Horizontabfolge Ah – Bv – C. Ah steht für einen humusreichen obersten Mineralbodenhorizont, der durch Einwaschung organischer Substanz aufgrund relativ hoher Niederschläge in humidem Klima entsteht; Bv steht für einen durch Verwitterung verbraunten und verlehmten mineralischen Unterboden. Braunerde ist relativ fruchtbar, weil Humus sehr nährstoffreich ist.

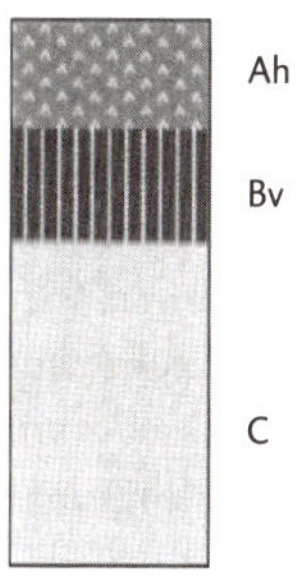

Braunerde (Mischwald)

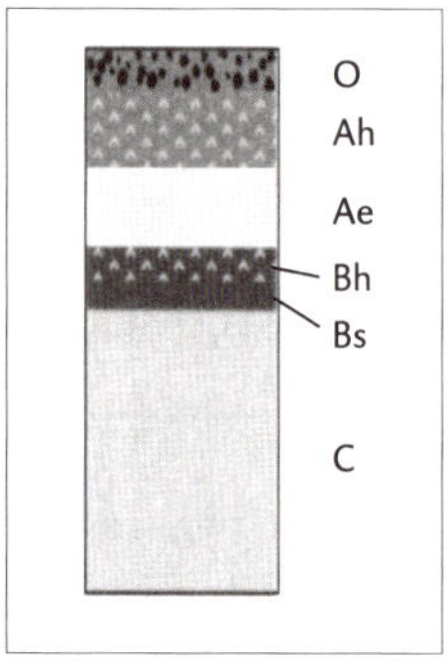

Podsol (borealer Nadelwald)

Podsol (Bleicherde) gibt es überwiegend im Bereich des borealen Nadelwaldes und in Heidegebieten. Abfallende Nadeln werden aufgrund niedriger Temperaturen nur sehr langsam zersetzt und eine dicke, stark saure organische Rohhumusauflage (O) entsteht. Wegen des Feuchtigkeitsüberschusses (Verdunstung < Niederschläge) werden mit dem Sickerwasser aus dem Ah-Horizont Mineralstoffe und Tonpartikel ausgewaschen, sodass ein grauer bis grauweißer Eluvialhorizont (Ae) entsteht. Die mit dem Sickerwasser in den B-Horizont verbrachten Huminstoffe (Bh: durch Einwaschung mit Huminstoffen angereichert) und Mineralien (Bs: durch Einwaschung von Sesquioxiden angereichert; s von Sesquioxiden, z. B. Eisen- und Aluminiumsesquioxid) können dort bei Trockenheit zu fast undurchdringlichem **Ortstein** aushärten.
Podsol ist ein saurer und aufgrund der Auswaschung sehr nährstoffarmer Boden. Für eine landwirtschaftliche Nutzung ist er daher kaum geeignet, außer man düngt und kalkt ihn stark, wodurch er seine typischen Eigenschaften verliert.

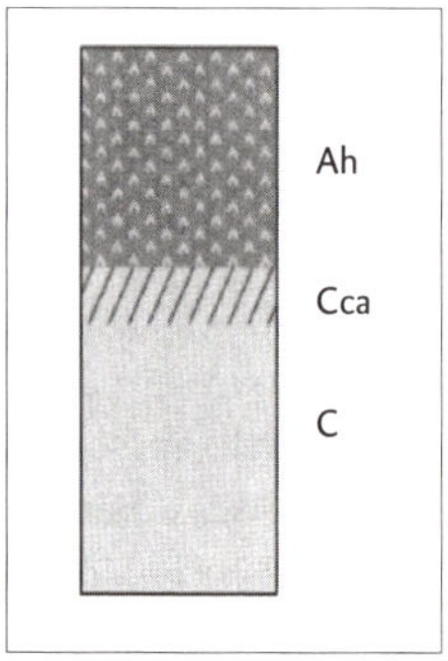

Tschernosem (Steppe)

Löss: fein zermahlener Gesteinsstaub, der vom Wind, meist während der Eiszeit, verfrachtet wurde und sich z.B. am Rand von Mittelgebirgen abgelagert hat; mineralstoffreich, porös, also gut wasserspeichernd und durchlüftet und somit eine ideale Ausgangsbasis für fruchtbaren Boden; in Norddeutschland nennt man die Landschaften mit Lössboden Börden, in Süddeutschland Gäue

Bei **Tschernosem (Schwarzerde)** handelt es sich um einen Steppenboden, der häufig auf kalkhaltigen Lockersedimenten wie **Löss** entsteht. Das Klima der winterkalten Steppen ist geprägt von Trockenheit im Sommer und niedrigen Temperaturen im Winter. Die im feuchteren Frühjahr stark wachsenden Gräser werden daher nur langsam und unvollständig zersetzt und die organische Substanz reichert sich zu einem bis 100 cm mächtigen grauschwarzen Humushorizont (Ah) an. Eine intensiv arbeitende Bodenfauna, die organische und mineralische Stoffe durchmischt, und eine wegen der Trockenheit kaum vorhandene chemische Verwitterung verhindern die Ausprägung eines B-Horizonts. Der A-Horizont grenzt direkt an den C-Horizont, an dessen oberem Rand sich Kalk (Ca = Calcium) anreichert. Schwarzerde ist aufgrund ihres hohen Nährstoffgehalts und des stabilen Gefüges ein sehr fruchtbarer und hochwertiger Ackerboden. In den trockeneren Kurzgrassteppen entsteht aufgrund der geringeren Humusbildung ein **kastanienfarbiger**

Boden, der eine mittlere Fruchtbarkeit aufweist. Über Schwarzerden und kastanienfarbigen Böden finden sich heute die wichtigsten Getreideanbaugebiete, die „Brotkörbe“ der Welt: die Great Plains in Nordamerika, die eurasischen Steppengebiete von der Ukraine über Südrussland bis Kasachstan und die Pampa in Argentinien.

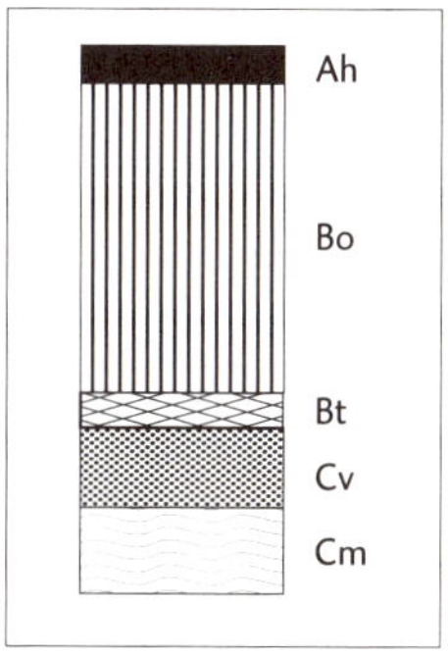

Latosol (trop. Regenwald)

Latosol (Ferralsol/Roterde) findet man im Bereich des tropischen Regenwalds und der Feuchtsavanne. Hier kommt es wegen der hohen Temperaturen und des ausgeprägten Sickerwasserstroms, bedingt durch die hohen Niederschläge, zu einer so starken chemischen Verwitterung des Ausgangsgesteins, dass der C-Horizont (Cv: verwittert, Cm: unverwittert) oft erst in Tiefen von 20–50 m zu finden ist. Da auch das organische Material in diesem feuchtheißen Klima sehr schnell zersetzt wird, ist die Streuauflage sehr gering und auch der leicht saure Ah-Horizont umfasst nur durchschnittlich 20 cm. Der mächtige B-Horizont besteht zu 85 % aus Aluminium- und Eisenoxiden (Bo). Nur im untersten Teil befinden sich noch unzerstörte Tonmineralien (Bt). Der nährstoffreichere Bt-Horizont ist aber wie das Ausgangsgestein für die Pflanzenwurzeln kaum erreichbar. Die Nährstoffe aus der organischen Substanz werden entweder sofort von Pflanzen wieder aufgenommen oder sie werden aufgrund der geringen **Kationenaustauschkapazität** der verwitterten Tonminerale ausgeschwemmt. Dementsprechend ist der Boden im Bereich des tropischen Regenwaldes meist extrem nährstoffarm und unfruchtbar. Die Bäume besitzen nur flache Wurzeln und versuchen, sämtliche Nährstoffe nahe der Oberfläche aufzunehmen.

Aufgrund seines geringen Nährstoffgehaltes ist Ferralsol nur sehr bedingt für die landwirtschaftliche Nutzung geeignet. Die Bewohner der Regenwälder haben sich an diese Situation angepasst, indem sie **Brandrodung** betreiben, bei der die in den Bäumen gespeicherten Nährstoffe freigesetzt werden. Allerdings sind diese Nährstoffe innerhalb weniger Jahre aufgebraucht oder durch den Regen ausgewaschen, sodass ackerbaulich genutzte Areale aufgegeben und neue gerodet werden müssen. Diese an das Potenzial des Ferralsols angepasste Form der Landwirtschaft nennt man **Brandrodungswanderfeldbau** oder **Shifting Cultivation**.

→ **Shifting Cultivation:** vgl. S. 65 f.

1.4 Gefährdung des Bodens durch den Menschen

Der Mensch zerstört den fruchtbaren Oberboden durch Degradation und Erosion.

Degradation von Boden: Verschlechterung seines landwirtschaftlichen Potenzials aufgrund eines Rückgangs der Bodenfruchtbarkeit

Hauptursache für die **Degradation** von Boden ist eine falsche oder zu intensive Nutzung durch den Menschen. **Monokulturen** laugen den Boden einseitig aus, schwere Maschinen verdichten ihn, Pflanzenschutzmittel reichern sich an und zerstören die Bodenflora und -fauna. Durch falsche Bewässerung kann es zu **Versalzung** oder bei ansteigendem Grundwasserspiegel auch zu einer Versumpfung der Böden kommen. Saurer Regen bewirkt besonders bei Waldböden eine bedenkliche Übersäuerung.

info

Versalzung

Durch falsche Bewässerung in ariden Räumen steigt der Grundwasserspiegel bis in den Bereich des Verdunstungssogs der Sonneneinstrahlung. Das aufsteigende Wasser löst Salze, die an der Oberfläche zurückbleiben, wenn das Bodenwasser verdunstet. Es bildet sich eine Salzkruste, die die Böden dauerhaft unfruchtbar macht.

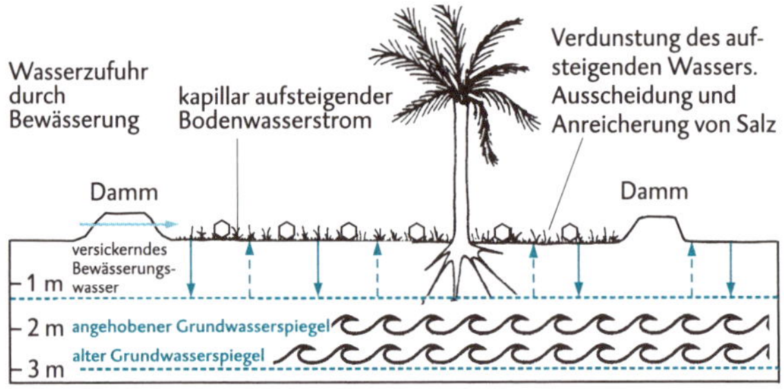

Bodenversalzung durch Bewässerung

Großflächige Versalzung war in der Menschheitsgeschichte schon immer die Folge intensiver Nutzung, die notwendig war, um die stetig steigende Bevölkerung in Hochkulturen wie z. B. in Mesopotamien zu ernähren. Sie führte langfristig dazu, dass große Flächen über Jahrzehnte nicht mehr nutzbar waren, es zu Nahrungsengpässen kam und die Hochkulturen zerfielen oder zumindest geschwächt wurden. Erst starke Überschwemmungen konnten die Salzkrusten wieder auswaschen. Die frühen Hochkulturen in Ägypten waren aufgrund der regelmäßigen Überschwemmungen des Nils von diesem Problem kaum betroffen und konnten deshalb über Jahrtausende fortbestehen.

Noch problematischer ist die **Bodenerosion**. Ermöglicht wird sie durch die Zerstörung der natürlichen Vegetation. Insbesondere in Zeiten mit fehlender Pflanzendecke, wie während der Aussaat oder nach der Ernte, aber auch beim Anbau von kaum bodenstabilisierenden Pflanzen wie Mais kann es zu verstärkter Erosion kommen. Besonders häufig treten auf: Wassererosion wegen der erhöhten Abflussgeschwindigkeit an Hängen sowie Winderosion im trockenen, oft baumlosen Steppen- und Savannenbereich. Winderosion wird durch das Abholzen von Bäumen und Büschen, die die Windgeschwindigkeit reduzieren, noch verstärkt. Fortgeschrittene Bodenerosion kann dazu führen, dass der Boden bis zum Ausgangsgestein abgetragen wird und einige Gebiete landwirtschaftlich praktisch nicht mehr nutzbar sind.

Bodenerosion: Verlust des fruchtbaren Oberbodens durch Abtragung durch Wasser oder Wind

Aufgrund der enormen Größe der global landwirtschaftlich genutzten Fläche ist es schwierig, exakte Daten zur Bodendegradation zu ermitteln. Zudem gibt es viele kleinräumige Unterschiede selbst innerhalb einzelner Felder, u. a. aufgrund unterschiedlicher Hangneigung und Exposition (Lage bezüglich der Himmelsrichtung). Einige Wissenschaftler vertreten die Ansicht, dass bereits bis zu 40 % der weltweiten Agrarflächen stark degradiert sind und jedes Jahr ca. 75 Mrd. Tonnen Boden abgetragen werden. Selbst wenn diese Daten übertrieben sein sollten, so besteht doch kein Zweifel, dass die fortschreitende Zerstörung von über Jahrtausende entstandenen fruchtbaren Böden eines der **Hauptprobleme einer wachsenden Weltbevölkerung** sein wird.

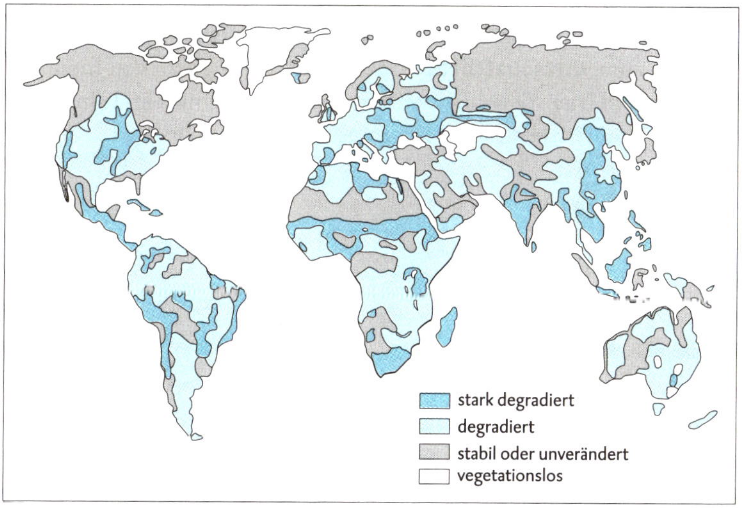

Bodendegradation weltweit

2 Landwirtschaft – Zwischen Natur und Technik, Tradition und Moderne

2.1 Bedeutung der Landwirtschaft heute

Landwirtschaft: Bewirtschaftung des Bodens durch Ackerbau und Tierhaltung zur Herstellung pflanzlicher und tierischer Stoffe

2,5 Mrd. Menschen, also rund 35 % der Weltbevölkerung, bestreiten ihren Lebensunterhalt hauptsächlich durch die **Landwirtschaft**. In den Industriestaaten ist ihr **Anteil an den Erwerbstätigen** mittlerweile verschwindend gering; in Deutschland lag er im Jahr 2011 bei 1,6 %. Obwohl dieser Anteil auch in den Entwicklungsländern zurückgeht, beträgt er in vielen der am wenigsten entwickelten Länder noch 60–85 %. Ähnlich verhält es sich mit dem **Anteil der Landwirtschaft am BIP**. Er liegt im weltweiten Mittel lediglich bei 3 %, macht jedoch in den ärmsten Ländern durchschnittlich 25 % aus. Zwei Drittel der weltweiten agrarischen Wertschöpfung werden in Entwicklungsländern erzeugt, was die besondere Bedeutung der Landwirtschaft für diese Ländergruppe zusätzlich unterstreicht.

Der niedrige relative Beitrag der Landwirtschaft zu Beschäftigung und Wertschöpfung in den Industrieländern verschleiert jedoch ihre tatsächliche ökonomische Relevanz. Eingebunden in ein arbeitsteiliges Wirtschaftssystem, liefert sie Rohstoffe für die **nachgelagerten Bereiche**, und zwar für den weiterverarbeitenden Sektor der Nahrungsmittelwirtschaft, für Produktionszwecke außerhalb des Nahrungsmittelbereichs (z. B. Faserpflanzen für die Textilindustrie, Grundstoffe für die chemische und pharmazeutische Industrie) und für die Energiegewinnung. So wird sie zum **wirtschaftlichen Motor** für eine Vielzahl von Industriezweigen und Dienstleistungsbereichen, z. B. Düngemittelindustrie, Produktion landwirtschaftlicher Maschinen oder Veterinärwesen.

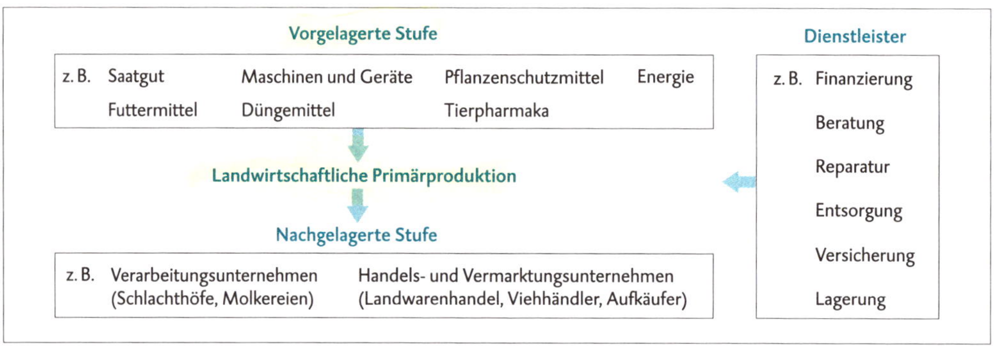

Die Stellung der landwirtschaftlichen Erzeuger im Agrarsystem

Außer in wirtschaftlicher Hinsicht ist die Landwirtschaft auch sozial und ökologisch sehr bedeutsam: Man spricht von der **Multifunktionalität der Landwirtschaft**.

Die Effekte der Landwirtschaft für Umwelt und Gesellschaft können jedoch auch negativer Art sein. So gehen von der landwirtschaftlichen Nutzung vielfältige **Umweltschäden** aus, die sich auch gesundheitsgefährdend auswirken können (vgl. S. 142). Durch die landwirtschaftliche Nutzung, die insgesamt 38 % der Landfläche umfasst, sind die natürlichen Ökosysteme in vielen Gebieten der Erde zu einer **Agrarlandschaft** verändert worden.

Agrarlandschaft: Bereich der Erdoberfläche, der durch die spezifische agrare Nutzung eine gewisse Einheitlichkeit besitzt; geprägt durch Art der Bodennutzung und Viehhaltung, Parzellierung der Flur, Formen, Anordnungen und Positionen der Wohn- und Wirtschaftsgebäude, technische Hilfsmittel; kann auch als **Agrarökosystem** betrachtet werden

Die Multifunktionalität der Landwirtschaft

2.2 Rahmenbedingungen der landwirtschaftlichen Produktion

Natürliche Einflussfaktoren

Da Pflanzen auf Wasser, Licht und Wärme sowie **Nährstoffe** angewiesen sind, stellen Trockenheit, Kälte und ungeeignete Bodenverhältnisse die wichtigsten begrenzenden Faktoren für ihr Wachstum dar. Das **Relief** hat z. B. durch Luv- und Leelagen oder die Exposition zur Sonne vielfältige Einflüsse auf die lokalen bzw. regionalen klimatischen Bedingungen. Darüber bestimmt es die Bodenentwicklung und den Wasserhaushalt. Breite Täler und flach geneigte Hänge sind für die landwirtschaftliche Nutzung deutlich günstiger als enge Täler und steile Hänge, die insbesondere die maschinelle Bearbeitung deutlich erschweren. Am

(Pflanzen-)Nährstoffe: chemische Elemente, die die Pflanzen für ihr Wachstum benötigen; im Boden enthalten und/oder über die Düngung zugeführt; Aufnahme durch die Pflanzen mit dem Wasser über die Wurzeln oder über die Oberfläche anderer Pflanzenteile (Blattdüngung)

Beispiel des Reliefs wird deutlich, dass der Landwirt die natürlichen Faktoren in einem bestimmten Rahmen durch **kulturtechnische Maßnahmen** beeinflussen kann: Über eine künstliche **Terrassierung** (vgl. Foto S. 113) erweitert und verbessert man in vielen Gebirgsräumen die Anbaufläche. Gebirge bieten über ihr Relief die Möglichkeit zur Anlage von Stauseen und können v. a. in semiariden Räumen für die Bewässerung großer Flächen bis weit ins Vorland hinein bedeutsam sein.

Einflussfaktoren	biologische Grundlagen	Bedeutung für den Anbau von Nutzpflanzen (Auswahl)	Maßnahmen zur Verbesserung der natürlichen Standortfaktoren
Licht	• Energiequelle für die Photosynthese • wichtig für die Steuerung von Blütenbildung und damit die Entwicklung von Früchten	• zu starke Sonneneinstrahlung führt zu Austrocknung und Hitzeschäden am Gewebe • Licht-Unterversorgung hemmt Wachstum und Entwicklung	• Schattierung durch Abdeckung oder Schattenpflanzen • Verhinderung von Beschattung durch Entfernung von Unkraut und größere Pflanzabstände
Temperatur	• Wärme fördert die Entwicklungs- und Wachstumsprozesse • (zu) hohe Temperaturen sind in erster Linie in Verbindung mit Wassermangel schädlich • Frost führt zu Wassermangel und Gewebezerstörung	• Jahresgang der Temperatur bestimmt (bei ausreichender Wasserversorgung) die Dauer der Vegetationszeit und damit der Anbauperiode: ganzjähriger oder saisonaler Anbau	• zeitweiliges Abdecken z. B. mit Folien oder Vlies • Anbau in Folientunneln oder Gewächshäusern (beheizt oder unbeheizt) • Frostschutz durch Beregnung oder Ventilatoren
Wasser	• Wasser als Basis für Photosynthese und Stoffwechsel • Wasserbedarf variiert erheblich zwischen Pflanzenarten und in unterschiedlichen Entwicklungsphasen	• Risiko durch Starkregen oder Hagel • Gefahr von Vernässung des Bodens • Gefahr von Dürren	• Bewässerung • Beeinflussung des Wasserhaushalts über Bodenbearbeitung (z. B. Lockern, Mulchen) • Beseitigung von Staunässe durch Entwässerungsgräben
Nährstoffe	• Basis für den Aufbau von Pflanzenmasse • Höhe des Ertrags ist von dem Nährstoff abhängig, der den Pflanzen in geringster Menge zur Verfügung steht (Minimumgesetz)	• Bodeneigenschaften beeinflussen Nährstoffangebot, Anbaumöglichkeiten und Erträge • Vernässung und Verdichtung sind abträglich • pH-Wert des Bodens beeinflusst die Nährstoffaufnahme	• Düngung: mineralische (Kunstdünger) und organische Dünger (z. B. Gülle, Gründüngung) • Fruchtwechsel zur Verhinderung einseitiger Auslaugung des Bodens • Bracheperioden zur Regeneration des Bodens
Krankheiten und Schädlinge	• Bakterien, Viren und Pilze lösen Pflanzenkrankheiten aus • Fraßschäden v. a. durch Insekten, Schnecken, div. Säugetiere und Vögel • Nährstoff- und Lichtkonkurrenz durch Unkräuter	• i. d. R. Schwächung des Wachstums oder Reduzierung bzw. Schädigung der Früchte, selten Abtötung der Pflanzen, • insgesamt oft erhebliche Ertragsminderungen und erhöhter Arbeits- und Kostenaufwand für Pflegemaßnahmen	• Einsatz von Pestiziden, z. B. Insektizide, Fungizide • biologische Schädlingsbekämpfung z. B. durch Nützlinge oder Absammeln • chemische (Herbizide) oder mechanische (z. B. Jäten, Hacken) Unkrautbekämpfung • Einsatz unempfindlicher oder resistenter Arten

Natürliche Einflussfaktoren beim Anbau von Nutzpflanzen

info

Anbaugrenzen

- **Biologische Grenze(n):** Grenze des Raumes, innerhalb dessen eine Kulturpflanze unter natürlichen Bedingungen wachsen kann. Durch technische Maßnahmen wie Bewässerung, Gewächshäuser oder Düngung sowie durch die Pflanzenzucht lassen sich die biologischen Anbaugrenzen ausdehnen.
- **Trockengrenze:** grenzt die Gebiete des Regenfeldbaus, der auf dem natürlichen Niederschlag basiert, gegen Gebiete des Bewässerungsfeldbaus ab. Je nach Temperatur bzw. Verdunstung, Kulturart und Bodenstruktur liegt die Trockengrenze zwischen 250 und 1 000 mm Niederschlag pro Jahr.
- **Kältegrenze:** „Wärmemangelgrenze", jenseits derer die Temperaturen für das Gedeihen der Kulturpflanzen nicht mehr ausreichen. Ihre Lage ist von der geographischen Breite (planetarische Kältegrenze, Polargrenze) und auch von der Höhe (hypsometrische Kältegrenze, Höhengrenze) abhängig.
- **Rentabilitätsgrenze (= agronomische Anbaugrenze):** Hierbei handelt es sich um eine wirtschaftliche Anbaugrenze. Sie wird durch fehlende bzw. vorhandene Rentabilität gesetzt und ergibt sich durch das Verhältnis von Aufwand und Ertrag.

Die sich mit zunehmender Höhe verändernden Temperatur-, Niederschlags- und Bodenbedingungen **(hypsometrischer Formenwandel)** führen zu einer höhenabhängigen Zonierung der vorherrschenden landwirtschaftlichen Nutzung.

hypsometrischer Formenwandel: Veränderung von naturgeographischen Gegebenheiten (z. B. Niederschlag, Lufttemperatur, Vegetation) bedingt durch die Höhenlage; am bekanntesten: hypsometrische (vertikale) Abnahme der Lufttemperatur in Gebirgen

Kulturpflanzen variieren hinsichtlich ihrer spezifischen Standortanforderungen. Unter den gegebenen naturräumlichen Voraussetzungen an einem Standort bzw. in einer Region können nur bestimmte **Arten** gedeihen. Auch die ackerbauliche Nutzung hat **natürliche Grenzen**.

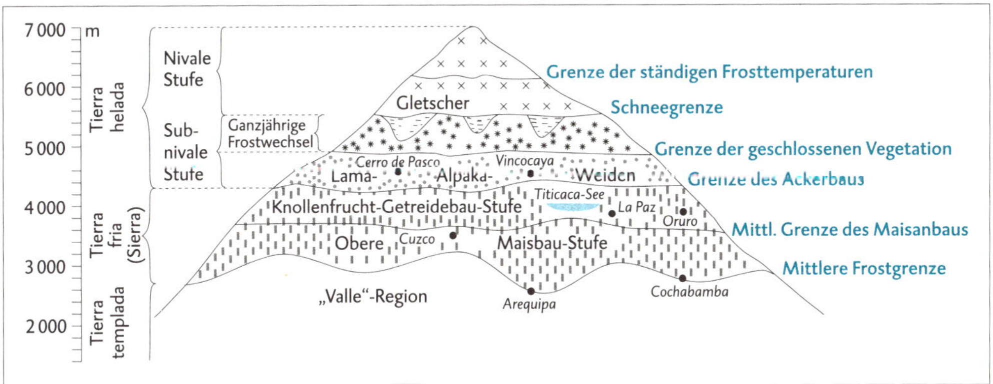

Die ökologisch-agrargeographische Höhenstufung am Beispiel der Hochanden (Südperu/Nordbolivien)

Anthropogene Einflussfaktoren

Die anthropogenen Einflüsse auf die landwirtschaftliche Produktion sind ausgesprochen vielfältig und in der Kategorisierung nicht immer eindeutig gegeneinander abzugrenzen.

- **Kulturelle Einflüsse** beziehen sich häufig auf die Ernährung. So gibt es zahlreiche religiös begründete Nahrungsvorschriften wie das Verbot von Schweinefleischverzehr bei Muslimen und Juden oder das Alkoholverbot für Muslime. Sie führen dazu, dass bestimmte landwirtschaftliche Erzeugnisse auch bei naturräumlicher Eignung der Anbaugebiete nicht produziert werden.

Erbrecht: v. a. zwei Formen: **Anerbenrecht:** 1 Nachkomme erbt den gesamten Betrieb; **Realerbteilung:** Erbe wird auf mehrere Erben verteilt; führt zu einer stärkeren Zersplitterung des Besitzes und zu geringeren Betriebsgrößen als in Räumen mit Anerbenrecht

- Zu den **rechtlichen Einflüssen** gehören **Erbsitten** und **Erbrecht**. Sie sind von großer Relevanz für die Betriebsgrößen in einem Raum.
- **Politische Einflussnahme** erfolgt über rechtliche Regelungen oder auch über Subventionen. Für die Landwirtschaft in Europa ist die **EU-Agrarpolitik** ein sehr wichtiger Einflussfaktor, auf internationaler Ebene die Politik der **Welthandelsorganisation (WTO)**.
- Die **ökonomischen Einflussfaktoren** reichen von der Nachfrage nach landwirtschaftlichen Produkten auf dem Weltmarkt bis hin zum jeweiligen Ausbildungsstand des Landwirts. Im Zusammenhang mit den **Thünen'schen Ringen** wird der Einfluss ökonomischer Gesetzmäßigkeiten auf die Agrarstruktur exemplarisch verdeutlicht.

→ **Thünen'sche Ringe:** vgl. S. 127

Am Beispiel des **Landbesitzes** soll im Folgenden die Wirkung ausgewählter rechtlicher und politischer Faktoren beleuchtet werden.
In vielen Schwellen- und Entwicklungsländern liegt eine extreme Ungleichverteilung hinsichtlich des Besitzes landwirtschaftlicher Nutzflächen vor, was meist historische Gründe hat, die bis in die Kolonialzeit zurückreichen. Ein Beispiel ist die aus dem Mittelmeerraum stammende und heute v. a. in Südamerika verbreitete **Latifundienwirtschaft**. Diese führt zu einer extensiven Nutzung des Großgrundbesitzes und ist mit einer verarmten, sozial und wirtschaftlich abhängigen ländlichen Bevölkerung verbunden.

Latifundien: v. a. in Lateinamerika vorkommende Großbetriebe mit einer Größe meist > 1 000 ha; Kennzeichen: Eigentümer lebt i. d. R. in der Stadt und hat wenig Interesse an Investitionen; er lässt seinen Besitz von mehreren Kleinpächtern bewirtschaften oder von einem Großpächter, der Tagelöhner für die Bewirtschaftung einsetzt; Pächter verfügen nicht über das nötige Kapital, um den Betrieb zu modernisieren

Über **Bodenreformen** hat man in der Vergangenheit in verschiedenen Ländern versucht, die Situation für die Landbevölkerung zu verbessern und die Agrarproduktion zu steigern, so z. B. in Bolivien, Kuba, Mexiko, Chile, Peru und Nicaragua. Neben Reformen durch Regierungen (oft nach Regierungswechseln) gab bzw. gibt es auch immer wieder Versuche von Bauerngruppen, durch Demonstrationen oder Landbesetzungen eine Veränderung in der Besitzstruktur zu erreichen. Die Auflösung des Großgrundbesitzes kann je nach politischem Hintergrund zu einer Ver-

teilung von Nutzflächen an **Landlose** oder **Kleinbauern** führen und damit neue, in Privatbesitz befindliche Familienbetriebe schaffen oder in unterschiedliche Formen der Kollektivierung münden.
Problematisch für die Situation von Kleinbauern in Entwicklungsländern ist das häufige Fehlen von Besitzurkunden oder einer amtlichen Erfassung ihres Landbesitzes, was sie leicht zum Opfer von Vertreibung werden lässt.
Seit dem Jahr 2000 sind in Entwicklungsländern über 83 Mio. ha landwirtschaftlicher Fläche im Rahmen von **Investitionen** ausländischer Regierungen oder Unternehmen verkauft oder verpachtet worden. Eine besonders intensive Investitionstätigkeit stellt man in Ländern fest, die zwar ein stabiles politisches System, aber eine schwach ausgeprägte rechtliche Absicherung des Landbesitzes aufweisen. Im Zuge dieser **Landtransfers** gibt es Berichte über **Zwangsräumungen** und **Vertreibungen** von Kleinbauern, die über den Besitz ihres Landes keinen rechtsgültigen Nachweis vorweisen können. Dieser Trend zum Erwerb großflächigen Landbesitzes in Schwellen- und Entwicklungsländern mit z. T. illegalen Mitteln ist noch ein relativ junges Phänomen. Er wird auch als **„Global Land Rush“** oder als **„Landgrabbing“** bezeichnet.
Eine **Kollektivierung der Landwirtschaft** erfolgte in den meisten (ehemals) sozialistischen Staaten, darunter auch in der ehemaligen DDR. Hier wurden in einer **Bodenreform** nach Ende des Zweiten Weltkriegs zunächst über 3,3 Mio. ha landwirtschaftlicher Nutzflächen v. a aus

Kollektivierung der Landwirtschaft: Überführung von privatem landwirtschaftlichen Eigentum in einen kollektiven landwirtschaftlichen Besitz mit gemeinsamer Bewirtschaftung

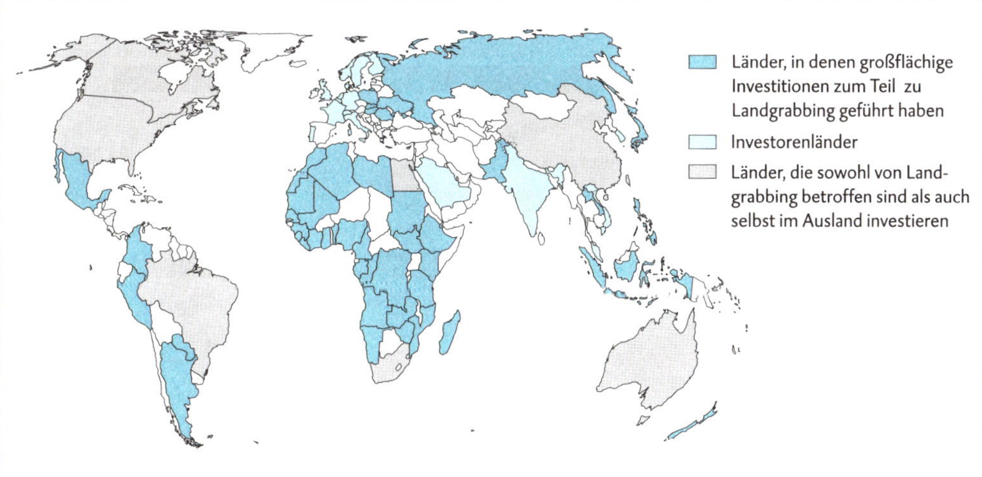

Vom Landgrabbing betroffene Länder

Großgrundbesitz enteignet und an Flüchtlinge aus den ehemaligen deutschen Ostgebieten und an Landarbeiter verteilt. Darüber hinaus erfolgte die Bildung **volkseigener Güter (VEG)** auf Flächen im Staatsbesitz. Bis 1960 brachte man die Landwirte schließlich über politischen Druck dazu, sich zu **landwirtschaftlichen Produktionsgenossenschaften (LPG)** zusammenzuschließen, in die sie Flächen, Vieh und Maschinen zur gemeinsamen Bewirtschaftung einbrachten. Über Spezialisierungs- und Konzentrationsprozesse erfolgte dann in den späten 1960er-Jahren der Übergang zu einer **industriellen Produktionsform**. Es entstanden hochtechnisierte **„Kombinate industrieller Mast"** für die Fleischerzeugung und auf die Pflanzenproduktion spezialisierte Großbetriebe von durchschnittlich 5 000 ha. Der im Jahr 1990 mit der Wiedervereinigung einsetzende **Umstrukturierungsprozess** führte zu einer Rückführung von Betrieben in Privateigentum, ließ jedoch auch viele der Produktionsgenossenschaften bestehen, die in neuer Rechtsform weitergeführt werden. Die unterschiedliche, durch politische Einflüsse geprägte Entwicklung der Landwirtschaft im geteilten Deutschland ist im Flurbild noch deutlich an den ungleich größeren Parzellen in den östlichen Bundesländern erkennbar. Die **sozialistischen Kollektivwirtschaften** sind seit dem Zerfall der UdSSR weltweit im Rückgang begriffen.

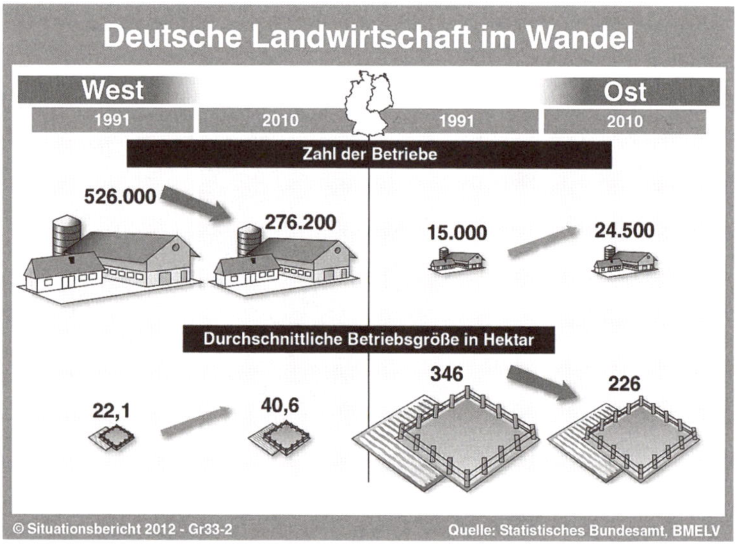

Deutsche Landwirtschaft im Wandel

Landwirtschaftliche Nutzungszonierung durch ökonomische Einflüsse – das Modell der Thünen'schen Ringe

Die wichtigsten ökonomischen Gesetzmäßigkeiten für die räumliche Ordnung der Landwirtschaft hat JOHANN HEINRICH VON THÜNEN (1783–1850) in seinen **Standort- und Intensitätstheorien** zusammengefasst. VON THÜNEN, ein mecklenburgischer Gutsbesitzer, Agrar- und Wirtschaftswissenschaftler, wies erstmals nach, dass die Art der landwirtschaftlichen Produktion nicht nur von den Naturfaktoren abhängt. Er erkannte, dass die aus ökonomischer Sicht optimale räumliche Anordnung der landwirtschaftlichen Bodennutzung von dem jeweils günstigsten **Verhältnis von Aufwand**, **Kosten und Ertrag** bestimmt wird. Dabei maß er der Entfernung vom Markt und den resultierenden Transportkosten die entscheidende Bedeutung zu. Abhängig von den spezifischen Erzeugungs- und Transportkosten sowie dem jeweiligen Marktpreis ergibt sich für jedes Produkt eine spezifische Zone, in der es wirtschaftlicher, d. h. mit höherem Erlös erzeugt werden kann als jedes konkurrierende Produkt.
In starker Schematisierung, d. h. unter Vernachlässigung von Standortfaktoren wie Bodengüte oder Verkehrserschließung, ergibt sich hieraus eine Zonierung des Anbaus in **konzentrischen Kreisen** unterschiedlicher Breite um das Marktzentrum, die als **Thünen'sche Ringe** bezeichnet werden.

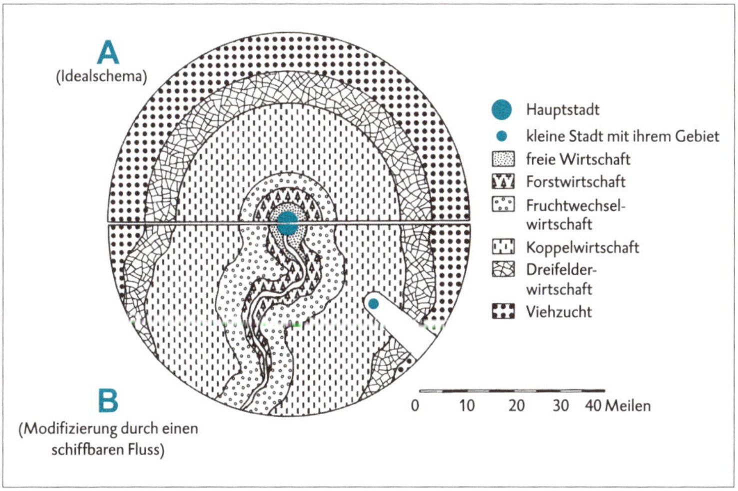

Die Thünen'schen Ringe

Veredelung: allgemein derjenige Teil der Wirtschaft, der sich mit der Verarbeitung, Bearbeitung, Umwandlung und damit einer Wertsteigerung von Produkten befasst;
in der Landwirtschaft: Gewinnung von tierischen Erzeugnissen (z. B. Fleisch, Milch, Eier, Wolle) durch Verfütterung pflanzlicher Produkte, dabei kommt nur ein geringer Teil des Energie- und Proteingehalts des Futtermittels der menschlichen Ernährung zugute (Beispiel: 100 kg pflanzl. Eiweiß werden durch ein Mastschwein in 4–13 kg tierisches Eiweiß umgesetzt)

VON THÜNEN konzipierte seine Theorie noch vor dem Aufkommen moderner Verkehrsmittel, also in einer Zeit, als Transporte im Vergleich zur heutigen Zeit schwierig, langwierig und kostspielig waren. Hierdurch und durch die zugrundeliegenden **modellhaften Vereinfachungen** weist die Theorie heute nur eine eingeschränkte Anwendbarkeit auf. Mittlerweile hat sich die Bedeutung räumlicher Distanzen in vielen Teilen des Agrarraums durch **Fortschritte in der Transporttechnologie** (Geschwindigkeit, Kühlmöglichkeit etc.) stark verringert. Agrarpolitische Regelungen wie Zölle und Einfuhrbeschränkungen wirken sich stark modifizierend aus. Die Gültigkeit der Theorie besteht allerdings in Räumen mit mangelhafter Verkehrsinfrastruktur, wie sie z. B. in vielen Entwicklungsländern noch vorzufinden ist, weiterhin. Die Bedeutung der Transportkosten zeigt sich selbst in Deutschland mit seinem äußerst effizienten Verkehrssystem, z. B. bei der Konzentration von **Veredelung**sbetrieben in der Region Südoldenburg in Niedersachsen, also im unmittelbaren Hinterland von **Einfuhrhäfen** und in der Nähe großer **Absatzmärkte**.

Die ringförmige Nutzungsanordnung ist auch bei der Wirtschaftsfläche von Einzelbetrieben zu beobachten. So folgen in mitteleuropäischen Gemischtbetrieben häufig (von innen nach außen) Gartenland und Weiden für das Milchvieh, Ackerflächen und Wald. Beispiele finden sich auch in subtropischen Gebieten, wo **Agrumen**-, Wein- und Olivenkulturen vom extensiven Weizenbau und von ortsfernen Weiden umgeben sind. In den wechselfeucht-tropischen Räumen folgen ortsnaher intensiver Reisanbau in Bewässerungswirtschaft, extensiver Regenfeldbau und periphere Naturweiden aufeinander.

Agrumen: Sammelbezeichnung für Zitrusfrüchte, z. B. Zitronen, Orangen, Mandarinen, Grapefruit

2.3 Formen der Landwirtschaft und ihre Verbreitung

landwirtschaftliche Betriebsform: Gesamterscheinung eines Betriebs, die sich aus der Kombination verschiedener Merkmale ergibt, z. B. Produktionsziel, Betriebsorganisation, Besitzform, Methoden und Intensität der Bodennutzung; Einteilung in Marktfruchtbetriebe, Futterbaubetriebe, Veredelungsbetriebe, Dauerkulturbetriebe, landwirtschafliche Gemischtbetriebe

Das Zusammenspiel natürlicher und anthropogener Einflussfaktoren führt zu großräumigen Bereichen ähnlicher Nutzungsstrukturen, die auf der globalen Maßstabsebene als **Agrarregionen** bezeichnet werden. Agrarregionen werden wiederum in **Agrargebiete** untergliedert. Zur Bestimmung der Agrarregionen wird auf die **Betriebsformen** zurückgegriffen. Die Vielgestaltigkeit und Wandelbarkeit der landwirtschaftlichen Nutzungsformen erschwert jedoch sowohl eine eindeutige Klassifizierung als auch eine klare Abgrenzung von Verbreitungsgebieten. Die Ausweisung von Agrarregionen stellt somit immer das Ergebnis einer starken Generalisierung dar.

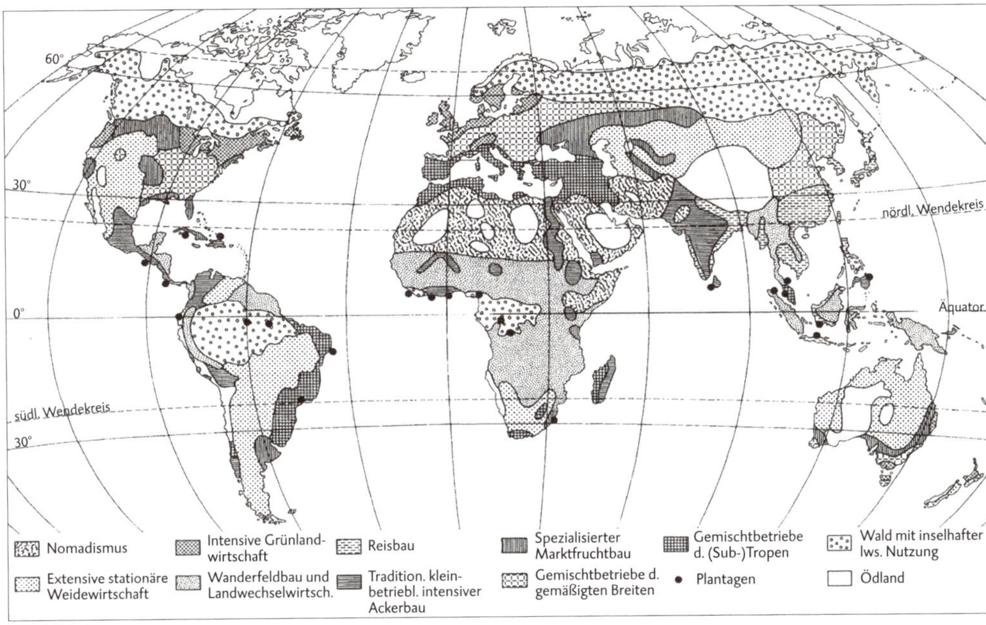

Agrarregionen der Erde

Agrarregionen	vorherrschende Nutzung/Produktion	strukturelle Merkmale	naturräumliche Voraussetzungen
Nomadismus	v. a. Rinder, Kamele, Pferde, Yaks, Schafe, Ziegen; Produktion von Milch und Milchprodukten, Fleisch, Wolle, Häuten; teilweise ergänzt durch Einkünfte aus Handel und Transportdienstleistungen	extensive Weidewirtschaftsform in (semi-)ariden Räumen a) Vollnomadismus: keine feste Behausung b) Halbnomadismus: mobile und feste Behausung, Ergänzung durch Ackerbau möglich	Naturweide mit spärlichem Pflanzenwachstum und saisonal wechselndem Futterangebot a) horizontale Wanderungen folgen den Niederschlägen b) vertikale Wanderungen zwischen Tief- und Hochland
extensive stationäre Weidewirtschaft (Ranching)	Rinder, Schafe für die Produktion von Fleisch, Häuten und Wolle	hochspezialisierte Großbetriebe mit Betriebsflächen von z. T. über 100 000 ha, marktorientiert, tierische Monoproduktion, Einsatz von Lohn- und Saisonarbeitern	semiaride Savannen und Steppen jenseits der agronomischen Trockengrenze
intensive Viehwirtschaft auf Grünlandbasis	Rindermast, Milchviehzucht, einzeln oder in verschiedene Kombinationsformen und Schwerpunkten; Schafhaltung für die Fleischproduktion	Weidehaltung auf Dauergrünland, bei Stallhaltung Futterproduktion durch Mahd, hoher Kapital- und Arbeitseinsatz, marktorientiert	allgemein: gemäßigte Temperaturen; meist in Gebieten, die durch hohe Niederschläge oder andere Ungunstfaktoren weniger geeignet für den Ackerbau sind
Viehwirtschaft in flächenarmen Betrieben	Legehennen-Haltung, Geflügelmast (Hähnchen, Enten, Puten), Ferkel-Aufzucht, Schweine-, Kälber- und Rindermast	Massentierhaltung in hochspezialisierten Betrieben, Futtermittelzukauf, mechanische Einrichtungen zur Fütterung, Übergang zu agroindustriellen Unternehmen	naturräumliche Voraussetzungen unbedeutend; wichtige Standortvoraussetzungen: gute Verkehrsinfrastruktur, Nähe zu Importhäfen bzw. Futtermittelwerken

Kennzeichen ausgewählter Agrarregionen: Viehwirtschaftsregionen (Beispiele)

Agrarregionen	vorherrschende Nutzung/Produktion	strukturelle Merkmale	naturräumliche Voraussetzungen
Wanderfeldbau und Landwechselwirtschaft (Shifting Cultivation)	große Vielfalt an Nutzpflanzen: Mais, Bohnen (Amerika), Hirse, Maniok (Afrika), Bergreis (Südostasien), Knollenfrüchte, Bananen, Ölpalmen; zunehmend auch Marktfrüchte: z. B. Kakao, Kaffee, Tabak, Kautschuk, Erdnüsse, Baumwolle, Koka	Rotation der Felder nach Anbauphasen von 1–3 Jahren, Regeneration der Bodenfruchtbarkeit durch mehrjährige Brachen mit Sekundärvegetation, Brandrodung, fast nur menschliche Arbeitskraft, Misch- und Stockwerkkulturen, hoher Arbeits- und geringer Kapitaleinsatz	verschiedene Landschaftszonen der Tropen, z. B. Regenwald (Waldbrache), Busch (Buschbrache), Savanne (Feld-Gras-Wechselwirtschaft)
traditioneller, kleinbetrieblicher intensiver Ackerbau (ohne Reis)	große regionale Vielfalt an Kulturpflanzen	geringe Betriebsgröße, mittlerer bis hoher Arbeitsaufwand, niedriger Kapitaleinsatz, mittlere bis hohe Flächen- und niedrige Arbeitsproduktivität, unterschiedliche Spezialisierungsgrade, z. T. Marktorientierung	Anpassung an unterschiedliche Klimabedingungen möglich, daher keine spezifischen Anforderungen, weite Verbreitung in den verschiedensten Klimazonen
Gemischtbetriebe	Ackerbau (Marktfruchtanbau, Futteranbau) und Viehwirtschaft im Verbund, Vielfalt der Anbauprodukte	Familienbetriebe, hoher Vermarktungsanteil, hoher Kapitalaufwand, hohe Arbeits- und Flächenproduktivität	gemäßigte Breiten mit geringeren Niederschlägen, Subtropen mit hohen Niederschlägen
Plantagen	Zuckerrohr, Bananen, Sisal, Tee, Ölpalmen, Kaffee, Kokospalmen, Ananas	Großbetriebe mit ausgedehnten Flächen, Mono- und Dauerkulturen, zentrales Management, hoher Kapitaleinsatz, Weltmarktorientierung, Lohnarbeiter, z. T. hoher Anteil von Handarbeit, z. T. hoher Mechanisierungsgrad, Übergang zum Agrobusiness	überwiegend tropisches und subtropisches Klima, hohe Niederschläge

Kennzeichen ausgewählter Agrarregionen: Regionen mit Ackerbau- und Dauerkultursystemen (Beispiele)

Die **räumliche Differenzierung der Agrarstruktur in Deutschland** spiegelt partiell das räumliche Muster der Klimabedingungen und der Bodengüte wider:

- Auf den hochwertigen Böden (Löss, Schwarzerden und Parabraunerden) besonders in Norddeutschland und Südbayern werden vorwiegend **Marktfrüchte**, v. a. Getreide, angebaut.
- **Futterbau** wird in den Niederungsgebieten in Norddeutschland und im Alpenvorland betrieben.
- **Dauerkulturen** dominieren an historisch gewachsenen Standorten, z. B. in Großstadtnähe, bzw. in regionalen klimatischen Gunstgebieten (z. B. Weinbau).

Die übrigen Standorte weisen keine einheitlichen Anbauformen, sondern Misch- und Kombinationsformen auf.

2.4 Die Entwicklung der modernen Landwirtschaft

Die globale Landwirtschaft ist heute von einer hohen Anzahl unterschiedlich entwickelter Wirtschaftsweisen geprägt, die z. T. in mehr oder weniger deutlich abgegrenzten Arealen, z. T. auch nebeneinander im selben Raum existieren.

Die Entwicklung der Landwirtschaft in Mitteleuropa zeigt beispielhaft, dass grundlegende Veränderungen in der Wirtschaftsweise stets von technischen und organisatorischen Neuerungen (Innovationen) ausgelöst wurden. Dabei spielte der Erhalt bzw. die Förderung der Bodenfruchtbarkeit eine zentrale Rolle. Über Jahrtausende war dafür eine regelmäßige **Brache** notwendig. Hierdurch konnte immer nur ein Teil der landwirtschaftlichen Nutzflächen bestellt werden, was sehr unproduktiv war. So lag bei der mittelalterlichen **Zweifelderwirtschaft** immer die Hälfte des Bodens brach. Bei der Umstellung von der Zwei- auf die **Dreifelderwirtschaft** im Laufe des Hochmittelalters wurde die Ausnutzung der Fläche erheblich verbessert. Durch die Einführung neuer Kulturpflanzen im 17. Jh., z. B. der Kartoffel aus Amerika, konnte man bei der Bestellung der Felder besser zwischen verschiedenen Feldfrüchten wechseln (Fruchtwechsel). Da sie unterschiedliche Nährstoffansprüche haben, lässt sich die Auslaugung des Bodens hierdurch auch ohne Brache verhindern. Wirklich revolutionär war jedoch die Erfindung des Mineral- oder Kunstdüngers, der eine gezielte Nährstoffzufuhr in beliebiger Höhe ermöglicht. Weitere Steigerungen der Produktivität wurden durch Fortschritte in der Tier- und Pflanzenzucht und in der Anbautechnik (Geräte, Methoden) erzielt.

In den vergangenen Jahrzehnten hat sich die Landwirtschaft in den weiter entwickelten Ländern der Erde viel stärker verändert als in den Jahrhunderten zuvor. Derartig tiefgreifende Veränderungen der **Agrarstruktur** bezeichnet man als **Strukturwandel**. Der Strukturwandel der Landwirtschaft in Deutschland war wie in anderen Industrieländern seit dem Zweiten Weltkrieg von starken Konzentrations- und Spezialisierungsprozessen gekennzeichnet. Der wirtschaftliche Aufschwung hatte die Abwanderung vieler bäuerlicher Arbeitskräfte in die industriellen Zentren zur Folge. Zeitgleich kam es zu einer intensiven Mechanisierung in der Landwirtschaft, wodurch der Kapitalaufwand erheblich stieg. Um bei den gestiegenen Kosten und gleichzeitig sinkenden Erlösen ausreichende Betriebseinkommen zu erzielen, waren die Landwirte gezwungen, immer größere Mengen zu erzeugen. Die landwirtschaftlich genutzte Fläche je Betrieb stieg daher stetig an, die Anzahl der

Brache: landwirtschaftlich genutzte Fläche, auf der zeitweise oder ständig keine Produktion stattfindet

Zweifelderwirtschaft: antikes Ackerbausystem, das durch die Römer auch nördlich der Alpen Verbreitung fand; nur die Hälfte der Ackerbaufläche wurde bebaut, i. d. R. mit Sommergetreide, die andere Hälfte lag zur Verhinderung der Bodenauslaugung brach

Dreifelderwirtschaft: Ackerbausystem, das im Hochmittelalter flächendeckend eingeführt wurde, Dreiteilung der Ackerfläche, Wechsel im Dreijahresturnus zwischen Winterfrucht (Roggen, Weizen), Sommerfrucht (v. a. Hafer, Flachs, Lein, Raps) und Brache; bei der **verbesserten D.** der frühen Neuzeit wurde die Brache durch Futteranbau ersetzt

Agrarstruktur: Summe der Produktionsbedingungen, ferner die sozialen Verhältnisse wie Eigentums- und Besitzverteilung, soziale Stellung der Landbevölkerung und Art der Bodennutzung

Betriebe sank. Auch über eine Spezialisierung lassen sich die relativen Kosten senken – traditionelle Gemischtbetriebe gingen daher zurück. Insbesondere bei der Hühnerhaltung sowie der Rinder- und Schweinemast, den sogenannten **Veredelungsbetrieben**, haben sich hochtechnisierte Betriebe mit **Massentierhaltung** durchgesetzt.

Massentierhaltung: Haltung einer hohen Zahl von Tieren auf geringem Raum, häufiger Generationswechsel, geringer Arbeitseinsatz, mechanische Einrichtungen zur Fütterung; aus Gründen des Tierschutzes sehr umstritten

Darüber hinaus kam es zu deutlichen Ertragssteigerungen durch den Einsatz neuer Saatgutsorten, durch **Pflanzenschutzmittel** sowie durch neuartige Düngemittel. Auch in der Tierproduktion wurden durch Zuchtfortschritte, **Kraftfuttereinsatz**, optimierte Fütterung und eine verbesserte veterinärmedizinische Betreuung erhebliche Produktionssteigerungen erzielt. Zahlreiche Reformen in der europäischen und deutschen Agrarpolitik hatten bedeutenden Einfluss auf die Entwicklung der Landwirtschaft.

Die Entwicklung in Ostdeutschland war bis zur Wiedervereinigung 1990 zwar von anderen politischen Rahmenbedingungen geprägt, hat jedoch hinsichtlich der Produktionsweise denselben Modernisierungsprozess durchlaufen.

Da sich die Produktions- und Vermarktungsstrukturen in der Landwirtschaft immer mehr der Industrie angleichen, spricht man auch von der **Industrialisierung der Landwirtschaft**.

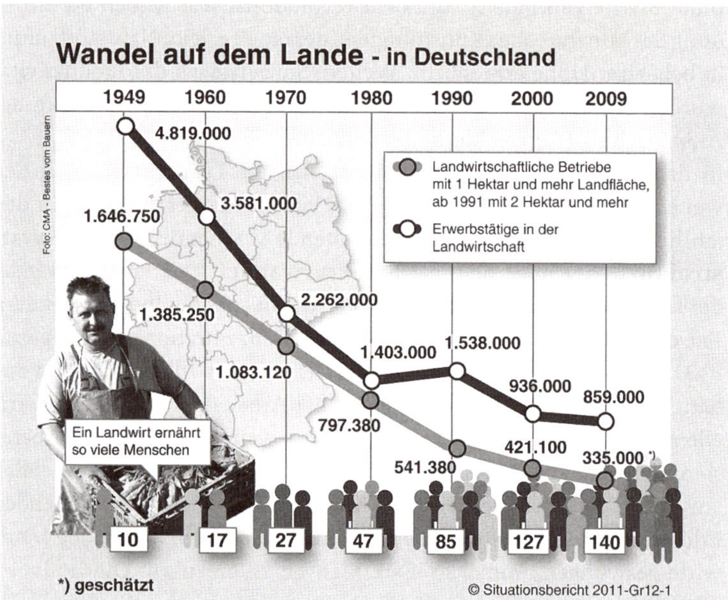

Wandel der deutschen Landwirtschaft

2.5 Landwirtschaft zwischen Tradition und Moderne

International ist eine große strukturelle **Disparität** zwischen hochtechnisierten, marktorientierten Unternehmen in den Industrieländern und ganz oder teilweise für den Eigenbedarf produzierenden kleinbäuerlichen Betrieben in den Entwicklungsländern erkennbar, in denen mit einfachen, häufig traditionellen Mitteln gewirtschaftet wird. Der Gegensatz spiegelt sich auch in den Betriebsgrößen wider. Diese Disparität ist auch für die Struktur der Landwirtschaft innerhalb vieler Entwicklungs- und Schwellenländer charakteristisch, wo sich, oft ausgehend von der **Plantagenwirtschaft**, neben der traditionellen kleinbäuerlichen eine auf den weltweiten Markt ausgerichtete **agrarindustrielle Struktur** entwickelt hat.

Disparität: Unausgeglichenheit zwischen Ländern bzw. Regionen, äußert sich v. a. in unterschiedlichen Lebensbedingungen und wirtschaftlichen Entwicklungsmöglichkeiten

Region	Durchschnittliche Größe (ha)	% < 2 ha	Region	Durchschnittliche Größe (ha)	% < 2 ha
Mittelamerika	10,7	63	Südostasien	1,8	57
Ostasien	1,0	79	Afrika südl. d. Sahara	2,4	69
Europa	32,3	30	USA	178,4	4
Südamerika	111,7	36	Westasien und Nordafrika	4,9	65
Südasien	1,4	78			

Betriebsgrößen in unterschiedlichen Regionen, Stand 2010

In den Entwicklungsländern ist die Produktion von Nahrungsmitteln für die **Subsistenz** bis heute eine unverzichtbare Grundlage der Existenzsicherung. Sie umfasst in Lateinamerika noch 30–40 %, in Afrika über 50 % der Agrarproduktion, während sie in Industrieländern nur noch eine untergeordnete Rolle spielt. Die klassische **Subsistenzwirtschaft** reicht jedoch angesichts der zunehmenden Bevölkerungsdichte, des gewachsenen Bedarfs an Nahrungsmitteln und sich verknappender Ressourcen nicht mehr aus, um die grundlegenden Bedürfnisse zu decken. Ein großer Teil der Landbevölkerung und zunehmend auch städtische Haushalte in Entwicklungsländern betreiben deshalb ein System der **Mischproduktion:**
Das Familieneinkommen setzt sich in wechselnden Anteilen aus der Produktion für den **Eigenbedarf**, Verkaufserlösen landwirtschaftlicher Produkte und zusätzlichen Einkommen aus der **Lohnarbeit** einzelner Familienangehöriger zusammen. Man spricht in diesem Zusammenhang auch von **Livelihood-Systemen**. In der typischen Arbeitsteilung der Livelihood-Systeme ist die Frau für den Subsistenzbereich zustän-

Subsistenz: Eigenversorgung

Subsistenzwirtschaft: Wirtschaftsweise, deren Ziel die Eigenversorgung ist; umfasst auch die Erträge aus Jagen und Sammeln; da es S. in Reinform kaum mehr gibt, wird in einem weiteren Sinne auch dann noch von S. gesprochen, wenn bis zu 25 % der Erträge verkauft werden

Livelihood (engl.): Existenz-/Lebensgrundlage

→ **Cashcrops:**
vgl. S. 70

dig, während der Mann **Cashcrops** auf eigenem Feld oder in Lohnarbeit anbaut. So kommt den Frauen in Entwicklungsländern allgemein eine besondere Bedeutung bei der **Ernährungssicherung** zu.

Die industrialisierte Landwirtschaft

→ **vertikale Integration:**
vgl. S. 135

Die Industrialisierung des Produktionsprozesses, in Form der Übernahme industriespezifischer Produktionsweisen, ist in der modernen Landwirtschaft auch für bäuerliche Familienbetriebe charakteristisch. Die Schwelle zum **agrarindustriellen Unternehmen** wird überschritten, wenn auch die **betriebliche Organisationsform** industriellen Charakter annimmt. Dies geschieht durch die **vertikale Integration**, bei der aufeinanderfolgende Stufen in einem Produktionsprozess (z. B. Futtermittelerzeugung, Mastanlage, Schlachterei, Vermarktung) unter einer Unternehmensleitung zusammengefasst werden. Anders als im bäuerlichen Betrieb kann diese komplexe Struktur nicht mehr durch einen Betriebsleiter allein kontrolliert werden. Durch die notwendige **Hierarchisierung** und **Dezentralisierung** des Managements gleicht sich das agrarindustrielle Unternehmen auch im Bereich der Betriebsleitung der Industrie an. Im Zuge der Industrialisierung der Landwirtschaft werden die landwirtschaftlichen Betriebe immer stärker in das **Agrobusiness** integriert.
Der Industrialisierungsprozess der Landwirtschaft bringt eine stetige Erhöhung des Kapitalbedarfs landwirtschaftlicher Betriebe mit sich. Diese **Kapitalisierung der Agrarproduktion** begünstigt große, kapitalkräftige Unternehmen und trägt dazu bei, dass das Agrobusiness in-

info

Agrobusiness

Das **Agrobusiness** (teils auch **Agribusiness** genannt) wird als System verstanden, das alle direkt und indirekt an der Produktion und am Absatz von Agrarprodukten und Lebensmitteln beteiligten Unternehmen einbezieht, also die Landwirtschaft einschließlich der vor- und nachgelagerten Unternehmen (vgl. Grafik S. 120).

Betrachtet man nicht den gesamten Wirtschaftssektor, sondern räumlich oder sektoral abgegrenzte Teilsysteme, spricht man auch von **agrarindustriellen Produktionskomplexen**.
Charakteristische Merkmale der Wirtschaftsweise im Agrobusiness sind

- hoher Kapitaleinsatz
- hohe Produktivität
- Produktion unter industriellen Maßstäben
- geringer Gewinn je Einheit
- geringer Arbeitskräfteeinsatz

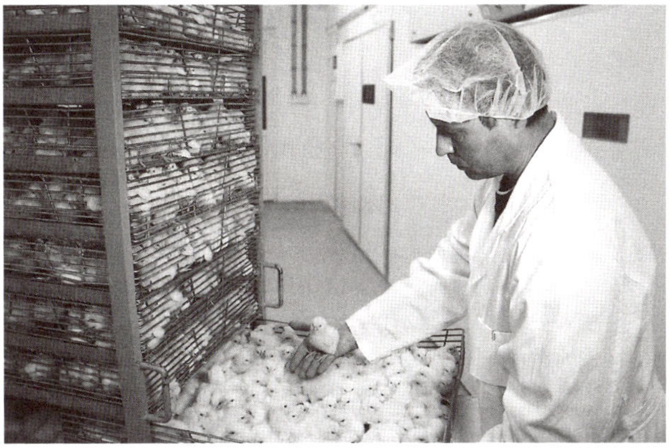

Ein „Landwirt" kontrolliert Küken, die im Brutkasten ausgebrütet wurden

teressant für Investoren aus dem nicht-agrarischen Bereich wird. Die Erzeugnisse werden zunehmend auf die Erfordernisse der nachgelagerten Sektoren abgestimmt. So verlangt der durch große Supermärkte und Ketten dominierte Einzelhandel z. B. standardisierte Ware in bestimmten Qualitäten und Mengen. Er übt großen Einfluss auf die Preise und damit indirekt auf die Produktionsbedingungen aus. Die gesamte Lebensmittelproduktion, einschließlich ihrer Verarbeitung und Verteilung über den Handel, konzentriert sich auf eine abnehmende Zahl von Unternehmen mit zunehmend **globalem Aktionsradius**. In diesem Konzentrationsprozess setzt sich der Strukturwandel der Landwirtschaft letztlich bis zur Aufhebung der traditionellen bäuerlichen Landwirtschaft fort.

info

Konzentrationsprozesse in der Landwirtschaft

- **Vertikale Integration:**
  Zusammenschluss von Unternehmen mit den vor- und nachgelagerten Bereichen zu größeren Produktionskomplexen
- **Horizontale Integration:**
  Zusammenschluss (durch Aufkauf oder vertragliche Bindung) von Betrieben auf derselben Produktionsstufe zu größeren Einheiten; Ziel ist die Einsparung von Kosten und die Steigerung der Konkurrenzfähigkeit
- **Sektorale Konzentration:**
  Rückgang der Zahl der Betriebe in einem Produktionsbereich bzw. Sektor (z. B. Rindermast, Milchproduktion, Maisanbau), Durchschnittsgröße der verbleibenden Betriebe nimmt zu
- **Regionale Konzentration:**
  Ballung von Unternehmen der verschiedenen Produktions- und Verarbeitungsstufen entlang der gesamten Produktionskette eines Nahrungsmittels auf vergleichsweise kleinem Raum (z. B. Eierproduktion in Südoldenburg)

3 Wie kann die Landwirtschaft die Menschen auf Dauer ernähren?

3.1 Ernährungssicherung als Zukunftsaufgabe

Tragfähigkeit

Malthusianismus: auf T. R. MALTHUS zurückgehende Auffassung, dass das globale Bevölkerungswachstum schneller, nämlich in geometrischer Progression, vonstattengehe als die nur in arithmetischer Progression wachsende Menge der Nahrungsmittel; Mangelernährung und Hungersnöte seien somit unausweichlich

→ **Tragfähigkeit:** vgl. S. 114

Bereits Ende des 18. Jh. hat der britische Ökonom THOMAS ROBERT MALTHUS auf die Diskrepanz zwischen Bevölkerungswachstum und Nahrungsspielraum hingewiesen. Obschon in seinen Ideen vielfach missverstanden, verbindet sich mit dem Begriff **Malthusianismus** das Kernproblem der zukünftigen Bevölkerungsentwicklung: das ungleiche Wachstum der Bevölkerung und der Nahrungsmittelproduktion. Seit den 1970er-Jahren werden Tragfähigkeitsüberlegungen wieder häufiger thematisiert.

Älteren Auffassungen zufolge beruht die maximal mögliche Besiedlungsdichte eines Raums auf seiner **agraren Tragfähigkeit**. Zwar ist die Tragfähigkeit der Erde keineswegs nur von der Nahrungsmittelproduktion abhängig, sondern muss umfassender als **ökologische Tragfähigkeit** definiert werden. Doch ist die **Ernährungssicherheit** als Grundvoraussetzung für das Leben ein limitierender Faktor für die weitere Bevölkerungszunahme und ihre Gewährleistung ist ein Schlüsselproblem der Menschheit.

Nach allgemeiner Einschätzung der Experten wird zurzeit weltweit genügend Nahrung für die rund 7 Mrd. Menschen auf der Erde produziert. Eine Versorgung aller Menschen mit Lebensmitteln ist also theoretisch gewährleistet. Dass dennoch fast eine Milliarde Menschen unterernährt sind, gilt als Folge eines Verteilungsproblems, also wirtschaftlicher und sozialer Zugangshemmnisse. Hungerkrisen mit akutem Mangel an Nahrungsmitteln für große Bevölkerungsgruppen werden zusätzlich durch besondere Ereignisse wie Dürren, Überschwemmungen oder Konflikte ausgelöst.

info

Ernährungssicherheit

Nach einer Definition der **FAO** (**F**ood and **A**gricultural **O**rganization of the United Nations) ist Ernährungssicherheit gegeben, wenn alle Menschen jederzeit physisch, sozial und wirtschaftlich Zugang zu ausreichender, sicherer und nährstoffreicher Nahrung haben, die ihren Nahrungsbedarf deckt, ihren Ernährungspräferenzen entspricht und ihnen ein aktives und gesundes Leben ermöglicht.

Angesichts des prognostizierten **Bevölkerungswachstums** wird es nötig sein, die Agrarproduktion zukünftig erheblich zu steigern. Um eine angemessene Ernährungsgrundlage der für 2050 prognostizierten 9 Mrd. Menschen zu sichern, müsste die weltweite Nahrungsmittelproduktion nach Berechnungen der FAO um 70 % zunehmen (Ausgangsbasis 2005/07) – und das, obwohl die verfügbare Ackerfläche pro Kopf noch weiter sinken wird (vgl. folgende Grafik).

Hinsichtlich der weiteren Produktionssteigerung steht die Landwirtschaft in der Zukunft vor besonderen Herausforderungen, bedingt durch folgende Faktoren:

- Schrumpfung der landwirtschaftlichen Nutzfläche durch Klimaveränderungen und **Desertifikation**,
- nur geringe und zudem ökologisch bedenkliche Ausdehnungsmöglichkeiten der landwirtschaftlichen Nutzfläche, z. B. durch Rodungen im tropischen Regenwald,
- zunehmende **Wasserknappheit**,
- wachsende **Flächenkonkurrenz** der Lebensmittelproduktion z. B. mit dem Anbau von **Biokraftstoffen**,
- Veränderung der **Konsummuster**, u. a. gekennzeichnet durch eine höhere Nachfrage nach Fleisch mit entsprechend höherem Flächenbedarf für Futtermittel.

→ **Desertifikation:** vgl. S. 63

→ **Wasserknappheit:** vgl. S. 108

→ **Biokraftstoffe:** vgl. S. 95

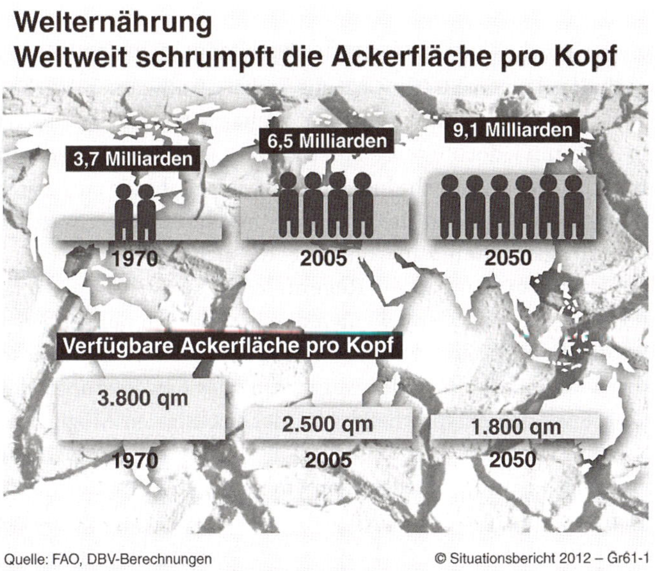

Verfügbare Ackerfläche pro Kopf

Wie trotzdem die notwendige Steigerung erreicht werden kann, wird kontrovers diskutiert. Aus einer Fülle unterschiedlicher Ansätze lassen sich zwei Grundpostionen herauskristallisieren, die nicht nur agrarwirtschaftlich, sondern auch politisch und ideologisch divergent sind: die **(bio-)technologisch ausgerichtete Weiterentwicklung** der konventionellen Landwirtschaft durch Modernisierungs- und Intensivierungsmaßnahmen einerseits und eine grundlegende **ökologische und soziale Neuorientierung** der Landwirtschaft unter Ausrichtung an den Prinzipien der **Nachhaltigkeit** sowie der **Ernährungssouveränität** andererseits.

→ **nachhaltige Landwirtschaft:** vgl. S. 141

→ **Ernährungssouveränität:** vgl. S. 141

3.2 Beispiele für Modernisierungs- und Intensivierungsmaßnahmen

Angesichts begrenzter ökologisch unbedenklicher Ausdehnungsmöglichkeiten der landwirtschaftlichen Nutzfläche wird erwartet, dass künftig nur 10 % der Produktionssteigerungen in der Landwirtschaft durch die Ausweitung von Produktionsflächen erreicht werden können. 90 % (in Entwicklungsländern 80 %) werden aus höheren Hektarerträgen resultieren, was nur durch Intensivierungsmaßnahmen zu erreichen ist. Neben verstärktem Einsatz von Dünge- und Pflanzenschutzmitteln kommen Bewässerung und verbessertem Saatgut große Bedeutung zu.

Intensivierung durch Ausweitung des Bewässerungsfeldbaus

Innerhalb der letzten 50 Jahre hat die globale landwirtschaftliche Anbaufläche um 12 % abgenommen. Die Weltagrarproduktion konnte im selben Zeitraum jedoch um das 2,5- bis 3-Fache gesteigert werden, was v. a. durch landwirtschaftliche Intensivierungsmaßnahmen zu erklären ist. 40 % der Steigerungen in der Nahrungsmittelproduktion werden auf **Bewässerungsflächen** zurückgeführt, die sich in ihrer Ausdehnung verdoppelt haben. Durch den **Regenfeldbau**, das weltweit vorherrschende Produktionssystem, werden durchschnittlich nur 50 % des Potenzials der Anbauflächen ausgeschöpft, in besonders unterentwickelten Ländern sogar nur 20 %. In der Ausweitung des Bewässerungsfeldbaus sieht die FAO dementsprechend eine der wichtigsten Möglichkeiten, die Nahrungsmittelproduktion zu erhöhen. Angesichts zunehmender Wasserknappheit und ökologischer Probleme, die mit der Bewässerungslandwirtschaft einhergehen, ist die Nachhaltigkeit der weiteren Intensivierung des Anbaus mithilfe von Bewässerung jedoch fraglich.

→ **Regenfeldbau:** vgl. S. 58

Intensivierung durch gentechnisch veränderte Kulturpflanzen

Über die Einführung neuer Gene in das Erbgut von Organismen lassen sich deren Eigenschaften verändern. Die Anwendung gentechnischer Verfahren im Bereich der Pflanzenzüchtung nennt man **Grüne Gentechnik** oder **Agro-Gentechnik**.

Der kommerzielle Anbau gentechnisch veränderter Kulturpflanzen begann in den 1990er-Jahren. Heute werden sie in über 20 Ländern auf einer Gesamtfläche von über 150 Mio. ha kultiviert. Die Anbauschwerpunkte liegen zurzeit in fünf Ländern, in den USA (43 %), Brasilien (18 %), Argentinien (14 %) sowie in Indien und Kanada (je 6 %). Der Anbau konzentriert sich im Wesentlichen auf Soja (47 %), Mais (32 %), Baumwolle (15 %) und Raps (5 %). Die Pflanzen sind entweder mit einer **Herbizidtoleranz** (59 %), einer **Insektenresistenz** (15 %) oder beidem (26 %) ausgestattet. Ihr Anbau ist aufgrund der hohen Kosten für das durch Lizenzen geschützte Saatgut besonders kapitalintensiv. Auf der anderen Seite werden Einsparungen durch den sinkenden **Pestizidbedarf** und einen geringeren Arbeitsaufwand erzielt.

Pestizide: chemische Pflanzenschutzmittel, z. B. **Herbizide:** wirken gegen unerwünschte Pflanzen, die mit den Kulturpflanzen um Licht, Wasser und Nährstoffe konkurrieren; **Insektizide:** bekämpfen Insekten; **Fungizide:** wirken gegen Pilzbefall

Die Grüne Gentechnik wurde von vielen als wichtige Möglichkeit zur Deckung des steigenden Nahrungsmittelbedarfs begrüßt. Diese Einschätzung ist jedoch umstritten. Kritiker warnen vor möglichen gesundheitlichen und ökologischen Gefahren, deren wissenschaftlicher Nachweis allerdings noch nicht abschließend erbracht ist. Es zeichnen sich jedoch bereits große Nachteile durch die **Monopolisierung** der Saatgutproduktion ab, die in den Händen weniger multinationaler Firmen liegt. Umfassende Studien haben darüber hinaus gezeigt, dass die bislang über die gentechnisch veränderten Kulturen erzielten Ertragssteigerungen relativ begrenzt sind. Ihr Beitrag zur Welternährung besteht v. a. in der Reduzierung von **Ernteverlusten**.

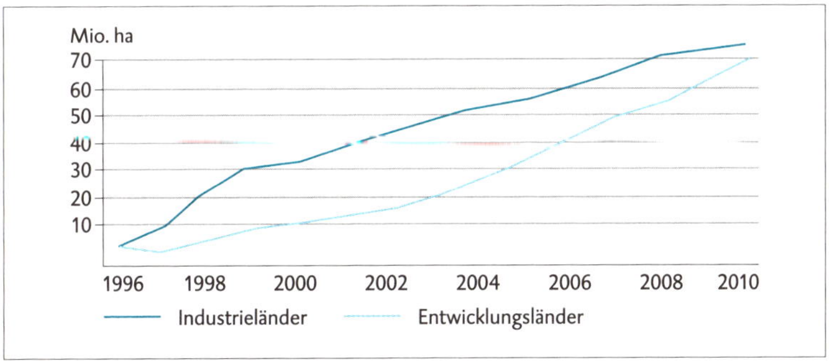

Weltweite Entwicklung der Anbauflächen gentechnisch veränderter Nutzpflanzen

Das Potenzial der Grünen Gentechnik ist jedoch noch nicht ausgeschöpft, war doch die Verbesserung der Ernährungslage bislang noch nicht das Ziel bei der Entwicklung der heute verbreiteten Sorten. So kann sie z. B. dabei helfen, **trockenheitsresistente Varianten** der Nutzpflanzen zu züchten, um den Wasserbedarf in der Landwirtschaft zu senken und auf die zunehmende Dürregefahr im Zuge des Klimawandels zu reagieren.

3.3 Ansätze zur sozialen und ökologischen Neuorientierung der Landwirtschaft

Die gravierenden ökologischen Folgen der industriellen Landwirtschaft und die erkennbaren Schwächen des freien Marktes für die Ernährungssicherung haben ein Umdenken bezüglich der Einschätzung bäuerlicher Landwirtschaft eingeleitet. Vor dem Hintergrund der **Multifunktionalität** der Landwirtschaft und angesichts ihrer besonderen Bedeutung für Wirtschaft und Gesellschaft in den Entwicklungsländern werden die Stärken der kleinbäuerlichen Landwirtschaft zunehmend (an)erkannt. Viele Experten sehen heute **kleinbäuerliche Strukturen** v. a. in Asien, Afrika und Lateinamerika als die wichtigsten Garanten für eine sozial, wirtschaftlich und ökologisch nachhaltige Lebensmittelversorgung der künftigen Weltbevölkerung an. Hierfür sprechen folgende Argumente:

- Kleinbauern wirtschaften umweltschonender, insbesondere wenn sie an ihren traditionellen, an die naturräumlichen Besonderheiten des jeweiligen Standortes angepassten Methoden festhalten können. Besondere Chancen bietet auch das **Ecofarming**.
- Die höhere **Arbeitsintensität** kleinbäuerlicher Produktion führt dazu, dass mehr Menschen in der Landwirtschaft eine Beschäftigung finden können.
- Über verbesserte Anbaumethoden, basierend auf meist einfachen Technologien und traditionellen Kenntnissen, sind deutliche Produktivitätssteigerungen ohne große Investitionen möglich.

Ecofarming: Sammelbegriff für agrarökologische Systeme der Landnutzung in den Tropen, die als Antwort auf die Übernutzung und Degradation der naturräumlichen Grundlagen entwickelt wurden;
E. weist viele Merkmale des ökologischen Landbaus auf; im Vordergrund: nachhaltige Existenzsicherung, wobei man traditionelle Bewirtschaftungsformen mit den Erkenntnissen der modernen Agrarökologie verknüpft

Die Voraussetzungen für eine **nachhaltige Entwicklung** der kleinbäuerlichen Landwirtschaft sind u. a. Rechtssicherheit bezüglich des Landbesitzes, angemessene Preise für die Erzeugnisse, Zugang zu Wasser, Dünger und Saatgut, eine Verbesserung der Infrastruktur, v a. für die Lagerung und den Transport, faire Kredite für grundlegende Investitionen und Versicherungen gegen Missernten. Hieraus lässt sich ableiten, dass eine Steigerung der Nahrungsmittelproduktion nicht nur als agrartechnische Aufgabe angesehen werden kann. Veränderungen im Bereich der gesellschaftlichen und politischen Einflussfaktoren der Landwirtschaft sind für das Erreichen dieses Ziels ebenso bedeutsam.

Das Konzept der **Ernährungssouveränität** erweitert das Konzept der Ernährungssicherheit. Angesichts der Verflechtungen, die die Ernährungssicherung durch die Landwirtschaft mit allen menschlichen Lebensbereichen und den globalen Ökosystemen aufweist, wird deutlich, dass es nicht nur darauf ankommt, ausreichend Nahrung zu produzieren, sondern auch, auf welche Weise und durch wen diese Produktion erfolgt. Der Sicherstellung der Welternährung durch eine globale Arbeitsteilung wird der Gedanke von der **Nahrungsmittelautarkie** gegenübergestellt. Länder und Regionen sollten zumindest potenziell in der Lage sein, sich selbst zu versorgen. Für diesen Gedanken spricht neben dem Argument der Unabhängigkeit vor allem die aus ökologischer Sicht gebotene Einsparung von Ressourcen für unnötige Transporte.

Ernährungssouveränität: wird als Recht der Menschen definiert, die eigene Lebensmittelproduktion und -versorgung selbst zu gestalten; besteht auf staatlicher Ebene in der unabhängigen Gestaltung der Politik, bezieht sich aber auch auf das Recht der ländlichen Gemeinschaften auf Selbstbestimmung sowie auf das Recht der Verbraucher auf Information und Wahlfreiheit

Frauen spielen eine Schlüsselrolle bei der Ernährungssicherung: Studien zeigen, dass Maßnahmen zur Verbesserung der Ausbildung und zur gesellschaftlichen Gleichstellung von Frauen eine erfolgreiche Strategie der Hungerbekämpfung darstellen.

Bäuerin in Simbabwe

4 Ökologische Landwirtschaft – Nischensegment oder zukunftsfähige Alternative?

Ökologische Landwirtschaft ist eines von mehreren Konzepten der **nachhaltigen Landwirtschaft**. Dieses Konzept zeigt einen möglichen Weg, wie bäuerliches Wirtschaften in der Balance zwischen den Erfordernissen des Markts und dem Anspruch des Natur- und Umweltschutzes auch (oder gerade?) erfolgreich möglich ist sowie in Konkurrenz zur vorherrschenden industrialisierten Landwirtschaft überleben kann.

nachhaltige Landwirtschaft: Landwirtschaft, die den drei Nachhaltigkeitsdimensionen „Ökologie", „Ökonomie" und „Soziales" gerecht wird

4.1 Die negativen Auswirkungen der industrialisierten Landwirtschaft

Die moderne Landwirtschaft hat sich durch eine fortschreitende ökonomische Optimierung zu einer industrialisierten Landwirtschaft entwickelt. Sie erzeugt auf hochproduktive Weise standardisierte Ware zu vergleichsweise geringen Preisen. Die Produktionsweise hat jedoch negative Folgen für Natur und Umwelt. Verschiedene Lebensmittelskandale haben darüber hinaus das Vertrauen vieler Verbraucher in die Qualität der auf diese Weise erzeugten Produkte schwinden lassen. **Industrialisierte Landwirtschaft** hat folgende negative Auswirkungen:

Umweltelemente	intensive Düngung	intensive Schädlingsbekämpfung	Einsatz von schwerem Gerät	frühere Flurbereinigung	größere Viehbestände in Stallhaltung
Boden	Stickstoff- und Phosphatanreicherung, z. T. Überdüngung	Schadstoffanreicherung im Boden, Abbau z. T. erst nach längerer Zeit	Bodenverdichtung unter der Pflugsohle, dadurch u. a. Gefahr von Hangrutschungen	Nivellierung der Sonderbedingungen auf der Ebene der Mikrostandorte	Vergrößerung der Güllemenge → Anreicherung mit Giftstoffen
Wasser	Oberflächengewässer: Eutrophierung, evtl. „Umkippen“; Grundwasser: Nitratbelastung	Rückstandsbelastungen im Oberflächen- und Grundwasser, evtl. auch im Trinkwasser	Staunässeprobleme; Verringerung der Versickerung → größere Hochwassergefahr	Beseitigung lebendiger und natürlicher Gewässerstrukturen, Reduzierung der Selbstreinigungskraft	Probleme durch „Spitzenlasten“ bei Entleerung der Güllelager (v. a im Frühjahr und Herbst)
Luft	Ammoniakbelastung	Stoffeinträge und -transporte (durch den Wind) auch in größerer Entfernung	mögliche Vergrößerung von Staubbelastungen	Verstärkung von Wind- und Wassererosion (z. B. Beseitigung von Windschutzhecken)	Verstärken der Luftbelastung und Vermehrung schädlicher Treibhausgase (Methan)
Landschaft	Verunkrautung (z. B. Brennnesseln) außerhalb der Äcker	Reduzierung der abwechslungsreichen Vielgestaltigkeit	Beseitigung der Kleinparzellierung durch Anlage „maschinengerechter“ Schläge	„Ausräumung“ der Landschaft (z. B. durch Beseitigung von Landschaftselementen)	Grünlandumbruch und „Vermaisung“ landwirtschaftlicher Nutzflächen
Pflanzen- und Tierwelt	Verschiebungen des Artenspektrums	Reduzierung der Artenvielfalt; Dezimierung auch der Nützlinge	Reduzierung des Bodenlebens	Reduzierung der Artenvielfalt (z. B. Beseitigung von Hecken und Streuobstanlagen)	Reduzierung der Artenvielfalt durch intensive Produktion weniger Nutzpflanzenarten

Umweltbelastungen durch industrialisierte Landwirtschaft in Deutschland

4.2 Was kennzeichnet die ökologische Landwirtschaft?

Bei der ökologischen Landwirtschaft wird in einer ganzheitlichen Sichtweise der Betrieb als Organismus oder Ökosystem verstanden. Die Eingriffe des wirtschaftenden Menschen in dieses System sollen so schonend wie möglich sein.

Angestrebt wird ein **geschlossener Betriebskreislauf**, in den möglichst wenig fremde Stoffe von außen zugeführt werden.

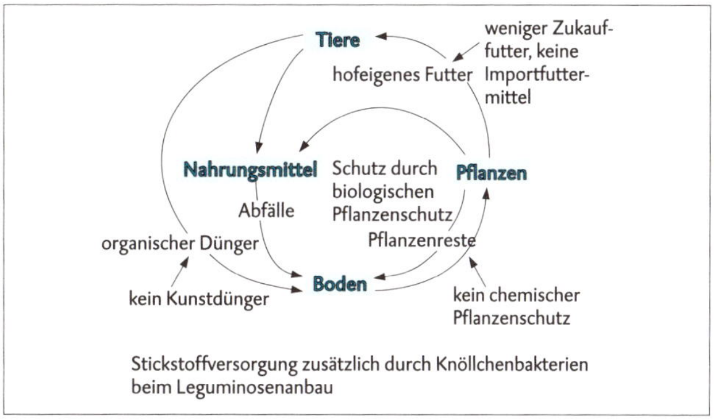

Kreislaufwirtschaft in der ökologischen Landwirtschaft

Aus diesem Prinzip leiten sich eine Reihe charakteristischer **Merkmale der ökologischen Landwirtschaft** ab:

- Verzicht auf den Einsatz von Kunstdüngern, stattdessen Einsatz organischer Düngemittel, v. a. aus der Viehhaltung;
- eigene Futtererzeugung;
- Ausrichtung von Art und Zahl des Tierbestands an der zur Verfügung stehenden **landwirtschaftlichen Nutzfläche**;
- Verzicht auf den Einsatz chemischer Pflanzenschutzmittel, stattdessen Pflanzenschutz über anbautechnische und biologische Maßnahmen wie Untersaat zur Verdrängung von Ackerunkräutern, mechanische Unkrautbekämpfung, gezielte Förderung von Nützlingen;
- Erhalt und Verbesserung der Bodenfruchtbarkeit durch Anbau von **Leguminosen**, ausgewogene Fruchtfolge und Abdecken des Bodens mit Mulch, schonende Bodenbearbeitung;
- Rückbesinnung auf regionale Haustierrassen und Pflanzensorten;
- Förderung der Tiergesundheit durch artgerechte Haltung und Naturheilmittel;
- strikte Ablehnung von Gentechnik in der Tier- und Pflanzenzucht.

landwirtschaftliche Nutzfläche (LNF): landwirtschaftlich nutzbare Fläche eines Betriebs ohne Berücksichtigung der tatsächlich genutzten Fläche **(LF)**

Leguminosen: Sammelbezeichnung für Hülsenfrüchtler, die über ihre Wurzeln den Stickstoffgehalt des Bodens verbessern; Beispiele: Bohnen, Erbsen, Soja

Im Vergleich mit konventionell wirtschaftenden Betrieben erzielen ökologisch wirtschaftende Betriebe in Deutschland deutlich **niedrigere Erträge**. Die Erntemengen pro Flächeneinheit bei Weizen sind z. B. nur halb so hoch, der Unterschied bei Kartoffeln beträgt 40 % und auch die Milchleistung liegt um ein Fünftel niedriger. Außerdem können im

Arbeitskräftebesatz: Anzahl der Vollarbeitskräfte in einem Betrieb bzw. auf einer landwirtschaftlichen Fläche

Verhältnis zur Betriebsfläche weniger als halb so viele Tiere gehalten werden. Die Arbeitsintensität ist im ökologischen Anbau höher. Im Vergleich zu konventionellen Betrieben weisen ökologisch wirtschaftende Betriebe einen deutlich höheren **Arbeitskräftebesatz** auf und müssen damit durchschnittlich doppelt so hohe Personalaufwendungen leisten. Auf der anderen Seite haben sie sehr niedrige Aufwendungen für Dünge- und Pflanzenschutzmittel. Dass ökologisch wirtschaftende Betriebe trotzdem unter dem Strich in den meisten Jahren höhere Gewinne erwirtschaften als vergleichbare konventionell geführte Höfe, liegt zum einen an den deutlich höheren Preisen, die sie für ihre Produkte erzielen können, und zum anderen an höheren **Zuschüssen**.

Entwicklung, Verbreitung und Zukunftsaussichten der ökologischen Landwirtschaft

Weltweit werden über 37 Mio. ha landwirtschaftliche Nutzfläche durch 1,6 Mio. Betriebe ökologisch bewirtschaftet (Stand 2010). Das ist ein Anteil von 0,9 %. Hinzu kommen weitere 43 Mio. ha aus den Bereichen ökologische Forstwirtschaft und Aquakultur sowie Flächen, die für die Wildsammlung genutzt werden (vgl. Karte auf S. 145).

Ökologische Landwirtschaft wird in fast allen Staaten der Erde betrieben, wenn auch in unterschiedlicher Form und Intensität. Die **Zuwachsraten** sind in allen Regionen der Welt sehr hoch. So ist die Zahl der Produzenten allein von 2008–2009 weltweit um rund 30 % gestiegen. In Europa gab es Ende 2010 fast 280 000 ökologisch wirtschaftende Betriebe, die zusammen eine Fläche von 10 Mio. ha bewirtschaften; das entspricht 2,1 % der landwirtschaftlichen Nutzflächen Europas und 25 % der globalen Ökolandwirtschaftsfläche. Die Länder mit der größten Gesamtfläche sind Spanien, Italien und Deutschland, die höchsten Flächenanteile weisen Liechtenstein, Österreich und Schweden auf.

Gegenüber der konventionellen Landwirtschaft sind diese Zahlen noch gering, doch wird die Zukunftsbedeutung dieser in raschem Zuwachs befindlichen Wirtschaftsweise immer deutlicher. Der potenzielle Beitrag der ökologischen Landwirtschaft zur Ernährungssicherung darf nicht allein in Produktionsmengen gemessen werden. Ihr Potenzial erschließt sich nur in ganzheitlicher Betrachtung ihrer multifunktionalen Wirkungsmechanismen in den Bereichen Ökologie, Ökonomie und Gesellschaft. Zudem muss berücksichtigt werden, dass die größten Probleme in der Ernährungssicherung in ländlichen Regionen der Entwicklungsländer liegen, wo die Bauern vielfach an **marginalen Standorten** wirtschaften. Unter diesen Bedingungen entfaltet die ökologische Landwirtschaft einen besonderen Mehrwert.

marginaler Standort: Region, die nur mäßig für landwirtschaftliche Nutzung geeignet ist

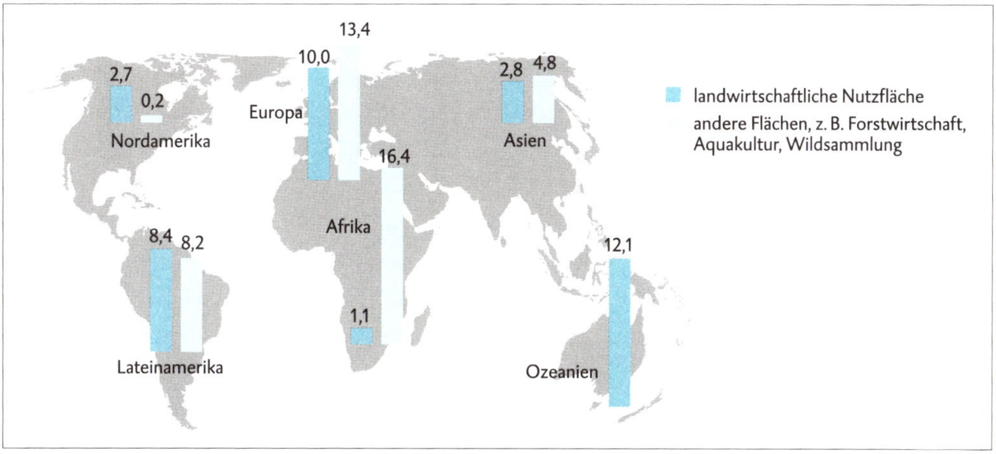

Ökologisch bewirtschaftete Flächen in Mio. Hektar, Stand 2010

Zusammenfassung

- Die Verbreitung der einzelnen Bodentypen ist an unterschiedliche Klima- und Vegetationszonen gebunden. So findet man Braunerde v. a. in gemäßigten Klimazonen unter Mischwald, Schwarzerde in winterkalten Steppen, Podsol im Bereich des borealen Nadelwaldes und Latosol im Bereich des tropischen Regenwaldes und der Feuchtsavanne.
- Die Bodenfruchtbarkeit ist bedroht durch Bodendegradation und Bodenerosion.
- Die mit den Modernisierungsprozessen einhergehende Produktivitätssteigerung in der Landwirtschaft ermöglicht es, dass in den Industrieländern ein geringer Teil der Erwerbstätigen die Nahrungsmittelversorgung der Bevölkerung sicherstellen kann.
- Da Ausweitungen der landwirtschaftlichen Nutzflächen ohne weitere Verluste wertvoller Naturräume nur noch in eingeschränktem Umfang möglich sind, gilt es, die Nutzung der vorhandenen Flächen insbesondere in den Entwicklungsländern zu intensivieren. Dies ist z. B. möglich durch biotechnologische Maßnahmen oder durch eine Ausweitung der Bewässerungslandwirtschaft.
- Die weltweit im Wachstum begriffene ökologische Landwirtschaft stellt eine Alternative mit hohem Potenzial dar, deren Zukunftsfähigkeit sich angesichts der Herausforderungen durch den steigenden Nahrungsmittelbedarf aber noch erweisen muss.

Industrie – Zwischen Handwerksbetrieb und virtueller Fabrik

1 Wie und wo produziert die Industrie?

1.1 Von der Agrar- zur Industriegesellschaft

Nach der in den 1940er-Jahren entwickelten Theorie des französischen Ökonomen JEAN FOURASTIÉ folgt auf die Phase der **Agrar-** die Phase der **Industrie-** und schließlich die Phase der **Dienstleistungsgesellschaft**.

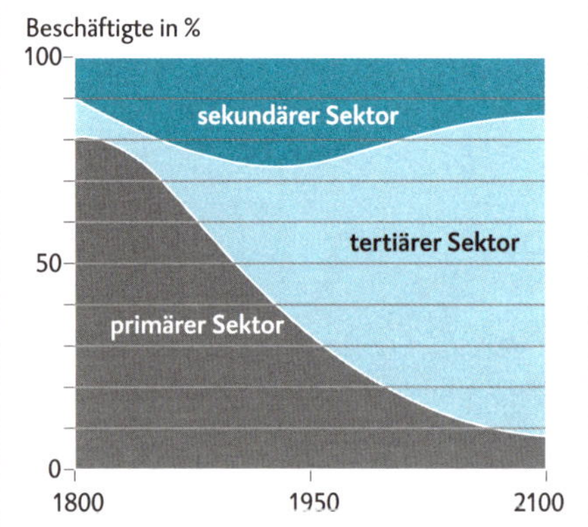

Entwicklung der Wirtschaftssektoren nach FOURASTIÉ

In Industriebetrieben werden Güter umgeformt, be- und verarbeitet. Sie zeichnen sich in Abgrenzung zu **Handwerksbetrieben** und **Manufakturen** durch ein hohes Maß an effizienzorientierter **Arbeitsteilung**, **Spezialisierung** und **Rationalisierung**, eine kapitalintensive **Mechanisierung** sowie **Massenproduktion** in Fabriken aus. Angesichts entsprechender Kapitalausstattung, Technik und Absatzstruktur werden Bergbau und Baugewerbe vielfach dem sekundären Sektor zugerechnet.

Manufaktur: auf der Entwicklungsstufe zwischen Handwerks- und Industriebetrieb; Güter werden in größeren Produktionsmengen, aber per Handarbeit gefertigt

1.2 Gliederung des sekundären Sektors

Den sekundären Sektor kann man in folgende Bereiche unterteilen:

Bereich	Beispiele
Konsumgüterindustrie	Textilindustrie, Möbelindustrie
Nahrungsmittelindustrie	Süßwarenfabrik, Schlachthof, Molkerei
Grundstoff- oder Produktionsgüterindustrie	chemische Industrie, eisenschaffende Industrie, Industrie der Steine und Erden
Investitionsgüterindustrie	Stahl- und Leichtmetallbau, Maschinenbau, Fahrzeugbau, Schiffbau, elektronische Industrie (einschließlich Feinmechanik und Optik), Eisen-, Blech-, Metallwarenindustrie

Unterteilung des sekundären Sektors

1.3 Standortfaktoren der Industrie

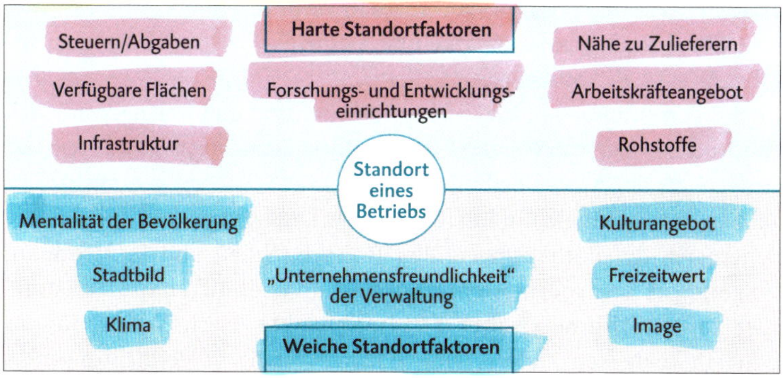

Harte und weiche Standortfaktoren

Der Standort eines Industriebetriebs ist nicht zufällig gewählt, sondern resultiert aus einer Abwägung der **Standortfaktoren**. Diese werden mit dem Ziel einer Gewinnmaximierung gewichtet. Sogenannte **harte Standortfaktoren** gehen als messbare Größen in die Betriebskosten ein. **Weiche Standortfaktoren** sind hingegen kaum messbar. Zwischen beiden Gruppen von Standortfaktoren besteht eine wechselseitige Abhängigkeit: So ist das positive Image eines Standorts vielfach eine Folge seiner guten infrastrukturellen Ausstattung und positiver lokaler Rahmenbedingungen. Qualifizierte Arbeitskräfte verlangen aber auch nach einem hochwertigen Wohnumfeld.

Standortfaktor: maßgebliche Einflussgröße im Rahmen der Standortwahl eines Unternehmens

1.4 Webers Standorttheorie

Zur Entwicklung einer **allgemeinen Standorttheorie** für die (Schwer-) Industrie reduzierte ALFRED WEBER (1868–1958) die Vielzahl der Standortfaktoren auf die Faktoren Arbeitskosten, **Agglomerationsvorteile** und Transportkosten.

Agglomerationsvorteile (Fühlungsvorteile): Kostenvorteile durch räumliche Nähe zu Betrieben ähnlicher Branchenorientierung: geringe Transportkosten, „Überwachung“ der Konkurrenz, Kontakte, vorhandenes Arbeitskräfteangebot

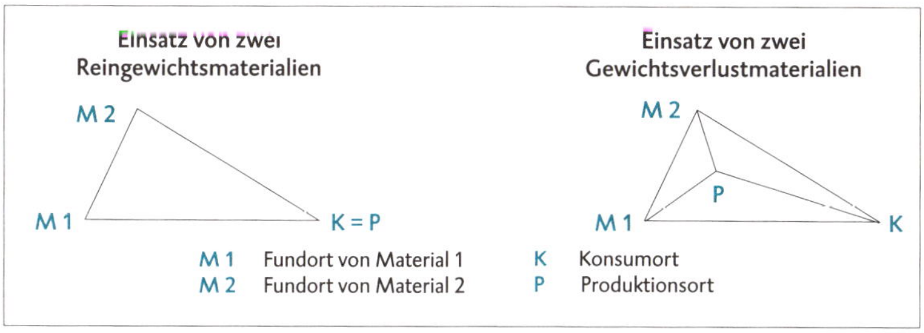

Transportkostenminimalpunkt nach WEBER

Ubiquitäten: Rohstoffe/Materialien, die standortunabhängig überall vorhanden sind, z. B. Luft

Reingewichtsmaterialien: Rohstoffe/Materialien, die mit ihrem vollen Gewicht in das Endprodukt eingehen, z. B. Kalkstein bei der Zementherstellung

Gewichtsverlustmaterialien: Rohstoffe/Materialien, die nur zum Teil mit ihrem Volumen bzw. Gewicht in das jeweilige Produkt einfließen und damit den Produktionsstandort aufgrund der Transportkosten entscheidend mit beeinflussen können, z. B. Eisenerz

Bei den Rohstoffen unterschied WEBER **Ubiquitäten**, **Reingewichtsmaterialien** und **Gewichtsverlustmaterialien**. Die übrigen Faktoren, u. a. Arbeitskräfte, Absatzmarkt und politische Rahmenbedingungen, nahm WEBER als konstant an.

Da die Transportkosten für Rohstoffbeschaffung und Vermarktung des Endprodukts nur von Gewicht und Art des Grundstoffs sowie von der Entfernung abhängen, bedingen laut WEBERS Theorie sie allein den ökonomisch optimalen Industriestandort: Dieser liege dort, wo die Gesamtkosten der Entfernungen aller Rohmaterialien und Endprodukte die geringste Transportkostenbelastung aufweisen **(Transportkosten- oder tonnenkilometrischer Minimalpunkt)**. Nach WEBER führen lediglich kostensenkende Agglomerationsvorteile in Verdichtungsräumen oder ein niedrigeres Lohnniveau in bestimmten Regionen zu einer Verlagerung des optimalen Standorts.

Folgende Beispiele illustrieren die große Bedeutung der Transportkosten gemäß WEBERS Theorie für die Schwerindustrie:

- Entstehung des Ruhrgebiets „über der Kohle" um 1850, als man für die Verhüttung von einer Tonne Eisenerz zwei Tonnen Koks brauchte („Erz zur Kohle");
- Entstehung von **„Nassen Hütten"** seit den 1960er-Jahren, als die benötigte Koksmenge auf unter 0,5 Tonnen je Tonne Eisenerz gesunken war („Kohle zum Erz");
- nachfolgend seit etwa 1970 der Aufbau von **Ministahlwerken** mit einer Jahreskapazität von weniger als 0,5 Mio. Tonnen Stahl in Verdichtungsräumen. Diese können dank neuer Techniken (Direktreduktion, Elektrolichtbogenofen) höhere Schrottanteile nutzen und besitzen eine große Flexibilität und Wirtschaftlichkeit.

„Nasse Hütten": schwerindustrielle Standorte (Hüttenwerke), die durch Standortverlagerung an die Küste (Transportkostenvorteile) entstanden sind, häufig in rohstoffarmen Ländern wie Italien und Japan

Doch sind für andere Industriebranchen unterschiedliche Standortfaktoren ausschlaggebend: für die Druck-, Möbel- und Lebensmittelindustrie z. B. die Entfernung zum Absatzmarkt, für die Textilindustrie niedrige Lohnkosten, für die Aluminiumindustrie billige Energie, für Holzverarbeitung, Bergbau und Kokereien die Nähe zu den benötigten Rohstoffen. In Zeiten der Globalisierung werden weitere Einflussgrößen immer wichtiger, v. a. Marktordnungen, Subventionen, Preispolitik und technischer Fortschritt.

Persistente Industriestandorte werden seltener, da eine Neubewertung der Standortfaktoren heute häufiger und schneller zu Betriebsverlagerungen führt als in der Vergangenheit. So verlagerte der Zwieback-Hersteller Brandt nach neun Jahrzehnten Produktion im nordrhein-westfälischen Hagen 2002 seine Produktion ins thüringische Ohrdruf. Gründe waren die 20 % niedrigeren Lohnkosten, die Möglichkeit einer Standorterweiterung auf dem preisgünstigen **Konversion**sgelände eines einstigen Übungsplatzes für russische Soldaten, Fühlungsvorteile zum dort ansässigen Süßwarenhersteller Storck und Fördergelder Thüringens in Höhe von 30–40 Mio. €.

Persistenz: Tendenz, z. B. an einer bestimmten Produktionsrichtung oder an einem bestimmten Produktionsstandort festzuhalten; Persistenz hemmt manchmal die räumliche Ausbreitung von Innovationen

Konversion: Übergang zur zivilen Nutzung eines ehemals militärisch genutzten Geländes

Wie dieses Beispiel zeigt, sind die Gründe für Standortverlagerungen zahlreich und stets abhängig vom Einzelfall. Betriebe der Bekleidungs-, Spielzeug- und Elektrobranche sind heute zunehmend **„standortneutral“**: Dort, wo es die relativ billigsten Arbeitskräfte gibt und wohin die vorgefertigten Teile problemlos zu transportieren sind, können schnell zu verlagernde Produktionsstätten auf- und auch wieder abgebaut werden. Industrien, die nicht an bestimmte Standorte gebunden sind, bezeichnet man als **Footloose Industries**. Ein Beispiel hierfür ist der Handyhersteller **Nokia**, der zunächst in Bochum auf einem ehemaligen Zechengelände produzierte, wenige Jahre später ins rumänische Cluj zog und wiederum fünf Jahre später das dortige Werk schließen ließ, da sich laut Nokia der Markt für Handys und auch die Lieferkette inzwischen nach Asien verlagert hätten.

Preiswerte Arbeitskräfte, das Vorhandensein der benötigten Rohstoffe und das Entstehen neuer Absatzmärkte führten teilweise selbst zur Verlagerung von Schwerindustriestandorten. So wurde im Jahr 2001 einer der ehemals größten Stahlstandorte der Welt in Dortmund demontiert und nach China exportiert. In Dortmund und damit im gesamten östlichen Ruhrgebiet endete damit eine über 100-jährige Stahltradition, in China begann eine neue Epoche.

Produktionsanlagen der Dortmunder Hermannshütte 2001 vor dem Transport nach China

2 Industrialisierung und Deindustrialisierung – Probleme altindustrialisierter Räume

2.1 Industrialisierung als historischer Begriff

Der **historische** Begriff **Industrialisierung** bezeichnet die Epoche der europäischen „Industriellen Revolution“, die von England in der Mitte des 18. Jh. ausging und in den wichtigen Industrieländern Europas und in den USA mit dem Ersten Weltkrieg zum Abschluss kam. Ablesbar ist diese Entwicklung sowohl am steigenden BIP-Anteil des sekundären Sektors als auch an den Beschäftigtenanteilen innerhalb der Wirtschaftssektoren in Deutschland:

Jahr	I	II	III
1800	80,0	15,0	5,0
1880	42,2	35,6	22,2
1925	30,3	42,3	27,4
1950	24,6	42,9	32,5
1960	13,7	47,9	38,3
1970	8,4	46,5	45,1
1990	3,5	36,6	59,9
2011	1,6	24,6	73,8

Anteil der Erwerbspersonen an den Sektoren der Volkswirtschaft in Deutschland (in %)

Jahr	I	II	III
1950	10,3 (BRD) 30,8 (DDR)	47,3 (BRD) 51,3 (DDR)	42,4 (BRD) 17,9 (DDR)
1960	6,3 (BRD) 18,0 (DDR)	47,3 (BRD) 62,0 (DDR)	42,4 (BRD) 20,0 (DDR)
1970	5,3 (BRD 1968) 12,9 (DDR)	57,3 (BRD) 67,8 (DDR)	37,4 (BRD) 19,3 (DDR)
1980	4,0 (BRD) 10,1 (DDR 1977)	60,0 (BRD) 67,4 (DDR)	36,0 (BRD) 22,5 (DDR)
1990	1,6	39,4	59,0
2000	1,2	30,1	68,7
2011	1,0	30,1	68,9

Anteile der Sektoren am deutschen BIP (in %)

Für Deutschland werden in diesem Zusammenhang folgende Phasen unterschieden:

info

Phasen der Industrialisierung

Vorindustrielle Phase (1780–1835)

Handwerksbetriebe und Manufakturen

Frühindustrielle Phase (1835–1870)

Technischer Fortschritt und zunehmende Mechanisierung

- Produktion mithilfe von Maschinen, konsequent arbeitsteilig und auf Vorrat
- steigende Nachfrage nach Eisen und Stahl
- wachsende Bedeutung des Bergbaus: Steinkohle zur Koksverhüttung
- Entwicklung eines Massenverkehrs- und -transportmittels (erste Eisenbahn: Deutschland 1835)
- massiver Einsatz häufig im Überseehandel erwirtschafteten Kapitals
- enormer Arbeitskräftebedarf
- Landflucht, Verstädterung

Entstehung / Verstärkung sozialer Ungleichgewichte: Bourgeoisie/ Proletariat („soziale Frage")

(Hoch-)Industrielle Phase (1870–1979)

Dominanz des sekundären Sektors hinsichtlich der Anteile der Beschäftigten an den Wirtschaftssektoren und hinsichtlich des Anteils am BIP; Neustrukturierung von Produktion, Wirtschaft und Gesellschaft:

- „Fordismus": industrielle Warenproduktion gemäß den von Henry Ford (1863–1947) eingeführten Herstellungsprinzipien: Massenproduktion, Fließbandfertigung, Einsatz hochspezialisierter Maschinen u. a.
- Wachstum von BIP, Produktionsmenge, eingesetztem Kapital
- Ausbau von Infrastruktur und Handel
- Verbilligung der Produkte
- erhöhte Mobilität
- Bevölkerungswachstum und Urbanisierung
- Änderungen in Sozial- und Familienstruktur, Lebens- und Denkweisen

gegen Ende Übergang zur Dienstleistungsgesellschaft mit tertiärem Sektor als wichtigstem Wirtschaftsbereich und ökonomischem Motor: **spätindustrielle Phase**

Postindustrielle Phase (seit etwa 1980)

- Dominanz des tertiären und Herausbildung eines quartären Sektors: Verarbeitung und Verbreitung von Wissen und Informationen in einer globalisierten Wirtschaft
- postindustrielle Gesellschaft: neues Wertesystem (Individualismus, Suche nach politischer Teilhabe auch außerhalb der etablierten Strukturen)

2.2 Strukturwandel in altindustrialisierten Regionen

altindustrialisierte Regionen: bereits im 19. Jh. industrialisierte Regionen, die durch Kohle-, Eisen-, Stahl- und Textilindustrien geprägt waren; Beispiele: Asturien, Mittelengland, Nord-Pas-de-Calais, Lothringen, Saarland, Ruhrgebiet, Manufacturing Belt

Ab den späten 1960er-Jahren kam es in den meist monostrukturierten **altindustrialisierten Regionen** zu Produktions- und Angebotsüberkapazitäten, zahlreichen Betriebsschließungen und steigenden Arbeitslosenzahlen (**„Montankrise"**).

info

Ursachen der Montankrise in altindustrialisierten Regionen

Kohle:

- Überangebot auf dem Weltmarkt, u. a. wegen Produktivitätssteigerungen durch neue Technologien und Anbieter
- ungünstige Lagerungsverhältnisse → hohe Förderkosten im Vergleich zu billiger Importkohle
- Konkurrenz anderer Energieträger, z. B. Erdöl/-gas (Substitutionskonkurrenz)

Stahl:

- Konkurrenz außereuropäischer Produzenten
- Marktsättigung
- hohe Produktionskosten im internationalen Vergleich
- Konkurrenz von Kunststoffen und Leichtmetallen (Substitutionskonkurrenz)

Der einsetzende **Deindustrialisierungsprozess** bedingte einen grundlegenden **Strukturwandel**. Die eingeschlagenen Wege aus der Krise sind vielfältig und reichen von einer **Reindustrialisierung** durch Zukunftsindustrien (Hightech, Umwelt, Medizintechnik, Informationstechnologie u. a.) bis zur Förderung von Angeboten in den Bereichen Bildung, Kultur- und Freizeitwirtschaft oder Handel **(Tertiärisierung)**. Meist werden beide Wege beschritten, so im Ruhrgebiet (Auswahl):

- **Reindustrialisierung**, z. B. errichtete der Automobilhersteller Opel sein Bochumer Werk 1962 auf einem ehemaligen Zechengelände.
- **Tertiärisierung** durch Förderung der Bereiche Bildung (Gründung neuer Universitäten und FHs, z. B. Bochum, Dortmund, Duisburg, Essen); Kultur- und Freizeit (Spielcasinos in Dortmund und Duisburg, Starlight-Express-Halle Bochum, Colosseum Essen, Route der Industriekultur, Veltins Alpincenter Bottrop, Museum Küppersmühle Duisburg) sowie Handel: Neue Mitte Oberhausen, Forum Duisburg, Thier-Galerie Dortmund.

Inzwischen werden rund 70 % der Bruttowertschöpfung des Ruhrgebiets durch dienstleistungsorientierte Betriebe erwirtschaftet.

Industrielle Brachflächen erweisen sich nach einer Beseitigung der **Altlasten** oder durch eine weniger empfindliche Nutzung nicht selten als wichtige Areale für raumordnerische Maßnahmen im Zuge der Stadt- und Regionalentwicklung. Die Möglichkeiten sind ausgesprochen vielfältig. Sie umfassen den ökologischen Umbau von Gewässern (z. B. Renaturierung der Emscher im Ruhrgebiet), die Anlage spezieller Wohnprojekte (z. B. für ältere Menschen), die Gestaltung von Räumen zur Verbesserung des Stadtklimas, die Vernetzung städtischer Teil-/Freiflächen oder die Schaffung zentrumsnaher Erholungsflächen, z. B. Phönix-See in Dortmund.

Altlasten: (meist ökologische) Belastungen aus der industriellen Vergangenheit, als in der Region andere wirtschaftliche (politische, gesellschaftliche …) Zielsetzungen vorherrschten, z. B. durch den Einsatz heute als giftig eingestufter Stoffe

2.3 Globalisierung und industrieller Strukturwandel

Die Globalisierung gilt als Verursacher krisenhafter Entwicklungen in traditionellen Industrieregionen: Informations- und Kommunikationstechnologien dringen in alle Bereiche vor und verlagern den Wettbewerb der Industriestandorte auf eine globale Ebene. Daneben üben wirtschaftlich erstarkende Länder v. a. aus dem pazifisch-asiatischen Raum, die Verkürzung der **Produktlebenszyklen** sowie instabile und risikoreiche Märkte Druck auf die Industrien entwickelter Ökonomien v. a. in Nordamerika und Europa aus.

→ **Produktlebenszyklus:** vgl. S. 160

Trotz des industriellen Strukturwandels kommt dem sekundären Sektor noch immer eine wichtige Rolle zu. Denn Industrie- und Dienstleistungssektor sind eng miteinander verknüpft. Ein Beispiel hierfür ist das Industrieprodukt „Handy“, das nur in Verbindung mit zahlreichen Telekommunikations-Dienstleistungen nutzbar ist. Der sekundäre Sektor nimmt also trotz der Deindustrialisierung auch in der wissensbasierten Wirtschaft einer Informations- und Dienstleistungsgesellschaft weiterhin eine Schlüsselrolle ein.

2.4 Strukturwandel und Transformation

Nach den politischen Veränderungen zu Beginn der 1990er-Jahre setzten in den von **zentraler Wirtschaftsplanung** geprägten Ländern Osteuropas Transformationsprozesse ein. Denn viele Industriestandorte waren hier nicht nach ökonomischen, sondern nach politischen Gesichtspunkten bestimmt worden und erwiesen sich als nicht konkurrenzfähig. So war trotz schlechter Rohstofflage und dortigem Arbeitskräftemangel im Jahr 1950 im Südosten der DDR das EKO-Stahlkombinat gegründet worden – aus ideologischen Gründen in einem

→ **zentrale Wirtschaftsplanung:** vgl. S. 289

wirtschaftlich zurückgebliebenen Gebiet, zur Beseitigung der Unterschiede zwischen Stadt und Land und als Symbol der Völkerfreundschaft nahe der Grenze zu Polen. Das Werk wurde nach der Wende 1989 vom weltgrößten Stahlkonzern Arcelor-Mittal übernommen, die Belegschaft um rund 80 % auf 2 400 verkleinert.

Transformation: wirtschaftlicher Systemwechsel in einer Volkswirtschaft, v. a. der Übergang von den Zentralverwaltungswirtschaften im Ostblock zu marktwirtschaftlichen Strukturen nach der Wende 1989

An einigen Standorten entstanden im Zuge der **Transformation** dank des niedrigeren Lohnniveaus, motivierter und gut ausgebildeter Arbeitskräfte sowie geringerer Produktionskosten kostengünstig produzierende Betriebe, die Standorte im Westen unter Zugzwang setzen. So werden im westungarischen Györ seit 1993 jährlich über 1 Mio. VW- und Audi-Motoren hergestellt und der Audi-TT sowie das A3-Cabriolet montiert – alles auf dem ehemaligen Werksgelände des Fahrzeugherstellers Rába, der nach der Wende 20 000 Stellen abgebaut hatte. Neben niedrigen Löhnen und Lohnnebenkosten, firmenfreundlicher Gesetzgebung (Arbeitszeiten, keine Gewerbesteuer) und einer Hochschule für Ingenieure vor Ort haben auch großzügige staatliche Subventionen die Entscheidung zugunsten Györs herbeigeführt. Seit der Jahrtausendwende fertigt BMW u. a. in Kaliningrad, VW in Moskau; Daimler produziert seit 2012 im zentralungarischen Kecskemét.

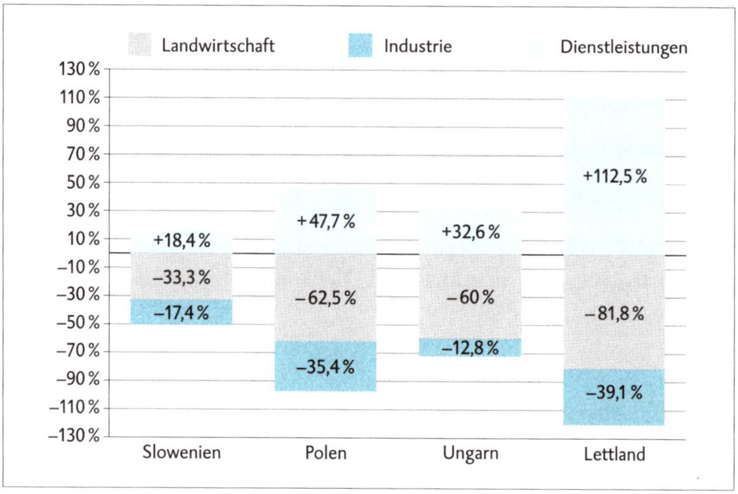

Veränderung bei Entstehen des BIPs (in %) von 1991 bis 1999 für ausgewählte Transformationsländer

3 Wie ist die Industrie räumlich verteilt?

3.1 Raumtypen der Industrie

Industriebetriebe arbeiten aus Kostengründen vielfach zusammen, sind **horizontal** oder **vertikal verflochten**, sodass eine Tendenz zur räumlichen Konzentration von Betrieben besteht.
Benachbarte Betriebe derselben Branche, die sich z. B. als **Industriegasse** (vgl. folgende Grafik) entlang einer Verkehrsleitlinie reihen können, bezeichnet man als **industrielle Standortgemeinschaft**. Ein Beispiel dafür sind die Chemie-, Leder- und Stofffärbereien im Filstal in Baden-Württemberg.
Industrielle **Einzelstandorte** finden sich i. d. R. im ländlichen Raum. Sie orientieren sich an jeweils wichtigen Faktoren wie lokalen Rohstoffvorkommen (Zementwerk, Sägemühle) und/oder spezialisierten Arbeitskräften (z. B. Schmuckstadt Idar-Oberstein, Spielzeugstadt Seiffen).

horizontale Verflechtung: Zusammenarbeit mehrerer Betriebe gleicher Produktionsstufe, z. B. bei Einkauf oder Vermarktung

vertikale Integration: Zusammenschluss mehrerer Betriebe aus aufeinanderfolgenden Produktionsstufen, z. B. Hüttenwerk – Stahlwerk – Walzwerk

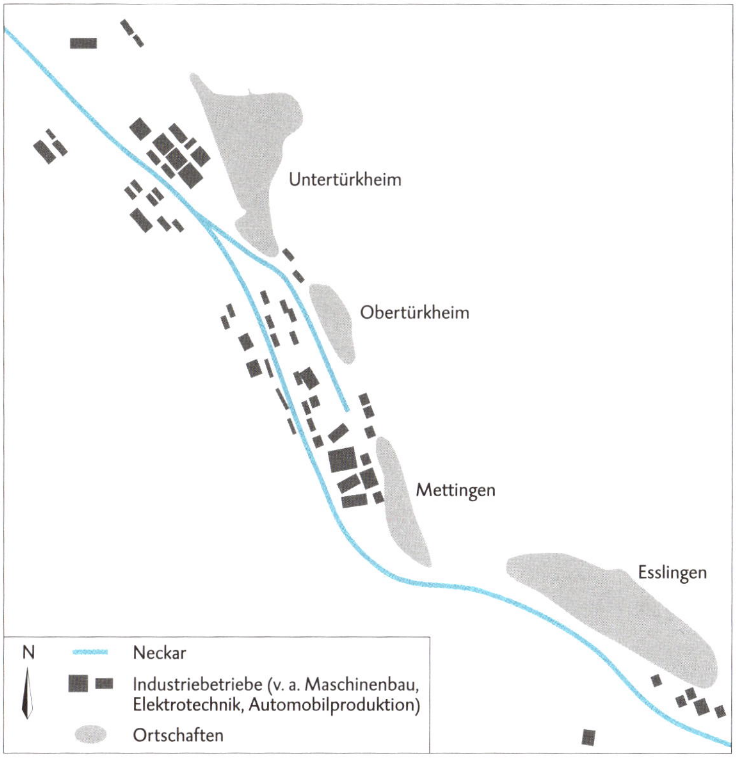

Industriegasse nordwestlich von Esslingen am Neckar

Industriepark: abgegrenztes Gelände, auf dem unabhängige Unternehmen einer oder mehrerer Branchen tätig und miteinander durch Wertschöpfungsketten verbunden sind; sie teilen sich standortbezogene Infrastruktur und Dienstleistungen, die meist durch eine private oder öffentliche Betreibergesellschaft angeboten werden

Eine **industrielle Standortgruppe** besteht demgegenüber aus benachbarten Betrieben unterschiedlicher Branchen mit Zulieferverflechtungen, z. B. in **Industrieparks**. Mit einer Fläche von 4 km^2 und 22 000 Beschäftigten in 90 Betrieben der Chemie- und Pharmabranche ist z. B. der Industriepark Frankfurt-Höchst einer der größten Deutschlands.
Bei einer großräumigen Verteilung spricht man von **industriedurchsetzten Gebieten** (Beispiel Oberfranken: sehr hohe Industriedichte durch Betriebe der Kfz-Zulieferindustrie, Kunststoffwaren, Maschinenbau, Keramik und Glas, Metallerzeugnisse, Textilien, Nahrungsmittel) oder **Industrieregionen** (Beispiele: München als **monozentrische**, das Ruhrgebiet als **polyzentrische** Industrieregion).
Der **Mikrostandort** eines Industriebetriebs, d. h. der Standort innerhalb einer Stadt oder Gemeinde, ergibt sich im Wesentlichen aus den Faktoren Flächenverfügbarkeit und Infrastrukturanschluss (Verkehrs- und Leitungsnetz). Natürlich spielt auch das Arbeitskräfteangebot eine Rolle. Dagegen beruht der **Makrostandort**, d. h. der Standort in einer Region oder einem Land, auf der Abwägung großräumiger Gegebenheiten wie notwendiger Investitionskosten, zu erwartender Gewinne, Gesetzgebung, Besteuerung, Absatzmarkt.

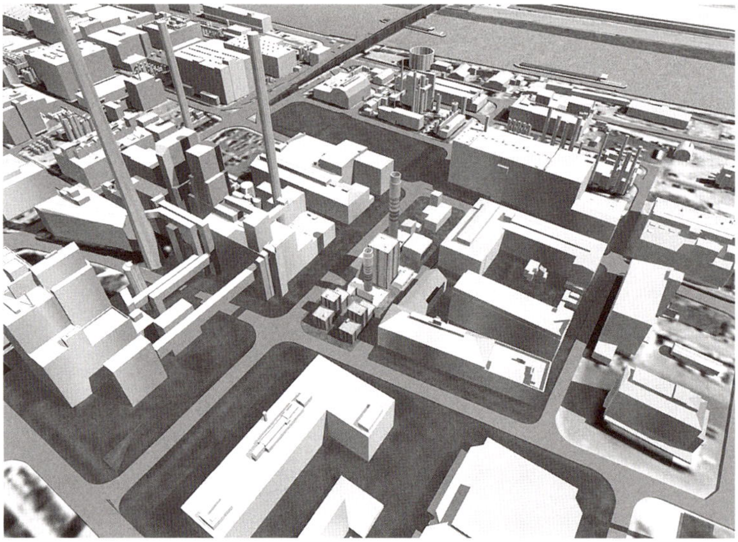

Schematische Darstellung des Industrieparks Frankfurt-Höchst

3.2 Internationale Arbeitsteilung

Mit dem Ziel absoluter und **komparativer Produktions- und Absatzvorteile** nutzen Industriebetriebe die jeweiligen Standortvorteile einzelner Länder. Das **traditionelle Produktionssystem**, bei dem sämtliche Schritte von der Forschung über die Produktion bis zum Versand im Land des Unternehmenssitzes stattfinden, wird ersetzt durch ein **räumlich gegliedertes Produktionssystem**, das sich über mehrere Staaten oder gar Kontinente erstreckt. So kommt es zu einer Spezialisierung einzelner Staaten bzw. Staatengruppen auf bestimmte Güter (und Dienstleistungen) sowie zu einer globalen **Fragmentierung** v.a. im Konsum- und Investitionsgüterbereich. Der Handel mit (Halb-)Fertigwaren macht bereits 40 % des weltweiten Handels aus, da Großkonzerne ihren Zulieferern und Tochtergesellschaften im Ausland immer umfangreichere Fertigungskapazitäten zuweisen.

Fragmentierung: Auflösung größerer, geschlossener Einheiten, Vereinzelung, Entstehen inselartiger Gebilde

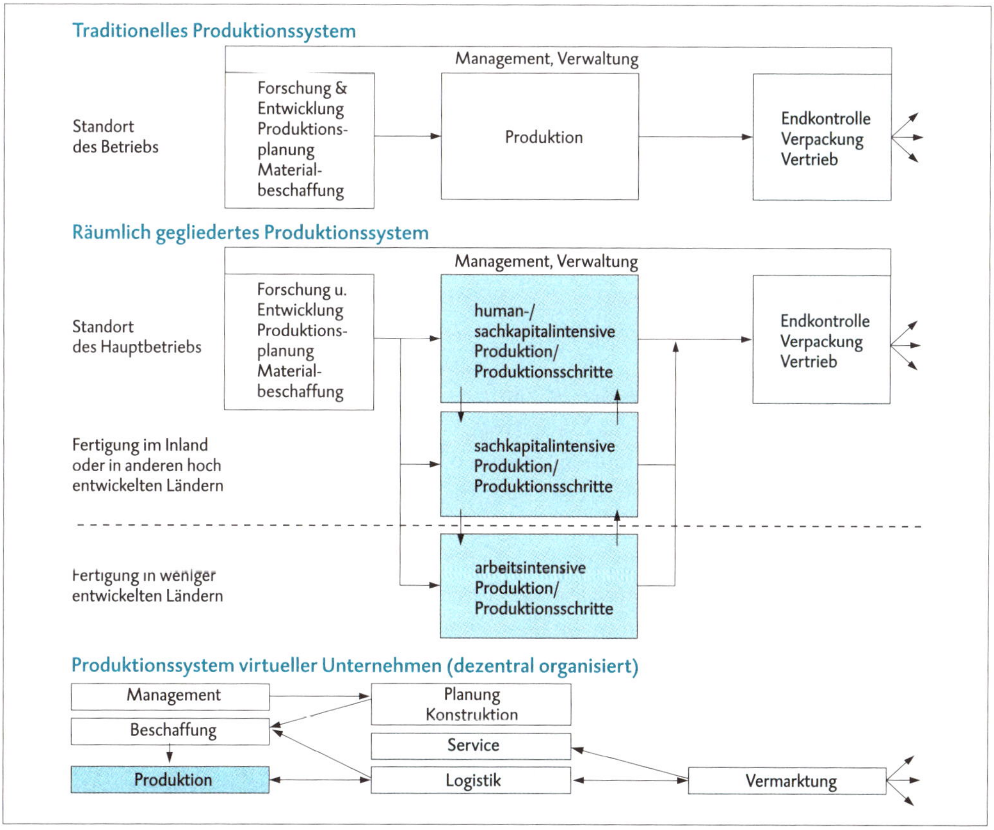

Produktionssysteme

Produktlebenszyklus: Weg eines Produktes am Markt: Entwicklung und Einführung, Wachstum, Reife, Schrumpfung, Marktaufgabe – jede der Phasen mit spezifischen Anforderungen an den Standort und einem abweichenden Verhältnis von Produktionskosten und -gewinnen

Die aus der Betriebswirtschaftslehre stammende **Theorie des Produktlebenszyklus** weist auf die typische Verteilung der Aufgaben zwischen den einzelnen Staatengruppen während der fünf Phasen hin, die jedes Produkt während seiner Verweildauer am Markt durchlaufe: Nur in Ländern mit hohen Technologiestandards – und folglich auch hohen Personalkosten – finden **Produktentwicklung und -einführung** statt. Auch noch in der **Wachstum**sphase exportiert ausschließlich dieses Erfinderland das Produkt. Ab der **Reife**phase wird es dann auch von anderen entwickelten Ländern produziert. Das Erfinderland exportiert immer noch, sogar mit steigender Tendenz, da erfahrungsgemäß seine Produktionskosten niedriger sind als die der anderen Länder.

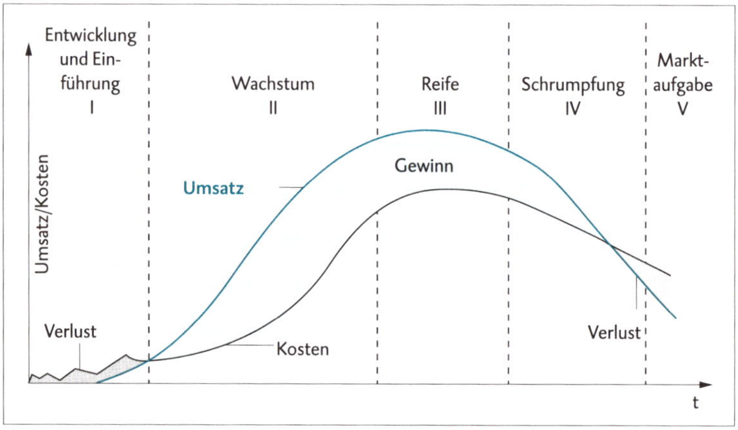

Phasen des Produktlebenszyklus

Die Reifephase ist die gewinnstärkste Phase des Produkts, denn die Ausgaben für **Marketing**, Forschung und Entwicklung sind gering. In der Schrumpfungsphase sinken die Gewinne. Das Nachfolgeprodukt muss schon in der Einführungsphase sein, sonst ist der Unternehmenserfolg gefährdet. Die Standardisierung des Produkts und seiner Produktionstechnik erfordert für die Weiterführung der Produktion keine hoch qualifizierten Arbeitskräfte mehr. Damit können die Unternehmen die Produktion in die Entwicklungsländer (Billiglohnländer) verlagern, wo die geringen Lohnkosten die Herstellungskosten senken. Internationale und globale Unternehmen wählen ihre Produktionsstandorte entsprechend dem Lebensalter eines Produkts und reagieren flexibel auf sich ändernde Produktionsbedingungen. Telefon und Internet erlauben weltweite Abstimmungen in Sekundenschnelle; Billiglohnländer werden zu **„verlängerten Werkbänken"** der Industriestaaten. So wurden

„verlängerte Werkbank": Land, Region oder Betrieb, wo ohne eigene Forschung und Entwicklung die kostengünstige Fertigung von Produkten für andere Unternehmen oder Volkswirtschaften stattfindet

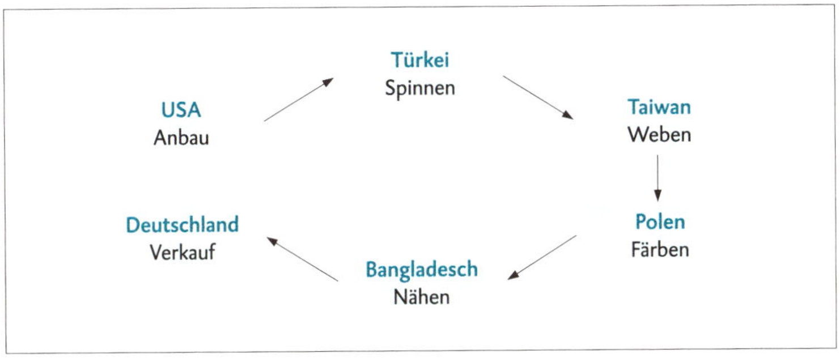

Internationale Arbeitsteilung am Beispiel eines Baumwoll-T-Shirts

Adidas-Sportschuhe zuerst nur in Deutschland, dem Erfinderland, gefertigt. Es folgten Produktionsstätten in den USA und Kanada, schließlich auch in asiatischen Schwellen- und Entwicklungsländern. Heute werden 19 von 20 Adidas-Schuhen in Asien produziert.

Die Regierungen nahezu aller Entwicklungsländer streben im Konsumgüterbereich eine **Importsubstitution** an, um Devisen zu sparen und die Abhängigkeit vom Ausland zu verringern. Häufig besteht jedoch die **koloniale Arbeitsteilung** fort.

Importsubstitution: Ersatz importierter Güter durch heimische Produktion

In den Entwicklungsländern wird der wirtschaftliche Fortschritt oft erschwert durch eine zu einseitige Konzentration auf industrielle Großprojekte, niedrige Produktivität, unzulängliche Technik, fehlende Qualitätsstandards, unzureichende Infrastruktur (Stromausfälle) und überbewertete Landeswährungen.

	Äthiopien (2010/2011)	Uruguay (2010)
Import	37 % technische Ausrüstung, u. a. Kfz, Maschinen, Elektronik	16 % chem. Produkte 10 % Maschinen 8 % Kfz 7 % Elektronik
Export	32 % Kaffee 58 % tierische u. weitere pflanzliche Erzeugnisse	21 % Fleisch und Fisch 18 % Reis und Soja 7 % Milch 6 % Holz

Außenhandelsstruktur von Entwicklungsländern: nachwirkende koloniale Arbeitsteilung

4 Produktionskonzepte modernen Industriemanagements

4.1 Herstellungs- und Logistikkonzepte

Global Player: Unternehmen, das am globalen Handel durch Import/Export teilnimmt, in seiner Branche weltweit eine Vormachtstellung innehat sowie Märkte und politische Bedingungen auch außerhalb des nationalen Firmensitzes steuern kann, z. B. hinsichtlich Umwelt- oder Verbraucherschutz; die Finanzkraft einzelner Global Player wie Exxon, Walmart oder General Motors kann diejenige einzelner Staaten übersteigen

Transnational oder **global** agierende Konzerne (**„Global Player“**) sind nur dann konkurrenzfähig, wenn die Produktionsstrukturen kontinuierlich optimiert, marktwirtschaftlichen Erfordernissen angepasst und damit die Erträge gesteigert werden. Dies geschieht durch technische oder betriebswirtschaftliche Innovationen sowie massiven Werbe- und effektiven Ressourceneinsatz. **Moderne Produktionskonzepte** dienen dazu, Wettbewerbsvorteile zu sichern:
Fest etabliert ist inzwischen die **Just-in-time**-Produktion, die Personal- und Lagerkosten reduziert. Sie wurde fortentwickelt zur **Just-in-sequence**-Produktion (vgl. unten).
Zur Vermeidung von Verzögerungen, z. B. durch Verkehrsstaus, werden Lager oder Produktionsstätten zunehmend in räumlicher Nähe zum Endabnehmer gebaut. Gemeinsame Datenbanken, die die Partner einer logistischen Geschäftskette (Produzenten – Spediteure – Händler – Endabnehmer) verknüpfen, gewährleisten höhere Versorgungssicherheit, Transportkostenoptimierung und transparente Materialverfolgung.
Zunehmend setzt sich weltweit das in Japan und Korea entwickelte **Lean Production-Konzept** durch. Bei dieser „schlanken Produktionsorganisation“ wird eine ausgereifte, wenig störungsanfällige Technik eingesetzt, die Fehler reduziert. Alle Abläufe werden zeitlich optimiert, Teile der Verantwortung an produktionsbegleitende Akteure delegiert (Lieferanten, Kapitalgeber, Gemeinden). Angestrebt wird ein partnerschaftliches Selbstverständnis aller Mitarbeiter, die qualifiziert und motiviert agieren; nur selten greifen Ranghöhere in die Entscheidungen ihrer Untergebenen ein („flache Hierarchie“). Ferner gehören Gruppenarbeit in **Fertigungsinseln**, verbesserte Kommunikationsstrukturen und konsequentes Qualitätsmanagement zur Umsetzung.

Fertigungsinseln: geschlossene, weitestgehend selbstständig operierende Fertigungseinheiten, die mit Betriebsmitteln und Personal hinreichend ausgestattet sind, um End- oder zumindest komplexe Zwischenprodukte in Teamarbeit herzustellen

info

Anlieferung „just in time“ bzw. „just in sequence“

just in time: Die richtige Menge, zum richtigen Zeitpunkt, am richtigen Ort.

just in sequence: Die richtige Menge, in der richtigen Reihenfolge, zum richtigen Zeitpunkt, am richtigen Ort.

P = Produktionsort

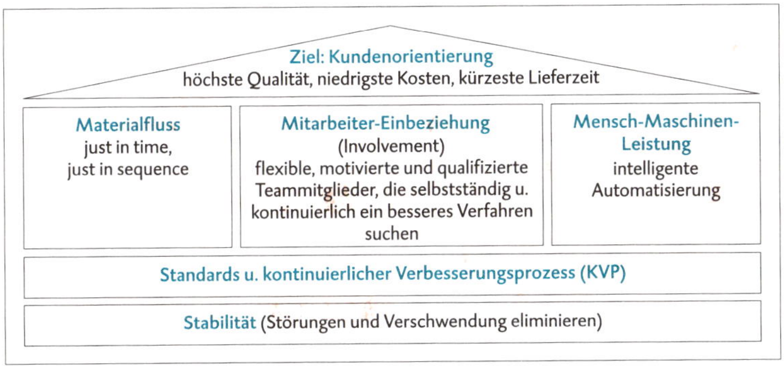

Elemente eines Lean Production-Systems

Zahlreiche Unternehmen streben **intern** wie **extern** eine **Flexibilisierung** der Produktion an:

- **betriebsintern:** z. B. durch den Übergang von umfassend geregelten Beschäftigungsverhältnissen mit festen Arbeitszeiten, tarifvertraglich festgelegten Gehältern, Kranken- und Urlaubsgeld sowie Kündigungsschutz zu einer Arbeitsorganisation weitgehend ohne feste Vorgaben: wechselnde Arbeitszeit nach betrieblichen Bedürfnissen, Arbeitszeitkonten, breite Qualifikation der Beschäftigten als Bedingung für ihren Einsatz an Fertigungsinseln;
- **betriebsextern:** z. B. durch eine flexible Arbeitsaufteilung zwischen verschiedenen Unternehmen. Hierzu gehören z. B. befristete Arbeitsverhältnisse für Leiharbeiter, das **Outsourcing** und die gezielte Ausrichtung auf internationale Billigmärkte bei der Materialbeschaffung **(Global Sourcing)**. Auch die strategische Auslagerung von Teilen der Produktion in Niedriglohnländer und die Gründung von **Spin-off-Unternehmen** sind das Ziel.

Outsourcing: Reduzierung der Fertigungstiefe eines Betriebs durch verstärkten Kauf von Zulieferprodukten oder die Auslagerung von Tätigkeitsfeldern wie Kantine oder Reinigungsdienst

Spin-off-Unternehmen: Abspaltung eines Unternehmensteils und Neugründung eines eigenständigen Unternehmens, i. d. R. mit bereits zuvor Beschäftigten und in Abstimmung mit dem führenden Unternehmen

In nicht wenigen dieser Maßnahmen sehen Kritiker Schritte in Richtung einer „optimierten Ausbeutung" der Arbeitnehmer.

4.2 Industrielle Netzwerke

Die Neuerungen der industriellen Produktionsweisen sind auch von Bedeutung für die räumlichen Organisationsmuster der Industrie. So entstehen im Gefolge der neuen Managementkonzepte z. B. **Cluster**. Sie erlauben die Vernetzung wirtschaftlicher, technischer und wissenschaftlicher Kompetenzen und besitzen hohe Innovationskraft.

info

Cluster

Als Cluster bezeichnet man ein branchenspezifisches Netzwerk von
- innovativen wissenschaftlichen oder technischen Großunternehmen,
- deren Zulieferern (einschließlich Klein- und Handwerksbetrieben),
- Forschungs- und politischen Einrichtungen wie Hochschulen und Handelskammern,
- zugehörigen Dienstleistern (Ingenieurbüros, Designern, Spediteuren ...),

die in räumlicher Nähe zueinander und entlang einer Wertschöpfungskette angeordnet sind. Sie wurden erstmals von dem amerikanischen Ökonomen MICHAEL E. PORTER (* 1947) untersucht.

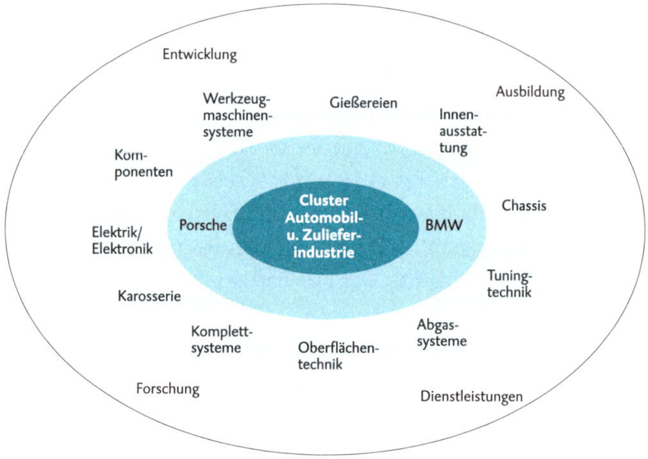

Beispiel für einen Cluster der Automobil- und Zulieferindustrie

Mit diesen Vorteilen wirbt z. B. das Thüringer Optik-Cluster „OptoNet“ um neue Mitglieder: OptoNet bündelt die Interessen von rund 90 Akteuren, fördert deren Vernetzung und stimuliert Kooperationen, um die Entwicklung der optischen Technologien in der Region voranzubringen, die Wettbewerbsfähigkeit zu erhöhen sowie um die nationale und internationale Sichtbarkeit des Clusters zu steigern. OptoNet versteht sich dabei als Dienstleister seiner Mitglieder, schafft eine gemeinsame Kommunikations- und Kooperationsplattform und engagiert sich aktiv beim Standortmarketing.

Noch einen Schritt weiter geht man in sogenannten **„virtuellen Fabriken“**, die ohne festen Produktionsstandort auskommen. Ziel ist die Optimierung der gesamten Produktionskosten und-geschwindigkeit mithilfe des Internets unter Beteiligung von Fachkräften an verschiedenen Orten, in verschiedenen Ländern oder ggf. auf verschiedenen Kontinenten. Mit der Schnelligkeit der kleinen und den Möglichkeiten der großen Partner können in kürzester Zeit optimale Lösungen gefunden werden. So können Kapazitäts- oder Kompetenzengpässe eines Unternehmens überwunden werden. Auch das kurz-, mittel- oder langfristige Outsourcing von Teilen der Produktion und von Dienstleistungen ist möglich.

info

Virtuelle Fabrik

Interdisziplinäres, stabiles Netzwerk verschiedener Unternehmen, in denen Fachleute in Kooperation ein Produkt bzw. eine Dienstleistung erstellen. Für Entwicklung, Einkauf, Absatz, Finanzierung und Marketing sind jeweils unterschiedliche Firmen zuständig, sodass in den Stammwerken spezialisierte Fähigkeiten genutzt werden können, die Fertigungstiefe verringert und rasch auf Marktveränderungen reagiert werden kann.

Das folgende Beispiel stellt die „Virtuelle Fabrik Bodensee" dar: Sie vereint 14 Firmen aus den Bereichen Engineering, Elektro- und Elektronikfertigung, Kunststoffverarbeitung, Veredelung, Prüfung, Logistik, Montage und Marketing.

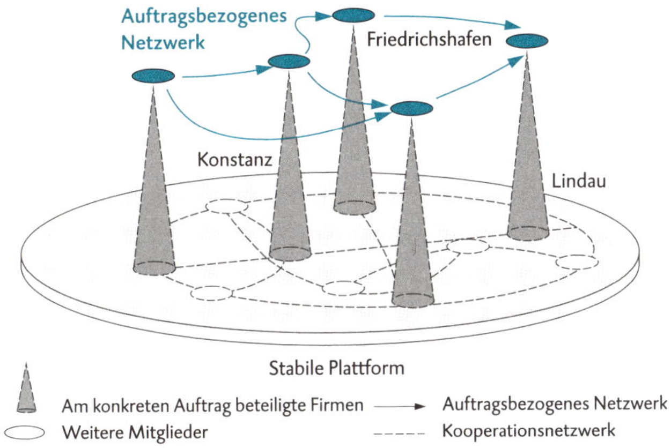

In noch größerem räumlichem Maßstab zeigt das **After-the-sun-Prinzip** die große Bedeutung internetbasierter Industrie-Netzwerke. Vorteile bestehen in der großen Partizipation aller Firmenteile sowie in einer enorm hohen Entwicklungsgeschwindigkeit. Damit sind sowohl Qualitäts- als auch Wettbewerbsvorteile gegeben.

After-the-sun-Prinzip: weltweites Arbeiten an der Entwicklung eines Produkts (Idee/Konzept/Plan/Modell) rund um die Uhr, wodurch der „Entwicklungs-Staffelstab" ohne Pause über 24 Stunden weitergegeben werden kann, da irgendwo auf der Welt immer Tag ist

Zusammenfassung

- Wichtigster Teilbereich des sekundären Sektors ist die Industrie.
- Das Zeitalter der Industrialisierung setzte in Mitteleuropa im 19. Jh. ein. Die Industrialisierung beeinflusste die demographische, räumliche und soziale Entwicklung der einzelnen Staaten stark.
- Ein Geflecht harter und weicher Standortfaktoren bedingt den konkreten Standort des Betriebs. Hinsichtlich des Standorts ist ferner das „Alter" der Erzeugnisse im Produktlebenszyklus von Bedeutung.
- Altindustrialisierte (von der Montanindustrie geprägte) und ehemals zentralverwaltungswirtschaftlich organisierte Industrieräume durchlaufen einen grundlegenden Strukturwandel (Deindustrialisierung, Re-Industrialisierung, Tertiärisierung).
- Generell ist inzwischen in vielen „Industriestaaten" der tertiäre Sektor quantitativ von größerer Bedeutung als der sekundäre, man spricht dann von einer Dienstleistungsgesellschaft.
- Moderne Konzepte des Industriemanagements führen in der Gegenwart zu deutlichen Umstrukturierungen innerhalb des einzelnen Betriebs, bei der räumlichen Anordnung von Standorten und im sekundären Sektor insgesamt.

Der weltweite Tertiärisierungsprozess

1 Dienstleistungen – ein unscharf umrissener Wirtschaftssektor

1.1 Unterteilung des tertiären Sektors

tertiärer Sektor: Wirtschaftssektor, der v. a. die Bereiche Dienstleistungen, Verkehr, Verwaltung, Handel, Bildung, Banken-, Versicherungs-, Rechtswesen, Tourismus und Gesundheitsfürsorge umfasst

Der **tertiäre Sektor** ist neben Landwirtschaft und Industrie der dritte große ökonomische Bereich jeder Volkswirtschaft. Er umfasst neben einfachen Dienstleistungsberufen wie Friseur oder Reinigungskraft auch gehobene Tätigkeiten. Einige Autoren gliedern für Berufe, die besonders hohe intellektuelle Ansprüche stellen (z. B. Steuerberater oder Manager), oder für Berufe aus dem Bereich Informationsdienstleistungen aus dem tertiären einen **quartären Sektor** aus; allgemein durchgesetzt hat sich diese Unterscheidung bisher nicht.

1.2 Von der Industrie- zur Dienstleistungsgesellschaft

Tertiärisierung: Prozess, der die zunehmende wirtschaftliche Tätigkeit im tertiären Sektor und damit auch die Zunahme der Arbeitsplätze in diesem Bereich kennzeichnet

1970 trug die Industrie noch 53 % zum bundesdeutschen BIP bei, 1980 waren es nur noch 43 %: Der tertiäre Sektor hatte mit 54 % BIP-Anteil den sekundären von Platz 1 verdrängt. Waren 1970 noch 8,6 Mio. in der Industrie der BRD beschäftigt, sank dieser Wert im folgenden Jahrzehnt um eine Million, also um genau die Zahl, um die die im tertiären Sektor Beschäftigten zunahmen. Man spricht in diesem Zusammenhang von **Tertiärisierung**.

info

Ursachen der Tertiärisierung in Industriestaaten

- **Wachstum der Volkswirtschaften:** Anhäufung von Kapital während der Industrialisierung, das den Betrieben die Entwicklung neuer Produkte ermöglichte und die Nachfrage nach produktionsorientierten Dienstleistungen steigerte
- **höhere Nachfrage nach Dienstleistungen** infolge des höheren Lebensstandards, wachsender Ansprüche in vielen Lebensbereichen (Freizeit, Unterhaltung, Kultur), einer steigenden Zahl berufstätiger Frauen, von Einpersonenhaushalten, älteren Menschen (Pflege) oder komplizierten technischen Geräten mit hohem Wartungsbedarf
- **neue wirtschaftliche Organisationsformen** (Outsourcing, Lean Production, Just-in-time-Produktion etc., vgl. S. 162 f.)
- zunehmende **Spezialisierung** und **Arbeitsteilung**

	Anteil an den Erwerbstätigen		Anteil am BIP	
	1990	2010	1990	2010
USA	70,7	81,2	70	79 (2009)
Großbritannien	64,9	78,9	64	78
Rep. Korea	46,7	76,4	49	58
Australien	69,3	76,0 (2009)	64	78
Frankreich	64,8	74,5	69	79 (2009)
Spanien	54,8	72,6	61	72
Niederlande	68,6	71,6	66	74
Deutschland	57,9	70,0	61	71

Dienstleistungssektor: Erwerbstätigen- und BIP-Anteil in ausgewählten Staaten (in %)

In Deutschland wird mittlerweile im tertiären Sektor rund 70 % der gesamtwirtschaftlichen Wertschöpfung generiert (vgl. Grafik unten). Der Prozess der Tertiärisierung ist in nahezu allen Industriestaaten erfolgt. Der Dienstleistungssektor wurde im letzten Drittel des 20. Jh. zum Motor des weltweiten ökonomischen Wachstums und ist heute der Sektor mit der größten volkswirtschaftlichen Bedeutung.

In den Industriestaaten hat v. a. die Bedeutung hochqualifizierter Tätigkeiten im Bereich **produktionsorientierter Dienstleistungen** stark zugenommen. Dagegen hat die Bedeutung **konsumorientierter Dienstleistungen** mit wenigen Ausnahmen (Lehre, Sozialdienste, Fremdenverkehr) abgenommen. Insbesondere durch Rationalisierungs- und Automatisierungsmaßnahmen gingen Arbeitsplätze verloren. Den Beruf des Tankwarts oder Fahrkartenverkäufers gibt es heute z. B. so gut wie nicht mehr. Neue Kommunikationsmittel und die Globalisierung der Wirtschaft beschleunigen die Tertiärisierung und lassen den Bereich **Logistik** überproportional anwachsen. Der Anteil der in der Produktion Beschäftigten geht zurück. Zunehmend werden Ideen, Entwürfe, Konzepte entwickelt, mit deren Verkauf Geld erwirtschaftet wird; an die Stelle von Handarbeit tritt Kopfarbeit.

produktionsorientierte (unternehmensorienterte) **Dienstleistungen:** z. B. Werbung, Design, Gebäudereinigung, Sicherheitsdienst, Informations- und Datenverarbeitung

konsumorientierte (personenbezogene) **Dienstleistungen:** z. B. Beschäftigte in Fastfood-Ketten und Supermärkten; Ärzte, Friseure

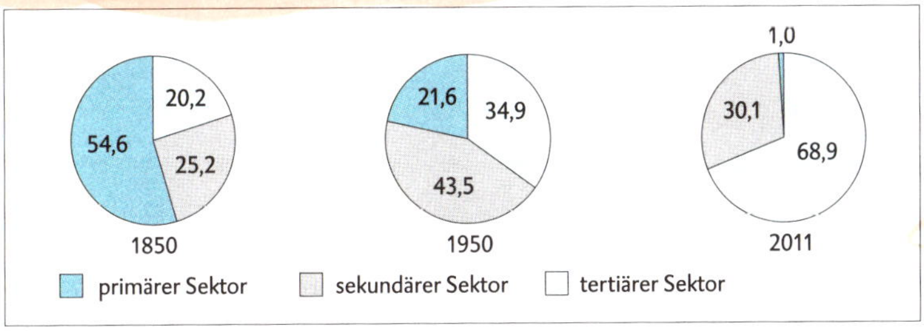

BIP-Anteil der Wirtschaftssektoren in Deutschland

Industriegesellschaft	Dienstleistungsgesellschaft
hierarchische Strukturen mit zentraler Führung und eingeschränkter Information der Beschäftigten	dezentrale Entscheidungen und breiter Informationsaustausch, flache Hierarchien
auf große Stückzahlen zielende Produktion mit hohem Energieeinsatz	auf wechselnde Auftragsgrößen ausgerichtete Produktion mit sparsamem Energie- und Rohstoffeinsatz
Gruppenarbeit und Fließband	Spezialisierung und Arbeitsteilung
billige Arbeitskräfte mit handwerklichen Fähigkeiten und Muskelkraft	kreatives Arbeiten, Engagement und Know-how, soziale und kommunikative Kompetenz
Preiskampf und auf die breite Masse ausgerichteter Absatz	umfassender Wettbewerb (Zeit, Preis, Qualität) und Eingehen auf Kundenwünsche
allenfalls nationale Kooperation	transnationale/globale Kooperation
deutliche Trennung von Arbeit und Freizeit	unscharfe Trennung zwischen Arbeit und Freizeit

Unterschiede zwischen Dienstleistungs- und Industriegesellschaft

Der Prozess der Tertiärisierung ist ein weltweites Phänomen:

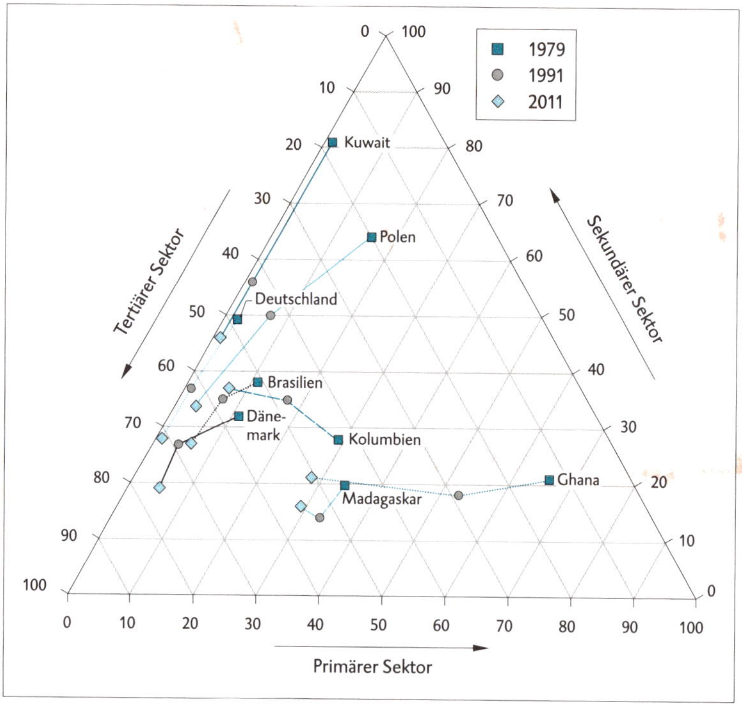

Wirtschaftsstrukturdreieck: Anteile der Wirtschaftssektoren am BIP 1979/1991/2011

Auch in den wirtschaftlich weniger entwickelten Ländern legt die Entwicklung der Beschäftigtenzahlen die Annahme eines Tertiärisierungsprozesses nahe (vgl. nebenstehende Tabelle).

	1990	2000	2011
El Salvador	42	50	65
Moldau	37	38	54

Beschäftigte im tertiären Sektor (in %)

Doch die gesamtwirtschaftlichen Daten (v. a. Wert und Entwicklung des BIP/Einw.) deuten eher darauf hin, dass sich hier hinter den steigenden Werten des tertiären Sektors in erster Linie Berufsfelder wie Schuhputzer, Liftboy oder Straßenverkäufer verbergen, dass hier also die Bedeutung des **informellen Sektors** gewachsen ist.

informeller Sektor: „Schattenwirtschaft", nicht vom Steuer- und Sozialsystem erfasst, keine Arbeitsverträge, aus der Not geborene Tätigkeiten, einfache Arbeitsmittel, wenig Vorkenntnisse erforderlich

1.3 Fourastié, Kondratieff und die Zukunft des tertiären Sektors

Der französische Wirtschaftswissenschaftler FOURASTIÉ hatte den Dienstleistungen unter den drei Wirtschaftssektoren das geringste Potenzial für einen technischen Fortschritt – und somit die geringsten Möglichkeiten, Arbeiter einzusparen – zugesprochen. Angesichts des von ihm prognostizierten gesamtwirtschaftlichen Aufschwungs im Zuge der Industrialisierung und steigender Bedürfnisse der Arbeitnehmer könne der tertiäre Sektor daher aus der Industrie freigesetzte Arbeitskräfte aufnehmen. Der tertiäre Sektor werde so Beschäftigungsprobleme lösen und den Menschen ein komfortableres Leben ermöglichen.

→ FOURASTIÉ: vgl. S. 148

Gegenwärtig sind wegen der überproportional gestiegenen Löhne und als Folge von Rationalisierung und Technisierung auch Arbeitsplätze im Dienstleistungsbereich gefährdet, selbst höherwertige: Der Bankautomat

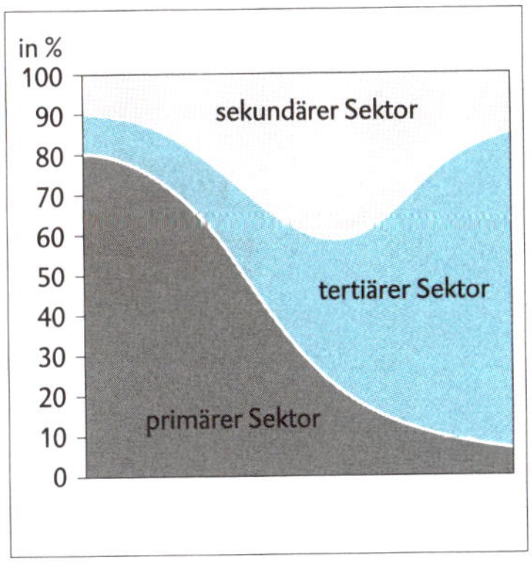

Beschäftigtenanteile nach Wirtschaftssektoren: Prognose FOURASTIÉS 1949

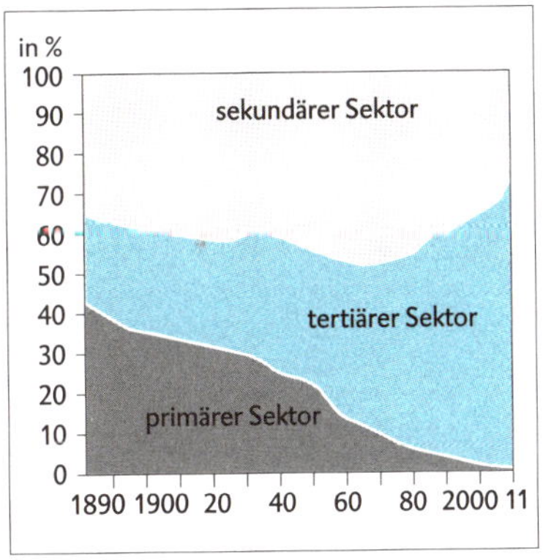

Tatsächliche Entwicklung in Deutschland 1882–2011

ersetzt den Kassierer, bei Versicherungsgesellschaften der mit leistungsstarker Software ausgestattete Laptop mehrere Sachbearbeiter. Verstärkt nachgefragt werden aktuell sehr anspruchsvolle, gehobene Tätigkeiten an der Schnittstelle von sekundärem und tertiärem Sektor (**„Tertiärisierung der Industrie“**).

Einige Wirtschaftswissenschaftler gehen aktuell – in der Nachfolge NICOLAI KONDRATIEFFS – von einer weiterhin wachsenden Bedeutung des tertiären Sektors aus. Dieser russische Ökonom hatte 1926 die **Theorie der langen Wellen** entwickelt, gemäß derer konjunkturelle Auf- und Abschwünge einander mit einer gewissen Regelmäßigkeit abwechseln. Die entscheidende Ursache sah KONDRATIEFF in sogenannten **Basisinnovationen**. Bis über die Mitte des 20. Jh. hinaus gingen diese vom sekundären Sektor aus (vgl. Grafik unten).

Basisinnovationen: fundamentale technische Neuerungen und grundlegende Umwälzungen in Produktion und Organisation

Beginnend mit der 5. Kondratieffwelle verschob sich das Innovationszentrum in Richtung des tertiären Sektors: Während der 5. Kondratieffwelle dominierten Hightech-Branchen v. a. der Informations- und Kommunikationstechnik. Die 6. Kondratieffwelle soll von einer erhöhten Nachfrage und verbesserten Produktivität im Bereich Gesundheit getragen werden (Bio-, Gen-, Nano-Technologie, Psychosoziales).

Mittlerweile ist die Gesundheitsbranche bereits der größte Arbeitgeber in den USA, ebenso in Deutschland. Für Deutschland werden im tertiären Sektor bei Logistik- und IT-Dienstleistungen, im Bereich sonstiger Forschung und Entwicklung sowie im Nachrichtenwesen Wachstumspotenziale gesehen.

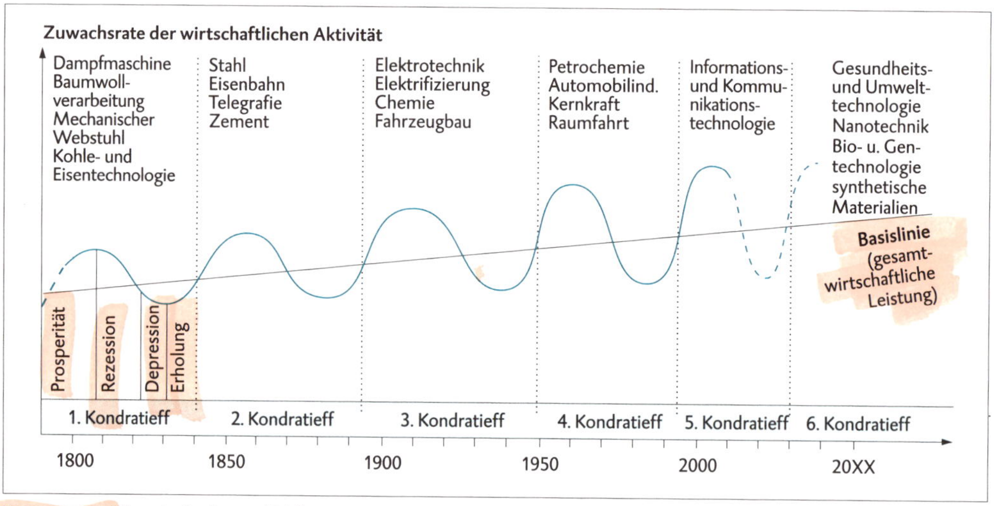

KONDRATIEFFS Theorie der langen Wellen

1.4 Internationalisierung hochwertiger Dienstleistungen

Zunehmend kommt es zu einer umfassenden **Globalisierung des Dienstleistungsbereichs** – zum einen, weil **Offshoring**-Kräfte vielfach als vollwertige Mitarbeiter integriert und mit leitenden Aufgaben betraut werden, zum anderen, weil die global agierende Kundschaft weltweiten Service verlangt **(Global Support):** Wer Kunden weltweit gewinnen will, muss auch bereit sein, im Bedarfsfall Ressourcen wie Servicekräfte und Know-how vor Ort vorzuhalten.

Offshoring: Auslagerung hochwertiger Dienstleistungen im Zuge internationaler Arbeitsteilung zumeist in Schwellenländer, z. B. von IT-Dienstleistungen ins indische Bangalore oder nach China; Ziel: Kostenersparnis

2 Standorte des tertiären Sektors

2.1 Standortsysteme und Clusterbildung

Für die Standortwahl privater **konsumorientierter Dienstleistungen**, z. B. des Einzelhandels, sind v. a. absatz- und nachfrageorientierte Faktoren entscheidend wie Einkommen, Zahl und Wünsche der Kunden oder Attraktivität und Erreichbarkeit des Standorts. Hinzu kommt eine Vielzahl weiterer Aspekte, sodass sich insgesamt ein komplexes Geflecht von Faktoren ergibt:

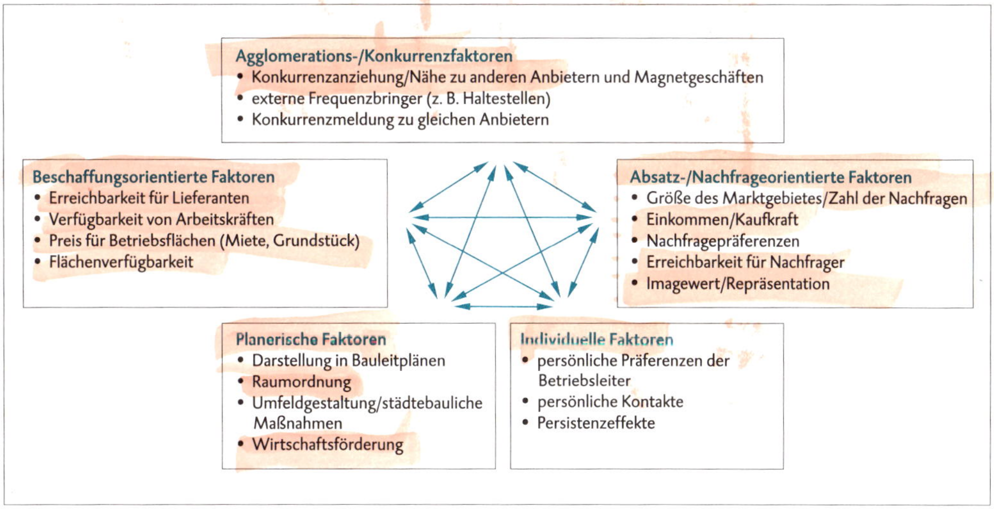

Standortfaktoren konsumorientierter Dienstleister

Für **unternehmensorientierte Dienstleistungen** gelten hingegen Kommunikations- und Verkehrsanbindung als ausschlaggebend, ferner qualifiziertes Personal und das Image des Standorts. Innerhalb eines Landes entspricht daher die Hierarchie dieser Dienstleistungszentren derjenigen der zentralörtlichen Hierarchie noch mehr als bei den konsumorientierten Dienstleistungen.

→ **Cluster:** vgl. S. 164

Auch Fühlungsvorteile sind für unternehmensorientierte Dienstleistungen von großer Bedeutung. So kommt es nicht selten zur Bildung von **Clustern**, z. B. im Medien- (Köln), IT- (Dresden) oder Finanzbereich (Frankfurt). In Frankfurt profitiert eine Vielzahl von Unternehmen des tertiären Sektors von der Nähe zur Bundes- und Europäischen Zentralbank, zu weiteren Banken sowie zur Börse und ist diesen wiederum auch selbst von Nutzen. Die **Agglomerationsvorteile** erleichtern deutschen Investmentgesellschaften, Anwaltssozietäten, Versicherungsgesellschaften, Marktforschungsunternehmen oder Unternehmensberatern den Zugang zu internationalen Märkten.

2.2 Städte als Konzentrationspunkte des Dienstleistungssektors

Tertiärisierungsgrad: Prozentsatz der in einer Region oder Stadt im tertiären Sektor Beschäftigten

Für Städte ist heute – anders als während der Industrialisierung – ein hoher Anteil von Beschäftigten im tertiären, nicht mehr im sekundären Sektor kennzeichnend. In den größten deutschen Städten erreicht der **Tertiärisierungsgrad** Werte deutlich über 80 % (vgl. Tabelle unten). Innerhalb der Städte sind die höchstrangigen tertiären Einrichtungen – neben Verwaltungseinrichtungen, Spezialpraxen, Banken und Rechtsanwaltskanzleien v. a. Einzelhandelsstandorte – überwiegend in der **City** konzentriert. Diese kann in sehr großen Städten z. B. in Einkaufs-, Museums-, Vergnügungs- oder Bankenviertel untergliedert sein. Das Verteilungsmuster und die Hierarchie der weiteren dienstleistungsorientierten Teilzentren folgen i. d. R. innerhalb einer Stadt dem Konzept der **Zentralen Orte**.

→ **Zentrale Orte:** vgl. S. 242

		Werte nahe 80 % auch in:	
München	93		
Frankfurt a. M.	84	Münster	Kiel
Berlin	83	Stralsund	Wiesbaden
Köln	82	Bonn	Düsseldorf
Hamburg	81	Essen	Rostock u. a.

Deutsche Städte mit hohem Tertiärisierungsgrad, Stand 2010 (in %)

	Bedarfs-deckungsstufe	Betriebsform	Zahl der Einrichtungen
City	lang, mittel	Kaufhaus, Fachgeschäft	über 100
Stadtteilzentren	mittel, kurz	Warenhaus, Fachgeschäft	über 50
Nachbarschaftszentren	kurz, z. T. mittel	Fachgeschäft, Supermarkt	über 20
nicht integrierte Zentren	kurz, mittel, lang	Supermarkt, SB-Laden, Fachgeschäft	bis zu 100

Einzelhandelsstandorte in Großstädten

In jüngster Zeit findet in den Citys vieler Städte ein qualitativer Niedergang statt: **Schnelldreher**, uniforme Kettengeschäfte sowie Spielhallen und Sonnenstudios breiten sich aus und (zer-)stören das jeweils charakteristische Stadtbild. Forciert wird der Bedeutungsverlust der Innenstädte durch die Konkurrenz großflächiger Einzelhandelseinrichtungen in Randlagen. Raumenge, Verkehrsbelastung in der City sowie hohe Miet- und Bodenpreise haben am Stadtrand zur Entstehung von Versorgungszentren geführt, weil dort diese negativen Standortgegebenheiten wegfallen.

Schnelldreher: Läden ohne Lagervorhaltung und für Produkte, von denen pro Zeiteinheit große Mengen umgeschlagen werden, z. B. Backwaren, Körperpflegeprodukte, Tageszeitungen

Der Schwächung der City entgegenwirken wollen **Stadtmarketing-Konzepte** und **City-Management-Maßnahmen:** Großveranstaltungen, Imagekampagnen und die Verbesserung des Erscheinungsbildes von Gebäuden, Straßen, öffentlichen Räumen, z. B. durch einladende Stadtmöbel, sollen die Attraktivität einer Stadt und ihrer City für Einwohner, Unternehmer und Touristen erhöhen und ihre Konkurrenzfähigkeit sichern.

Nicht nur Einkaufszentren haben in der jüngeren Vergangenheit am Stadtrand ihren Standort gefunden, sondern auch unternehmensorientierte Dienstleister, die nicht auf die räumliche Nähe zum Kunden angewiesen sind, z. B. Reinigungsfirmen, Autovermieter oder IT-Unternehmen.

Im Zuge des Suburbanisierungsprozesses sind in einigen Städten auch **Bürostandorte am Stadtrand** entstanden, wie in Hamburg die City Nord oder in München Neuperlach-Süd.

Modernes Bürogebäude in der City Nord, Hamburg

2.3 Global Citys

Triade: Geflecht der drei größten Wirtschaftsräume der Welt, also der EU sowie Japans bzw. Ost- und Südostasiens und Nordamerikas (USA, Kanada)

→ **Global Player:** vgl. S. 162

NGO (engl. Non-Government-Organization, auch: NRO = Nicht-Regierungs-Organisation): überstaatliche Einrichtungen wie UNESCO, UNICEF, FAO, Rotes Kreuz

Die tertiären Einrichtungen einiger großer Städte sind von herausragender Bedeutung für die Weltwirtschaft und die globale Politik. Es sind v. a. solche, die im Bereich der **Triade** liegen. Diese Städte sind Sitz zahlreicher **Global Player**, hochrangiger Finanzunternehmen, großer (Rück-) Versicherungsgesellschaften, von politischen Organisationen (NATO, Europarat) und **NGOs** sowie Museen und Theatern von Weltrang. Auch als globale Verkehrsknotenpunkte weist ihre Bedeutung über die Landesgrenze hinaus. Städte mit derartigen globalen Planungs- und Kontrollfunktionen bezeichnet man als **Global Citys**.
In Deutschland dominieren Global-City-Funktionen aufgrund der föderalistischen Struktur und der Geschichte jeweils nur in bestimmten Bereichen: Berlin – politisches Zentrum, Frankfurt – Finanzen/Flughafen, Hamburg – Hafen, München – Versicherungen/Elektronik.
In Bezug auf die Dominanz ihrer tertiären Einrichtungen besitzen Global Citys also ähnliche Merkmale. Doch nicht nur funktional, auch physiognomisch und sozial sind sie vielfach vergleichbar, v. a. hinsichtlich

- einer wenig individuellen Stahl-Glas-Hochhausarchitektur,
- eines gleichartigen Angebots in Geschäften und Restaurants,
- extremen Verkehrsaufkommens,
- eigener Viertel für ausländische Bevölkerungsgruppen,
- einer sich öffnenden Schere zwischen Spitzenverdienern und schlecht bezahlten Reinigungskräften, Wachleuten oder Taxifahrern, die aufgrund des hohen Lebensstandards und des sehr hohen Mietpreisniveaus marginalisiert und ghettoisiert zu werden drohen.

Global City New York: Manhattan

3 Logistik – Handel – Verkehr

3.1 Moderne Logistik

Der Bereich **Logistik** ist nach Gesundheitswesen und Automobilindustrie die drittgrößte Branche in Deutschland. Im Jahr 2010 setzten in Deutschland rund 1,9 Mio. Beschäftigte in 87 550 Logistik-Unternehmen 252 Mrd. € um; das sind 48 % mehr als 2006. Dieses Wachstum hat vielfältige Ursachen:

- Entstehung komplexer Unternehmensnetzwerke,
- Globalisierung von Beschaffung, Produktion und Absatz zahlreicher Industrieprodukte,
- fortschreitende Produktvariation, verkürzte **Produktlebenszyklen**,
- Konzentration vieler Unternehmen auf Kernkompetenzen und verringerte Fertigungstiefe **(Outsourcing)**,
- Schaffung größerer Wirtschaftsräume und Steigerung des grenzüberschreitenden Warenaustauschs,
- Zunahme der Zahl von Akteuren innerhalb von **Handelsketten** (Produzent, Zwischenhändler, Aufkäufer, Exporteur, Transithändler, Importeur, Verarbeiter, Großhändler, Einzelhändler, Konsument, Entsorgungsbetrieb).

Logistik: Transport und Lagerung von Gütern sowie dazugehörige Planungs- und Steuerungsmaßnahmen, z. B. innerbetrieblicher Transport, Warenaustausch zwischen rohstoffliefernden und güterproduzierenden Betrieben bzw. zwischen güterproduzierenden und Handelsbetrieben; sowohl innerstaatlich wie grenzüberschreitend

→ **Produktlebenszyklus:** vgl. S. 160

Outsourcing: Auslagerung bisher intern erbrachter Leistungen in andere Betriebe; Beispiele: Pflege der Website durch ein IT-Unternehmen, externer Wachdienst

Die Komponenten eines Produkts stehen auf unterschiedlichen Stufen der **Wertschöpfungskette**. Normalerweise werden sie mehrfach im **Zwischenwerksverkehr** transportiert, ebenso die Endprodukte innerhalb der sich anschließenden **Transportkette** auf dem Weg zum Endverbraucher (z.B. Transport der Ware per Lkw zum Hafen → Verladung

→ **Wertschöpfungskette:** vgl. S. 285

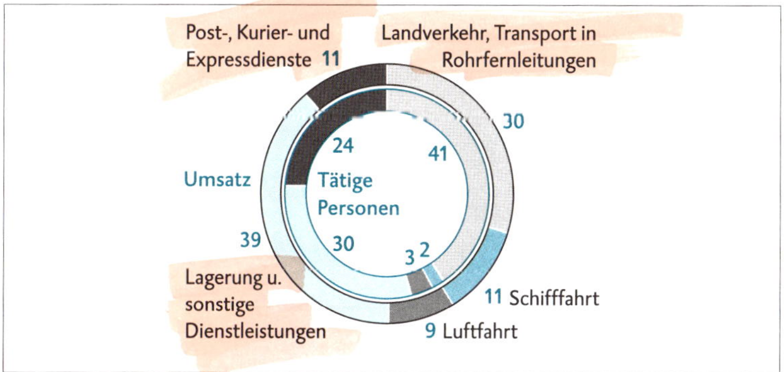

Logistik: Umsatz und Beschäftigte, Stand 2010 (in %)

Synergieeffekte: Wettbewerbsvorteile und Kostenersparnisse, die sich aus der Zusammenarbeit von mind. zwei einzelnen Unternehmen oder innerhalb eines Großunternehmens ergeben, z. B. durch die Entwicklung zweier ähnlicher Produkte in einem Unternehmen statt getrennter Entwicklung zweier Produkte in verschiedenen Unternehmen oder durch gemeinsame Nutzung von Ressourcen, Patentrechten und Vertriebskanälen

auf ein Binnenschiff zum Zielterminal → Umschlag im Zielterminal → Transport per Lkw zum Empfänger).

Die wachsende Bedeutung des Bereichs Logistik resultiert v. a. aus dem Bemühen um eine effiziente, d. h. kostenreduzierende Steuerung der Güterströme in den Transportketten. In diesem Zusammenhang kommt **Güterverkehrszentren (GVZ)** eine besondere Bedeutung zu. Hier werden Waren zwischen verschiedenen Verkehrsträgern (Lkw, Bahn, Schiff, Flugzeug) umgeladen sowie Ladungen zusammengestellt und für den Transport vorbereitet. Verkehrsunternehmen (Speditionen, Lagerbetriebe), Werkstätten sowie logistikintensive Industrie- und Handelsbetriebe arbeiten hier vernetzt, arbeitsteilig und mit **Synergieeffekten** zusammen: Die Möglichkeit kurzfristiger Annahme sowie die höhere Wirtschaftlichkeit der Verkehrsträger, z. B. effektiverer Einsatz von Lkws durch bessere Auslastung, sind einige der Vorteile. Vielfach liegen GVZ in der Nähe von Ballungsräumen mit guter Anbindung an den Regional- und Fernverkehr. In globalem Maßstab erfüllen **Hubs** derartige Verteilungsaufgaben.

Güterverkehrszentrum Berlin Süd Großbeeren in Brandenburg

info

Hub: Luftfahrtdrehkreuz;
zentraler Verladeort für Fracht bzw. Umsteigeflughafen der Kurz- und Mittelstreckenflüge für Langstreckenflüge einer Fluggesellschaft oder Allianz („Hub“ = „Nabe“ als zentraler Ausgangspunkt, „Spoke“ = „Speiche“); das **Hub-and-Spoke-System** entspricht v. a. dem Konzept des Flugzeugherstellers Airbus

Point-to-Point-System: direkte Flugverbindungen, entspricht v. a. dem Konzept des Flugzeugherstellers Boeing

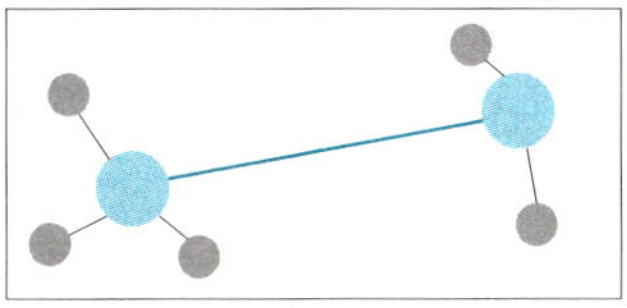

Hub-and-Spoke-System

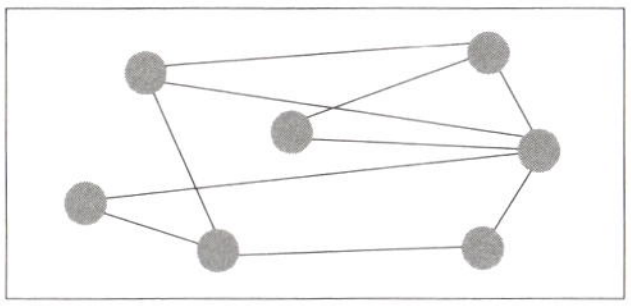

Point-to-Point-System

3.2 Die Bedeutung des Verkehrs

Rund 4 % trägt der Verkehrssektor nach amtlicher Statistik aktuell zum bundesdeutschen BIP bei. Jedoch liegt dieser Wert nach Schätzungen von Ökonomen viermal so hoch, selbst wenn man nur die unmittelbaren Sekundäreffekte des Verkehrs berücksichtigt.

Verkehrsträger	Leistung (Mio. t)	Leistung (Mrd. **Tkm**)
Eisenbahnen	375	113
Binnenschifffahrt	222	55
Seeverkehr	293	
Luftverkehr	4,5	460
Straßengüterverkehr	3 369	

Transportleistung verschiedener Verkehrsträger innerhalb der BRD, Stand 2011

Tkm: Tonnenkilometer; Maßeinheit für die Beförderungsleistung: Transport einer Ware mit einem Gewicht von 1 Tonne über eine Strecke von 1 km; vgl. **Pkm:** Personenkilometer; Maßeinheit für die Beförderungsleistung: Produkt von transportierten Personen und zurückgelegter Entfernung (in km zwischen Start- und Zielort)

Chancen durch den Ausbau der Verkehrsinfrastruktur

Eine gute **Verkehrsinfrastruktur** sichert dem Einzelnen Mobilität, sie ermöglicht ihm Teilhabe am Konsum und an unterschiedlichsten Aktivitäten. Gesamtwirtschaftlich verbessert sie die Erreichbarkeit von Zentren und die Attraktivität einzelner Stadtviertel bzw. ganzer Regionen. Sie gewährleistet Versorgungssicherheit und dient der Anbindung von peripheren Regionen und Passivräumen sowie der Einbindung des Landes in transnationale Netze, Wirtschaftsbündnisse und Märkte.

Eine gezielte Raumerschließung durch den Bau von Verkehrswegen wurde vielfach versucht, meist zur Rohstofferschließung oder zur Verbindung getrennter Landesteile.

Verkehrsweg	Region/Bau, Einrichtung	wesentliche Ziele
Transsibirische Eisenbahn, 9 288 km	Moskau – Wladiwostok mit Anbindung nach Peking, 1891–1916, 2002 Elektrifizierung	Rohstofferschließung, Zugang zum chinesischen Markt, Anbindung des Fernen Ostens
Indian-Pacific-Railway, 4 352 km	südliches Australien, Fertigstellung 1917, einheitliche Spurbreite ab 1960	Verbindung der Region um Perth mit dem südöstlichen Australien
Transamazonica, 5 600 km	amazonasparallele Straße zwischen der brasilianischen Atlantikküste und Peru, ab 1970 (noch im Bau)	Erschließung Amazoniens (Rohstoffe), Agrarkolonisation und Entlastung dicht bevölkerter Regionen
Verkehrsprojekt Deutsche Einheit	neue Bundesländer: 7 Autobahn-, 9 Schienenprojekte, 1 Wasserstraßen-Projekt, ab 1991	wirtschaftliches und nationales Zusammenwachsen beider Landesteile, verbesserte Verkehrsbedingungen
Transeuropäisches Verkehrsnetz: TEN	95 700 km Straßen, 106 000 km Schienen, 13 000 km Binnenwasserstraßen, 404 Seehäfen, 411 Flughäfen, ab 1996	Stärkung des EU-Binnenmarktes und des europäischen Integrationsprozesses

Beispiele für Raumerschließung durch Verkehrsgroßprojekte

Die idealtypische Entwicklung von Verkehrsnetzen und die Raumerschließung durch Verkehr in einem an der Küste gelegenen Entwicklungsland beschreibt das Modell von TAAFFE, MORRILL und GOULD (1963). Die Autoren gehen aus von zunächst „autarken“ Fischerdörfern an der Küste, die in einer ersten Ausbauphase mit solchen Orten im Hinterland über Verkehrswege verbunden werden, die dank Rohstoffvorkommen oder dem Anbau von **Cashcrops** für die Kolonialmacht bedeutsam sind. Etappenorte entlang der Transportwege wachsen rascher, ebenso Exporthäfen an der Küste. Schließlich bildet sich ein Netz von Verkehrsadern aus, das in einem letzten Schritt durch direkte Verbindungen zwischen den wichtigsten Zentren ergänzt wird.

→ **Cashcrops:** vgl. S. 70

Die aus der Kolonialzeit stammende Verkehrsstruktur prägt viele Entwicklungsländer bis heute; v. a. die Eisenbahnnetze spiegelt diese wider (vgl. Grafik nächste Seite).

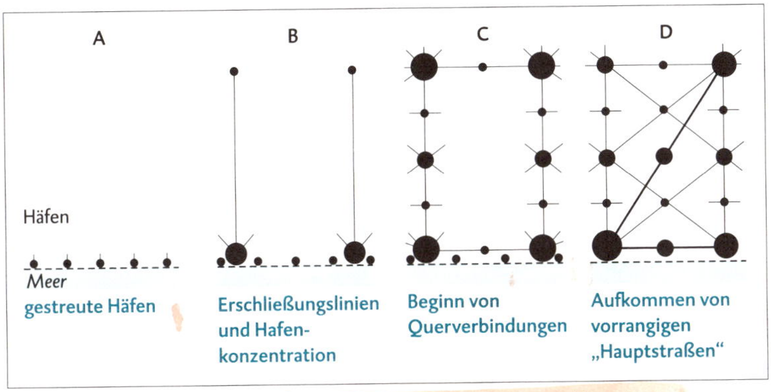

Modellhafte Entwicklung und Aufbau von Verkehrsnetzen in Entwicklungsländern

Entwicklung des Verkehrsaufkommens

Während der Personenverkehr nahezu proportional zur Wirtschaftsleistung gewachsen ist, hat der Umfang der Güterströme überproportional zugenommen – und damit die Belastung der Volkswirtschaft durch **externe Kosten** des Verkehrs. Prognosen gehen für die westlichen Volkswirtschaften von einer deutlichen Verlangsamung des Wachstums aus, in den wirtschaftlich prosperierenden Schwellenländern jedoch von einer extremen Verkehrszunahme.

externe Kosten: vom jeweiligen Verkehrsträger verursachte, aber nicht getragene Kosten, z. B. für Umweltschäden oder Unfall-Folgekosten; nach Schätzungen trägt z. B. der Lkw-Verkehr in Deutschland rd. ein Drittel, der Pkw-Verkehr etwas weniger als die Hälfte der tatsächlichen Kosten

Parallel zur Zunahme des Verkehrsaufkommens stieg die Reisegeschwindigkeit durch technische Innovationen bei den Verkehrsmitteln an, während die **Beförderungskosten** sanken (vgl. Grafik nächste Seite). Hierzu trugen ferner die verbesserte Verkehrsinfrastruktur, organisatorische Neuerungen und der verstärkte Wettbewerb bei.

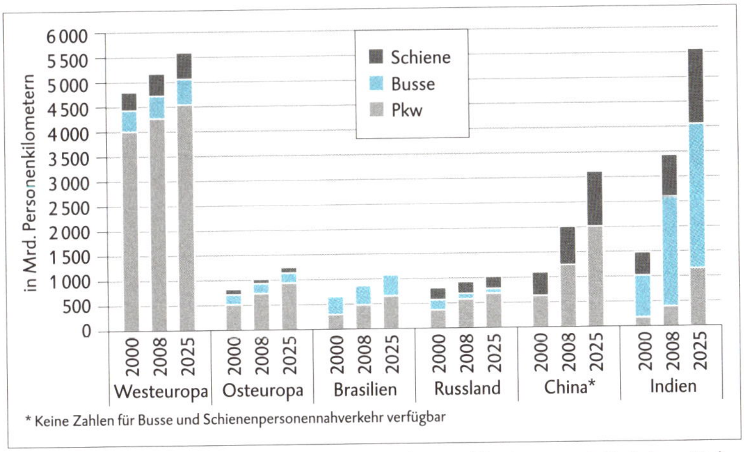

Personenverkehrsleistungen in ausgewählten Ländern und Regionen nach Verkehrsmitteln

	früher	heute
Eisenbahn	1980er-Jahre: Diesel-/E-Loks 125 km/h	Hochgeschwindigkeitszüge ICE, TGV, Shinkansen 250–300 km/h
Schiff	um 1910: Segelschiffe bis 35 km/h Dampfschiffe bis 40 km/h	große Passagierschiffe 40–45 km/h Containerschiffe 54 km/h Katamaran 70 km/h
Flugzeug	1930er-Jahre: Propeller 150–450 km/h	Turbine 850–980 km/h Concorde (bis 2003) 2150 km/h
Auto	1905: 15 km/h 1940er-Jahre: um 50 km/h	Richtgeschwindigkeit auf deutschen Autobahnen 130 km/h

Reisegeschwindigkeiten früher und heute

Aufgrund der niedrigen Beförderungskosten sehen sich die Volkswirtschaften einerseits einem stärkeren globalen Wettbewerb ausgesetzt, weil es immer weniger entscheidend ist, wo eine Ware produziert wird. Andererseits ergeben sich neue Absatzmöglichkeiten für eigene Waren.

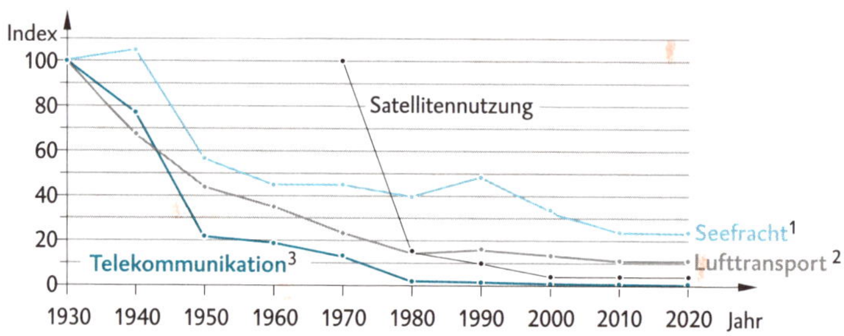

1 Durchschnittliche Seetransportkosten und Hafengebühren für Import- und Exportfracht pro short ton (tn. sh. = Amerikanische Tonne, 907,18474 kg)

2 Durchschnittlicher Lufttransportumsatz pro Passagier und Meile

3 Kosten eines dreiminütigen Telefongesprächs von New York nach London

Kostensenkung bei Transport und Kommunikation (1930 bzw. 1970 = 100)

3.3 Entwicklung ausgewählter Verkehrsträger

Schiff

45 000 Handelsschiffe sind derzeit auf den Meeren unterwegs und transportieren fast 7 Mrd. Tonnen Güter pro Jahr. Mehr als zwei Drittel des gesamten Frachtaufkommens weltweit werden heute über die Ozeane verschickt.

Zwei Entwicklungen haben zu diesem enorm hohen Stellenwert der **Seeschifffahrt** im internationalen Handel geführt:

- Die Ladekapazitäten wurden deutlich vergrößert. Bei Tankern hat sich die Ladekapazität seit den 1960er-Jahren auf etwa 400 **tdw** mehr als verdoppelt. Große **Containerschiffe** fassten damals 800 **TEU** (vgl. unten), derzeit 14 000; solche mit 18 000 TEU sind geplant.
  Es gibt aber auch Nachteile immer größerer Schiffe: längere Fahrtrouten als Folge „zu kleiner" Kanäle (Suezkanal bis 5 000, Panamakanal bis 13 000 TEU); zudem deutlich höhere Versicherungskosten, Hafenliegezeiten und -gebühren; ferner erhöhte Anforderungen an die Tiefe von Hafenbecken, die Leistungsfähigkeit der Häfen insgesamt und die Effizienz des Hafenhinterlandverkehrs, da große Schiffe wesentlich mehr Container in kurzer Zeit entladen. Dadurch ergibt sich eine Konzentration des Frachtverkehrs auf bestimmte Routen und auf Häfen, die Containerriesen entladen können (vgl. Karte nächste Seite).
- Parallel zum Siegeszug des Containers wurden zeitsparende Umschlagverfahren entwickelt, z. B. Containerbrücken am Kai und schienengebundene Anlagen zum An-/Abtransport der Behälter; Verflüssigungsanlagen für Erdgas, die dessen Volumen auf den sechshundertsten Teil verringern, und **RoRo- und LoLo-Verfahren**.

tdw (engl. **t**ons **d**ead **w**eight): Maß für die Gesamt-Ladekapazität eines Frachtschiffs in Tonnen; auch: **dwt** (**d**ead **w**eight **t**onnage)

RoRo-Verfahren (Roll-on-Roll-off): Transport von Gütern per Lkw oder Zug an/von Bord der Schiffe, die befahrbare und häufig höhenverstellbare Decks besitzen (bis zu 13 je Schiff)

LoLo-Verfahren (Lift-on-Lift-off): Be- bzw. Entladung von Gütern (auch Containern) mit meist bordeigenem Kran

info

TEU-Container

TEU-Container sind genormte und standardisierte Großraum-Behälter zum Stückguttransport auf Schiffen, Lkws und der Eisenbahn.

Die sogenannte **TEU** (**T**wenty-foot-**E**quivalent-**U**nit) dient als Maßeinheit für die Frachtkapazität von Containerschiffen.

Die TEU entspricht der Anzahl von 20-Fuß-Containern, die geladen werden können.

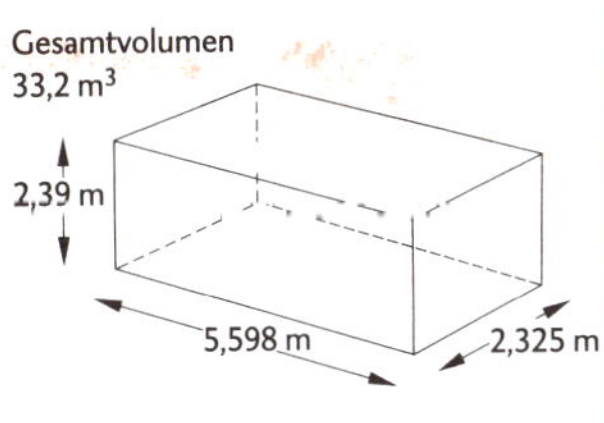

Standardisierte Abmessungen eines 20-Fuß-Containers

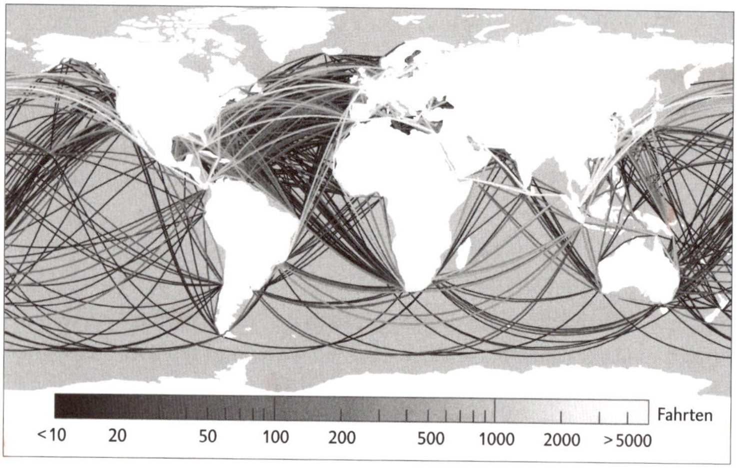

Am stärksten befahrene Schifffahrtsrouten, Stand 2007

Häfen haben sich von reinen Umschlag- und Lagerplätzen für Waren zunehmend zu Verarbeitungsstätten für Rohstoffe und Halbfertigwaren sowie zu **Logistikzentren** für die Warendistribution entwickelt. Denn infolge der niedrigen Zwischentransportkosten sind Hafenstandorte günstig, wenn Ausgangsmaterialien zur Weiterverarbeitung per Schiff angeliefert werden. Dank der boomenden asiatischen Wirtschaft sind unter den 20 größten Containerhäfen 15 Häfen aus Fernost, darunter neun aus China. Rotterdam ist der größte europäische, Los Angeles der größte amerikanische Containerhafen. Hamburg ist der einzige deutsche Hafen unter den Top 20.

Rang	Hafen	Land	Umschlag Mio. TEU
1	Shanghai	China	31,4
2	Singapur	Singapur	29,9
3	Hongkong	China	24,4
10	Rotterdam	Niederlande	11,9
14	Hamburg	Deutschland	8,3
16	Los Angeles	USA	7,9

Wichtige Containerhäfen weltweit, Stand 2011

Bezüglich der **Binnenschifffahrt** ist festzuhalten: 56 der 74 deutschen Stadtregionen haben einen Anschluss an die 7 300 km Wasserstraßen (75 % Flüsse, 25 % Kanäle), auf denen etwa 10 % der in Deutschland beförderten Güter transportiert werden (ohne Luftfracht). Wichtige Binnenhäfen besitzen Magdeburg, Ludwigshafen, Regensburg sowie Duisburg mit dem größten Binnenhafen Europas.

Besonders geeignet ist der Binnenschifftransport für **Massengüter** und aufgrund des geringen Unfallrisikos auch für **Gefahrgüter**. Niedrige Transportkosten aufgrund geringen Personal- und Energiebedarfs, geringe Emissionen (Abgase, Lärm) und sichere Transportzeiten (keine Staus) sind weitere Stärken, denen folgende Schwächen gegenüberstehen: geringe Geschwindigkeit (max. 20 km/h), geringe Netzdichte, Größenbeschränkungen durch Kanäle, Brücken und Schleusen.

Massengüter: flüssige oder feste Güter wie Erdöl, Flüssiggas, Erz, Kohle oder Getreide, bei denen Gewicht und Volumen die Transportkosten bestimmen; Gegensatz: Stückgüter

Flugzeug

Das Flugzeug erlaubt den schnellen Transport von Personen und Gütern über weite Distanzen. Negativ sind die hohen Transportkosten, die Lärmbelastung in Flughafennähe und hohe klimaschädliche Emissionen.
Die Passagierzahlen im Luftverkehr sind in den letzten Jahren um 5 bis 6 % pro Jahr gewachsen. Das Luftfrachtaufkommen steigt in vergleichbarem Umfang. Überdurchschnittlich nehmen der Personen- und der Frachtverkehr innerhalb der Triade zu. Hier liegen auch nahezu alle **Hubs** – Wachstumspole, an denen sich zahlreiche Firmen ansiedeln und so Arbeitsplätze und wirtschaftliches Wachstum schaffen:

→ **Hub:** vgl. S. 178 f.

Der Anteil der **Luftfracht** am gesamten Luftverkehr ist niedrig, auch wenn kein anderer Verkehrsträger seit 1970 so hohe Zuwachsraten bei Transportleistungen erzielt hat wie das Frachtflugzeug. Zwar liegt der Anteil der im Luftverkehr weltweit transportierten Güter dem Gewicht nach nur wenig über 1 %, dem Wert nach aber bei 40 %. Denn transportiert werden aus Kostengründen v. a. hochwertige Waren mit geringem Gewicht (Elektronik), verderbliche Güter (Blumen) und solche, die den Empfänger schnell erreichen sollen (Luftpost, Medikamente).

Rang	Flughafen	Passagiere (Mio.)	Flughafen	Fracht (Mio. t)
1	Atlanta	92,4	Hongkong	4,0
2	Peking	77,4	Memphis	3,9
3	London-Heathrow	69,4	Shanghai	3,1
4	Chicago-O'Hare	66.6	Anchorage	2,6
5	Tokio-Haneda	62,3	Incheon (Südkorea)	2,5
6	Los Angeles	61,9	Dubai	2,3
7	Paris-Charles de Gaulle	61,0	Frankfurt a. M.	2,2
8	Dallas-Ft. Worth	57,8	Louisville (USA)	2,2
9	Frankfurt a. M.	56,4	Paris-Charles de Gaulle	2,1
10	Hongkong	53,3	Tokio-Narita	1,9

Die zehn größten Passagier- und Frachtflughäfen, Stand 2011

Schiene

Das deutsche Schienennetz wurde angesichts mangelnder Auslastung einzelner Strecken, hoher Erhaltungsaufwendungen und einer Tendenz hin zur Straße zunehmend ausgedünnt. Dabei ist der Bahntransport aufgrund des geringen Energieverbrauchs für Schwer- und Massentransporte über größere Entfernungen überaus rentabel und zumindest in Mitteleuropa ist das Schienennetz im internationalen Vergleich immer noch recht dicht.

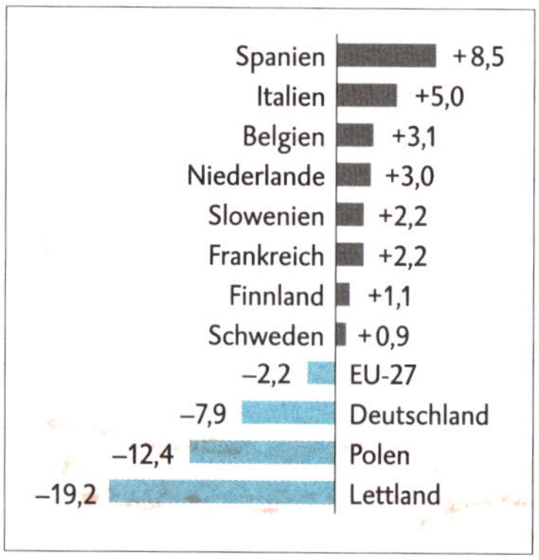

Entwicklung des Schienennetzes ausgewählter Länder 2000–2009 (in %)

Weitere Stärken der Bahn sind gut kalkulierbare Transportzeiten, niedrige Unfallzahlen, Umweltfreundlichkeit (Flächenverbrauch, Emissionen) sowie bei Containern die leichte Umsetzbarkeit der Ladung vom Waggon auf Schiff und Lkw.

Erschwert wird der Bahntransport durch unterschiedliche Spurweiten in Europa, Südamerika und selbst innerhalb Australiens. Lücken im Netz können häufig nur durch aufwendige Tunnel- und Brückenbauten geschlossen werden.

Hochgeschwindigkeitsnetz: Schienenstrecken für Fahrgeschwindigkeiten von mehr als 200 km/h, auf Neubaustrecken bis etwa 380 km/h, auf Ausbaustrecken bis 250 km/h

In Europa wird das **Hochgeschwindigkeitsnetz** ausgebaut, v.a. um die Konkurrenzfähigkeit der Bahn gegenüber dem Flugzeug zu erhöhen. Der Ausbau solcher Netze ist jedoch teuer. Allein für die Neubaustrecke zwischen Nürnberg und Erfurt sind über 5 Mrd. € veranschlagt, v.a. deswegen, weil 107 Schienenkilometer südlich von Erfurt zur Hälfte durch Tunnel und über Brücken führen. Im gebirgigen Japan gilt dies für ein Drittel des Streckennetzes. Mehr als 30 % aller Hochgeschwindigkeitszüge verkehren in Japan und Europa; hier ist im Osten das Netz noch äußerst lückenhaft.

China	6 920 km	Russland	1 300 km
Japan	2 400 km	Italien	900 km
Frankreich	2 300 km	USA	720 km
Spanien	1 750 km	Südkorea	410 km
Deutschland	1 550 km	Belgien	300 km

Hochgeschwindigkeitsstreckenlänge in ausgewählten Ländern, Stand 2011/2012

4 Kommunikationstechnologien und ihre Bedeutung für die Raumentwicklung

Neue Informations- und Kommunikationstechnologien haben den tertiären und sekundären Sektor insgesamt grundlegend verändert. Durch die Nutzung moderner Formen der **Telekommunikation** und des **Internets** ergeben sich Möglichkeiten zur Beschleunigung von Entwicklungszyklen durch rasche Informationsgewinnung und zur dezentralen weltweiten und unternehmensübergreifend vernetzten Zusammenarbeit. Qualität und Umfang von Informationen sowie die Art, wie sie in den Prozess der Leistungserstellung eingebunden werden (Informations-Logistik), bestimmen zunehmend den Erfolg von Unternehmen. Information und Kommunikation werden so zu **Produktionsfaktoren**, denn ihre effektive Nutzung verbessert die Arbeitsproduktivität und die Wettbewerbsfähigkeit von Unternehmen. Ein konkretes Beispiel aus dem Handel: Alle Kundenkäufe werden via IKT registriert; das Angebot wird entsprechend an die Nachfrage angepasst und die Vorratshaltung ebenfalls. Lager werden bestmöglich geordnet und **Transportketten** werden optimiert. Logistiker gehen davon aus, dass so durch IKT im Handel die Auftragsdurchlaufzeit um bis zu 50 % und der Lagerbestand um bis zu 60 % verringert werden können, während die Planungsgenauigkeit für die Produktion um bis zu 80 % steigt.
2011 trug der Bereich Information und Kommunikation 3,9 % zur deutschen Bruttowertschöpfung bei (1991: 3,4 %). Innerhalb der EU

- beträgt der Anteil des IKT-Sektors an der Unternehmenswertschöpfung 8,5 %,
- sichert der IKT-Sektor 3 % der gesamten Beschäftigung im Unternehmenssektor,
- ist rund die Hälfte des Produktivitätswachstums seit der Jahrtausendwende Investitionen in IKT zu verdanken.

Neue Informations- und Kommunikationstechnologien (Abkürzungen: **IKT**, **IuK**, **NIK**): Techniken und Konzepte zur Integration und Verzahnung komplexer wirtschaftlicher Wertschöpfungsketten; zur Steuerung unternehmensübergreifender Geschäftsprozesse; zum Management von Geschäftsbeziehungen auf elektronischer Basis (Computer mit Zugang zum World Wide Web, internetfähiges Handy, sonstige Formen der Telekommunikation)

Über Transportnetze werden die globalen Warenströme auf den wichtigsten Routen gelenkt. Auch Konsumenten nutzen die Möglichkeiten des IKT-Sektors: Sie kaufen am PC ein **(E-Commerce)**, nutzen **Online-Banking** und verwenden zunehmend Mobiltelefone und Tablet-Computer zum Bezahlen. Die Grenzen zwischen Online- und traditionellem Handel verschwimmen.

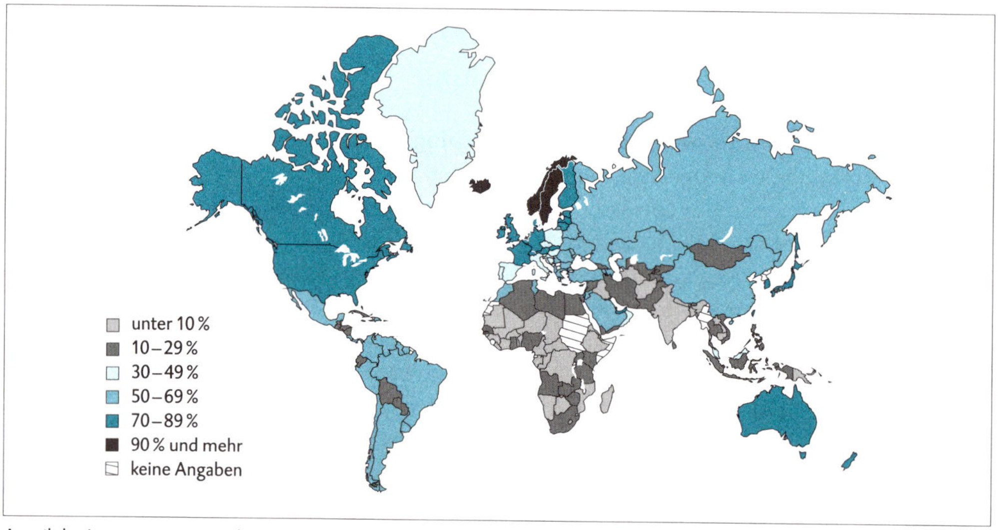

Anteil der Internetnutzer an der Gesamtbevölkerung, Stand 2010

Informatisierung: Prozess der Erzeugung und Verarbeitung von Informationen mit dem Ziel, neue Informationen zu erzeugen; Basis der modernen „Informationsgesellschaft“

digitale Kluft: Entwicklungsunterschiede zwischen Regionen in den Bereichen Datenverarbeitung und digitale Kommunikation, und zwar aufgrund unterschiedlicher physischer Ressourcen (z. B. PC-, Handykosten), digitaler Ressourcen (Telekommunikations-Infrastruktur), Humanressourcen (Alphabetisierung) und sozialer Ressourcen (Freiheit des Informationsflusses, Markt-Liberalisierung)

Im Zuge dieser **Informatisierung** erlangen die Kernräume des Warenaustauschs – Global Citys, Containerhäfen und Hubs – eine zusätzliche Dynamik und Standortvorteile. Umgekehrt kann diese Entwicklung im Extremfall zur Abkoppelung ganzer Kontinente vom ökonomischen Weltgeschehen führen.

2005 wurde auch aus diesem Grund auf Initiative einiger afrikanischer Länder der „Digital Solidarity Fund“ eingerichtet, der der **digitalen Kluft** entgegenwirken soll. Ob sich diese global eher verstärkt oder abschwächt, ist schwierig zu beantworten. So wächst die Zahl der Nutzer von Breitbandverbindungen in Entwicklungsländern zwar, jedoch deutlich langsamer als in entwickelten Ländern. Dagegen ist im afrikanisch-arabisch-asiatischen Raum die Wachstumsrate beim Besitz von Handys so viel höher als in Europa, dass man bezüglich der Handynutzung von einer „Aufholjagd“ sprechen darf.

Auch in entwickelten Ländern wie Deutschland besteht die Tendenz zu einer digitalen Abkoppelung peripherer Regionen mit entsprechenden Standortnachteilen.

Zusammenfassung

- Der tertiäre Sektor bestimmt, wie von FOURASTIÉ vorausgesagt, seit etwa 1970 die Ökonomie der großen Volkswirtschaften. Hier wurde die Industrie- durch die Dienstleistungsgesellschaft abgelöst. Die gesamtwirtschaftliche Entwicklung dürfte in der Zukunft zu einer weiteren Stärkung des tertiären Sektors führen (5./6. Kondratieffwelle).
- Insbesondere unternehmensorientierte Dienstleister, d. h. im gehobenen tertiären (quartären) Sektor Beschäftigte, tragen zur Wirtschaftsleistung der entwickelten Länder bei. Nicht selten bedingt das Streben nach Agglomerationsvorteilen die Herausbildung von Clustern unternehmensorientierter Dienstleistungen (Medien, Finanzen, IT).
- In den Entwicklungsländern erzeugt ein überdimensionierter informeller Bereich hohe Beschäftigungswerte im tertiären Sektor ohne entsprechenden Bezug zum BNE.
- Die Geschäftszentren der Städte sind die eigentlichen Zentren des tertiären Sektors. Sie unterliegen aufgrund aktueller Entwicklungen (Einkaufszentren am Stadtrand) einem deutlichen Anpassungsdruck.
- Seit etwa 1990 kam es zeitgleich zu
  - einem starken Wachstum des innerregionalen und im Bereich der Triade auch des interregionalen Handels,
  - einem Absinken der Transport- und Beförderungskosten, v. a. durch schnellere und größere Verkehrsmittel und neue Umschlagverfahren, z. B. durch den normierten Container,
  - einer wachsenden Vernetzung zwischen den Wirtschaftsbereichen und Standorten durch moderne Informations- und Kommunikationstechnologien,
  - einem deutlichen Anstieg des weltweiten Verkehrs.

  Diese Entwicklungen innerhalb einer globalisierten Welt bedingen und fördern einander wechselseitig.
- Tertiärisierung und Handelswachstum wurden möglich durch tragfähige Verkehrs- und Logistiksysteme.
- Für die Zukunft lassen noch effektivere Transportnetze (z. B. durch Hochgeschwindigkeitszüge der Bahn oder Hub-and-Spoke-Systeme im Bereich Luftfahrt) sowie neue Informations- und Kommunikationstechnologien erhebliche Umstrukturierungen im tertiären Sektor erwarten, die den Kernräumen des Warenaustauschs weitere Vorteile bringen könnten.

Bevölkerungsgeographie – Tragfähigkeit der Erde

1 Weltweite Bevölkerungsentwicklung

1.1 Allgemeine Entwicklungen und Trends

Bevölkerungsexplosion: bezeichnet die drastische Zunahme der Bevölkerung in einem definierten Raum, bedingt durch große Unterschiede zwischen Geburten- und Sterberate oder/und einen starken Bevölkerungszuwachs infolge von Zuwanderung

→ **Wanderungen:** vgl. S. 200

Die **Weltbevölkerung** hat Ende des 20. Jh. die Sechsmilliardengrenze überschritten. Ende 2011 wurde die siebte Milliarde erreicht; die achte Milliarde wird für das Jahr 2025 vorhergesagt. Prognosen besagen, dass im Jahr 2050 voraussichtlich 9,2 Mrd. Menschen auf der Erde leben werden. Eine besondere Herausforderung der **Bevölkerungsexplosion** stellt die Versorgung all dieser Menschen mit Nahrungsmitteln und sauberem Trinkwasser dar. Außerdem werden Nationen und Regionen zunehmend durch **Wanderungen** vor große Aufgaben gestellt. Die Bevölkerung verteilt sich räumlich sehr unterschiedlich auf der Erde. Doch trotz regionaler Besonderheiten lassen sich einige grundlegende Einflussfaktoren in Bezug auf auf die **räumliche Bevölkerungsverteilung** aufzeigen:

- geologisch-geomorphologischer Aufbau: u. a. Oberflächenformen wie Tallagen, Küstenformen, Höhenlage, Bodenfruchtbarkeit;
- Klima: u. a. Temperatur- und Niederschlagsverteilung;
- Gang der kolonialen Erschließung;
- Verkehrsverhältnisse: u. a. natürliche Verkehrswege;
- wirtschaftliche Faktoren: u. a. Ausbeutung von Bodenschätzen;
- politische Bedingungen: u. a. militärisch-strategische Überlegungen.

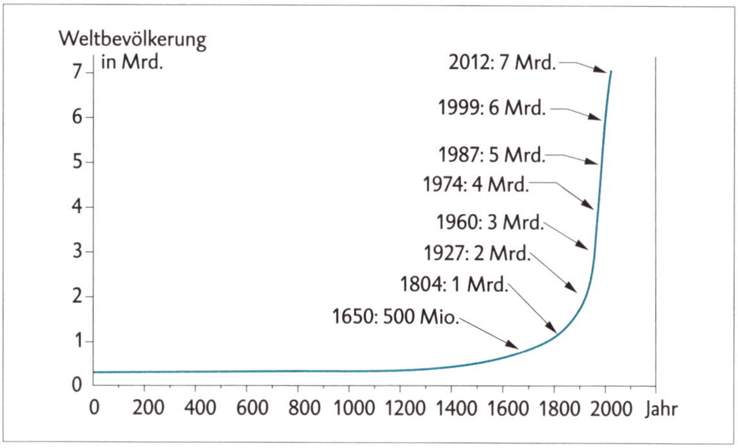

Wachstum der Weltbevölkerung

Normalerweise bedingt ein ganzes Bündel von Gründen die regionale Bevölkerungsverteilung und verändert sie ständig. So sind z. B. für all jene Menschen, für die die Landwirtschaft die entscheidende Lebensgrundlage darstellt, Böden, Klima, Oberflächenform und Geländebeschaffenheit, aber auch Produktionsweisen die entscheidenden Faktoren.

Staat	Bev. 2012 (Mio.)	Bev. 2050 (Mio.)
China	1 350	1 311
Indien	1 260	1 691
USA	314	423
Indonesien	241	309
Brasilien	194	213
Pakistan	180	314
Nigeria	170	402
Bangladesch	153	226
Deutschland (zum Vergleich)	82	72

Die bevölkerungsreichsten Länder der Erde

Staat	Einw. pro km^2
Bahrein	1 925
Singapur	1 565
Deutschland	229
Australien	3
Mongolei	2

Bevölkerungsdichte in ausgewählten Staaten, Stand 2012

Bevölkerungsdichte: Zahl der Einwohner pro km^2

Durch die Angabe der **Bevölkerungsdichte** sind Vergleiche zwischen Regionen der Erde möglich. Allerdings ist der Indikator „Bevölkerungsdichte“ ein Durchschnittswert, der in großen Flächenstaaten erhebliche regionale Unterschiede verdecken kann (z. B. in Brasilien oder Australien). Ebenso kann man allein aus Dichtewerten nicht auf günstige oder ungünstige Lebensbedingungen schließen. Stets ist die Bevölkerungsdichte vor dem Hintergrund von Wirtschaftsstrukturen, politischen Systemen, Lebensstandards, physiogeographischen Merkmalen oder sozialen und kulturellen Bedingungen zu bewerten. So siedeln z. B. in Japan die Menschen reliefbedingt in schmalen Streifen entlang der Küsten oder in Flusstälern. In Deutschland zeigen sich große Unterschiede zwischen Verdichtungsräumen wie dem Ruhrgebiet, München oder Berlin und ländlichen Räumen, v. a. in den östlichen Bundesländern. Auch innerhalb einer Stadt können die Werte erheblich differieren, wie das Beispiel der Bundeshauptstadt Berlin zeigt (4 009 Einw./km^2 in Marzahn-Hellersdorf, 10 799 Einw./km^2 in Berlin-Schöneberg).

1.2 Weltweite Bevölkerungsverteilung

In weltweiter Betrachtung besteht ein erhebliches Ungleichgewicht der Bevölkerungsverteilung:

- In den fünf bevölkerungsreichsten Staaten der Erde (China, Indien, USA, Indonesien und Brasilien) leben knapp 50 % der Gesamtbevölkerung, bei nur 25 % der gesamten Staatenfläche und 6 % der gesamten Erdoberfläche.
- Auf der Nordhalbkugel mit etwa drei Vierteln des Festlands leben ungefähr neun Zehntel der Weltbevölkerung.

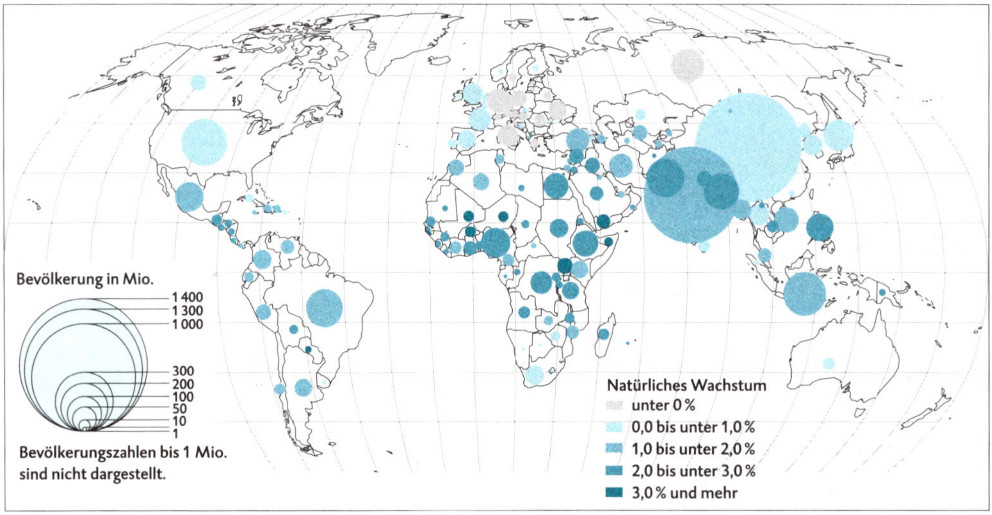

Bevölkerungsverteilung und Bevölkerungswachstum, Stand 2010

Bevölkerungsstruktur/demographische Struktur: differenziert die Bevölkerung nach verschiedenen demographischen Merkmalen (z. B. Alter, Geschlecht, Familien- und Haushaltsstruktur, ethnische Zusammensetzung) und sozioökonomischen Merkmalen (z. B. Erwerbstätigkeit, Arbeitslosigkeit, Einkommen, Stellung im Beruf)

2 Bevölkerungsstruktur

Bei der Analyse der **Bevölkerungsstruktur** werden demographische Merkmale und sozioökonomische Merkmale unterschieden. Zwischen allen Merkmalen bestehen in Abhängigkeit von den jeweiligen ökonomischen, sozialen und politischen Rahmenbedingungen vielfältige Zusammenhänge.

Aus diesen Daten kann man aber noch nicht **über- oder untervölkerte Regionen** ableiten. Erst wenn die Lebensbedingungen in einem Raum unzureichend sind, sollten diese Begriffe verwendet werden.

2.1 Demographische Merkmale

Alter

Der **Altersaufbau** einer Bevölkerung zu einem bestimmten Zeitpunkt spiegelt sowohl vergangene demographische Prozesse (Geburten, Sterbefälle, Wanderungen) als auch Tendenzen der zukünftigen Entwicklung wider. Häufig wird eine Differenzierung der Bevölkerung nach drei Altersgruppen gewählt:

- **Kinder und Jugendliche** (0–14 Jahre), die noch nicht erwerbstätig/-fähig und für die Investitionen in die Ausbildung notwendig sind,
- **Personen im erwerbsfähigen Alter** (15–65 Jahre), die den aktiven und (arbeits-)produktiven Teil der Bevölkerung darstellen,
- **Senioren** (älter als 65 Jahre), die nicht mehr erwerbstätig und für die Aufwendungen zur Altersversorgung und für Pflege notwendig sind.

Altersaufbau: beschreibt die Verteilung einer Bevölkerung nach Geschlechtern und Jahrgangsgruppen; Letztere werden oft zu Altersgruppen zusammengefasst

Am anschaulichsten kann der Altersaufbau in einer **Alterspyramide** dargestellt werden.

info

Alterspyramide

Eine Alterspyramide (auch Bevölkerungspyramide oder Bevölkerungsdiagramm) ist eine grafische Darstellungsweise, bei der die verschiedenen Altersgruppen anteilig an der Gesamtbevölkerung und unterschieden nach Geschlechtern dargestellt werden.

Pagodenform (z. B. Niger/Kenia 2009)
Die Flanken sind konkav durchgebogen als Folge hoher Geburtenraten und geringer Lebenserwartung.

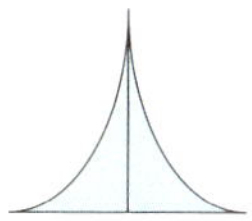

Dreiecksform (z. B. Deutschland 1910/Brasilien 1990)
Die Geburtenrate und die altersspezifischen Sterberaten sind über einen längeren Zeitraum konstant hoch.

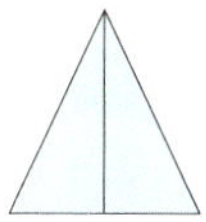

Tropfenform (z. B. China 1990)
Abrupter Geburtenrückgang infolge veränderten generativen Verhaltens oder durch Maßnahmen der Bevölkerungsplanung.

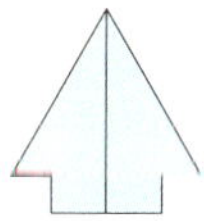

Bienenkorbform (z. B. Europa 1990 oder Entwicklungsländer 2050)
Geburten- und Sterberate sind ausgeglichen; die Bevölkerungszahl stagniert.

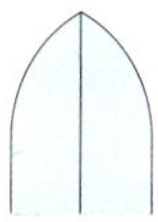

Urnenform (z. B. Deutschland 2030)
Die Sterberate ist höher als die Geburtenrate; die Bevölkerung schrumpft.

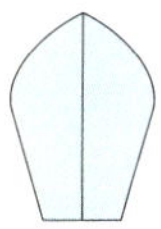

Bei der Interpretation von Alterspyramiden ist v. a. das **Verhältnis** zwischen **Erwerbsbevölkerung** und **abhängiger Bevölkerung** (i. d. R. unter 15 und über 65 Jahren) wichtig. Bei einem hohen Anteil junger Bevölkerung sind Investitionen für Schule und Ausbildung notwendig; bei einem hohen Anteil älterer Personen steigt die Nachfrage nach Maßnahmen zur **Altersvorsorge** oder nach Einrichtungen wie Seniorenheimen. Ein hoher Anteil an abhängiger Bevölkerung bedeutet große soziale Belastungen.

→ **Migration:** vgl. S. 250

Oft ist die Alterspyramide eines Landes nicht eindeutig einer Grundform zuzuordnen. Veränderungen ergeben sich durch Krisen oder Kriegsfolgen sowie insbesondere infolge von **Migrationen**. Von Letzteren sind vorrangig die Bevölkerungsgruppen zwischen 20–40 Jahren betroffen. Abwanderungsgebiete zeigen daher ein Defizit in dieser Altersgruppe und häufig auch – aufgrund des dadurch bedingten Geburtenausfalls – in den jüngeren Jahrgängen.

Kultur und ethnische Zugehörigkeit

Bevölkerungsgruppen definieren und grenzen sich ab über unterschiedliche **kulturelle Merkmale**. Zu den zentralen Bestandteilen und Ausdrucksformen jeder Kultur gehören Sprache und Religion, aber auch Traditionen und Wertvorstellungen. Aufgrund der Dynamik von Globalisierungsprozessen in zahlreichen Teilen der Erde sind vielfältige Überlagerungen und Vermischungen von Kulturen entstanden, z. B. in den USA.

ethnische Gruppe: Gruppe, die über gemeinsame Geschichte, Glauben und Werte verfügt

Häufig werden kulturelle Charakteristika auch mit dem Begriff der **ethnischen Gruppe** verbunden. In der amtlichen Statistik der USA wird z. B. unterschieden zwischen der Bevölkerung, die einer einzigen ethnischen Gruppe angehört („White“, „Black“/„African American“, „American Indian and Alaska Native“, „Asian“ oder „Native Hawaiian and Other Pacific Islander“) und einer Kombination mehrerer Gruppen. Daneben wird die Gesamtbevölkerung unterteilt in „Hispanics“, Personen mit spanischer Muttersprache, und „Non-Hispanics“. Bei der Analyse dieser statistischen Daten ist zu beachten, dass die US-Bürger sich selbst einer ethnischen Gruppe zuweisen („self-identification“).

→ **Gastarbeiter:** vgl. S. 252

Verschiedene Ethnien und Mischlingsbevölkerungen findet man besonders in Regionen der Erde, die durch die europäische Kolonisation oder durch europäische Siedler überformt wurden oder in die viele Bewohner als Sklaven oder **Gastarbeiter** gekommen sind.

Religion

Die **Religionszugehörigkeit** ist ein wesentliches Merkmal einer Bevölkerung. Zu den großen **Weltreligionen** zählen das Christentum (nach Schätzungen um 2010 etwa 33 %), der Islam (etwa 22 %), der Hinduismus (etwa 14 %), der Buddhismus (etwa 7 %) und das Judentum (etwa 0,2 %). Nicht alle Bevölkerungsmerkmale lassen sich jedoch statistisch erfassen: Statistiken zur Religionszugehörigkeit sind z. B. wenig ergiebig, da diese Zahlen nur bedingt etwas über die wirkliche Bedeutung religiöser Vorschriften und Leitlinien im Leben der Menschen aussagen.

In vielen Teilen der Erde bestehen ausgeprägte religiöse Einflüsse. Oft genannte Beispiele sind das im Hinduismus begründete **Kastenwesen** in Indien oder der in den letzten Jahrzehnten erheblich gestiegene Einfluss des Islams im Nahen Osten und in der arabischen Welt (vgl. insbesondere den Einfluss auf die Gesetzgebung). Demgegenüber ist heute die Religion in den westlichen Industrieländern weniger deutlich spürbar. Doch selbst in Mitteleuropa prägen noch heute religiöse Normen und Traditionen das soziale und wirtschaftliche Leben verschiedener Bevölkerungsgruppen. Jedoch beeinflusst die Religionszugehörigkeit hier meist kaum noch das Heiratsverhalten oder die **Fertilität**.

Kaste: streng abgeschlossene Gesellschaftsschicht, in die man hineingeboren wird und die man nicht wechseln kann; die einzelnen Kasten einer Gesellschaft sind hierarchisch gestaffelt; das Kastenwesen ist von offizieller Seite untersagt, herrscht jedoch in den ländlichen Gebieten und Slums der Großstädte Indiens weiterhin vor

→ **Fertilität:** vgl. S. 201

Familien- und Haushaltsstruktur

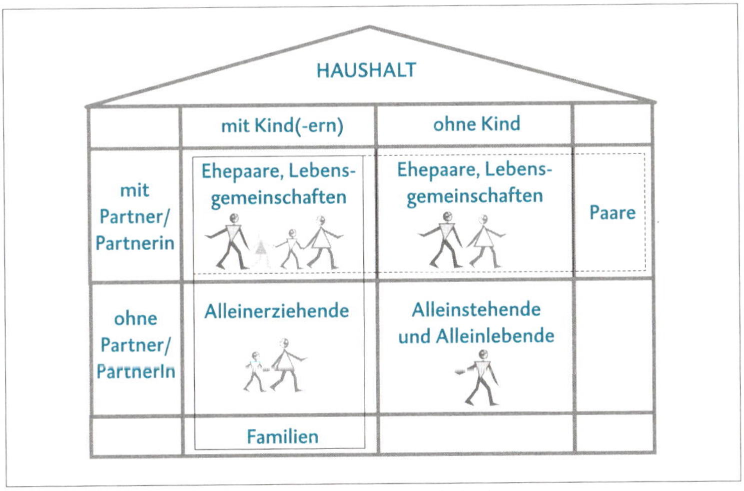

Vereinfachtes Modell der Lebens-, Familien- und Haushaltsformen

Familie: Differenzierung in **Kernfamilie** (Eltern, die mit unselbstständigen Kindern in einem Haushalt leben) und **Kleinfamilie** (Ehepaare ohne Kinder und alleinstehende Personen mit ihren Kindern)

Familienstand (ledig, verheiratet, geschieden, getrennt lebend, verwitwet) und Haushaltszusammensetzung bezeichnen soziale bzw. rechtliche Merkmale von Lebensgemeinschaften. Neben räumlichen Bedeutungsunterschieden (vgl. Stellung der **Familie** in verschiedenen Kulturen) bestehen historisch unterschiedliche Familienformen. So ist z. B. ein Wandel von der Großfamilie, die häufig drei Generationen umfasste, zur bürgerlichen Kleinfamilie und in jüngster Zeit zur Pluralisierung der Lebensformen zu verzeichnen. Insbesondere lassen sich (spätestens) seit den 1970er-Jahren in allen westlichen Industrieländern erhebliche Veränderungen feststellen:

- Rückgang der Bedeutung und zunehmende Instabilität der Ehe,
- abnehmender Zusammenhang zwischen Ehe und Kinderwunsch,
- Veränderungen in der Haushaltsbildung und -zusammensetzung: Zunahme von Einpersonenhaushalten – insbesondere derjenigen von ledigen und geschiedenen Personen.

Haushalte lassen sich in Deutschland nach ihrer Größe (Ein-, Zwei-, Mehrpersonenhaushalte), der familiären Struktur (z. B. Familien, Mehrgenerationenhaushalte) sowie nach räumlichen Bezügen (z. B. Pendlerhaushalte) gliedern. Seit Ende des Zweiten Weltkriegs haben sich die Haushaltsformen stark verändert. Während in den 1950er- und 1960er-Jahren die Kleinfamilie zum Idealtypus in Deutschland wurde, führten die zunehmende Erwerbstätigkeit von Frauen, neue Rollenbilder und die steigende Akzeptanz von außerehelichen Lebensentwürfen zu vielfältigen Haushaltsformen.

2.2 Sozioökonomische Merkmale

Erwerbstätigkeit

Erwerbstätige sind in der deutschen amtlichen Statistik Personen im Alter von mindestens 15 Jahren, die wenigstens eine Stunde für Lohn oder sonstiges Entgelt irgendeiner beruflichen Tätigkeit nachgehen bzw. in einem Arbeitsverhältnis stehen, selbstständig ein Gewerbe oder eine Landwirtschaft betreiben oder einen freien Beruf ausüben. Zur schnellen Orientierung und zum Vergleich werden die Erwerbstätigen in drei **Wirtschaftssektoren** untergliedert, nämlich in den **primären**, den **sekundären** und den **tertiären Sektor**.

→ **Wirtschaftssektoren:** vgl. S. 148

Erwerbslose sind Personen ohne Erwerbstätigkeit, die sich in den letzten vier Wochen aktiv um eine Arbeitsstelle bemüht haben und sofort, d. h. innerhalb von zwei Wochen, für die Aufnahme einer Tätigkeit zur

Verfügung stehen. **Erwerbspersonen** setzen sich aus den Erwerbstätigen und den Erwerbslosen zusammen.

Die **Erwerbsquote** gibt den Anteil der Erwerbspersonen an der Gesamtbevölkerung **(Wohnbevölkerung)** in Prozent an und drückt somit die Beteiligung bzw. Nichtbeteiligung am Erwerbsleben aus. Dabei ergeben sich sehr verschiedene Werte, die v. a. durch das Ausmaß der Frauenbeteiligung am Erwerbsleben sowie durch den Altersaufbau einer Bevölkerung bestimmt werden.

Wohnbevölkerung: Anzahl der Personen am Wohnort (= Gemeinde)

Die **Arbeitslosigkeit** ist von erheblicher Bedeutung für die Volkswirtschaft. Sie bedeutet Aufwendungen z. B. für Arbeitslosengeld, Kranken- und Altersversicherung durch die Allgemeinheit, Bindung von Ressourcen, Steuerverluste oder Aufwendungen für die Beseitigung von Strukturproblemen einzelner Räume.

Von erheblichem Einfluss auf die Erwerbstätigkeit sind die allgemeine Weltwirtschaftslage bzw. die Lage der eigenen Volkswirtschaft (vgl. Bedeutung von **Wirtschaftszyklen** oder Rezessionen), das Vorhandensein stagnierender oder schrumpfender Industriebranchen sowie auch das Ausmaß der im tertiären Sektor Beschäftigten.

Art und Ausmaß der Erwerbstätigkeit, die sich u. a. in der Stellung im Beruf, in der Erwerbs- oder Arbeitslosenquote sowie beim Einkommen ausdrücken, sind wesentliche volkswirtschaftlich relevante Kennzeichen einer Bevölkerung. Sie werden bestimmt von vielen Faktoren, die sich gegenseitig vielfältig beeinflussen:

- biologische Faktoren: u. a. Ausscheiden aus dem Erwerbsleben während der Schwangerschaft und z. T. in der Zeit der Kindererziehung;
- soziale Faktoren: u. a. Schichtzugehörigkeit und soziale Mobilität, unterschiedlich lange schulische und fachliche Ausbildung;
- rechtliche Faktoren: u. a. Festlegung der Ruhestandsgrenze;
- wirtschaftliche Faktoren: u. a. Wirtschaftsstruktur und dominierende Wirtschaftszweige, Konjunkturen bzw. Krisen, technischer Fortschritt und Grad der Automatisierung.

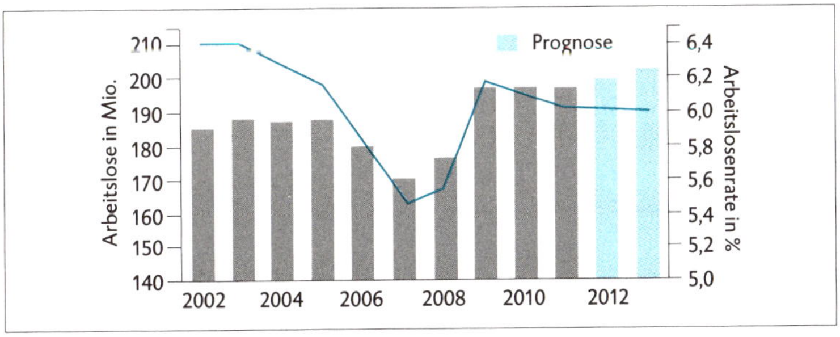

Arbeitslosigkeit weltweit

Einkommen

→ **Disparität:** vgl. S. 133

Im Zuge der Industrialisierung hat sich die Schere zwischen armen und reichen Ländern weit geöffnet. Heute werden **Disparitäten** bezüglich des Wohlstands innerhalb eines Staats und zwischen verschiedenen Ländern immer deutlicher. Insbesondere für Managertätigkeiten, in der Filmindustrie und im Spitzensport werden extrem hohe Gehälter gezahlt. Demgegenüber wächst gleichzeitig die Anzahl der Menschen, die weniger als einen Euro pro Tag verdienen.

Stellung im Beruf

Für statistische Zwecke werden unterschieden: Selbstständige, mithelfende Familienangehörige, Beamte und Angestellte sowie Arbeiter. Diese Gliederung wird aber inzwischen immer mehr infrage gestellt.
Die Abnahme des **Arbeiter**anteils in Deutschland wurde vornehmlich verursacht durch Technisierungs- und Automatisierungsprozesse in der Industrie und hat damit auch zum Bedeutungsrückgang des sekundären Sektors beigetragen. Durch den allgemeinen Bedeutungsgewinn des tertiären Sektors hat der Anteil der **Beamten** und **Angestellten** zugenommen. Insbesondere der gestiegene technische Fortschritt in der Industrie hat zu einer Höherqualifizierung des Personals und letztlich zu einem höheren Angestelltenanteil geführt.

2.3 Bevölkerungsbewegungen

Bevölkerungsentwicklungen allgemein beinhalten prozesshafte raumzeitliche Bewegungen einer Bevölkerung. Die Bevölkerungsgeographie unterscheidet **natürliche** (Geburten- und Sterbefälle) und **räumliche Bevölkerungsbewegungen** (Wanderungen).

Räumliche Bevölkerungsbewegungen

Räumliche Bevölkerungsbewegungen sind meist alters- und sozialgruppenabhängig. Bedingt durch neue und besser ausgebaute Verkehrs- und Kommunikationsnetze nimmt seit einiger Zeit das Ausmaß an Wanderungen mit Auswirkungen für die Herkunfts- und Zielgebiete deutlich zu. Sie beeinflussen die Bevölkerungsmenge und -zusammensetzung eines Raums entsprechend deutlich.

Natürliche Bevölkerungsbewegungen

Die natürliche Bevölkerungsbewegung wird in Grundzügen gekennzeichnet durch **Fertilität** und **Mortalität**. Aus der Kombination ergibt sich das **natürliche Bevölkerungswachstum**.

Fertilität (Fruchtbarkeit): gekennzeichnet durch Indikatoren wie Geburtenrate (Zahl der Geborenen eines Jahres auf 1 000 Personen der Bevölkerung) oder Gesamtfruchtbarkeitsrate (engl. Total Fertility Rate, TFR; vgl. S. 206)

Fertilität

Allgemein wird die Fertilität beeinflusst durch das Alter der Frauen, ihren Gesundheitszustand, die Ernährungssituation und v. a. generell das sogenannte **generative Verhalten**, d. h. das wesentlich durch gesellschaftliche Normen und ökonomische Einflussfaktoren gesteuerte Verhalten, das die Kinderzahl bestimmt. Hierzu zählt u. a. eine bewusste Familienplanung.

Als globaler Trend ist weltweit eine generelle Abnahme der Fertilität zu erkennen. In Europa sind seit den 1990er-Jahren größtenteils nur noch geringe Rückgänge zu verzeichnen; einzelne Industrieländer weisen sogar einen leichten Anstieg auf. Dies trifft z. B. zu auf Frankreich oder Finnland (familienpolitische Maßnahmen) oder auf die USA (sehr heterogene Bevölkerungszusammensetzung mit ganz unterschiedlichem generativen Verhalten). Ein deutlicher Umbruch hat seit den 1980er-Jahren v. a. in Asien und Vorderasien mit zum Teil hohen Rückgängen stattgefunden.

Wesentliche gegenwärtige **Einflussfaktoren** der Fertilität sind: Veränderung des Rollenverständnisses der Frauen und deren damit einhergehende zunehmende Erwerbstätigkeit, Rückgang der Bedeutung bzw. zunehmende Instabilität der Ehe, ein steigender Verstädterungsgrad,

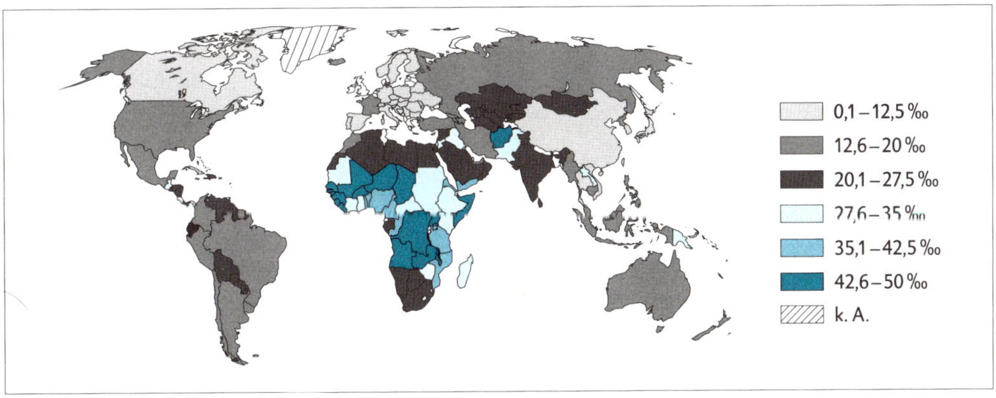

Weltweite Geburtenrate, Stand 2011

Zugehörigkeit zu sozialen Schichten, Bildungsstand sowie ethnische Unterschiede. Nicht zuletzt wirken sich auch politische Einflussfaktoren auf die Fertilität aus, wie z. B. die **Ein-Kind-Politik** in China.

→ **Ein-Kind-Politik:** vgl. S. 209

Die Einflussfaktoren des Fertilitätsrückgangs in Industrieländern lassen sich nur bedingt auf Entwicklungsländer übertragen, wo Kinder u. a. als preiswerte Arbeitskräfte gelten oder auch als Voraussetzung für die finanzielle Absicherung der Eltern bei Krankheit und im Alter.

Mortalität

Mortalität (Sterblichkeit): gekennzeichnet durch Indikatoren wie Sterberate (Zahl der Gestorbenen eines Jahres auf 1 000 Personen der Bevölkerung) oder Säuglingssterblichkeitsrate

Allgemein wird **Mortalität** u. a. beeinflusst durch den Grad medizinischer Versorgung, Umwelt-, Arbeitsbedingungen und Kriege. Der allgemeine gegenwärtige Mortalitätsrückgang nicht nur in den Industrie-, sondern auch (wesentlich schneller) in den Entwicklungsländern ist auf differenzierte, miteinander verflochtene und auch regionalspezifische Ursachen zurückzuführen, z. B. eine Verbesserung von Ernährungs- und Lebensstandards, von sanitären Bedingungen und von Wohnverhältnissen, sowie auf medizinische Fortschritte.

In den Entwicklungsländern ist die Mortalität gegenüber den Industrieländern noch relativ hoch. Ihr deutlicher Rückgang in der jüngeren Vergangenheit ist v. a. auf exogene Einwirkungen zurückzuführen. So wurden z. B. einige (Infektions-)Krankheiten wie Cholera, Malaria, Pocken, Ruhr und Typhus erfolgreich bekämpft. Aus den Industrieländern wurden medizinisch-hygienische Verbesserungen eingeführt (z. B. Impfungen, Bekämpfung von Krankheitsträgern mithilfe von Chemikalien).

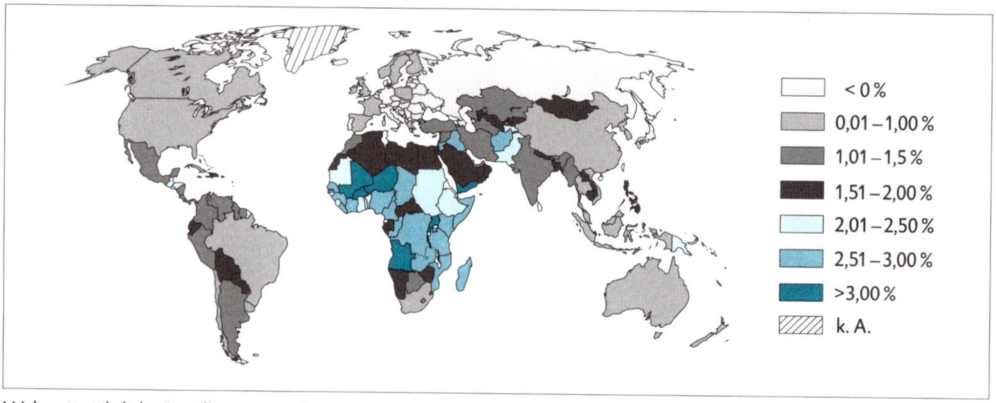

Weltweite jährliche Bevölkerungswachstumsrate, Stand 2011

Das Modell des demographischen Übergangs

Während früher in den heutigen Industrieländern v. a. schlechte medizinische und ungünstige sozioökonomische Verhältnisse das natürliche Bevölkerungswachstum begrenzten, wird dieses heute infolge des allgemeinen Rückgangs der Mortalität wesentlich durch die Fertilität geprägt. Dabei fand in den meisten Industrieländern schon zu Beginn des 20. Jh. ein erheblicher Geburtenrückgang statt, der inzwischen in den meisten Entwicklungs- und Schwellenländern ebenfalls eingesetzt hat. Ursache ist die **Geburtenkontrolle** als Ausdruck zunehmender Selbstbestimmung und Planung der Familiengröße aufgrund veränderter sozialer Verhaltensweisen und ökonomischer Rahmenbedingungen.

Das **Modell des demographischen Übergangs** bietet eine gute Möglichkeit, die demographischen Grunddaten zur natürlichen Bevölkerungsbewegung einzuordnen.

info

Das Modell des demographischen Übergangs

Das Modell stellt die zusammengefassten Beobachtungen zur Sterblichkeit und Fruchtbarkeit in Europa während der letzten beiden Jahrhunderte grafisch dar.

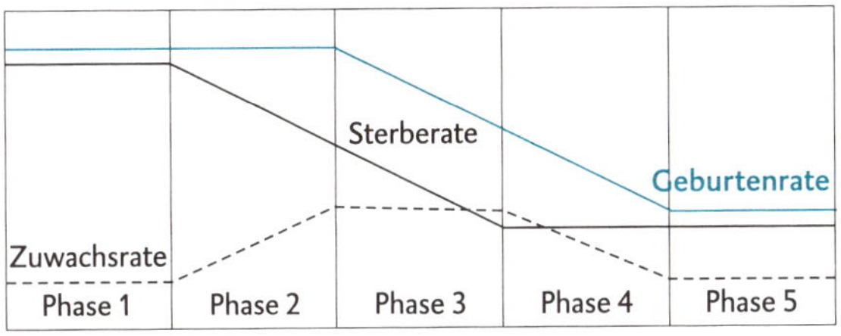

Der Entwicklungsverlauf wird in fünf Phasen unterteilt:

1. **prätransformative Phase** (Phase der Vorbereitung) mit hohen, nahe beieinanderliegenden Geburten- und Sterbeziffern sowie geringem Bevölkerungswachstum
2. **frühtransformative Phase** (Phase der Einleitung) mit deutlich fallenden Sterberaten bei weitgehend konstanten Geburtenraten und damit steigendem Bevölkerungswachstum
3. **mitteltransformative Phase** (Phase des Umschwungs) mit weiterem Sterblichkeitsrückgang und einsetzendem Geburtenrückgang sowie daraus folgend weiterhin hohem Bevölkerungswachstum
4. **spättransformative Phase** (Phase des Einlenkens) mit raschem Abfall des Geburtenniveaus, nur noch leicht abnehmender Sterblichkeit und sinkendem Bevölkerungswachstum
5. **posttransformative Phase** (Phase des Ausklingens) mit niedrigen Geburten- und Sterberaten sowie geringem Bevölkerungswachstum

Eine **Anwendung des Modells** des demographischen Übergangs ist v. a. auf zwei Ebenen möglich:

- zur idealtypischen Beschreibung der Veränderungen von Mortalität und Fertilität in den westlichen Industrieländern im zeitlichen Verlauf;
- zur Typisierung verschiedener Länder hinsichtlich ihres Standes der demographischen Entwicklung.

Umstritten ist hingegen, ob das Modell herangezogen werden kann,

- um im Zusammenhang mit der sozioökonomischen Entwicklung eines Landes nach Ursachen zu fragen,
- um als Grundlage für eine Prognose der künftigen Bevölkerungsentwicklung zu dienen.

Offen ist, ob das Modell um eine weitere **„6. Phase“** erweitert werden muss, bei der die Sterberate höher als die Geburtenrate liegt, wie es zur Zeit in Deutschland der Fall ist (vgl. Grafik unten).

2.4 Deutschland – keine Kinder, keine Zukunft?

demographischer Wandel: kennzeichnet den nach dem Zweiten Weltkrieg in allen Industriestaaten zu beobachtenden Rückgang der Fertilität, den Anstieg des durchschnittlichen Heiratsalters und des durchschnittlichen Alters bei der Geburt des 1. Kindes sowie eine zunehmende Überalterung der Gesellschaft

Die Altersstruktur der Bevölkerung in Deutschland zeigt gegenwärtig einen deutlichen Rückgang der altersspezifischen Fertilitätsraten. In diesem Zusammenhang wird häufig der **Begriff des demographischen Wandels** benutzt, um die einschneidenden demographischen Veränderungen zu benennen. Vier Komponenten sind maßgebend, die sich mit wenigen Schlagworten benennen lassen:

- **„weniger“:** Die Bevölkerungsentwicklung in vielen Gemeinden und Regionen Deutschlands ist vom **Prozess des Schrumpfens** gekennzeichnet. Seit 2002 ist die absolute Bevölkerungszahl rückläufig.

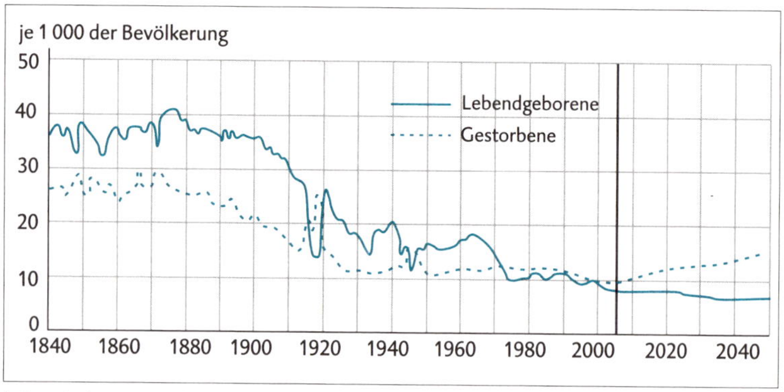

Lebendgeborene und Gestorbene

Generell werden weniger Kinder pro Lebensgemeinschaft geboren. Auch wird die Geburt des ersten Kindes im Lebenslauf immer weiter hinausgeschoben. Vor dem Hintergrund, dass aus biologischen Gründen die Fruchtbarkeit von Frauen mit zunehmendem Alter abnimmt, wird allein hierdurch die Fertilität gedämpft. In den Regionen mit einer erheblichen Bevölkerungsabnahme werden Kindergärten und Schulen schließen, der ÖPNV eingeschränkt, öffentliche Dienstleistungen verteuert.

- **„grauer“:** Die Gesellschaft altert, womit besondere Herausforderungen an das Rentensystem und an Gesundheitsdienste verbunden sind.
- **„bunter“:** Die Gesellschaft besteht zunehmend aus vielschichtigen kulturellen und ethnischen Gruppen mit teilweise stark unterschiedlichen Migrationsgeschichten.
- **„vereinzelter“:** Der Anteil der Ein-Personen-Haushalte steigt (Single-Haushalte, z. B. zu Beginn des Berufslebens, aber auch im Rentenalter).

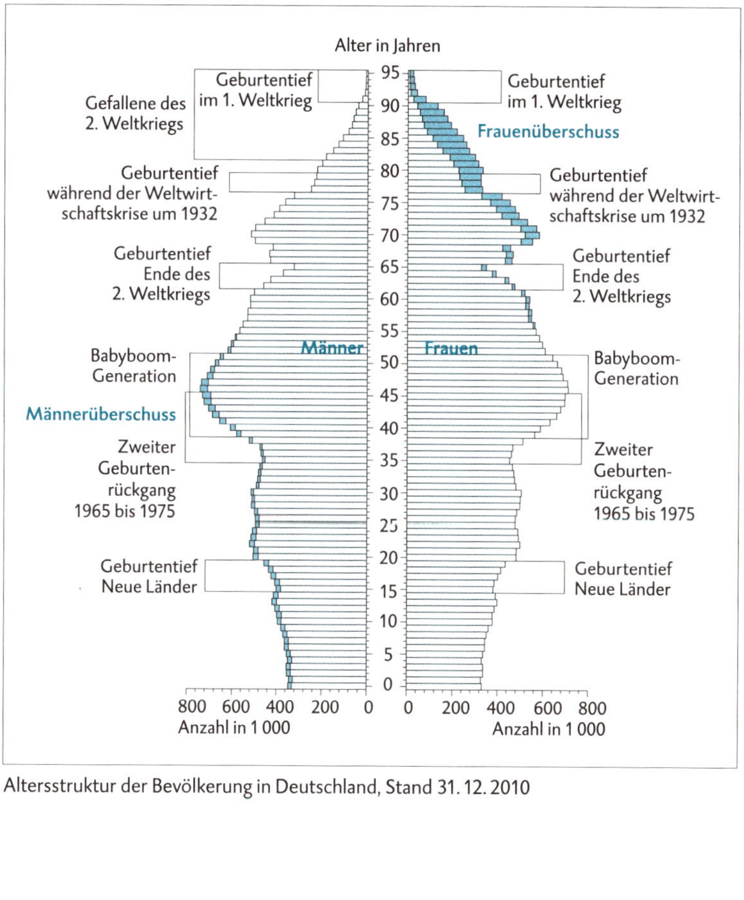

Altersstruktur der Bevölkerung in Deutschland, Stand 31. 12. 2010

3 Wie viele Menschen (er)trägt die Erde? – Globale Bevölkerungsprognosen

Gesamtfruchtbarkeitsrate (engl. „Total Fertility Rate"): fasst die Fertilität aller Frauen an einem Bezugspunkt zu einer einzigen Zahl zusammen; diese entspricht der Gesamtkinderzahl einer Frau, die sie haben würde, wenn die heutigen altersspezifischen Fruchtbarkeitsziffern für ihre gesamte gebärfähige Zeit auf sie zuträfen

Die von den Vereinten Nationen veröffentlichten globalen Bevölkerungsprognosen basieren auf differenzierten Annahmen zur Entwicklung von Fertilität, Mortalität sowie internationaler Migration. Dabei wird davon ausgegangen, dass weniger das Ausmaß des Mortalitätsrückgangs das zukünftige Wachstum der Erdbevölkerung bestimmt als vielmehr die weitaus schwieriger abzuschätzende Entwicklung der Fertilität, wobei weltweit eine Abnahme angenommen wird. In der mittleren Prognose-Variante, nach der die Weltbevölkerung bis zum Jahre 2050 auf ca. 9,3 Mrd. ansteigen wird, nimmt die **Gesamtfruchtbarkeitsrate** von heute 2,55 Kindern pro Frau auf einen Wert leicht über 2 im Jahre 2050 ab. Falls die Gesamtfruchtbarkeitsrate um 0,5 Kinder oberhalb des Wertes der mittleren Variante bleibt, wird die Weltbevölkerung bis zum Jahre 2050 auf ca. 10,6 Mrd. wachsen. Eine Gesamtfruchtbarkeitsrate von 0,5 Kindern unterhalb des Wertes der mittleren Variante wird zu einer Bevölkerung von ca. 8,1 Mrd. im Jahre 2050 führen. Das bedeutet, dass ungeachtet der tatsächlichen Entwicklung ein weiteres **Bevölkerungswachstum** bis 2050 unausweichlich ist, selbst wenn sich der Fertilitätsrückgang beschleunigt.

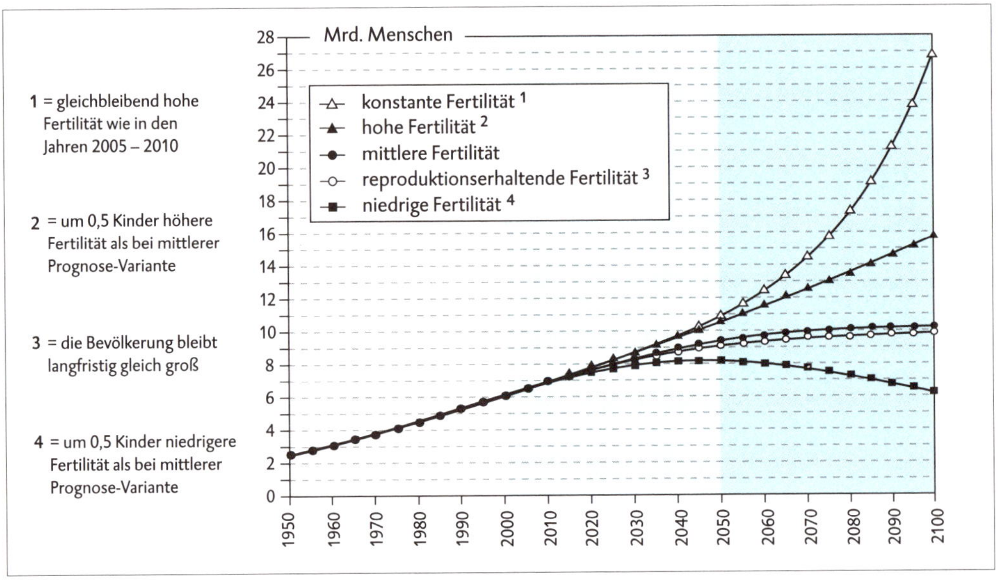

Weltbevölkerung 1950 – 2100: Prognose-Varianten

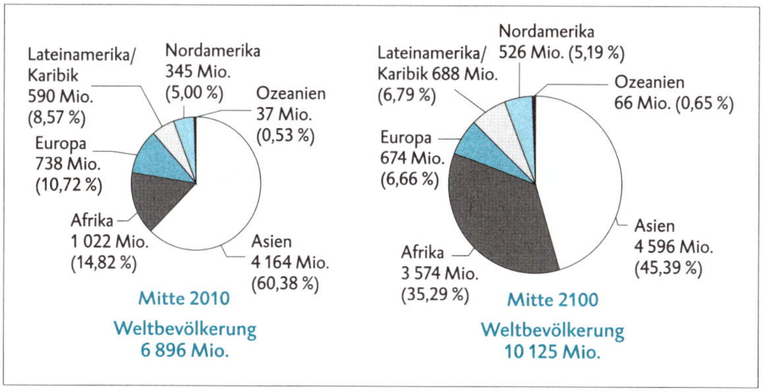

Regionale Verteilung der Weltbevölkerung

Weltweit ist dabei von großen räumlichen Unterschieden auszugehen: Der Bevölkerungsanteil Europas, Nordamerikas und Asiens wird nach Schätzungen der Vereinten Nationen bis 2100 weiter abnehmen, wobei die absolute Bevölkerungszahl in Europa sogar um 64 Mio. zurückgehen wird. Demgegenüber soll sich die Bevölkerung Afrikas bis 2100 im Vergleich zu 2010 auf über 3,5 Mrd. mehr als verdreifachen – eine aufgrund der letztlich ungewissen Mortalitätsentwicklung durchaus gewagte Prognose.

Hinter diesen Werten verbergen sich zum Teil dramatische Veränderungen. Das weltweite Bevölkerungswachstum zwischen 2010 und 2100 wird zu 99 % in den weniger entwickelten Ländern stattfinden.

4 Staatliche Bevölkerungspolitik

Auf staatlicher Ebene wird eine Reihe sehr unterschiedlicher **bevölkerungspolitischer** Maßnahmen ergriffen, die Einfluss auf das generative Verhalten und/oder auf die räumliche Verteilung einer Bevölkerung nehmen. Allgemein kann man folgende Strategien unterscheiden, die in verschiedenen Kombinationen auftreten können:

Bevölkerungspolitik: Maßnahmen eines Staats mit dem Ziel, Einfluss auf die Bevölkerungsentwicklung zu nehmen

- Zusicherung von Glaubensfreiheit oder Steuerprivilegien zur Besiedlung leerer oder bevölkerungsarmer Gebiete (z. B. „**Transmigrasi**" in Indonesien);

→ **Transmigrasi:** vgl. S. 261

- Förderung des Bevölkerungswachstums durch familienpolitische Maßnahmen (Geburtenförderung) oder durch Zuwanderung; v. a. aus wirt-

schaftlichen (z. B. Gewährleistung der sozialen Sicherungssysteme) oder machtpolitischen Motiven;
- Begrenzung des Bevölkerungswachstums, um den limitierten Ressourcen eines Landes Rechnung zu tragen;
- Vertreibung, häufig einhergehend mit der Ermordung von **Minoritäten**.

Minorität (Minderheit): Bevölkerungsgruppe, die sich von der Mehrheit der Bevölkerung eines Raums unterscheidet, z. B. hinsichtlich Rasse, Religion, Sprache usw.

Die bevölkerungspolitischen Maßnahmen sind nicht leicht um- und durchzusetzen. Staatliche Anreize wie die Bereitstellung von Kinderbetreuungsplätzen sind in vielen Ländern kostspielig, nicht finanzierbar oder bringen oft nicht die erwünschten Effekte. Traditionen und Wertvorstellungen setzen ebenfalls deutliche Grenzen. Daher werden die jeweiligen staatlichen Strategien von „vorbildlich" bis „inakzeptabel" kontrovers diskutiert (vgl. die Debatte in Deutschland um das sogenannte „Betreuungsgeld").

4.1 Bevölkerungspolitik in Frankreich

Frankreich besitzt die höchste Fertilitätsrate in Europa. Das französische Familienleistungssystem baut auf drei Säulen auf:
Die erste Säule macht einen ganzen Katalog von **Geldleistungen** aus, z. B. Geburtszulage, Beihilfe zum Schulbeginn, Darlehen zur Verbesserung des Wohnraumes oder eine Umzugsprämie.
Die zweite Säule betrifft ein umfassendes **Betreuungssystem**. Französische Eltern haben eine große Wahlfreiheit bezüglich der Kinderbetreuung. Krippen, Kindertagesstätten, Kindergärten und Mehrfachbetreuungseinrichtungen machen rund ein Drittel der Plätze aus. Auch eine individuelle Betreuung steht zur Verfügung, z. B. durch Tagesmütter. Durch die Inanspruchnahme mehrerer Elternurlaube, die teilweise vergütet werden, ist zudem eine Betreuung zu Hause durch die Eltern möglich.
Die dritte Säule, ein spezielles **Familienbesteuerungssystem**, führt faktisch dazu, dass viele Haushalte in Frankreich mit geringem oder mittlerem Einkommen keine Steuer zahlen.

	Deutschland	Frankreich
Fertilität 2010	1,36	2,03
Anteil der über 65-Jährigen (2011)	20,2	16,8
Anteil der unter 15-Jährigen (2011)	13,4	18,5

Ausgewählte demographische Kennziffern im Vergleich

4.2 Bevölkerungspolitik in China und ihre Folgen

Werbung für die Ein-Kind-Familie in China

1979/1980 führte die chinesische Regierung die **Ein-Kind-Politik** ein, die nur ein Kind pro Familie erlaubt. Zu ihrer Durchsetzung wurden Strafmaßnahmen wie z. B. Zwangsabtreibung oder Lohnkürzungen verordnet sowie Anreize wie eine Ein-Kind-Prämie, Bevorzugung bei der Arbeitsplatzverteilung oder schnellere Vergabe von Wohnungen geschaffen.

Die Ein-Kind-Politik wurde mehrfach verändert, gilt aber nach wie vor. Ihre Durchsetzung stieß und stößt jedoch nicht auf ungeteilte Akzeptanz in der chinesischen Bevölkerung. Inzwischen gibt es daher eine Reihe von Ausnahmen; auch eine Hinwendung zu einer „Zwei-Kind-Politik" wird diskutiert.

Insgesamt hat die Ein-Kind-Politik zu einem spürbaren Rückgang der Geburten geführt. Ein gravierender Nachteil zeigt sich immer deutlicher: Heute sind bereits mehr als 13 % der Chinesen älter als 60 Jahre. China hat dadurch das Stadium einer **alternden Gesellschaft** erreicht, wie es v. a. für hochentwickelte Länder wie Deutschland charakteristisch ist. Prognosen besagen, dass in 20 Jahren in China 300 Mio. Rentner leben werden – das entspricht etwa der Einwohnerzahl der USA.

Dies stellt die Volksrepublik vor große Herausforderungen: Ein Rentenversicherungssystem muss erst noch aufgebaut werden. Die meisten Chinesen müssen sich in der Altersvorsorge auf ihre(n) Nachkommen verlassen. Dabei müssen jedoch immer weniger junge Menschen für immer mehr alte Menschen sorgen. Insgesamt wird diese Bevölkerungsentwicklung zur Schwächung der Volkswirtschaft führen. Schon heute klagen einige Regionen über Arbeitskräftemangel. China verliert so mittel- und langfristig seinen demographischen Wettbewerbsvorteil.

Etwa vom Jahr 2030 an wird die Zahl der Menschen in der Volksrepublik sinken. Das Nachbarland Indien, das China den Prognosen nach als das Land mit der größten Bevölkerung ablösen wird, hat dann noch zwei Jahrzehnte Bevölkerungswachstum vor sich. Auch wirtschaftlich könnte Indien China deshalb überholen.

Zusammenfassung

- Die Bevölkerungsentwicklung ist v. a. abhängig von direkten Faktoren (z. B. Altersaufbau, Größe der Ausgangsbevölkerung, Lebenserwartung) sowie von indirekten Faktoren (z. B. Gesundheitsvorsorge, Bildung, Traditionen).
- Für die grafische Darstellung unterschiedlicher Bevölkerungsentwicklungen wählt man die Form der Alterspyramide (Formen: Pagoden-, Dreiecks-, Tropfen-, Bienenkorb-, Urnenform).
- Bei einer wachsenden Bevölkerung ist jeder Neugeborenenjahrgang größer als der vorhergehende bei konstanter Mortalität.
- Ist die Zahl der Neugeborenen geringer als die Zahl der älteren Jahrgänge, schrumpft die Bevölkerung. Dies ist typisch für Industrieländer. Hier steigt auch der Anteil der über 65-Jährigen, was den Prozess der Überalterung einer Gesellschaft anzeigt.
- Im 20. Jh. ist die weltweite Bevölkerungszahl exponentiell gestiegen. Im 21. Jh. steigt sie extrem stark in den weniger entwickelten Ländern. In Europa und in einigen asiatischen Ländern stagniert die Zahl der Einwohner.
- Für das generative Verhalten und v.a. für den Kinderwunsch sind auch indirekte Faktoren wie Kultur oder Religion von Bedeutung. Vor diesem Hintergrund lässt sich das Modell des demographischen Übergangs, das aus der Entwicklung der Industrieländer abgeleitet wurde, nicht ohne Weiteres auf Entwicklungsländer übertragen.
- Immer wieder versuchen Staaten, die Zahl und Struktur ihrer Bevölkerung zu beeinflussen. Dazu nutzen sie Sanktionsmaßnahmen und/oder staatliche Anreize. So soll z. B. in verschiedenen Ländern Europas mit familienpolitischen Maßnahmen eine Steigerung der Geburtenhäufigkeit erzielt werden, während in China durch die Ein-Kind-Politik die Bevölkerungszahl abnehmen soll.

Siedlungsgeographie – Leben in der Stadt und auf dem Land

1 Siedlungsentwicklung

1.1 Gründe für die Entwicklung von Dörfern und Städten

Dorf: ländliche Siedlung mit mehr als 15 Wohnstätten, i. d. R. durch Agrarwirtschaft gekennzeichnet

Stadt: statistisch in den einzelnen Ländern unterschiedlich definiert; in Deutschland:
ab 2 000 Einw. Landstadt,
ab 5 000 Einw. Kleinstadt,
ab 10 000 Einw. Mittelstadt,
ab 100 000 Einw. Großstadt

Im Laufe seiner Entwicklungsgeschichte hat der Mensch nach und nach immer mehr Siedlungsbereiche erschlossen. Im Zuge des Sesshaft-Werdens hat er zunächst kleine **Dörfer**, später größere Siedlungen und schließlich **Städte** gegründet, und zwar immer dort, wo die natürlichen Verhältnisse günstig waren und er Vorteile für seine Lebensgestaltung vorfand. Die Größe der einzelnen Siedlungen hing lange Zeit von der Tragfähigkeit des Landes ab, von ihrer Lagegunst (Flusslage mit Möglichkeit zum Übergang, Gebirgsränder mit Verteidigungsmöglichkeit) und ihrer religiösen, militärischen, politischen oder wirtschaftlichen Bedeutung als Handwerks- oder Handelsstadt (Lage an der Küste, an Flüssen, zentral an wichtigen Handelswegen und Kreuzungspunkten).
Die unterschiedlichen Siedlungsformen boten dem Menschen von Anfang an **Wohn-** und **Arbeitsplätze**. In den größeren Siedlungen konnte er sich zudem mit **Waren** und **Dienstleistungen** versorgen; die großen Städte hielten darüber hinaus Möglichkeiten zur **Bildung** und zur **Freizeitgestaltung** bereit. Einige Städte boten ihren Bewohnern bis zum Beginn der Neuzeit aufgrund ihrer Wall- und Wehranlagen auch Schutz gegen Feinde.

Dorf in Niederbayern

Mit der Zeit veränderten sich Größe, innere Struktur, Physiognomie und Funktion vieler Städte. Der ländliche Raum verlor in den Industriestaaten zunehmend seine ursprüngliche, rein agrarische Bedeutung. Immer mehr Menschen zogen in die Städte, um in der Industrie und im Dienstleistungsgewerbe Arbeit zu finden.

1.2 Ländliche und städtische Lebensräume – Gemeinsamkeiten und Unterschiede

Der ländliche Raum

Der ländliche Raum ist deutlich weniger dicht besiedelt als der städtische und weist unterschiedliche **Dorfformen** auf. Ursprünglich dominierte Beschäftigung im **primären Sektor** mit dem Ziel, land- und forstwirtschaftliche Produkte über den Eigenbedarf hinaus zur Versorgung der benachbarten oder anderer städtischer Räume herzustellen.

Dorfformen: durch die Kulturlandschaft bedingte Typen ländlicher Siedlungen, z. B. Weiler, Haufendorf (organisch gewachsen); Straßendorf, Angerdorf (mit regelhafter Grundrissplanung)

Im 20. Jh. hat es in den Industrie- und Dienstleistungsgesellschaften einen **tiefgreifenden Wandel** gegeben: Nur noch ein sehr geringer Teil der Dorfbewohner geht im Vollerwerb der Land- und Forstwirtschaft nach, der größere Teil pendelt in benachbarte Gemeinden aus, um dort im sekundären oder tertiären Sektor zu arbeiten. Als Konsequenz hiervon sind frühere landwirtschaftlich genutzte Bauten anderen Verwendungszwecken zugeführt worden, sie werden nun als Wohn-, Gewerbe- oder Freizeitflächen genutzt. Das dörfliche Erscheinungsbild hat sich verändert und sich oft demjenigen der Stadt angenähert.

Zwischen benachbarten ländlichen und städtischen Räumen bestehen wechselseitige Beziehungen. Die Dörfer übernehmen einerseits zunehmend Wohnfunktion für die zuziehende Bevölkerung, die zum Arbeiten täglich in die Städte auspendelt. Andererseits werden die Städte für die ländliche Bevölkerung immer wichtiger als Standorte von Arbeitsplätzen, Warenangeboten und Dienstleistern.

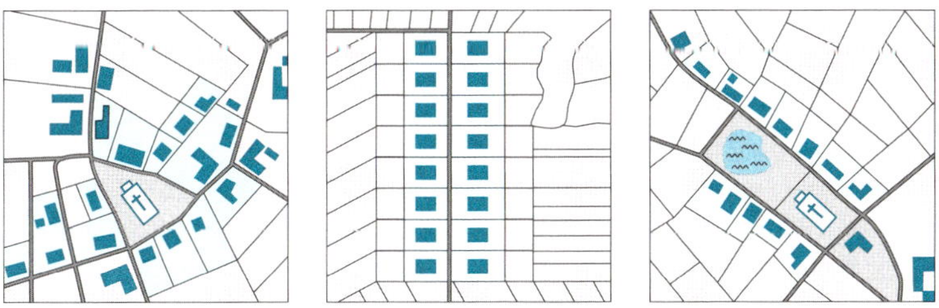

Typische Dorfformen in Mitteleuropa: Haufendorf, Straßendorf, Angerdorf

Stadt-Land-Kontinuum: Raumstruktur in Industrieländern, die den früheren Stadt-Land-Gegensatz abgelöst hat; im Zuge des Urbanisierungsprozesses entstanden viele Übergangstypen städtischer und ländlicher Art

Heute gibt es vielerorts keinen klaren Stadt-Land-Gegensatz mehr, da viele Städte über ihre ehemaligen Grenzen hinaus weit in ihr ländliches Umland hinausgewachsen sind. Es hat eine z. T. enge Verzahnung zu einem **Stadt-Land-Kontinuum** stattgefunden.
Der ländliche Raum der Gegenwart wird **multifunktional** gesehen: Er dient weiterhin zur Agrarproduktion, daneben aber auch als **Raumreserve**, als **Erholungs- und Freizeitraum** sowie als **ökologischer Ausgleichsraum**. Damit er diesen unterschiedlichen und vielfältigen Anforderungen gerecht werden kann, bedarf es sorgfältiger Planungen und überlegter Entscheidungen bezüglich seiner jeweiligen regionalen und lokalen Nutzung.
In den Entwicklungsländern hat der ländliche Raum weitgehend seine ursprüngliche Struktur und Funktion erhalten, mit der Änderung, dass sich häufig anstelle von Subsistenzwirtschaft eine **agrarindustrielle Struktur** mit Cashcrop-Produktion entwickelt hat.

→ **agrarindustrielle Struktur:** vgl. S. 133

info

Entwicklungsziele im ländlichen Raum

Siedlungskulturelle Ziele:
- Gestaltung von Ortszentren/Erhalt des Ortsbildes
- Eindämmung der Zersiedelung
- Sicherung der Ausgleichs- und Erholungsfunktion der Landschaft
- Verkehrsberuhigung

Ökonomische Ziele:
- Steigerung von Beschäftigungseffekten für die einheimische Bevölkerung
- Belebung lokaler und regionaler Wirtschaftskreisläufe (v. a. Direktvermarktung)
- Steigerung des Erholungswertes der Landschaft zur Belebung des qualitäts- und umweltbezogenen Tourismus

Soziokulturelle/ideelle Ziele:
- Hebung des Orts- und Regionalbewusstseins der Bevölkerung
- Beteiligung der lokalen Bevölkerung an Entwicklungsprozessen
- Aufleben alten Handwerks und Gewerbes sowie Pflege des Brauchtums
- Förderung des Umweltbewusstseins

Ökologische Ziele:
- Erhalt der Kulturlandschaft
- Natur- und Umweltschutz: Erhalt der natürlichen Entwicklungsfähigkeit, des ökologischen Ausgleichspotenzials und der Produktionsleistung der Natur

Verstädterungsprozesse – Ursachen und Auswirkungen

Städte haben ihren Bewohnern immer schon die Möglichkeit geboten, ihre wesentlichen **Grunddaseinsfunktionen** zu befriedigen. Dieses verdichtete Angebot an zahlreichen Bildungseinrichtungen, unterschiedlichsten Arbeitsplätzen, einer großen Auswahl an Waren sowie eine vielfältige Kulturszene sind u. a. Gründe für die große Attraktivität der Städte.

info

Grunddaseinsfunktionen, auch Daseinsgrundfunktionen:

die wesentlichen raumrelevanten Aktivitäten des Menschen

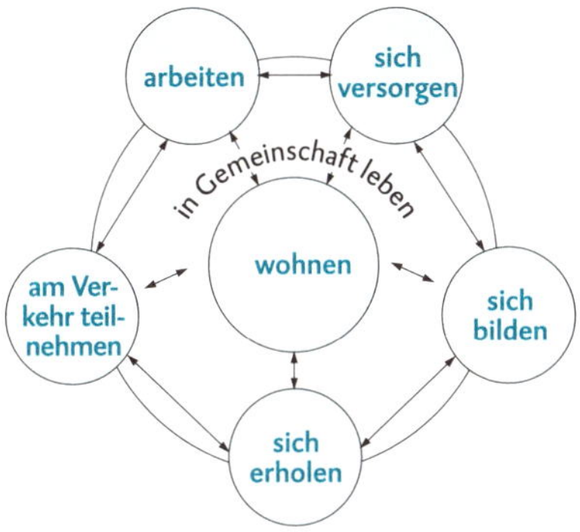

Daneben sind Städte **Kristallisationspunkte neuer Ideen und Entwicklungen**. Sie gelten als „modern“, bieten jungen Leuten neue, andersartige Lebensstile und ermöglichen individuelle Formen der Selbstverwirklichung.

Voraussetzung dafür, dass Menschen in großem Umfang Städte ansteuern konnten, waren zum einen sichere volkswirtschaftliche Verhältnisse, wie es sie in Mitteleuropa erst ab den 1960er-Jahren gab, ferner die Vollmotorisierung, die hiermit einherging. In Nordamerika fand beides bereits seit den 1930er-Jahren statt.

Mehr als 75 % der Menschen in Industrie- und Dienstleistungsgesellschaften leben in Städten. Inzwischen gibt es aufgrund negativer Entwicklungen in den großen Städten jedoch bereits erste Wiederabwanderungstendenzen ins benachbarte Umland oder in kleinere Städte.

In den Entwicklungsländern ist die Hoffnung auf einen Arbeitsplatz und auf die Schaffung einer Existenzgrundlage der Hauptbeweggrund, in die Stadt zu ziehen. Denn aufgrund des immer noch recht hohen Geburtenüberschusses auf dem Land haben die Menschen dort wenig

Piccadilly Circus in London

Chancen auf eine Beschäftigung. Folgen sind **Landflucht** in großer Anzahl und **Binnenmigration** in Richtung Groß- und Hauptstadt, was zu einem immer stärkeren Wuchern der Metropolen mit der Herausbildung von Hütten- und Elendsvierteln führt.

Diese siedlungsmäßigen Verdichtungsvorgänge bringen nach und nach auch deutlich negative Folgen mit sich: Der immer stärkere Pendlerstrom, dem man z. B. in den USA mit der Schaffung einer sogenannten **„autogerechten Stadt"** eine Zeit lang begegnen wollte, führt zu einem enormen Verkehrsaufkommen und damit zu einer immer größeren Umweltbelastung durch Lärm und Staub (Smog).

Segregation: räumliche Trennung von sozialen und/oder ethnischen Bevölkerungsgruppen in Städten

Das enge Beieinander unterschiedlichster sozialer und ethnischer Gruppen führt an vielen Stellen zu Prozessen der **Segregation**, die für ein Gemeinwesen wie eine Stadt unvorteilhaft sind. Der oft nicht endende Zustrom neuer Bewohner erschwert zunehmend die Suche nach Wohn- und Arbeitsplätzen – soziale Probleme sind häufig die Folge. Das ständige flächenmäßige Ausufern der Städte führt zu **Zersiedlung** und **Flächenfraß**.

1.3 Stadtentwicklung in Deutschland und Europa

Erste systematische Stadtanlagen in Deutschland und Europa gehen zurück auf die Zeit der **römischen Kolonisation**; sie wurden nach dem Vorbild der Hauptstadt Rom erbaut. Garnisons- und Verwaltungsstädte wie Köln, Trier, Mainz, Wien, London oder Paris erhielten Strukturen und Baukörper, die noch heute das kernstädtische Erscheinungsbild prägen. Typisch waren ein rechtwinklig angelegtes Straßennetz mit zwei Hauptachsen sowie als **Strukturelemente** im Zentrum Marktplatz **(Forum)** und Markthalle **(Basilika)**.

Anhand des Grundrisses lassen sich auch Entstehung und Entwicklung der meist zwischen dem 12. und 15. Jh. im **Mittelalter** gegründeten **Markt- und Handelsstädte** nachverfolgen; ihre Gründung geht zurück auf die Entwicklung der Wirtschaft und des Fernhandels sowie auf die Ausweitung kirchlicher und fürstlicher Macht.

Den historischen Kern erkennt man anhand seiner runden Struktur mit Kirche und Marktplatz in der Mitte, kleinen, engen, z. T. verwinkelten Gassen und unregelmäßigen Grundstücken. Die Stadt des Mittelalters wies klare **physiognomische Strukturelemente** auf: Sie bildete mit ihrer Stadtmauer, den Toren und Türmen eine feste, gegenüber dem Umland klar abgegrenzte Einheit. Als der Zustrom neuer Bürger von den befestigten Städten nicht mehr aufgenommen werden konnte, entstanden an den Ausfallstraßen vor den Stadttoren Vorstädte. Aufgrund von Kriegen, wirtschaftlichen Problemen und den Folgen der Pest stagnierte die Stadtentwicklung bis ins 14. Jh. hinein.

Physiognomie, physiognomisch: äußeres Erscheinungsbild eines (geowissenschaftlichen) Gegenstands; dessen Gliederung nach äußeren Merkmalen

Im 16. bis 18. Jh. setzte eine neue Phase von Stadtgründungen ein, die durch pragmatische Formen bestimmt waren: Es entstanden **Festungs-** und **Garnisonsstädte**. Diese wiesen in ihrem Grund- und Straßennetz geometrische Formen auf, z. B. den sternförmigen Festungstyp des französischen Festungsbaumeisters **Vauban**.

Römisches Stadttor Porta Nigra in Trier

Handelsstadt Rothenburg/Tauber

Festung Ehrenbreitstein bei Koblenz

Der zunehmende Einfluss der Fürstenhäuser führte zu einem neuen Typ von Stadtanlage, der die Macht ihrer Besitzer widerspiegeln sollte: die aus einem Kreis entwickelte **Residenzstadt** mit einem sternförmig-konzentrischen Straßensystem, das auf das fürstliche Schloss ausgerichtet war (Beispiel: Karlsruhe 1715).

Diese geplanten Städte waren Festungsstädte und verfügten nach dem Vorbild von Versailles über Schutz- und Wallanlagen, die jedoch meistens am Ende des 18. Jh. bereits wieder geschleift wurden und so Raum eröffneten für großzügige Ringstraßen und öffentliche Plätze.

An die städtischen Kerne gliedern sich Viertel der verschiedenen **Stadterweiterungsphasen** an, die überwiegend im Zeitalter der **Industrialisierung** und der **Neuzeit** entstanden. Zu dieser Zeit erfolgte auch der Bau von Eisenbahnanlagen und Bahnhöfen, die meist tangential an den mittelalterlichen Stadtkernen entlang führten bzw. die am Rand dieser Stadtkerne lagen.

→ **Industrialisierung:** vgl. S. 152 f.

Im Zeitalter der Industrialisierung kam es zu einer enormen und schnellen Land-Stadt-Wanderung, die zu bedrückendem Wohnraummangel führte. Damals galt es, kurzfristig und preiswert umfangreichen Wohnraum für zehn- bis hunderttausende Menschen zu schaffen. Man baute **Mietskasernen** und **Mehrfamilienhäuser** mit Tordurchfahrten

	Mittelalter (8.–15. Jh.) Handels- und Bürgerstadt	Absolutismus (16.–18. Jh.) Residenzstadt	Industrialisierung (19. Jh.) Industriestadt
Grundriss	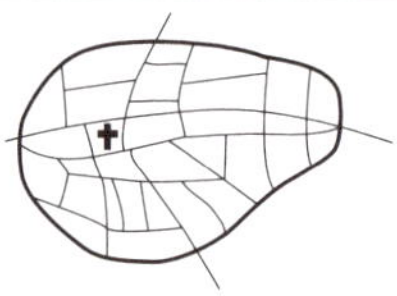	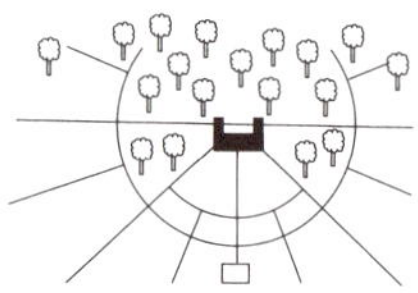	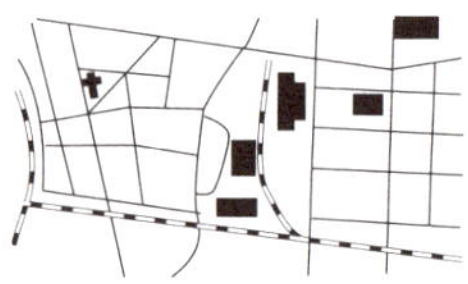
Siedlungs-mittelpunkt	• Kirche/Kloster • Burg • Marktplatz mit Rathaus	• Schloss/Residenz	• Industrieanlagen • Bahnhof
Verkehrssystem	• Handelsstraßen für Fuhrwerke, ausgerichtet auf Siedlungsmittelpunkt • enge, verwinkelte Gassen für Tragtiere oder Karren	• planmäßige Anlage • Alleen • Hauptachsen auf Residenz ausgerichtet	• Eisenbahn • rasterförmiges Straßennetz
sonstige charakteristische Merkmale	• Stadtmauer, meist mit Stadtgraben • Wohn- und Arbeitsstätte unter einem Dach	• Park- und Gartenanlage in geometrischen Formen • VAUBAN'sche Bastionen	• Mietskasernen • Villenviertel • weitgehend räumliche Trennung von Wohnen und Arbeiten, aber immer noch enges Nebeneinander

Stadtbauepochen in Europa im Überblick

zu mehreren Innen- und Hinterhöfen wie in Berlin, die auf einem einzigen Grundstück bis zu 2 000 Menschen Unterkunft boten. **Werkskolonien** entstanden in unmittelbarer Nähe zu den Industriearealen für die Arbeiter, **Villenviertel** am Stadtrand für die Bürger und für die höhere Beamtenschicht. Den Zeitraum am Ende des 19. Jh. nennt man daher auch die „Gründerjahre".

Werkskolonie/Werkssiedlung: physiognomisch einheitliche Wohnsiedlung, von einem Großunternehmen meist werknah für seine Beschäftigten gebaut (z. B. Zechensiedlungen im Ruhrgebiet)

Die flächenmäßige Ausdehnung führte zu ersten **Zersiedlungserscheinungen**, da es meist keine geplante Stadtentwicklung gab. Innerhalb der Städte entstand eine Differenzierung nach sozialen Schichten, es bildeten sich Viertel mit unterschiedlicher Sozialstruktur und unterschiedlichem Aussehen.

Ausgehend von unhaltbaren Wohnbedingungen, v. a. in den industriell geprägten Großstädten, entwickelte man zu Beginn des 20. Jh. unterschiedliche Konzepte zur Reform des Städtebaus; so entstand u. a. die Idee der **Gartenstadt** (vgl. nächste Seite). In der Folgezeit erwies sich die **Charta von Athen** als richtungsweisend.

Charta von Athen (1933): Leitbild der Stadtentwicklung mit dem Ziel, durch geplanten Städtebau die Trennung städtischer Funktionen zu erreichen

Nach Ende des Zweiten Weltkriegs erfolgte eine weitere Phase der Stadterneuerung und -erweiterung – Folge der Zerstörungen und Vertreibungen im Krieg und eines deutlichen allgemeinen Zuzuges in die Städte. In England wurden zur Entlastung der Verdichtungsräume **New Towns** errichtet, im Umland von Paris entsprechend **Villes Nouvelles**.

New Town, Ville Nouvelle: engl. bzw. frz. Stadt des 20. Jh. in Fortführung der Gartenstadtidee zur Entlastung von Verdichtungsräumen, z. B. Harlow bei London oder Marne-la-Vallée bei Paris

BASF/Ludwigshafen – Werkskolonie um 1914

info

Gartenstadtidee von Ebenezer Howard (1898)

Ziele:

- Einen mit der Natur harmonierenden Lebensstil ermöglichen: Vorteile des Land- und Stadtlebens miteinander verbinden
- Fehlentwicklungen des Großstadtwachstums während der Industrialisierung entgegenwirken, u. a. dem Ausufern der Städte und dem unwürdigen Leben in Mietskasernen auf engem Raum
- Dekonzentration des Großstadtwachstums herbeiführen: Gründung neuer Städte/Stadtteile ringförmig um die Zentralstadt (wie London) an der Peripherie mit festgelegter Maximalbevölkerung (Mittelstadtgröße)
- „Stadt im Grünen", integriert in Grünzonen/Grüngürtel
- funktionale Binnengliederung in Gewerbe-, Versorgungs- und Wohnbereiche
- soziale Durchmischung

Bekannte deutsche Gartenstädte sind Hellerau/Dresden, das Augsburger Thelottviertel, die Kruppsiedlung Margarethenhöhe/Essen oder Karlsruhe-Rüppurr.

Gartenstadt Karlsruhe-Rüppurr Anfang der 1960er-Jahre

Satellitenstadt: Stadt innerhalb einer Stadtregion zur Entlastung der Kernstadt, funktional von dieser abhängig

Trabantenstadt: eigenständiger als Satellitenstadt, z. B. im Hinblick auf Arbeitsplätze sowie Angebote im Einzelhandel und bei Dienstleistungen

→ **Segregation, Gentrifizierung, Fragmentierung:** vgl. S. 216, 229, 235

Um eine weitere Zersiedlung des städtischen Umlandes zu verhindern sowie die Prozesse der Suburbanisierung und Tertiärisierung zu steuern, schuf man auch in Deutschland **Satelliten-** und **Trabantenstädte**. Diese waren entweder reine Schlafstädte ohne Infrastrukturangebote (Beispiel: Frankfurt-Nordweststadt) oder Siedlungen, die eine gewisse Eigenständigkeit aufwiesen (Beispiel: München-Neuperlach). Insbesondere in der ehemaligen DDR wurden Großwohnsiedlungen in standardisierter Plattenbauweise als Modell sozialistischen Bauens entwickelt, die mit ihrer bis zu zwölfgeschossigen Bauweise das frühere Stadtbild beherrschten.

Als aktuelle Prozesse städtischer Entwicklung sind **Segregation**, **Gentrifizierung** und **Fragmentierung** zu beobachten.

Stadtumbau – eine Folge demographischer Entwicklungen

Seit den 1960er-Jahren hat sich das **generative Verhalten** in den Industriestaaten deutlich verändert („Pillenknick"): Die Kinderanzahl je Familie ging durchschnittlich auf unter zwei zurück, der Anteil der sog. Singles stieg besonders seit den 1990er-Jahren ständig an, er betrug 2001 in Deutschland 17 % und 2010 bereits 43 %. Als Folge sank das Bevölkerungswachstum erneut, in Deutschland betrug es von 2000–2010 genau 0,0 %.

→ **generatives Verhalten:** vgl. S. 201

In den neuen Bundesländern nahm die Bevölkerung nach 1990 deutlich ab, da zusätzlich zum natürlichen Bevölkerungsrückgang viele Menschen abwanderten, besonders jungen und mittleren Alters (Ausnahme: der Großraum Berlin war Zuzugsgebiet). Einige ostdeutsche Städte verloren binnen 10 Jahren bis zu 40 % ihrer Bevölkerung – man spricht in diesem Zusammenhang von schrumpfenden Städten oder **Shrinking Citys**.

Als Folge hiervon entstanden ein deutliches Überangebot an Wohnraum, Leerstände, Wegfall von Steuereinnahmen für die Gemeinden und eine zurückbleibende überalterte Bevölkerung. Die Städte waren in ihrer grundsätzlichen Funktion gefährdet.

Auf diese Entwicklung musste reagiert werden, wollte man verhindern, dass die Städte unattraktiv wurden, Gebäude verfielen und sich die Sozialstruktur negativ entwickelte.

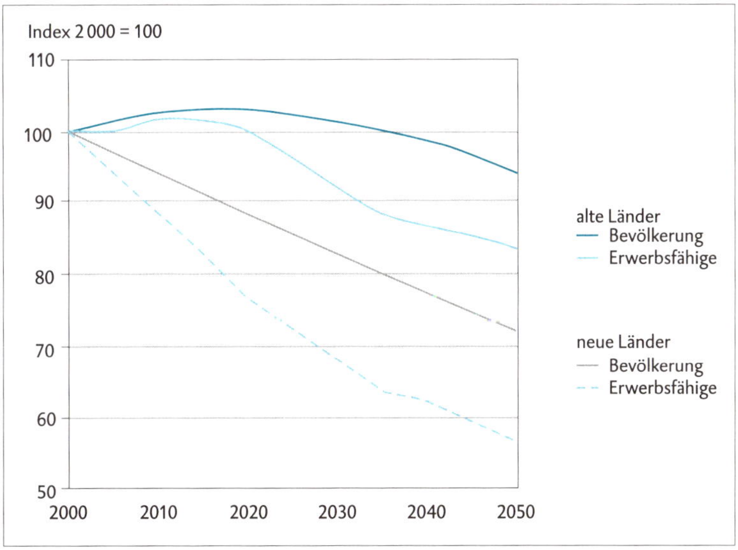

Demographische Entwicklung in den ost- und westdeutschen Flächenländern

Revitalisierung: Wiederbelebung städtischen Lebens und städtischer Funktionen durch stadtplanerische Maßnahmen, z. B. Schaffung attraktiver Fußgängerzonen mit Plätzen oder Sanierung traditioneller Bausubstanz

→ **Gentrifizierung:** vgl. S. 229

Zur Stabilisierung wurden **Aufwertungsmaßnahmen**, **Rückbau**, **Abriss** oder Maßnahmen zur **Revitalisierung** unternommen, je nachdem, welche Stadtteile betroffen waren. Erhaltenswerte Bausubstanz, häufig in den Innenstädten, wurde gesichert, saniert und modernisiert und somit wurde hochwertiger Wohnraum geschaffen. Als Folge dieses Stadterneuerungsprozesses ließ sich in einigen Stadtvierteln ein **Gentrifizierungsprozess** beobachten.
Außerdem wurden die Infrastruktur verbessert (Verkehrsanbindung, Einkaufsmöglichkeiten, Dienstleistungsangebote) und das Stadtbild modernisiert. Plattenbauten, die oft kleine Wohneinheiten und schlechte Bausubstanz bei hoher Bebauungsdichte aufwiesen, wurden hingegen geschossmäßig zurückgebaut, teilweise sogar ganz abgerissen.
Findet der Abriss innerstädtisch statt und werden hierdurch Frei- und Grünflächen geschaffen, spricht man von einer **perforierten Stadt**. Werden ganze Stadtteile aufgegeben, weil z.B. der Bevölkerungsrückgang zu stark ist, um die Stadt in ihrem Bestand vollständig zu erhalten, spricht man von einer **transformierten Stadt**.
Solche Stadtumbaumaßnahmen beschränken sich keineswegs auf die neuen Bundesländer oder auf Deutschland: Überall dort, wo die demographische Entwicklung zu einem deutlichen Rückgang der Bevölkerung führt, sind sie notwendig. Häufig werden sie von staatlicher Seite gefördert und finanziell unterstützt, z. B. durch das Bund-Länder-Programm „Stadtumbau Ost" in den neuen Bundesländern.

Rückbau- und Abrissmaßnahmen in Dresden

1.4 Leitbilder der Stadtentwicklung in Deutschland

Faktoren der Stadtentwicklung

Städte haben sich im Laufe der Zeit immer wieder verändert – häufig als Reaktion auf **geänderte demographische, wirtschaftliche und politische Faktoren** sowie auf den sich ändernden Zeitgeist.
Die Erfahrungen der letzten Jahrzehnte lassen sich wie folgt zusammenfassen: Die anhaltende Expansion von Städten mit hohem Flächenverbrauch im städtischen Umland bedingt eine starke Zunahme von **Individual-** und **Wirtschaftsverkehr**. Diese Entwicklungen werden unterstützt durch eine noch stärkere Trennung der Funktionen Wohnen, Arbeiten, Versorgung und Freizeit.
Damit die Städte den ökonomischen, sozialen, funktionalen und städtebaulichen Ansprüchen auf Dauer gerecht werden können, wurden **Leitbilder der Stadtentwicklung** entwickelt. Folgende Leitbilder gelten als zukunftsfähig:

Individualverkehr: Personenverkehr, der von jedem Einzelnen als Fußgänger, Rad-/Motorradfahrer oder Pkw-Benutzer und nicht durch öffentlichen Verkehr (Bus, Bahn) oder Werkverkehr/Schulbusse abgewickelt wird

Wirtschaftsverkehr: Verkehr, der unmittelbar von der Wirtschaft verursacht wird, z. B. Warendistribution, An- und Abtransport von Rohstoffen oder Fertigwaren

- **städtebauliche Verdichtung:** kompakte Bauweise, Sanierung und Umwidmungen im Baubestand ermöglichen diese;
- **funktionale Mischung:** Ziel ist die **kompakte Stadt**, in der alle Daseinsgrundfunktionen in jedem Stadtviertel vorhanden sind;
- **dezentrale Konzentration:** Siedlungsentwicklung an der Peripherie findet nur noch schwerpunktmäßig an ausgewählten Standorten statt.

„Grünes Wohnen" im Quartier Vauban, Freiburg

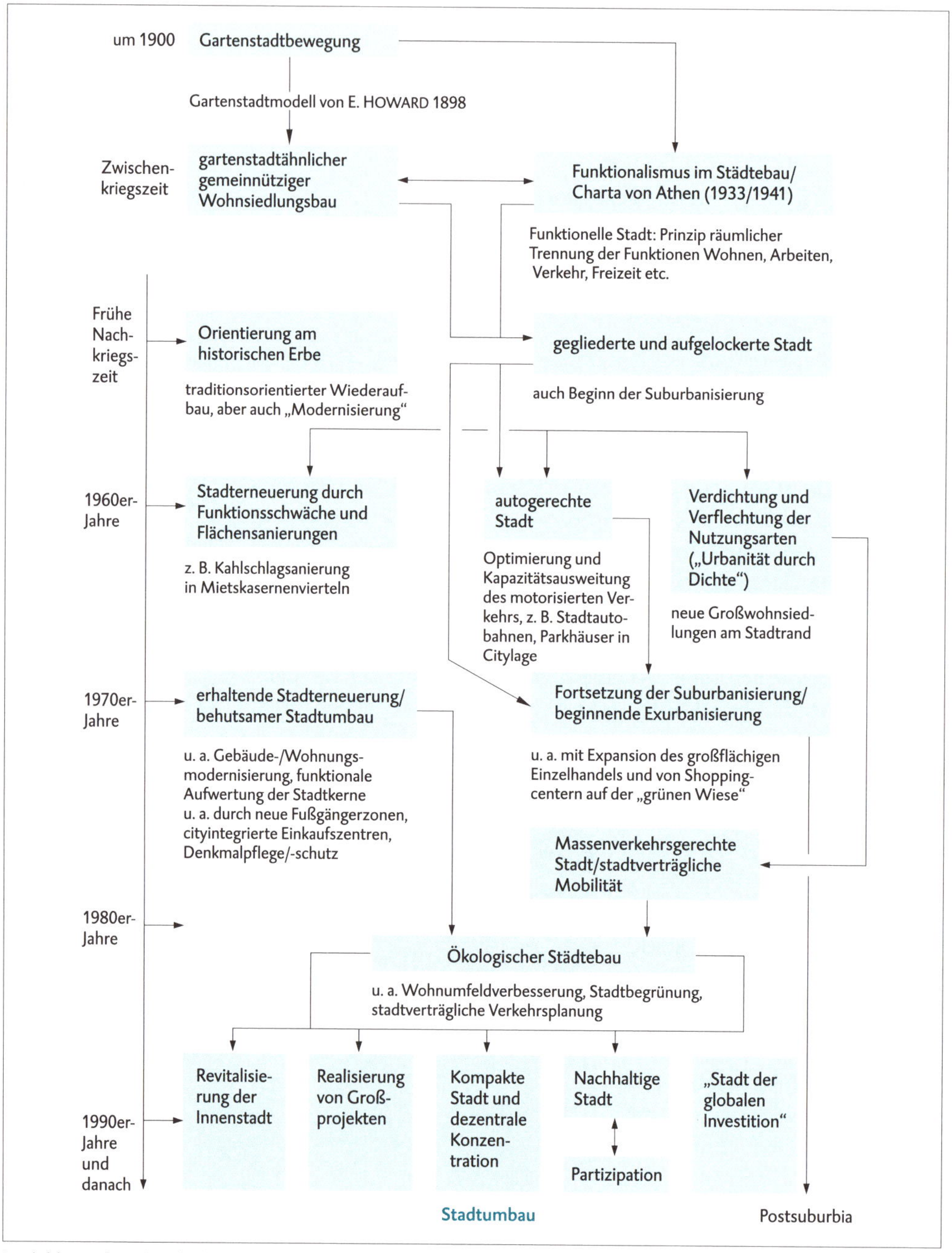

Leitbilder und Merkmale der Stadtentwicklung in Deutschland

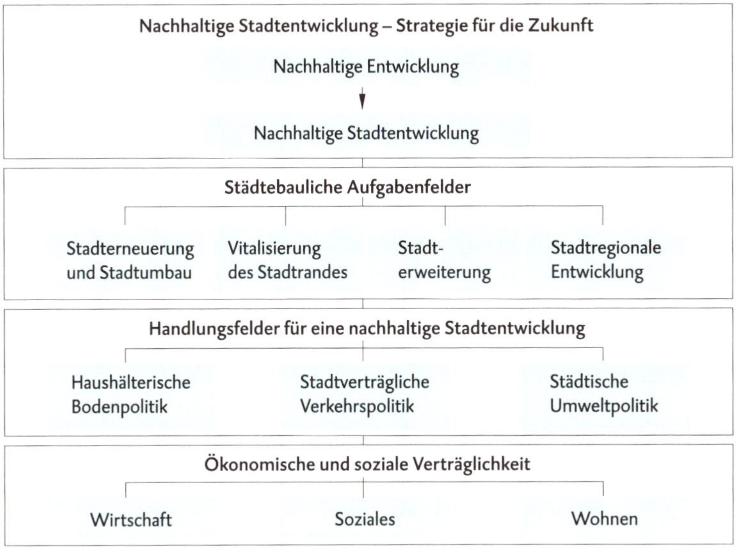

Das Leitbild „Nachhaltige Stadtentwicklung"

Im Jahr 1992 vereinbarten Vertreter von 179 Staaten in Rio de Janeiro die **Agenda 21**. Gemeinsames Ziel ist eine nachhaltige, umwelt- und sozialverträgliche Gesamtentwicklung; ökonomische, ökologische und soziale Aspekte sollten hierbei grundsätzlich gleichwertig beachtet werden. Träger dieser Entwicklung sollten die Menschen vor Ort sein. Das Motto **„Global denken – lokal handeln"** fordert hierbei zu einer intensiven Bürgerbeteiligung auf. Bezüglich der zukünftigen Stadtentwicklung wurde ein entsprechendes Leitbild entwickelt. In der Charta von Aalborg (1993) wurden die europäischen Kommunen ergänzend aufgefordert, zusammen mit den eigenen Bürgern ein lokales Handlungskonzept zu erarbeiten, eine **„lokale Agenda 21"**.

Agenda 21: Entwicklungs- und umweltpolitisches Programm für das 21. Jh. zur Förderung nachhaltiger Entwicklung

info

Ziele nachhaltiger Stadtentwicklung

- Modell der „**kompakten Stadt**"**:** Verdichtung, Flächenrecycling, Renovierung, Instandsetzung
- Abkehr vom Leitbild der gegliederten Stadt: **funktionale Mischung** und Verflechtung von Nutzungsarten innerhalb von Stadt und Stadtteilen
- **Polyzentralität:** Entwicklung großräumiger Siedlungsmuster nach dem Prinzip der dezentralen Konzentration

2 Stadt in unterschiedlichen Kulturräumen

2.1 Gliederung der europäischen Stadt

Die europäischen Städte lassen sich nach vier Hauptaspekten gliedern:

Historisch-genetische Gliederung

Die einzelnen Stadtbereiche werden im Hinblick auf ihre Entstehungszeit und ihre nachfolgende Entwicklung untersucht. Straßennetz, Gebäudegrundrisse, Parzellierungen, Hausformen und Baumaterialien dienen zur Bildung teilräumlicher Einheiten und zur Kennzeichnung ihrer Bedeutung.

Physiognomische Gliederung

Das äußere Erscheinungsbild der Gesamtstadt wie ihrer Teilbereiche erlaubt Rückschlüsse auf deren Alter und Funktion: Hochhäuser findet man überwiegend im Stadtkernbereich. Hier sind Grund und Boden knapp und teuer, Wohn- und v. a. Arbeitsplätze sind deshalb auf engem Raum unterzubringen, man baut in die Höhe.
Häuserblöcke und -zeilen mit mehrgeschossiger Bebauung findet man in zentrumsnahen Wohngebieten. Aufgelockerte, meist ein- bis zweigeschossige Bebauung findet man mit zunehmender Entfernung vom Stadtzentrum. Villenviertel sind gekennzeichnet durch Einzel- oder Doppelhäuser mit größeren Grundstückszuschnitten und Garten. Geometrisch angelegte Straßennetze kennzeichnen neuere, komplett geplante Wohnviertel. Industrie- und Gewerbegebiete weisen eine komplexe Bauweise, z. T. Großbauten (Lager- und Produktionshallen) und Lagerflächen auf.

Funktionale Gliederung

City: Kern einer Großstadt mit zentralen Versorgungsfunktionen wie Kaufhäusern, Einzelhandelsgeschäften, Dienstleistungsbetrieben, Banken, Fachärzten, Anwälten, Behörden und Verwaltungseinrichtungen sowie kulturellen Einrichtungen

Diese lässt sich weitgehend aus der Flächennutzung und Geschosshöhe ableiten: Kernstadt **(City)** und Mittelpunkte von Nebenzentren weisen überwiegend Geschäfts- und Dienstleistungsfunktionen auf. An Ausfallstraßen findet man großflächige Flachbauten des Gewerbes, z. B. Einkaufszentren, Möbel- und Autohäuser oder Heimwerkermärkte. Ferner unterscheidet man Industrieviertel (große Flächen, Verkehrsanschlüsse), Wohnviertel (mit Geschäften zur Deckung des täglichen Bedarfs) und Gebiete mit Mischnutzung; außerdem Erholungsflächen, die z. T. parkartig oder als „grüne Lunge“ in die Städte integriert sind oder den Übergang zum Umland bilden.

Sozialräumliche Gliederung

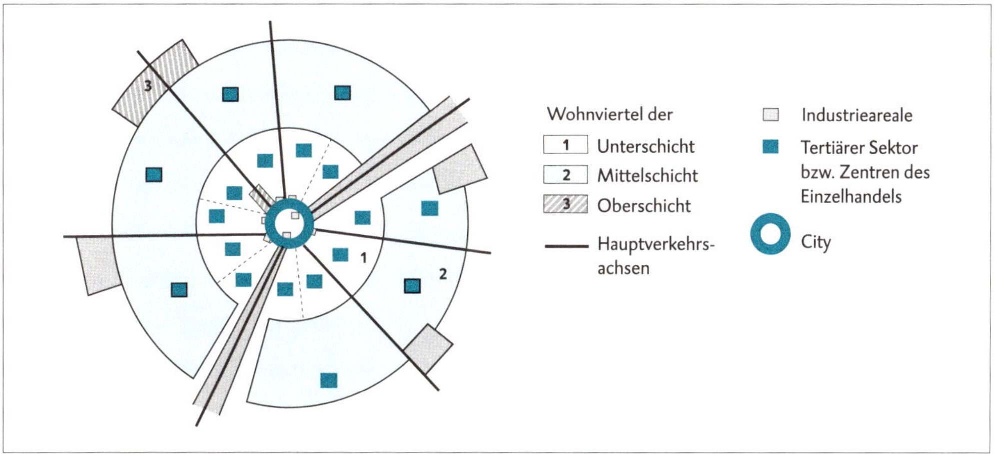

Modell der europäischen Stadt (funktionale und sozialräumliche Gliederung)

Innerhalb einer Stadt verteilt sich die Wohnbevölkerung nach sozialen und sozioökonomischen Gesichtspunkten. Man unterscheidet Wohnviertel mit niedrigem, mittlerem und gehobenem Status. Ausschlaggebend für diese Unterteilung sind der Grad der Schul- und Ausbildung, das Haushaltseinkommen sowie die ethnische und kulturelle Zusammensetzung.

2.2 Stadtentwicklung in Nordamerika

Der Großteil der nordamerikanischen Städte entstand – im Unterschied zu vielen europäischen Städten – erst im 18. und 19. Jh. zur Zeit der englischen und französischen Kolonialisierung sowie im Zuge des damaligen Baus der transkontinentalen Eisenbahnlinien. Anhand der Namensgebung lassen sich diese europäischen Wurzeln noch heute nachvollziehen (z. B. engl.: New York, frz.: Québec).

Der **Straßengrundriss** ist **schachbrettartig** angelegt in Übereinstimmung mit dem quadratischen Landvermessungssystems von 1785 **(Land Ordinance)**, das man auch bei der Aufteilung ländlicher Fluren findet. Im Stadtkern, dem **Central Business District**, findet man als markanteste Elemente der Skyline zahlreiche Hochhäuser. Zur Peripherie hin flacht die Skyline-Kurve schnell ab und bildet das flachgeschossige Häusermeer ab; sie wird nur stellenweise von Hochhauskomplexen der Nebenzentren an der Peripherie unterbrochen.

Central Business District (CBD): Hauptgeschäfts- und Dienstleistungsbereich einer nordamerikanischen Großstadt

Downtown: Kernstadtbereich einer nordamerikanischen Stadt, entspricht dem deutschen „City"-Begriff

In der **Downtown** konzentrieren sich Dienstleistungen, Banken, Unternehmensverwaltungen, öffentliche Einrichtungen und v. a. ein quantitativ und qualitativ hochwertiger Einzelhandel. Bei entsprechender Größe haben sich seit den 1980er-Jahren funktionale Viertel (Einkaufs-, Banken-, Hotelviertel) herausgebildet. Gute Erreichbarkeit dieser zentral gelegenen Anbieter, deren Fühlungsvorteile untereinander sowie das hohe Bodenpreisniveau haben zu dieser Ausprägung der Downtown geführt.

Schrägluftbild von Chicago

Um die Downtown schließt sich gürtelartig die **Transition Zone** (Übergangszone) an, die geprägt ist durch eine Mischung aus Wohn- und Gewerbeflächen. Hier hatte ursprünglich die weiße Mittelschicht ihren Siedlungsschwerpunkt. Seit Mitte des 20. Jh. ist es in vielen Großstädten zu Verfallserscheinungen gekommen, weil nach der Wohnbevölkerung auch immer mehr Gewerbetreibende und Dienstleister in den suburbanen Raum abwanderten. Sozial schwache Bevölkerungsgruppen (oft – je nach Lage der Stadt – Schwarze oder Hispanics) rückten nach, **Ghettos** mit hohen Arbeitslosen- und Kriminalitätsraten entstanden. Nach und nach verfiel ein Teil der Gebäude, in die von ihren Besitzern nicht mehr investiert wurde, im Extremfall brannten ganze Häuserblöcke aus. Stellenweise entstanden innerstädtische **Wüstungen**.

Ghetto: Bereich/Viertel einer Stadt, der/das durch freiwillige oder erzwungene Abkapselung ethnischer oder sozioökonomischer Minderheiten bewohnt wird

Wüstung: vom Menschen wieder aufgegebener Siedlungsbereich innerhalb einer Stadt oder einer Region

Mit zunehmender Entfernung vom CBD lässt sich eine allmähliche Entflechtung der Funktionen feststellen: Neben monofunktionalen Wohngebieten findet man **Industrieparks**, **Malls** und **Commercial Strips** entlang von Ausfallstraßen (vgl. Modell S. 231).

Mall: in den USA entstandener Typ eines Einkaufszentrums; überdacht, für Fußgänger reserviert, mehrgeschossig; neben Geschäften auch Angebote an Gastronomie, Vergnügungsstätten und Dienstleistungen; verkehrsgünstig gelegen

Der Wunsch nach einem Eigenheim im Grünen sowie die wachsenden Möglichkeiten des Individualverkehrs ab den 1930er-Jahren haben die nordamerikanischen Städte (später alle Großstädte auf der Welt) krakenartig und flächenintensiv immer weiter ins städtische Umland wachsen lassen. Ausgedehnte Wohngebiete **(Suburbs)** mit Einfamilienhäusern und dazu gehörendem Gartengrundstück dominieren das nordamerikanische Stadtbild in der Fläche, durchzogen von zentrumsgerichteten Verkehrsachsen. Der Aufbau eines ÖPNV-Netzes wurde vernachlässigt.

Seit den 1980er-Jahren entstanden an den Hauptkreuzungspunkten **Edge Citys**, die v. a. Arbeitsplätze des tertiären Sektors aufweisen einschließlich des Hightech-Bereiches. Heutzutage befindet sich mehr als die Hälfte aller großstädtischen Büroflächen und Arbeitsplätze in diesen Außenzentren, was ein hohes Pendleraufkommen ebenso zur Folge hat wie die Dominanz der Tagbevölkerung.

Edge City: Nebenzentrum mit weitreichender Eigenständigkeit in der Peripherie der nordamerikanischen Stadtregion zur Entlastung der Kernstadt

Neben den flächenexpansiven und funktionalen Entwicklungen im äußeren Stadtbereich lassen sich in jüngerer Zeit auch **Reurbanisierungs-** und **Revitalisierungstendenzen** im inneren Stadtbereich nordamerikanischer Großstädte feststellen. Hierzu zählen das Schaffen und (Wieder-)Herstellen öffentlicher Plätze als Möglichkeit für Begegnung und Kommunikation oder die Wiederbelebung der städtischen Mitte mithilfe von Straßencafés, attraktiven Fußgängerzonen und städtischem Flair. Die Stadt soll in ihrem Kern wieder dem Fußgänger gehören und nicht länger dem Autofahrer. Jedoch spielen private Wirtschaftsinteressen meist eine größere Rolle als eine übergeordnete Stadtplanung.

Zunehmend gibt es auch gemeinsame öffentlich-private Maßnahmen **(Public Private Partnership)**. Aus früheren Gewerbeflächen werden durch Umwidmung und Sanierung z. T. hochwertige Wohngebiete in exklusiver Lage. Die Aufwertung traditioneller Bausubstanz mit der Folge hoher Mietpreise führt zu einer erneuten sozialen Umstrukturierung: Wohlhabende Bevölkerungsschichten ziehen zu und verdrängen nach und nach die einkommensschwächeren **(Gentrifizierung)**.

Gentrifizierung (engl. „Gentrification"): durch Maßnahmen wie Sanierung und Modernisierung hervorgerufene Aufwertung von Vierteln oder innerstädtischen Bereichen; in der Folge Anstieg des Boden- und Mietpreisniveaus sowie allmählicher Zuzug von Angehörigen höherer sozialer Schichten

Die Somerset Collection Shopping Mall von Troy, Michigan

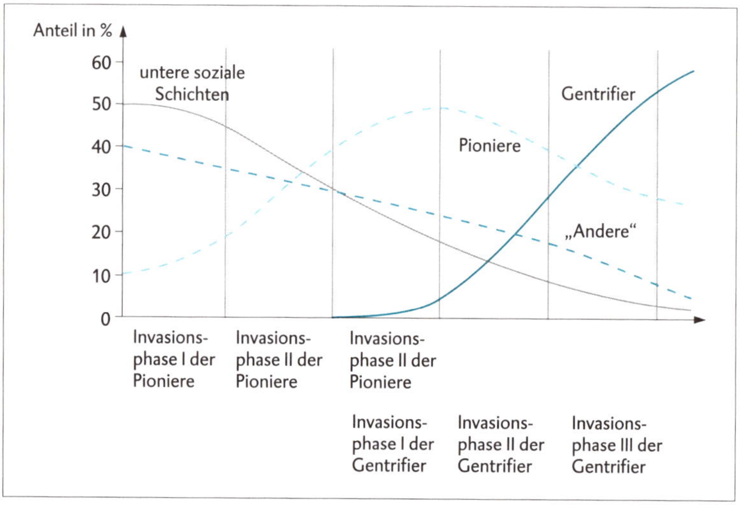

Modell der Gentrifizierung

→ **Fragmentierung:** vgl. S. 235

Gated Community: abgeschlossene, gegen fremden Zutritt gesicherte Wohnanlage von wohlhabenden oder privilegierten Bevölkerungsgruppen in den USA und in Westeuropa; in Lateinamerika unter der Bezeichnung „Condominio“; in Entwicklungsländern meist nur in den Hauptstädten, in China u. a. als Wohnviertel von Ausländern und Eliten

Urban Sprawl: extremes flächenmäßiges Ausufern der Städte

Innerhalb des gesamten Großstadtgebiets kommt es gegenwärtig zu einer immer stärkeren **Fragmentierung** einzelner Stadtviertel; es entstehen kleingekammerte, in ihrer Funktion und Zusammensetzung deutlich unterschiedliche, z. T. isolierte Räume. Im Extremfall bilden sich sozial und räumlich abgeschlossene exklusive Wohngebiete als „Städte in der Stadt“, **Gated Communitys**, die zwar die Infrastrukturangebote nutzen, zum Gemeinwohl des städtischen Siedlungswesens aber kaum etwas beisteuern. Zutritt zu diesen mit Wall oder Mauer umgebenen bewachten „Privatstädten“ haben nur deren Bewohner. Auf Dauer gefährden Gated Communitys möglicherweise die Existenz der Gesamtstadt, die auf das Mitwirken all ihrer Bewohner angewiesen ist.

Der **Urban Sprawl** hat weitläufige **Stadtlandschaften** entstehen lassen; in diesen **Städtebändern** lassen sich die jeweiligen Stadtgrenzen kaum noch ausmachen. Das 750 km lange Städteband **„Boswash“** (**Bos**ton – New York – Philadelphia – Baltimore – **Wash**ington) an der Ostküste ist ein Beispiel hierfür.

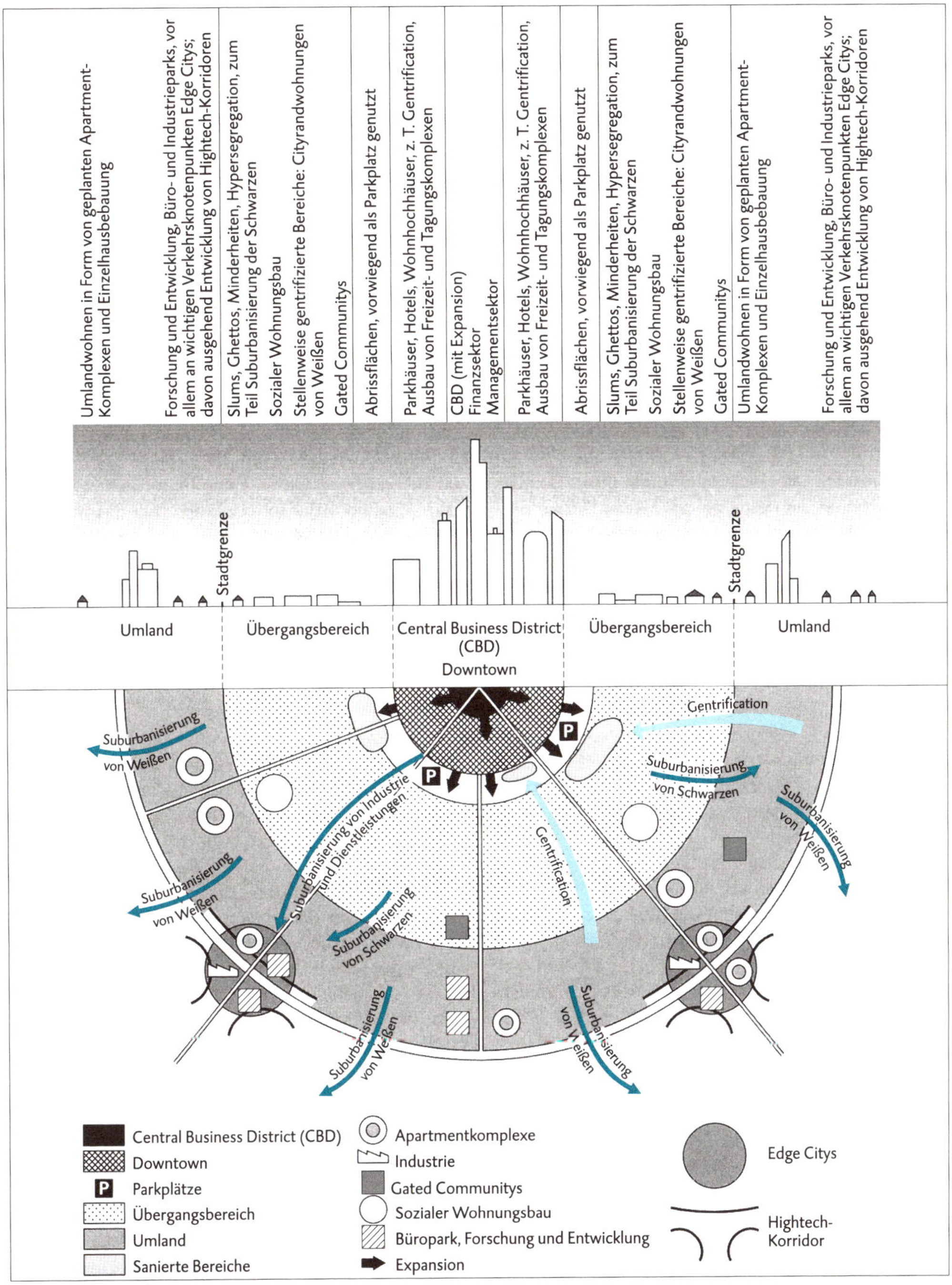

Modell der nordamerikanischen Stadt

info

Suburbanisierung

Die Verlagerung des Städtewachstums aus dem bisherigen Stadtbereich hinaus ins angrenzende Umland bezeichnet man als **Suburbanisierungsprozess**. Angelehnt an kleine Siedlungskerne im ehemals ländlichen Raum oder aber „auf der grünen Wiese" entstanden nach und nach verstädterte Vororte **(Suburbs)**. Dieser Prozess, zuerst in den USA, später weltweit zu beobachten, hat mehrere Ursachen:

- In den Zentren steigen die Bodenpreise, die Wohnfunktion wird nach außen verdrängt.
- Im Rahmen von Wirtschaftswachstum steigt die Kaufkraft großer Teile der Bevölkerung – der Erwerb eines Eigenheims wird möglich.
- Im städtischen Umland wird preiswerterer Wohnraum geschaffen (Wohnsuburbanisierung).
- Mit Bezug zum Abnehmer verlagern auch Einzelhandel und Dienstleistungen nach und nach ihre Standorte ins Umland, es entstehen neue Standorte „auf der grünen Wiese" (Dienstleistungssuburbanisierung).
- Im Zuge der wachsenden Motorisierung der Bevölkerung erfolgt im Umland ein Ausbau des Verkehrsnetzes (Dominanz des Verkehrsträgers Straße); in den Kernstädten wächst das Verkehrsproblem wegen der hohen Pendlerzahlen (Rushhour).
- Es kommt zur Herausbildung von **Edge Citys** (vgl. S. 229) mit deutlicher Entlastungsfunktion für die Downtown/für die Kernstadt; hier finden sich neben Arbeitsplätzen auch Bildungs- und Freizeitangebote.

Der **Suburbanisierungsprozess** hat sowohl in der Stadt als auch in deren Umland zu strukturellen Veränderungen geführt. Da es v. a. einkommensstärkere und jüngere Bevölkerungsschichten sind, die die Kernstadt Richtung Umland verlassen, kommt es allmählich zu einer **Segregation** nach sozialem Status und ethnischer Zugehörigkeit. Die Wirtschaftskraft der Kernstadt sinkt allmählich, da umfangreiche Steuereinnahmen verloren gehen und somit notwendige Infrastrukturinvestitionen von der öffentlichen Hand nicht im notwendigen Maße getätigt werden können. Je politisch selbstständiger der jeweilige suburbane Raum ist, desto größer wird auf Dauer seine Unabhängigkeit **(Exurbanisierung, Counterurbanisierung)**. Das Wirtschaftsstruktur- und Bedeutungsgefälle zwischen Umland und Kernstadt nimmt ab.
Als aktuelle Form städtischer Entwicklungen stellt sich seit ca. 1980 die Idee des **New Urbanism** dar: Sie propagiert die Abkehr von der sozial „kalten", unübersichtlichen, verfallenden Großstadt hin zu kleineren Siedlungsformen, weg von der autofixierten hin zur fußgängergerechten Stadt, weg vom Urban Sprawl hin zur klar gegliederten, übersichtlichen

innerstädtischen Struktur. An die Stelle großstädtischer Anonymität sollen wieder Gemeinschaft und Nachbarschaftswesen treten. Insgesamt hat man erkannt, dass es stadt- und raumplanerischer Maßnahmen bedarf, um ein weiteres funktionales Auseinanderdriften zu verhindern.

2.3 Stadtentwicklung in Lateinamerika

Mit mehr als 80 % städtischer Bevölkerung weist Lateinamerika den höchsten Verstädterungsgrad aller Kontinente auf. Städte gab es hier schon zu Zeiten der indianischen Hochkulturen im 2. und 3. Jahrtausend v. Chr. Die meisten von ihnen wurden durch die spanischen und portugiesischen Eroberer und Kolonialherren zerstört. Die heutigen Städte Lateinamerikas gehen deshalb auf Gründungen als **Kolonialstädte** ab dem 16. Jh. zurück, z. B. Mexiko City oder Cuzco/Peru. Ihre damalige Funktion bestand darin, den Handel mit dem Mutterland zu organisieren und die politischen Interessen der Kolonialherren abzusichern. Typisch für alle spanischen Kolonialstädte ist der **Schachbrettgrundriss** mit der **Plaza Mayor** in der Mitte. Um diese gruppieren sich alle öffentlichen und kirchlichen Repräsentationsbauten.

Plaza Mayor in Cuzco, Peru

Angrenzend fand man die Wohngebiete der gehobenen Schichten, des Adels und der Oberschicht. Mit der Entfernung vom Zentrum nahm der soziale Status ab, in den städtischen Randbereichen befanden sich die Wohnviertel der Handwerker und Händler. An der städtischen Peripherie standen die Hütten der indigenen Bevölkerung – eine Gesamtstruktur, die heutzutage immer noch viele Kleinstädte kennzeichnet.
In den Großstädten kommt es seit Beginn des 20. Jh. im Zuge der Industrialisierung, später Tertiärisierung und der parallel verlaufenden **Landflucht** zu einem deutlichen Wandel: Die Kernstadt weist „europäische“ Erscheinungsformen auf; die Oberschicht wechselt in neue Villenviertel am Stadtrand. In den Innenstädten vollzieht sich ein ähnlicher **Segregations- und Verfallsprozess** wie in den nordamerikanischen Großstädten.

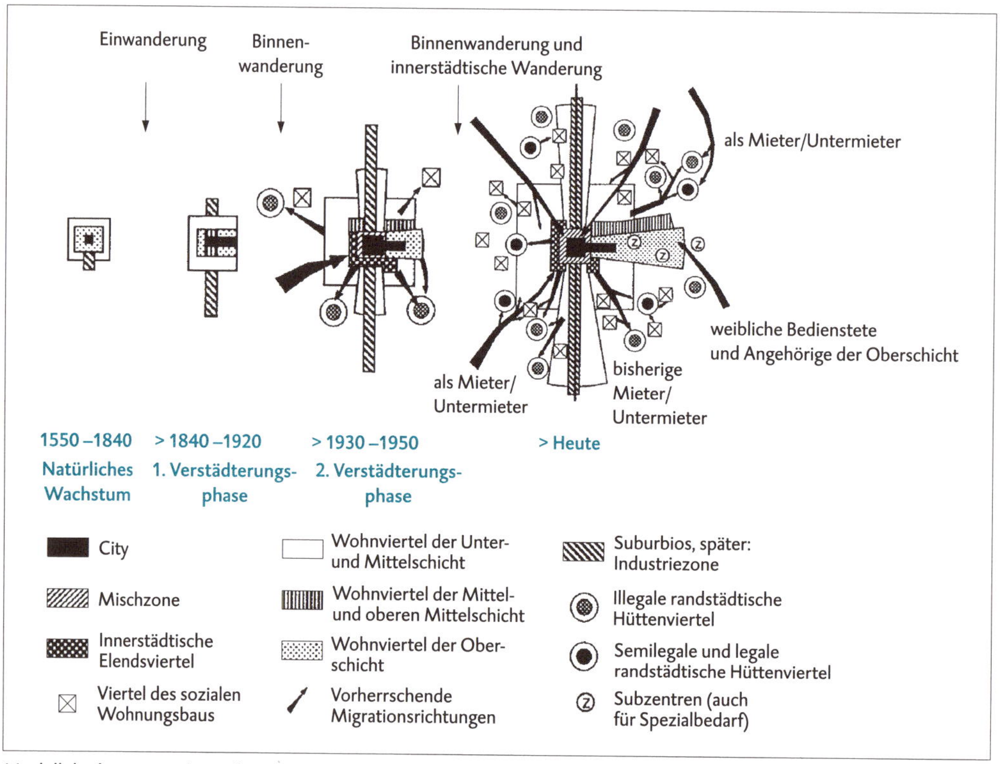

Modell der lateinamerikanischen Stadt

Diesen innerstädtischen **Marginalsiedlungen** stehen heute Condominios (Gated Communitys) in einem schärferen Kontrast als in Nordamerika gegenüber. Der Prozess der **Fragmentierung** aufgrund sozialräumlicher Differenzierungsvorgänge läuft in der Gegenwart nahezu ungehindert weiter: Neuen Industrie- und Arbeitersiedlungen sowie Villenvierteln stehen einfache Wohnanlagen der marginalen Bevölkerungsschicht gegenüber, die häufig unter Missachtung von Eigentumsrechten und Bauvorschriften entstanden sind. Hier finden sich die zahllosen Landflüchtlinge ein (Land-Stadt-Wanderung), die aufgrund der wirkenden **Push- und Pull-Faktoren** in großer Anzahl immer noch in die Städte ziehen. Diese „Favelas“ (Brasilien), „Barriadas“ (Peru) oder „Ciudades Perdidas“ (Mexiko) weisen so gut wie keine Infrastruktur auf; Kriminalität und Prostitution sind allgegenwärtig.
Mehr als die Hälfte der städtischen Bevölkerung Lateinamerikas soll gegenwärtig in solchen Marginalsiedlungen leben. Der Lebensunterhalt wird überwiegend im **informellen Sektor** verdient, d. h. durch Straßenverkauf, Arbeit im Transportwesen, Ausführen von Kleinreparaturen oder Wiederverwertung von Abfall. Solche Tätigkeiten sind von staatlicher Seite weder organisiert noch reglementiert, für sie werden keine Steuern bezahlt – somit sind sie weder nachhaltig für den Einzelnen noch für das Gemeinwesen.

Marginalsiedlung (auch: Squatter- oder Hüttensiedlung): Siedlung am Rand größerer Städte, überwiegend in Entwicklungsländern; mit „marginal“ ist auch die „randliche“ soziale Lage der Bewohner gemeint

Fragmentierung: hier: Aufsplittung der ehemals einheitlichen städtischen Strukturen und Entstehen von unterschiedlichen sozialen, ethnischen oder ökonomischen Kleingruppen

→ **Push-/Pull-Faktoren:** vgl. S. 256

→ **informeller Sektor:** vgl. S. 171

2.4 Stadtentwicklung im Orient

Erste städtische Siedlungen gab es im Orient bereits vor fünf Jahrtausenden. Ab dem Mittelalter wurden diese vom islamischen Kulturkreis geprägt. Es entwickelte sich daraus ein Grundtyp, dessen strukturelle und funktionale Elemente sich in den historischen Stadtkernen bis heute erhalten haben. **Aleppo** im Norden Syriens wurde z. B. 2007 zur Kulturhauptstadt des Islam ernannt und später in die Liste des Weltkulturerbes aufgenommen. Im Verlauf des Bürgerkriegs 2012 wurden große Teile der historischen Altstadt zerstört.
Seit dem 19. Jh. haben sich diese Städte hinsichtlich ihrer Physiognomie und ihrer Strukturen an europäischen Vorbildern ausgerichtet und weiterentwickelt; als Folge hiervon ist eine **duale Stadtstruktur** entstanden, einerseits die **Medina** (Altstadt) und andererseits die **Villes Nouvelles** (Neustadt).

Blick auf die Medina von Marrakesch

Merkmale der traditionellen Medina

- Das hierarchische, verwinkelte, enge **Sackgassensystem** gewährleistet den Schutz der Privatsphäre und einen Schutz vor Angriffen; ein- bis zweigeschossige Wohnhäuser sind um einen Innenhof gebaut und nach außen fensterlos.
- Die **Große Moschee** ist das religiöse Zentrum der Stadt.
- Die **Kasba** (Zitadelle) ist das weltlich-politische Zentrum; zusammen mit der Stadtmauer schützt sie die Bewohner und dient zudem als Verwaltungs- und Repräsentationsbauwerk der Machthaber.
- Der **Suq** (Basar) liegt zentral in der Medina; er wird durch enge Gassen, Gewölbe und Segel gegen die Sonne sowie durch nachts abschließbare Tore gegen Eindringlinge geschützt; nach Branchen getrennt findet man Handel, Gewerbe, Finanzgeschäfte und kleine Werkstätten; das Standortprestige nimmt von innen nach außen ab.
- Die **Quartiere** (Wohnviertel) sind durch Mauern und Tore voneinander getrennt; Bewohner eines Viertels weisen dieselbe Religionszugehörigkeit auf, soziale Schichten leben voneinander getrennt, gleichwohl bestehen enge soziale Kontakte; jedes Quartier besitzt eigene kleine Basare mit Angeboten für den täglichen Bedarf, Moscheen und öffentliche Einrichtungen wie Bäder oder Koranschulen.

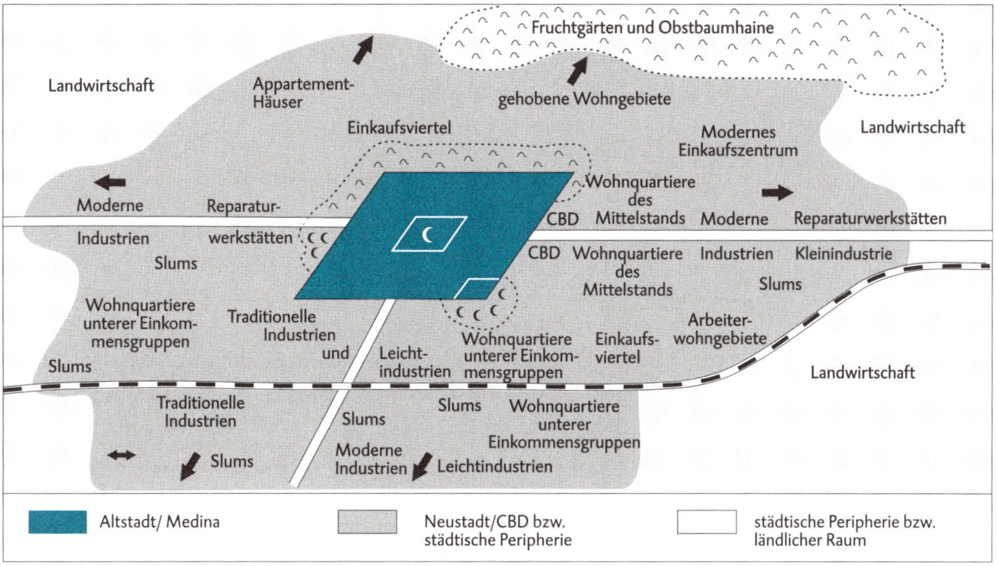

Modell der heutigen islamisch-orientalischen Stadt

Aufgrund eines stärkeren Bevölkerungswachstums wurde im 19. Jh. die Erweiterung der Stadt über die Stadtmauer hinaus notwendig. An die Altstadt wurden Wohn- und Geschäftsviertel angegliedert, die sich physiognomisch und funktional unterscheiden und deutliche Züge einer Orientierung an westlichen Beispielen aufweisen.

Merkmale der Neustadt

- Die Quartiere weisen eine **geradlinige Straßenführung** auf.
- Es gibt mehrgeschossige **moderne Büro- und Geschäftsbauten**.
- Der Großhandel siedelte sich an: Er verließ den Basar, u. a. weil moderner Straßenverkehr aufgrund des Gassensystems nicht möglich war und Expansionsflächen fehlten.
- Die wohlhabende Ober- und die westlich orientierte Mittelschicht haben ihre traditionellen Wohnquartiere verlassen und sind in die modernen, **mehrgeschossigen Wohnviertel der Vorstädte** umgezogen.
- Hochwertiges Güterangebot findet man nur außerhalb der Medina in den **modernen Geschäftsvierteln**; das Warenangebot des Suq ist auf einkommensschwächere Stadtbewohner und Touristen ausgerichtet.
- In die z. T. baufälligen Häuser der Medina ziehen Zuwanderer und sozial schwache Schichten; am Stadtrand entstehen **Hüttensiedlungen**.
- Industrieansiedlungen findet man v. a. entlang der Ausfallstraßen.

Insgesamt ist die **ursprünglich ethnisch** und **religiös** strukturierte **Viertelbildung** ersetzt worden durch eine **sozialräumliche Ordnung**, die sich an Einkommensniveau und Bildungsstand orientiert.

2.5 Der weltweite Verstädterungsprozess

→ **Wachstum der Weltbevölkerung:** vgl. S. 192

Das rasante **Wachstum der Weltbevölkerung** von 2,5 Mrd. Menschen 1950 auf über 7 Mrd. 2012 und schätzungsweise 9,2 Mrd. im Jahr 2050 wird eine Veränderung des Anteils der globalen Stadt- und Landbevölkerung zur Folge haben. Zu Beginn des 3. Jahrtausends leben bereits mehr als die Hälfte aller Menschen in Städten; von den jährlich ca. 80 Mio. neuen Erdenbürgern werden 60 Mio., so die Prognose, in Städten leben. Dabei wird die Entwicklung in Industrie- und Entwicklungsländern unterschiedlich verlaufen: Bei einem gegenwärtigen Anteil von mehr als 75 % städtischer Bevölkerung wird dieser Anteil in Industriestaaten auf über 85 % steigen; die Anzahl der Stadtbewohner in Entwicklungsländern wird sich sogar von 2 Mrd. im Jahr 2013 auf etwa 4 Mrd. im Jahr 2030 verdoppeln. Prognosen nach wird bis 2050 der Anteil der städtischen Bevölkerung weltweit auf ca. 70 % steigen. Dieses Jahrhundert wird deshalb auch als „Jahrhundert der Städte" bezeichnet.
Auch die Anzahl der **Millionenstädte** ist gestiegen: von 86 im Jahr 1950 auf 429 im Jahr 2010; die Hälfte davon liegt in Asien. Auch ihre Bevölkerungszahl ist stark angewachsen (vgl. Grafik S. 239 oben).
Im Jahr 1970 lebten lediglich in New York, Tokio und Mexiko-Stadt mehr als 10 Mio. Menschen. Bis 2012 ist die Zahl dieser sogenannten **Megacitys** bereits auf über 20 angewachsen; bis zum Jahr 2025 wird sie weiter auf ca. 30 ansteigen.

Megacity: Großstadt mit mehr als 10 Mio. Einw.

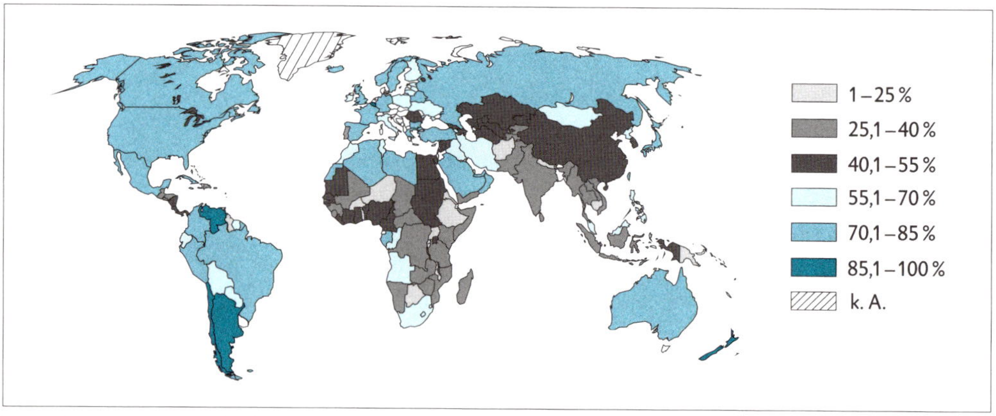

Verstädterungsquote, Stand 2012

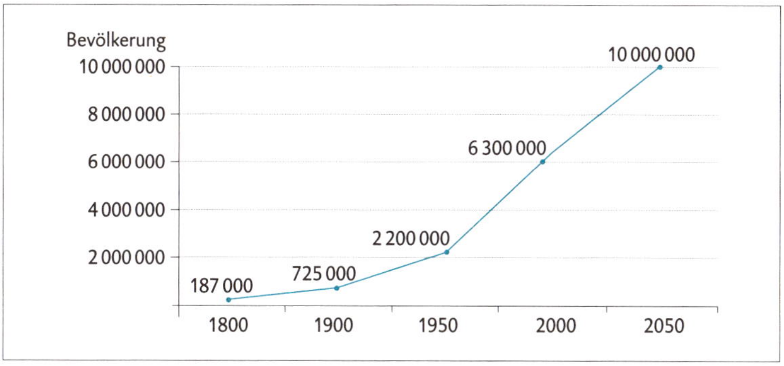

Durchschnittliche Bevölkerungszahl der 100 größten Städte der Welt

Gerade in den wirtschaftlich am wenigsten entwickelten Staaten der Erde ist der meist unkontrollierte Zuzug in die großen Städte am stärksten. Doch diese Länder sind am wenigsten in der Lage, die hierdurch anfallenden Probleme zu meistern. Meistens hinkt die Entwicklung der Infrastruktur derjenigen der städtischen Expansion deutlich hinterher, mit der Folge, dass der Großteil der städtischen Bevölkerung nicht einmal Grundbedürfnisse wie Versorgung mit sauberem Wasser befriedigen kann. Mehr als 1 Mrd. Menschen und damit jeder dritte Stadtbewohner der Erde lebt derzeit in Elendsvierteln mit unzureichender Trink- und Abwasserversorgung sowie unzureichender Hygiene.

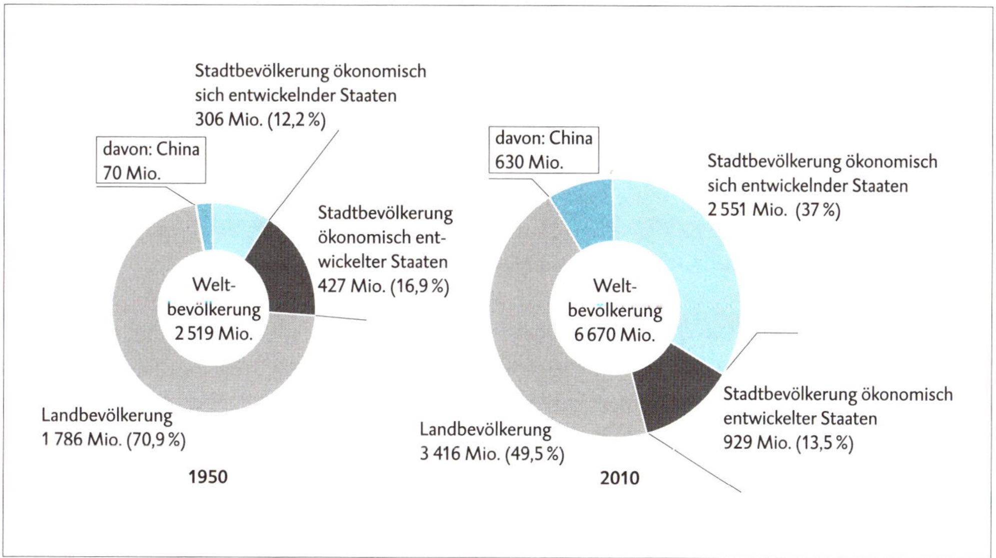

Weltweite Verstädterung 1950 und 2010

Gleichwohl eröffnet die Verstädterung in armen Ländern gewisse Entwicklungschancen, indem sich die Lebenssituation ihrer Bewohner durch Zugang zu Arbeitsplätzen und Dienstleistungen wie medizinischer Versorgung oder Schulen verbessert. Dies setzt allerdings stadtplanerische Maßnahmen voraus. Die Stadt als lebenswerten Lebensraum im Sinne nachhaltiger Entwicklung zu gestalten, muss ein gemeinsames globales Anliegen aller Menschen sein.

2.6 Stadtstrukturmodelle

Zwar hat jede Stadt in physiognomischer wie auch in funktionaler Hinsicht ihr eigenes Profil, es lassen sich jedoch viele Übereinstimmungen und Regelmäßigkeiten feststellen. **Stadtstrukturmodelle** sind vereinfachte Abbilder der Gliederung der Stadt. Sie sind theoretische Modelle, die auf der Überlegung basieren, dass Ordnungsprinzipien, sowohl in funktionaler als auch in sozioökonomischer Hinsicht, zu einem allgemeinen Ordnungsmuster führen.
Alle drei im Folgenden beschriebenen Modelle stellen Idealtypen dar, die in der Wirklichkeit in dieser Form kaum angetroffen werden. Sie versuchen jedoch, grundsätzliche raumstrukturelle Entwicklungen zu beschreiben und zu begründen.

Das Modell der konzentrischen Kreise/Kreismodell

Dieses Modell spiegelt die amerikanischen Verhältnisse bis 1950 wider. Nach diesem Ansatz bildet sich ein Hauptgeschäftszentrum, um das die Stadt gleichmäßig ringförmig expandiert. In einem Verdrängungsprozess wandern Nutzungen und Bevölkerungsgruppen in die folgende äußere Zone ab.
So entstehen innenstadtnah vernachlässigte Stadtteile, die von einkommensschwachen Zuwanderern genutzt werden. Nach außen hin bilden sich Subzentren und Geschäftsbezirke.

Das Sektorenmodell

Die Gliederung der Stadt erfolgt in Sektoren, die sich längs der radial verlaufenden Verkehrsachsen ausdehnen. Wohngebiete mit homogener Sozialstruktur verlagern sich aufgrund steigender Mietpreise aus der Stadtmitte, die zum Einzelhandels- und Dienstleistungsstandort wird. Neue, attraktive Wohnviertel entstehen an der städtischen Peripherie.

Das Mehrkernmodell

Mit diesem Modell werden die Lage sowie die Konzentration von Industrie-/Gewerbevierteln und Wohngebieten verdeutlicht, außerdem werden Aussagen zur sozialräumlichen Struktur getroffen.

Die Wohngebiete der Arbeiter befinden sich in der Nähe der Fabriken, die der Angestellten nahe der Dienstleistungszentren. Im Modell werden auch Standortbedingungen wie Erreichbarkeit und Fühlungsvorteile berücksichtigt.

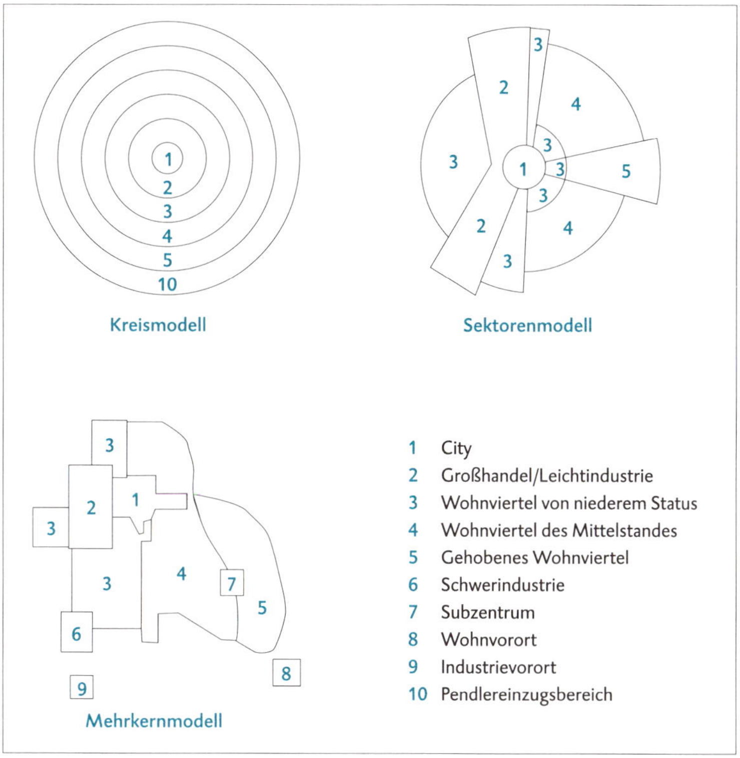

Stadtstrukturmodelle

3 Raumordnung und Raumplanung

3.1 Wie äußert sich „Zentralität" für den Menschen?

→ **Pendler:** vgl. S. 262

Zentraler Ort: Gemeinde oder Stadt mit überregionaler Bedeutung, versorgt das Umland mit Gütern und Dienstleistungen

zentrale Güter: im Umland nachgefragte und in einem Zentralen Ort angebotene Güter; die hochwertigsten Güter gibt es nur im Oberzentrum

zentrale Dienste: vgl. zentrale Güter

peripherer Raum: Raum in Randlage; schlechtere Lebensverhältnisse und schwächere Raumstrukturen im Vgl. zum Landesdurchschnitt; im kontinentalen Maßstab strukturschwache entlegene Räume wie die Bretagne; im globalen Maßstab Länder abseits des Weltwirtschaftsgeschehens, z. B. Entwicklungsländer

Nicht jeder Ort auf der Welt hält für seine Bewohner oder seine Besucher dasselbe Angebot bereit – Orte sind unterschiedlich ausgestattet, erfüllen unterschiedliche Aufgaben. **Pendler** lassen augenscheinlich werden, welche Städte einen Bedeutungsüberschuss über ihre Grenze hinaus für das Umland haben und welche umgekehrt auf solche Angebote anderer Städte angewiesen sind. Einen solchen Bedeutungsüberschuss eines Orts gegenüber seinem Umland nennt man **Zentralität**, solche Orte werden auch als **Zentrale Orte** bezeichnet. Sie sind Mittelpunkt des sie umgebenden Raumes, für den sie **zentrale Güter** und **zentrale Dienstleistungen** bereithalten. Bewohner unterschiedlich großer und damit unterschiedlich ausgestatteter Orte müssen unterschiedlich lange Wege und Zeiten auf sich nehmen, um bestimmte Waren und Dienstleistungen zu erreichen. Bewohner von Großstädten oder der Hauptstadt erreichen diese innerhalb weniger Minuten und ggf. mithilfe des ÖPNV, Landbewohner fahren von Zeit zu Zeit in entfernte („Einkaufs-")Städte, um bestimmte Waren zu erhalten, oder nehmen lange Wege auf sich, um z. B. eine Spezialklinik aufzusuchen oder einen Neuwagen einer bestimmten Automarke zu erwerben.

Das Vorhalten von Waren- oder Dienstleistungsangeboten bzw. das Angebot öffentlicher Dienste muss sich jeweils „lohnen", d. h., es muss einen hinreichend großen Absatzmarkt dafür geben. Für die morgendlichen Brötchen finden sich die Abnehmer im angrenzenden Wohnviertel, für ein Gymnasium bedarf es ca. 25 000 Einwohner, eine Spezialklinik ist evtl. ausreichend für die Bewohner eines ganzen Bundeslandes.

Die Entstehung und Ausstattung solch unterschiedlicher Zentren hat sich häufig nach dem Prinzip „Angebot und Nachfrage" entwickelt. Stellenweise bedurfte es auch der Lenkung durch den Staat, um die notwendige Grundversorgung regional sicherzustellen und das Entstehen zu starker Disparitäten zwischen Räumen in zentraler und in peripherer Lage zu verhindern. In **peripheren Räumen** besteht ansonsten die Gefahr, dass es zu größeren **Abwanderungen** insbesondere der jungen und arbeitsfähigen Bevölkerungsgruppen kommt. Dies führt langfristig zu einer Entleerung des Raumes und zu deutlichen Bedeutungsverlusten, solche Regionen werden rückständig. Auch hierauf bezogen hat der Staat die Aufgabe, regulierend **raumordnend** einzugreifen.

Räumliche Disparitäten

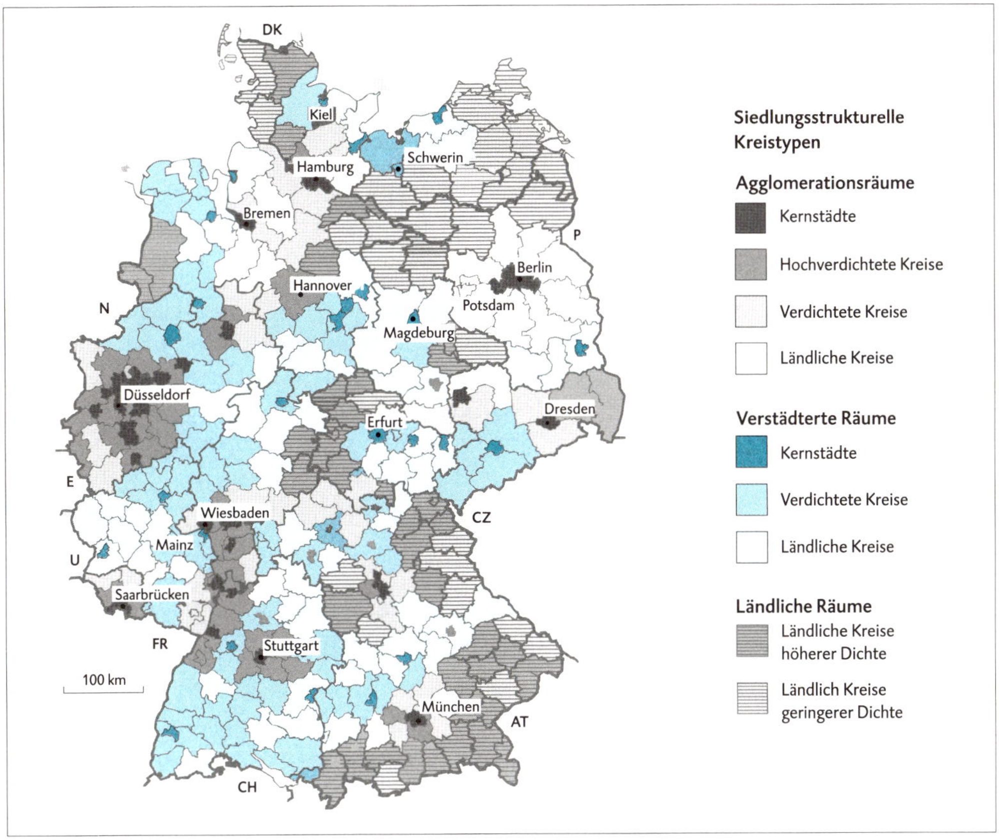

Siedlungsstrukturelle Kreistypen in Deutschland

Die unterschiedliche Wirtschaftskraft und infrastrukturelle Ausstattung sowie die daraus resultierende Konzentration der Bevölkerung auf bestimmte Räume führen nach und nach zu regionalen Disparitäten. Ländlichen Regionen mit agrarischer Ausrichtung und negativer Wanderungsbilanz stehen Verdichtungsräume mit guter infrastruktureller Ausstattung und hoher Zuwanderungsquote gegenüber. Man spricht von **Aktivräumen** oder Wachstumsregionen, wenn starke wirtschaftliche Aktivitäten vorliegen, und von **Passivräumen** bzw. Schrumpfungsregionen bei unterdurchschnittlicher Entwicklung. Ein solches Gefälle gibt es in Deutschland zwischen Stadt und Land, zwischen Nord und Süd, v. a. aber zwischen West und Ost.

Aktivraum: Region, in der BIP/BNP und Lebensstandard im Vergleich mit dem Gesamtraum überdurchschnittlich sind

Passivraum: Region mit geringer wirtschaftlicher Aktivität, Stagnation oder Rückgang der Produktionsleistung; infrastrukturell schwach ausgestattet, weist negativen Wanderungssaldo auf; häufig Problemgebiet

info

Kennzeichen **strukturschwacher Räume** sind v. a.:

- Bevölkerungsrückgang, v.a. aufgrund eines negativen Wanderungssaldos,
- problematischer Altersaufbau: hoher Anteil der älteren, geringer Anteil der jüngeren Bevölkerungsgruppen,
- geringe Industrie- und Dienstleistungsdichte, hoher Anteil der Landwirtschaft,
- hohe Arbeitslosenquote,
- unzureichende Infrastrukturausstattung.

Agglomerationsraum: Raum, der durch eine Konzentration an Bevölkerung, Wirtschaftsstandorten und Infrastruktureinrichtungen gekennzeichnet ist

Aufgrund ihrer Einwohnerdichte sowie ihres städtischen bzw. ländlichen Charakters werden drei siedlungsstrukturelle Gebietstypen unterschieden: **Agglomerationsräume**, **verstädterte Räume** und **ländliche Räume** (vgl. Karte S. 243). Mithilfe dieser Raumtypen, in denen die Entwicklung ähnlich verläuft, können im Rahmen der seit den 1960er-Jahren „laufenden Raumbeobachtung" Ursachen und Folgen von Entwicklungen erkannt, ggf. kann durch raumplanerische Maßnahmen unerwünschten Trends entgegengewirkt werden.

3.2 Ziele und Instrumente der Raumplanung und Raumordnung in Deutschland

Das Konzept der Zentralen Orte

Die Sozialstaatsklausel des Grundgesetzes Art. 72,2 verpflichtet unseren Staat, für alle Bürger in allen Landesteilen in etwa gleichwertige Lebensbedingungen zu schaffen. Dies geschieht u. a. durch das Konzept der Zentralen Orte.

Der deutsche Geograph **Walter Christaller** hat 1933 durch sein **„Bienenwaben-Modell"** die räumliche Ausstattung mit Zentren in theoretischer Form dargestellt. Für Südwestdeutschland wies er nach, dass Städte aufgrund ihrer funktionalen Ausstattung auf unterschiedlich umfangreiche Weise mit ihrem jeweiligen Umland verbunden sind. In dieser „reinen" Form ist das Modell heute nicht mehr gültig. Die Entwicklungen im Kommunikationsbereich, hinsichtlich des Transportwesens und der Logistik beim Warenhandel sowie das Entstehen ganz neuer Standorttypen außerhalb von Zentren wie **Factory Outlet Center** oder **Einkaufzentren** „auf der grünen Wiese" passen hierzu ebenso wenig wie der Internethandel.

Gleichwohl hat Christallers Ansatz die bundesdeutsche Raumplanung lange Zeit wesentlich beeinflusst, indem durch die Klassifizierung in

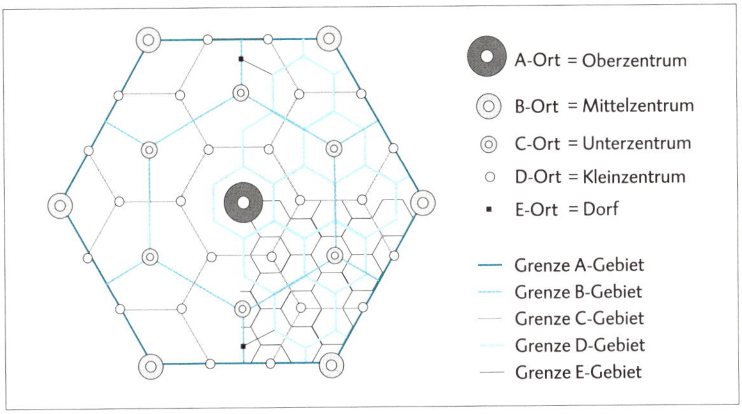

Das System der Zentralen Orte

Klein-, Unter-, Mittel- und Oberzentren ein räumlich-hierarchisches Ordnungsmuster erstellt wurde. Dieses diente u. a. dazu, eine übermäßige Verdichtung von Ballungszentren zu verhindern und gleichzeitig eine notwendige **Dezentralisation von zentralen Angeboten** zu erreichen.

Heutzutage wird folgendermaßen klassifiziert, wobei die Zentralen Orte höherer Stufen die Funktionen der jeweils unteren Stufen mit abdecken:

- **Oberzentrum:** Die über 100 ausgewiesenen Oberzentren dienen zur Deckung des spezialisierten höheren Bedarfs der Privathaushalte an Gütern und Dienstleistungen. Ihr Einzugsbereich (Oberbereich) umfasst üblicherweise mindestens zwischen 200 000 und 300 000 Einwohner. Oberzentren werden in Raumordnungsplänen für das Landesgebiet festgelegt. Sie sollten mit dem öffentlichen Verkehr in max. 90 Minuten erreichbar sein.
- **Mittelzentrum:** Die etwas unter 1 000 Mittelzentren übernehmen die Versorgung mit Gütern und Diensten des gehobenen Bedarfs. Ihr Einzugsbereich (Mittelbereich) zählt mindestens etwa 30 000 bis 35 000 Einwohner. Die Mittelzentren werden in Raumordnungsplänen für das Landesgebiet festgelegt. Sie sollten mit dem öffentlichen Verkehr in max. 45 Minuten erreichbar sein.
- **Unter-/Grund-/Kleinzentrum:** Die Zentralen Orte unterer Stufe sollen die Abdeckung des Grundbedarfs der Bevölkerung im Nahbereich mit mindestens um die 7 000 bis 10 000 Einwohnern sicherstellen. Sie werden normalerweise in Regionalplänen festgelegt.

info

Leitbilder der Raumordnung

1. Wachstum und Innovation fördern

- Stärkung der Metropolregionen
- Unterstützung von Wachstumsregionen außerhalb der Metropolregionen
- Weiterentwicklung der endogenen Potenziale der Räume mit Stabilisierungsbedarf

2. Daseinsvorsorge sichern

- Definition von Versorgungsstandards
- Anpassung des Zentrale-Orte-Systems

3. Ressourcen bewahren, Kulturlandschaften gestalten

- Schutz des Freiraums und der natürlichen Ressourcen
- Gestaltung von Kulturlandschaften

Raumordnung: systematisierende und koordinierte räumliche Ordnung von Siedlungs-, Wirtschafts- und Infrastruktur unter Berücksichtigung des Naturraums

Bundesraumordnungsgesetz (ROG): beschreibt Aufgaben, Ziele und Grundsätze der Raumordnung/Raumplanung für die Landesplanungsbehörden der deutschen Bundesländer

Neben dem Konzept der Zentralen Orte gibt es drei weitere **Raumordnungskonzepte** des Bundes: das Konzept der Entwicklungsschwerpunkte und -achsen, das Konzept der Vorranggebiete sowie den Ausbau von Städtenetzen (vgl. folgende Seiten).
Bei der Umsetzung der Vorgaben des **Bundesraumordnungsgesetzes** sind auf unterschiedlichen Ebenen Landes-, Regional- und Kommunalpolitik beteiligt (vgl. folgende Grafik).

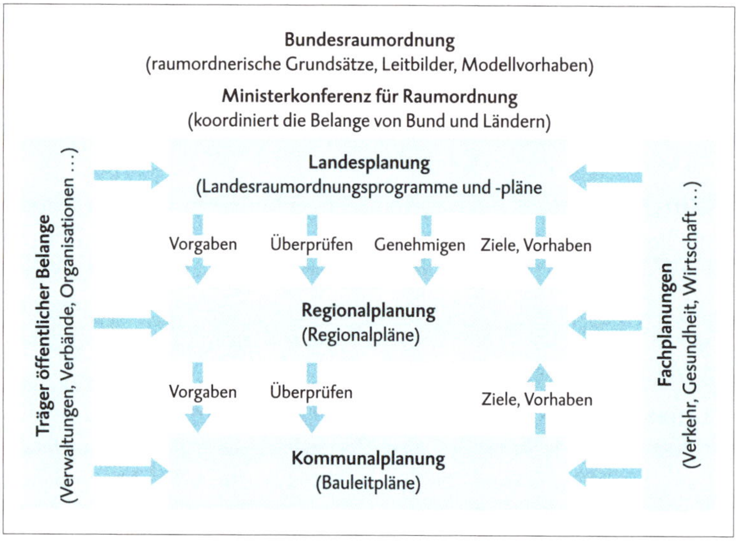

Räumliches Planungssystem in der Bundesrepublik Deutschland

Das Konzept der Entwicklungsschwerpunkte und -achsen

Verdichtungszentren und Wirtschaftsschwerpunkte, die sich im Laufe der Zeit herausgebildet haben oder sich entwickeln, werden durch **Verkehrsachsen als Entwicklungsleitlinien**, die bis an die Randgebiete eines Versorgungsbereiches reichen, miteinander verbunden. Dies dient der politischen Stabilität und dem sozialen Frieden. Entlang dieser Verkehrsachsen werden bänderartig neue Siedlungen gegründet. In Kombination ergeben Zentrale Orte und Entwicklungsachsen ein **punktachsiales Prinzip**, das einer flächenhaften Zersiedlung der Landschaft durch diese lineare Ausrichtung von Entwicklung vorbeugen soll. Auf dieser Grundlage basieren viele **Landesentwicklungspläne**.

punktachsiales Prinzip: raumordnerisches Konzept, bei dem lineare Leitlinien auf einen zentralen Punkt zu führen; die reinste Form ist die Sternstruktur

Landesentwicklungsplan, -planung: Festlegung von Zielen auf der Grundlage der geltenden Landesplanungsgesetze der einzelnen Bundesländer für die räumliche Ordnung und Entwicklung

Das Konzept der Vorranggebiete

Einzelne Regionen sollen großräumig entsprechend ihrer naturräumlichen, historischen oder wirtschaftlichen Voraussetzungen entweder für Landwirtschaft, Industrie/Dienstleistungen, Wasserwirtschaft, die Gewinnung von Rohstoffen, für die Erholung oder als ökologische Ausgleichsräume genutzt werden. Dies unterstützt diejenigen Funktionen, für die die jeweilige Region besonders geeignet ist. Auf diese Weise soll eine **funktionale Trennung** zwischen dicht(er) besiedelten Räumen und Freiräumen vorgenommen werden. Dies gelingt jedoch nicht immer, da unterschiedliche Interessen der **Flächennutzung** aufeinandertreffen können: Es entstehen bisweilen Raumnutzungskonflikte, z. B. zwischen Vertretern ökologischer Interessen und denen der Freizeitindustrie wie im Alpenraum.

Flächennutzung: Nutzung einer definierten Fläche durch bestimmte Funktionen wie Gewerbe, Siedlungen, Erholung o. a.

Ausbau von Städtenetzen

„Kooperation statt Konkurrenz" – unter diesem Motto schlossen sich seit den 1990er-Jahren immer mehr Städte einzelner Regionen zusammen, um sich im nationalen und internationalen Wettbewerb zu stärken. Durch den Zusammenschluss sollen größere Planungseinheiten geschaffen werden, die zeitökonomisch und finanziell effektiver arbeiten können. Es gibt hierbei keine festen Arbeitskataloge; typische Arbeitsfelder haben sich aber bereits herauskristallisiert, z. B. **Regionalmarketing** mit dem Ziel eines gemeinsamen Standortmanagements, grenzüberschreitende ÖPNV-Konzepte, gemeinsames Flächenmanagement in Zeiten knapper werdender Flächenreserven oder Entwicklung touristischer Leitlinien.

Regionalmarketing: Einsatz mit dem Ziel, die Vorzüge einer Region zu kommunizieren und für Bewohner wie für Außenstehende, z. B. für Investoren, attraktiv erscheinen zu lassen; in Städten entsprechend **Stadtmarketing**

info

Raumordnungsinstrumente

Bund und Länder haben Möglichkeiten, um sicherzustellen, dass die geplanten Raumordnungsmaßnahmen durchgeführt werden; hierzu gehören **Anreiz-**, **Abschreckungs-** und **Anpassungsmittel**.

- Anreiz- und Anpassungsmittel: finanzielle Leistungen der öffentlichen Hand wie Steuer- oder Abschreibungsvergünstigungen, Investitionsprämien, Zinszuschüsse oder Umschulungsbeihilfen; diese sind jeweils an bestimmte Bedingungen geknüpft
- Abschreckungsmittel: z. B. Sondersteuern oder Sonderabgaben

Zusammenfassung

- Ländliche und städtische Räume haben sich deutlich unterschiedlich entwickelt. In der Gegenwart findet in den Industrie- und Dienstleistungsgesellschaften vielerorts eine Entwicklung im Sinne eines einheitlichen Stadt-Land-Kontinuums statt.
- Wirtschaftliche, politische und persönliche Gründe haben zu einem Bevölkerungsrückgang und zu einem städtischen Überangebot in Industriestaaten geführt. Letzteres muss durch planerische Maßnahmen beseitigt werden.
- Im Laufe der letzten 120 Jahre hat es unterschiedliche Leitbilder der Stadtentwicklung in Deutschland gegeben; diese haben Struktur, Aussehen und Funktion von Städten maßgeblich beeinflusst.
- Städte auf unterschiedlichen Kontinenten und in unterschiedlichen Kulturerdteilen haben ursprünglich in ihrem Kern ein deutlich unterschiedliches Aussehen. Im Zuge moderner Entwicklungen gleichen sich ihr Aussehen und ihre grundsätzliche Funktion immer mehr an.
- Das anhaltende globale Bevölkerungswachstum lässt die Städte zahlen- und größenmäßig immer weiter wachsen; hierbei liegt ein deutlicher Unterschied zwischen den einzelnen Kontinenten vor.
- Städte und Siedlungen unterschiedlicher Größenordnung halten ein unterschiedliches Angebot an Waren und Dienstleistungen bereit; sie unterscheiden sich hinsichtlich ihres Zentralitätsgrades.
- Durch Raumordnungs- und Raumplanungsmaßnahmen versucht der Staat, die Entwicklung von zu starken Disparitäten zu verhindern und für ein nachhaltiges Verhalten der Bevölkerung zu sorgen.

Mobilität – Migration, Pendlerwesen, Tourismus

1 Migration

1.1 Mobilität und Migration

Mithilfe technischer Innovationen, z. B. Internet oder Verkehrsmitteln wie Schnellzügen und Flugzeugen, erhalten Menschen rasch Informationen über andere Regionen der Erde und können diese in immer kürzerer Zeit erreichen. Dementsprechend gewinnt **räumliche Mobilität** immer größere Bedeutung sowohl im Berufs- als auch im Privatleben. Vor dem Hintergrund sich rasant verändernder beruflicher Anforderungen ist die **soziale Mobilität** durch sich ständig verändernde und qualitativ sehr unterschiedliche Arbeitsplatzangebote gekennzeichnet. Diese verlangen von den Arbeitnehmern eine höhere räumliche Flexibilität.

Mobilität: räumliche und/oder soziale Positionsverlagerung einer Person

Die verschiedenen Formen räumlicher Mobilität lassen sich durch die unten stehende Grafik systematisch darstellen, wobei häufig fließende Übergänge bestehen.

Migration: Wanderung von Individuen oder Gruppen mit Veränderung des Wohnstandorts

Die **Migration** wird zahlenmäßig erfasst über An- und Abmelderegister der entsprechenden Behörden einer Region. Zentrale statistische Wanderungsdaten sind das **Wanderungsvolumen** mit Zu-/Abwanderungsvolumen sowie **Wanderungssaldo** oder **-bilanz**, also die Differenz aus Zu- und Fortzügen.

Positive Entwicklungen werden sprachlich belegt mit Begriffen wie Zuwanderungsüberschuss oder Wanderungsgewinn, negative Entwicklungen mit Begriffen wie Abwanderungsüberschuss oder Wanderungs-

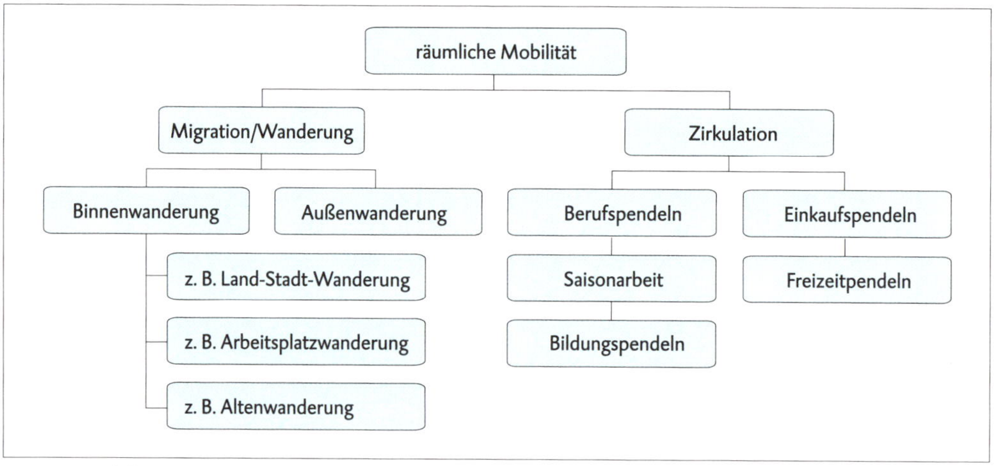

Formen räumlicher Mobilität

verlust. Auf der Grundlage dieser statistischen Daten können Wanderungen nach Bewegungsrichtung und Regionen differenziert werden.
Nach Schätzungen leben derzeit mehr als 190 Mio. Menschen befristet oder dauerhaft in anderen Ländern. Dies entspricht knapp 3 % der Weltbevölkerung. Oft sind es beruflich aktive Menschen, die überdies die notwendigen finanziellen Mittel aufbringen können und über familiäre oder ethnische Verbindungen ins Zielland verfügen.

1.2 Binnenwanderungen

Binnenwanderungen stellen einen aussagekräftigen Indikator für regionale Disparitäten auf dem Wohnungs- und Arbeitsmarkt sowie allgemein für regionale Attraktivitätsunterschiede dar. Sie werden unterschieden nach Bewegungsrichtungen.
Zur Systematisierung und raumbezogenen Veranschaulichung werden in der folgenden Grafik verschiedene Raumkategorien wie **rurale** oder **urbane** Gebietseinheiten verwendet.

rural: ländlich; Gegenteil von **urban:** städtisch

Zu beachten ist auch, dass viele Wanderungen nicht nur in einer Etappe zwischen Herkunfts- und Zielort stattfinden. Einige Personen wandern z. B. zunächst aus dem ländlichen Raum in die nahe gelegene Stadt, anschließend in eine weiter entfernte Großstadt und schließlich über nationale Grenzen hinweg.

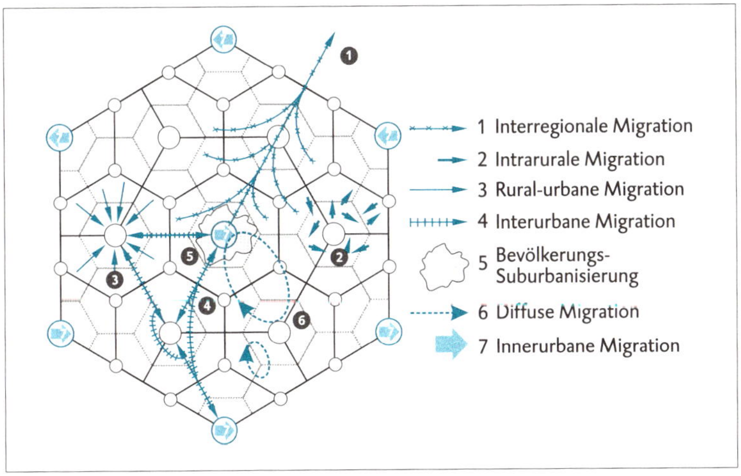

Räumliche Mobilitätstypen in einem Modellraum auf der Grundlage der Theorie der Zentralen Orte

1.3 Internationale Wanderungen

Im Kontext internationaler Migration lassen sich vier **Gruppen von Migranten** unterscheiden:

- Migranten richten sich auf Dauer im Zielgebiet ein. Teilweise **integrieren** bzw. **assimilieren** sie sich dort in bzw. an die Gesellschaft. Manchmal bilden sich jedoch Teilräume heraus, die nur oder überwiegend geprägt sind durch Arbeits- und Lebensweisen aus dem Herkunftsland, z. B. Chinatown in New York mit Kennzeichen und Merkmalen asiatischer Städte/Stadtviertel.
- Migranten kehren nach einem zeitlich befristeten Arbeitsaufenthalt in ihre Heimat zurück, investieren dort Geld und Know-how. Durch die **Remigranten** erhält die Region Entwicklungsimpulse.
- Die sogenannten **Diaspora-Migranten** richten ihr Leben im Zielgebiet wirtschaftlich ein, unterhalten aber gleichzeitig starke soziokulturelle Kontakte zu ihrem Herkunftsland.
- Migranten **wechseln zwischen verschiedenen Lebensorten** in unterschiedlichen Ländern. Diese Menschen entwickeln neue Formen wirtschaftlicher und sozialer Verflechtungen und damit auch neue soziale Positionen.

Bis zum Ende der 1980er-Jahre galten Teile Europas als Einwanderungsregionen, die Arbeitskraft insbesondere aus der Mittelmeerregion importierten. Zwei Formen der **Arbeitsmigration** waren dabei vorherrschend: Die Einwanderung aus den ehemaligen Kolonien in die sogenannten Mutterländer (aus Algerien, Marokko und Tunesien nach Frankreich sowie aus Afrika, Asien und der Karibik nach Großbritannien und in die Niederlande) sowie die Entwicklung des sogenannten **Gastarbeiter**-Systems in Frankreich, Belgien, der Schweiz, Österreich und Deutschland.
Als Folge zunehmender wirtschaftlicher Verflechtungen und Konkurrenz steigt der Bedarf an hochqualifizierten Arbeitskräften, v. a. in entwickelten Ländern. Diese Wanderung spezialisierter Fachkräfte und Wissenschaftler bleibt nicht ohne Folgen für die Herkunfts- und Zielregionen. Die Verlagerung von Kenntnissen und Fertigkeiten wird beschrieben mit den Schlagwörtern **Braindrain** und **Braingain**.

Gastarbeiter: Arbeitnehmer, der sein Familieneinkommen in einem anderen Land als seinem Heimatland erwirtschaftet; in Deutschland Beginn der Anwerbung von italienischen Gastarbeitern 1955; später Anwerbeverträge mit Spanien und Griechenland (1960), Türkei (1961), Jugoslawien (1968); 1973 Anwerbestopp

Braindrain: Abfluss/Verlust von Wissen durch Abwanderung hochqualifizierter Arbeitskräfte

Braingain: volkswirtschaftlich relevanter Gewinn durch die Zuwanderung besonders qualifizierter oder talentierter Menschen aus anderen Ländern

1.4 Wanderungsmotive

Bei der Betrachtung von **Wanderungsmotiven** muss zwischen **freiwilligen Wanderungen** und **Zwangsmigration** bzw. **Flucht** unterschieden werden. In den Industrieländern werden bei freiwilligen Wanderungen drei Hauptgruppen von Motiven genannt:

- berufsorientierte Motive, z. B. Arbeitsplatzwechsel,
- wohnungsorientierte Motive, z. B. Kauf oder Bau einer Immobilie,
- familienorientierte Motive, z. B. Heirat, Geburt von Kindern oder Nachzug von Familienmitgliedern.

Zwangsmigration/ Flucht: Menschen sind durch äußere Bedingungen wie Naturereignisse oder Vertreibung gezwungen, ihre Heimat zu verlassen

Wanderungsgruppen lassen sich auch nach dem Alter unterteilen. Diese Wanderungen können in etwa mit den unterschiedlichen Motiven verbunden werden, die in bestimmten Lebensphasen dominieren:

Alter	Wanderungsmotivgruppe
unter 18 Jahre	Familienwanderung (Kinder)
18 bis unter 25 Jahre	Bildungswanderung
25 bis unter 30 Jahre	Berufs-, Arbeitsmarktwanderung
30 bis unter 50 Jahre	Familienwanderung (Eltern), Arbeitsmarktwanderung, Wohnungsmarktwanderung
50 bis unter 65 Jahre	Altenwanderung frühe Phase
65 Jahre und älter	Altenwanderung späte Phase, Ruhestandswanderung

Altersselektive Binnenwanderungen

Zudem sind die **Richtung von Wanderungsströmen** sowie Differenzierungen nach demographischen, sozialen und ethnischen Gruppen von Bedeutung. Die ökonomischen, politischen, soziokulturellen, demographischen und ökologischen Faktoren, die zur Migration führen, bedingen sich oft gegenseitig und können nicht immer klar getrennt werden. Die verschiedenen modellhaften Beschreibungen und Erklärungen zu Wanderungsmotiven lassen sich wie folgt zusammenfassen:

- **Push-Pull-Theorien** basieren auf Untersuchungen zur sozioökonomischen Situation im Herkunfts- und Zielland und zu wanderungsbeinflussenden Attraktionsmerkmalen, wobei das durchschnittliche Verhalten einer Personengruppe beschrieben wird.
- Bei **verhaltensorientierten Theorien** stehen die Verhaltensweisen und Einstellungen einzelner Personen im Vordergrund. Deren subjektive Interpretation von Faktoren, die aufgrund eingeschränkter Wahrnehmung und individueller Bewertung zu Wanderungen führen,

steht im Fokus, z. B. Arbeitsbedingungen in einer fremden Region, die als besser eingeschätzt werden als in der Heimat.

Constraints (engl.): Zwangsbedingungen

- **Constraints-Theorien** gehen von äußeren Zwängen oder Hindernissen aus, die Entscheidungsfreiheit und Handlungsspielraum des Einzelnen erheblich einengen können.

Die folgende Grafik fasst verschiedene Faktoren summarisch zusammen.

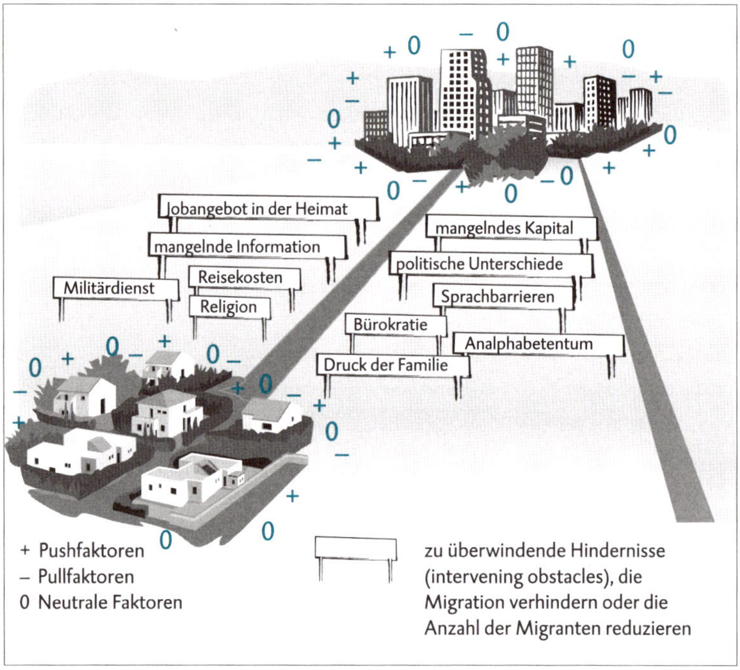

Migrationsmodell nach LEE

1.5 Wanderungsprozesse in Europa

Bei der Analyse von räumlichen Wanderungsbewegungen gilt es, nicht nur die Ursachen, sondern auch die Folgen für die Herkunfts- und Zielgebiete in den Blick zu nehmen.

Als **Folgen von Binnen- und Außenwanderungen** für ein Herkunftsgebiet gelten verallgemeinernd:

- Verlust der fähigsten Arbeitskräfte: Braindrain;
- steigender Anteil an Kindern und Alten, also der nicht erwerbsfähigen Personen, und damit steigende soziale Belastungen;

- geringerer oder fehlender Ausbau der Infrastruktur;
- Verringerung der Versorgung mit landwirtschaftlichen Produkten;
- Auseinanderbrechen von sozialen Strukturen;
- Verharrungstendenz der Bewohner in traditionellen Lebensformen.

Deutschland

In Deutschland hat sich seit der Wiedervereinigung im Jahr 1990 ein völlig neues Wanderungsmuster ergeben, das die in den alten Bundesländern seit einem längeren Zeitraum entwickelten Wanderungsverflechtungen (verkürzt: **Nord-Süd-Wanderung**) überlagert: Insbesondere jüngere Menschen wandern aus den neuen in die alten Bundesländer (verkürzt: **Ost-West-Wanderung**). Die Abwanderung aus Ostdeutschland weist eine ausgeprägte zeitliche, alters- und geschlechterspezifische sowie räumliche Selektivität auf. Diese Entwicklung ist zum großen Teil bedingt durch die dort schwierige Beschäftigungslage bzw. die anhaltend hohe **Arbeitslosigkeit**.

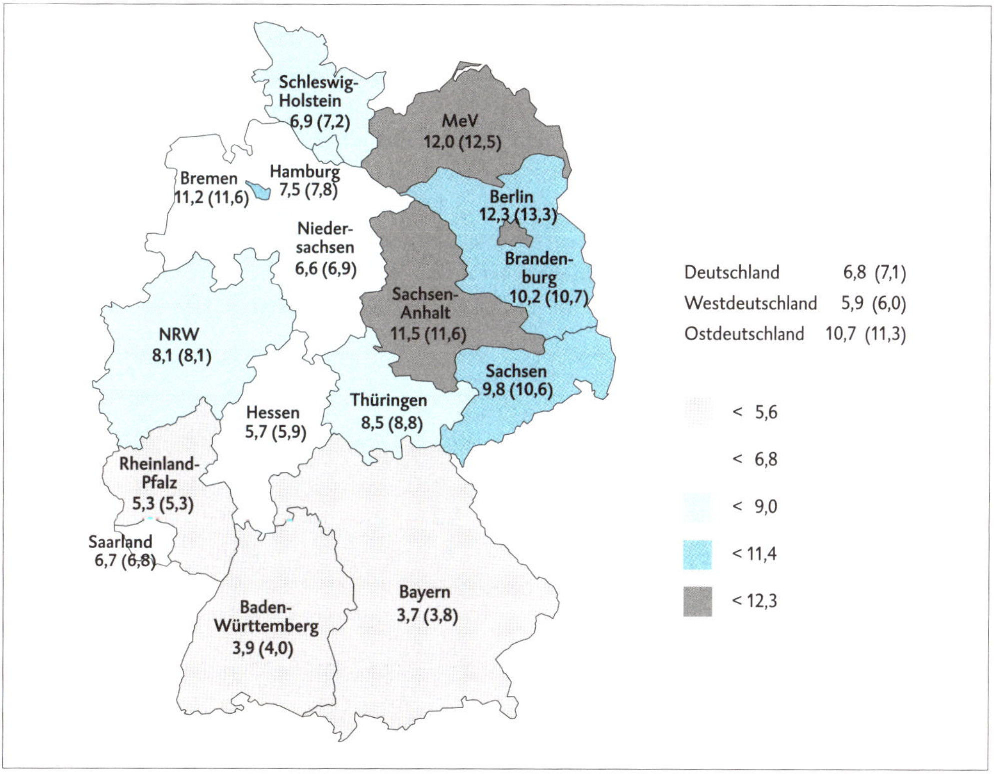

Arbeitslosenquote im Jahresdurchschnitt 2012 (Vorjahreswert in Klammern)

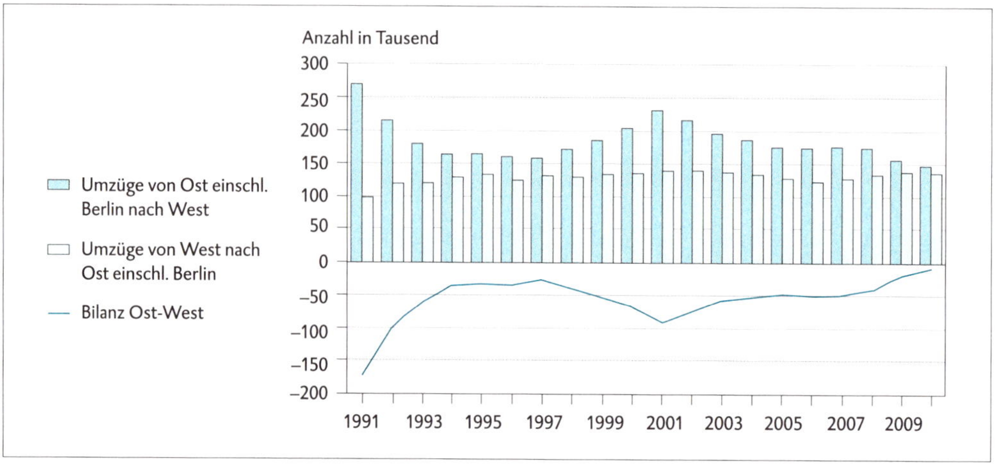

Wanderungen zwischen West- und Ostdeutschland (inkl. Berlin)

Pull-Faktoren: Faktoren, die im Migrations-Zielgebiet anziehend wirken; Gegenbegriff zu **Push-Faktoren:** Einflüsse, die die Bevölkerung zum Verlassen eines bestimmten Gebiets veranlassen

Der zunehmende Leerstand von Wohnraum in Ostdeutschland hat in vielen Gemeinden schon zu einem Rückbau oder Abriss geführt. Die Entleerung vieler ländlicher und strukturschwacher Regionen gefährdet die Wettbewerbsfähigkeit und schränkt damit die wirtschaftlichen Wachstumschancen der neuen Bundesländer ein. Diese Nachteile können auch nicht durch eine **zunehmende West-Ost-Wanderung** von Fachkräften ausgeglichen werden. Zwischen 1991 und 2010 verlor Ostdeutschland per Saldo rund 1,1 Mio. Menschen durch Abwanderung.

Deutschland insgesamt ist seit einiger Zeit ein attraktives Zielland für Migranten. **Pull-Faktoren** sind die ökonomische Stärke und politische Stabilität sowie die staatlichen Sicherungssysteme.

Jahr	Personen
1992	782 071
1995	397 935
1997	93 664
1999	201 975
2001	272 723

Jahr	Personen
2003	142 645
2005	78 953
2007	43 912
2009	–12 782
2011	279 207

Wanderungen zwischen Deutschland und Ausland
(Saldo ermittelt aus der Anzahl der Zugezogenen und Fortgezogenen)

Europäische Union

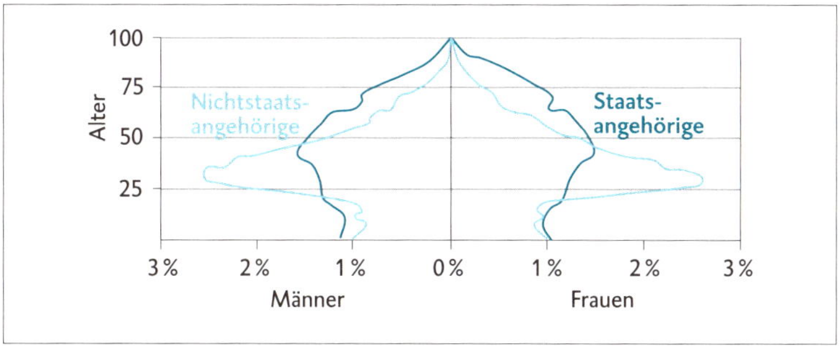

Altersstruktur der Staatsangehörigen und Nichtstaatsangehörigen in der EU, Stand 2010

Die Bevölkerung der EU wächst nur noch durch Zuwanderung. Eine Analyse der Altersstruktur ergibt, dass in der EU-27 die ausländische Bevölkerung insgesamt gesehen jünger ist als die inländische. Insbesondere der deutlich höhere Anteil der 25- bis 45-jährigen Nicht-EU-Angehörigen zeigt die Attraktivität der EU als **Arbeitsmarkt.**

Die Zusammensetzung der in der EU lebenden ausländischen Bevölkerung nach ihrer Staatsangehörigkeit ist in den einzelnen Mitgliedsländern sehr unterschiedlich; sie wird durch Faktoren wie z. B. Arbeitsmigration, historische Beziehungen zwischen Herkunfts- und Zielländern sowie gewachsene Netze in den Zielländern beeinflusst. Die türkischen Staatsangehörigen stellten mit 2,4 Mio. Menschen oder 7,2 % aller 2010 in der EU lebenden Nichtstaatsangehörigen die größte ausländische Bevölkerungsgruppe. Die zweitgrößte Gruppe bildeten die in anderen EU-Mitgliedsstaaten lebenden Rumänen mit 6,2 % der ausländischen Bevölkerung, gefolgt von den Marokkanern mit 5,7 %.

Wanderungen innerhalb der EU werden durch das **Schengener Abkommen** erlaubt und unterstützt. **Drittstaatsangehörige**, die sich in einem Land der EU aufhalten, können ohne Kontrolle prinzipiell in jedes andere Land weiterziehen. Obwohl Pass- und Visakontrollen an den Außengrenzen der EU durchgeführt werden, ist jeder Mitgliedsstaat betroffen.

Schengener Abkommen: Abschaffung der Grenzkontrollen an den Binnengrenzen der sogenannten Schengen-Staaten

Drittstaatsangehörige: Personen aus Nicht-EU-Staaten

Jedes Jahr werden ca. 300 Mio. Grenzüberschreitungen in Richtung EU gezählt. Seit Mitte der 1980er-Jahre lassen sich verschiedene Schwerpunkte kategorisieren. In Großbritannien, Frankreich und den Niederlanden werden Wanderungen weiterhin durch **postkoloniale Beziehungen** dominiert. Die südeuropäischen Länder werden geprägt durch Zuwanderung v. a. aus Marokko und Rumänien. In Skandinavien suchen zahlreiche Flüchtlinge aus Krisengebieten Asyl. Einige EU-Staaten wie Polen wandeln sich vom Auswanderungs- zum Transit- und Einwanderungsland.

Außereuropäische Länder als Herkunftsgebiete treten im Zuge von Globalisierungsprozessen immer deutlicher in Erscheinung. Die Europäische Kommission schätzt, dass sich 7–8 Mio. Menschen aus Afrika **illegal** in Europa aufhalten.

Im Jahr 2050 wird ein Drittel der EU-Bürgerinnen und Bürger über 65 Jahre alt sein. In bestimmten Regionen werden dann nicht mehr genügend Arbeitskräfte zur Verfügung stehen, um den Bedarf zu decken. Migration kann diese Entwicklung nicht vollständig ausgleichen, aber zumindest die negativen Folgen abschwächen. Dem derzeitigen Engpass im IT-Bereich versucht man z. B. mit Anreizen zu begegnen, durch die speziell qualifizierte Arbeitnehmerinnen und Arbeitnehmer angeworben werden sollen.

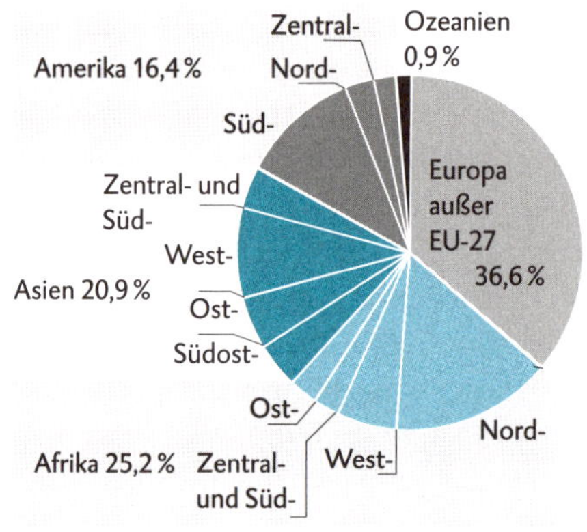

Drittstaatsangehörige in der EU-27 nach Herkunftskontinent, Stand 2010

1.6 Perspektiven künftiger Migration

→ **Globalisierung:** vgl. S. 278 ff.

Zunehmende Beziehungen zwischen den Regionen der Erde unter dem Einfluss der **Globalisierung** haben auch Konsequenzen für die weltweite Migration: Es kommt zu einer **Heterogenisierung** der Migranten, zu einer zahlenmäßigen Zunahme von Herkunfts- und Zielländern, zu einer „Feminisierung" internationaler Migration, zu einer Zunahme temporärer Migration, zu einer zunehmenden Bildungs- und Hochqualifiziertenmigration, zu einer wachsenden Arbeitsmigration schlecht bezahlter Arbeitskräften sowie zu einer zunehmenden Umweltmigration.

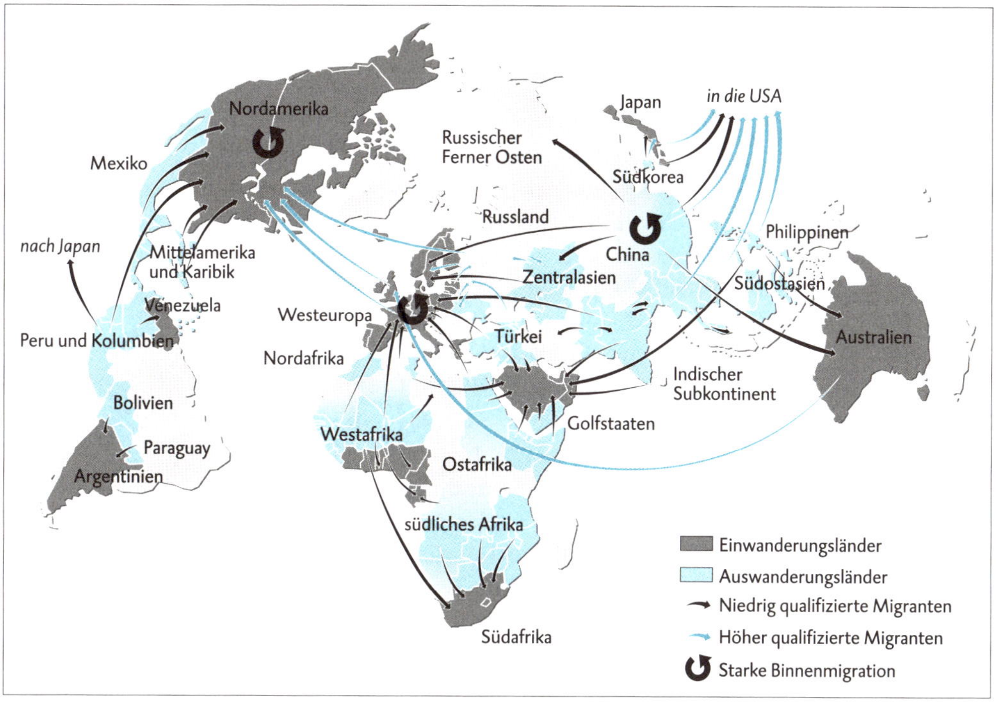

Weltweite Migrationsprozesse

Wichtige **Beschäftigungsbereiche** ausländischer Arbeitskräfte sind:

- Arbeitsplätze mit niedrigem Ausbildungsniveau in rapide wachsenden Großstädten,
- hochqualifizierte Arbeitsplätze in **Global Citys**,
- Gesundheits- und Pflegeberufe wegen der Alterung von Gesellschaften.

→ **Global Citys:** vgl. S. 176

1.7 Auf der Flucht – Warum müssen Menschen aus ihrer Heimat fliehen?

Nicht jede Migration erfolgt aus freien Stücken. Politischer Druck in unterschiedlichen Formen kann Menschen dazu bewegen, ihre Heimat zu verlassen und an einem anderen Ort eine Existenz aufzubauen. Zu diesen **Push-Faktoren** zählen Verfolgung, Unterdrückung, Menschenrechtsverletzungen, kriegerische Auseinandersetzungen und damit Gewalt. Menschen flüchten dann, wenn sie einen Ort im Blick haben, von dem sie sich Sicherheit und Schutz erhoffen.

→ **Desertifikation:** vgl. S. 63

Infolge von Naturkatastrophen und durch Menschen verursachte Umweltschädigungen wie **Desertifikation**, Überschwemmungen oder durch den Meeresspiegelanstieg wird die Zahl der **Klima- und Umweltflüchtlinge** zunehmen. Dabei wird es sich Prognosen zufolge bei diesen Wanderungen v. a. um regionale Wanderungen handeln. Dies kann unter Umständen zu einer **Destabilisierung** von Regionen oder Staaten führen, da die Wanderungen hauptsächlich in Entwicklungsländern stattfinden werden.

Bootsflüchtlinge vor Teneriffa

In der **Genfer Flüchtlingskonvention** ist das Flüchtlingsrecht verankert. Die 144 Vertragsstaaten sind verpflichtet, keinen Flüchtling in ein Land zurückzuweisen, in dem er Verfolgung fürchten muss.

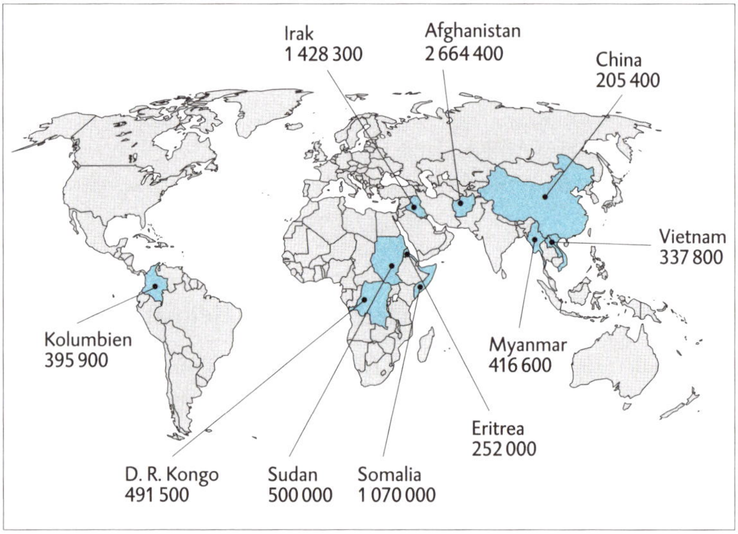

Hauptherkunftsländer von Flüchtlingen, Stand Ende 2011

1.8 Staatlich gelenkte Wanderung: Das Beispiel Indonesien – Transmigrasi

Der **Inselstaat** Indonesien hat derzeit über 248 Mio. Einwohner und ist damit nach China, Indien und den USA der viertbevölkerungsreichste Staat der Erde. Die Einwohner verteilen sich allerdings nicht gleichmäßig auf alle Inseln, sondern konzentrieren sich v. a. auf der Insel Java. Diese ist durch die fruchtbaren Böden vulkanischen Ursprungs begünstigt.
Zwischen den Jahren 1969 und 1994 plante die Regierung die **Umsiedlung** vieler Bewohner von Java, um die Hauptinsel von einer drohenden Überbevölkerung zu entlasten, die Nahrungsmittelproduktion zu erhöhen sowie die industrielle Entwicklung der anderen Inseln zu fördern.
Jede Umsiedlerfamilie erhielt ein Haus und 2–4 ha Land. Zudem unterstützte der Staat die Siedler durch Lebensmittel, Dünger und landwirtschaftliche Geräte. Im Zuge dieses **„Transmigrasi"** genannten **Transmigrations**-Projekts wanderten von 1950 bis 2010 ca. 2 Mio. Familien nach Kalimantan, Sumatra und Irian Jaya aus.
Transmigrasi hat zwar zur Verbesserung der Ernährungslage in Indonesien beigetragen, jedoch das Problem der **Übervölkerung** Javas nicht gelöst. Zudem kam es in vielen Teilregionen durch Brandrodungen zu Erosionsschäden. Seit der Asienkrise um 2007 wird das Projekt mit veränderten Zielen fortgeführt. Im Sinne eines **„nation building"** sollen die peripheren Räume durch Umsiedlungen wirtschaftlich entwickelt und die Minderheiten integriert werden.

Transmigration: von der politischen Führung gesteuerte und gelenkte Umsiedlung von Personen innerhalb eines Staates aus einer übervölkerten Region in weniger dicht besiedelte Gebiete

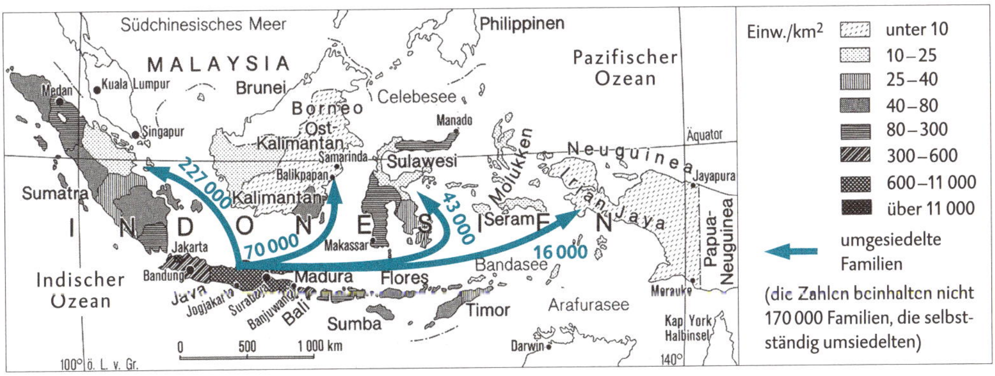

Bevölkerungsdichte und staatlich initiierte Umsiedlung in Indonesien

2 Pendeln – immer längere Wege zur Schule, zum Arbeitsplatz und zum Einkaufen?

2.1 Täglich unterwegs – Ursachen und Folgen des Pendelns

Pendler: Personen, deren Wohn- und Arbeitsstandort räumlich getrennt sind und die deshalb regelmäßig (täglich, wöchentlich etc.) zwischen diesen beiden Standorten pendeln; Differenzierung z. B. in Berufs-, Bildungs-, Freizeitpendler

Vor dem Hintergrund der Trennung von Wohnort und Arbeitsstätte, der zunehmenden Motorisierung, des Ausbaus der Verkehrsnetze, der Zunahme des Einkommens sowie von Suburbanisierungsprozessen in großen Städten haben sowohl die Zahl der **Pendler** als auch die Pendeldistanzen in den letzten Jahrzehnten stark zugenommen. Neben der Zahl der **Berufspendler** ist auch die Zahl der **Bildungspendler** gestiegen.
Eine gut ausgebaute Verkehrsinfrastruktur und ein ausgebautes ÖPNV-Netz mit optimalen Taktzeiten erlauben, dass sich Menschen flexibel und den individuellen Bedürfnissen angepasst im Raum bewegen können. Gleichzeitig werden damit größere Aktionsräume erschlossen.
Gegenüber diesen Vorzügen von Mobilität verbindet sich aber auch eine Reihe an Problemen mit der Zunahme des Pendelverkehrs. Der Pendler selbst muss Geld investieren für seine Fahrten, zudem erreicht er seine Arbeitsstätte nur mit Zeitaufwand. Deutlich spürbar sind auch ökologische Folgen des Pendlerverkehrs mit dem Pkw aufgrund der starken Streuung der Zielorte und des damit verbundenen geringen Anteils am vergleichsweise umweltverträglichen ÖPNV. Die Luft wird verschmutzt, durch den Ausbau von Straßen werden mehr Flächen versiegelt.
Pendelverkehr entspricht also insgesamt nicht den Kriterien der **Nachhaltigkeit**.

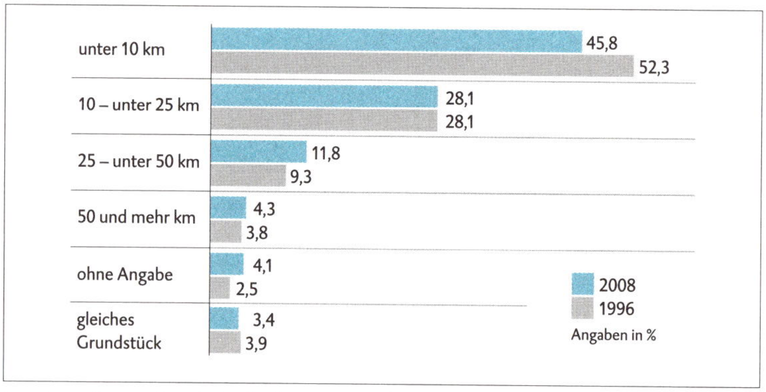

Berufspendleranteil nach der Entfernung zwischen Wohnung und Arbeitsstätte

Viele Pendlerbewegungen sind eine unmittelbare Folge der Stadt-Umland-Wanderung von Beschäftigten, die ihren Arbeitsplatz in der Stadt behalten, ihren Wohnsitz aber ins kostengünstigere und meist landschaftlich attraktivere Umland verlagert haben.
Strukturen der Pendelverflechtungen (z. B. Umfang, Richtung, räumliche Distanz, Ausbau des ÖPNV) sowie Motive (z. B. Bildung) sind gleichzeitig – insbesondere im Zusammenhang mit Wanderungsverflechtungen – ein Indikator für räumliche Entwicklungstendenzen wie **Suburbanisierung** und **Reurbanisierung**.

Suburbanisierung:
vgl. S. 232

Die Anzahl an Pendlern gilt als Indikator zur Abgrenzung von städtischen Räumen und zur Darstellung innerregionaler Verflechtungen. Jeder Pendler zählt in seiner Wohngemeinde als **Auspendler** und in der Gemeinde seiner Arbeitsstätte als **Einpendler**. Pendler über die Staatsgrenzen hinweg gelten als Grenzgänger.
Die Wege der Pendler werden v. a. beeinflusst durch die finanziellen Mittel des Einzelnen, durch die Entfernung zu den Bildungseinrichtungen/Arbeitsstätten, durch die Verkehrsmittel, die Parkkosten/Parkplätze und die Verkehrsinfrastruktur.
Die Ausdehnung eines **Pendlereinzugsgebiets** nimmt mit der Zahl und der Spezialisierung der Arbeitsplätze eines **Zentrums**, aber auch mit dem Mangel an Arbeitsplätzen im Umland zu. In Deutschland ist eine Zunahme der Pendeldistanzen zu beobachten. Diese sind regional sehr unterschiedlich. Niedrige Pendeldistanzen gibt es in hochverdichteten Agglomerationsräumen der alten Bundesländer. Nur an den äußeren Grenzen großer Agglomerationen wie Berlin, Hamburg, Frankfurt oder München treten überdurchschnittlich hohe Pendeldistanzen auf. Diese Kernstädte bieten besonders Hochqualifizierten viele Arbeitsplätze in wissensintensiven unternehmensnahen Dienstleistungen mit hohen Verdienstmöglichkeiten. In den neuen Bundesländern weisen v. a. die dünn besiedelten Räume in Teilen Mecklenburg-Vorpommerns, Brandenburgs und der Altmark überdurchschnittlich hohe Pendeldistanzen auf.

Pendlereinzugsgebiet: dasjenige Gebiet, aus dem Auspendler ins Zentrum einpendeln

→ **Zentrum:**
vgl. S. 245

Die Wahl des **Verkehrsmittels** ist – neben der Angebotsqualität des ÖPNV – im Wesentlichen abhängig von der Distanz zwischen Wohn- und Arbeitsort. Je näher Wohnung und Arbeitsstätte beieinanderliegen, desto höher ist der Anteil der Wege, die zu Fuß, mit dem Fahrrad oder mit dem ÖPNV zurückgelegt werden. In Mischgebieten mit Wohnungen und Arbeitsstätten ist der Autoanteil im Berufsverkehr wesentlich niedriger als in Stadtvierteln mit geringer Nutzungsmischung.

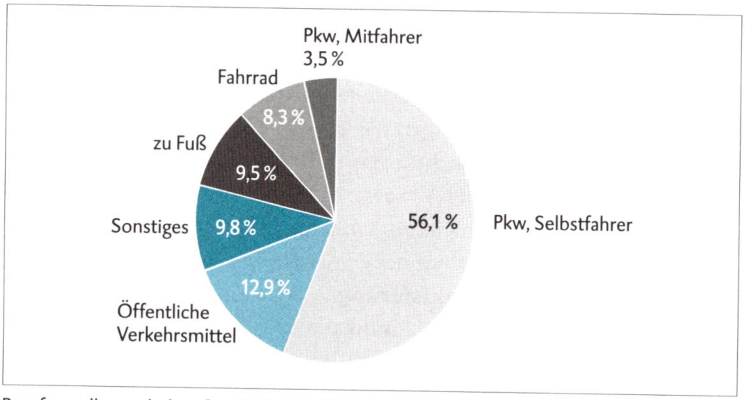

Berufspendler nach dem für die längste Wegstrecke benutzten Verkehrsmittel, Stand 2008

Pendlerquote: Anteil der Auspendler an den in einer Gemeinde wohnhaften Personen bzw. Anteil der Einpendler an den in einer Gemeinde arbeitenden Beschäftigten

→ **Zentrale Orte:** vgl. S. 242 ff.

Pendlersaldo: Saldo der Ein- und Auspendler eines Raums

Die **Pendlerquote** dient als wichtiger Indikator für die Wirtschaftsstruktur sowie für die Wirtschaftsverflechtung zwischen Kernstadt und Stadtregion. Dieser Wert ist zugleich ein Indikator zur Bestimmung der Zentralität eines Ortes. **Zentrale Orte** höherer Stufen haben meistens einen positiven **Pendlersaldo** (Einpendlerüberschuss), Wohngemeinden im Stadtumland sowie ländliche Gemeinden einen negativen Pendlersaldo (Auspendlerüberschuss). Letzteres gilt als Kennzeichen von Trabanten- oder Satellitenstädten.

Räumliche Verflechtungen und Erreichbarkeiten hängen eng miteinander zusammen. **Erreichbarkeiten** beschreiben potenzielle, an Lagegunst und Verkehrsinfrastruktur orientierte Interaktionen, **räumliche Verflechtungen** dagegen die empirisch erfasste Praxis.

Pendlerströme stellen damit Beziehungen zwischen mehreren Orten, zwischen Stadt und Land, zwischen Kernstadt und suburbanem Raum dar.

Stadt	Pendlersaldo pro 100 Einw.
Frankfurt/Main	38,3
Düsseldorf	27,0
Stuttgart	23,7
Kassel	19,8
Osnabrück	18,5
Münster	17,0
Hamburg	12,3
Magdeburg	10,8
Dresden	8,0
Berlin	2,9

Pendlersalden in ausgewählten Städten, Stand 2010

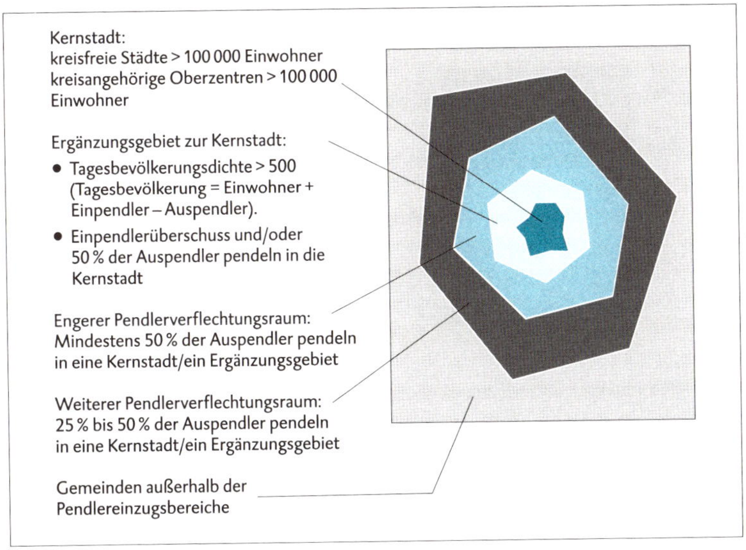

Stadtregionen und ihr Pendleranteil

Folgende Entwicklungstrends lassen sich für Deutschland nennen:
Der Weg zwischen Wohnort und Arbeitsstätte ist für immer mehr Beschäftigte nicht nur auf eine Gemeinde beschränkt. Die **Pendlerverflechtungen** intensivieren und die Pendeldistanzen erhöhen sich. Die Pendlereinzugsgebiete der großen Zentren dehnen sich immer weiter aus und bilden immer größere Stadtregionen als funktionale Verflechtungsräume.

Pendlerverflechtungen: durch den Pendlerverkehr intensivierte sozio-ökonomische Beziehungen und Beeinflussungen zwischen den Wohn- und Arbeitsorten

Den bedeutendsten Anteil nehmen nach wie vor die **zentripetalen Pendlerströme** ein, sie sind vom Umland in die Kernstädte gerichtet. In Großstädten konzentrieren sich Dienstleistungen meistens in der Innenstadt. Sie verdrängen einerseits die Wohnbevölkerung ins Umland, andererseits ziehen sie Konsum und Nachfrage sowie Beschäftigte aus dem Umland an. Diese Urbanisierungsprozesse ziehen weitere Pendlerbewegungen nach sich. So kommt es zu einer zunehmenden Polarisierung zwischen **Tag- und Nachtbevölkerung** in den jeweiligen städtischen Gebieten.

Tagbevölkerung: die während des Tages in einem Stadtteil zu verzeichnende Bevölkerungsanzahl

Nachtbevölkerung: entsprechend; Bsp. Innenstädte: hier überwiegt aufgrund des überdurchschnittlich hohen Arbeitsplatzangebots die Tagbevölkerung stark gegenüber der Nachtbevölkerung

Hinzu kommen aber auch immer mehr zentrifugale, d. h. von der Kernstadt ins Umland gerichtete Verkehrsbewegungen und der Tangentialverkehr. Diese neuen Entwicklungen sind Ausdruck der Industriesuburbanisierung und der Suburbanisierung des tertiären Sektors. So entstehen immer häufiger peripher zur Kernstadt gelegene, großflächige Einzelhandels- und Freizeitzentren mit entsprechenden Arbeitsplätzen; dadurch entwickeln sich neue Einpendelzentren im Stadtumland.

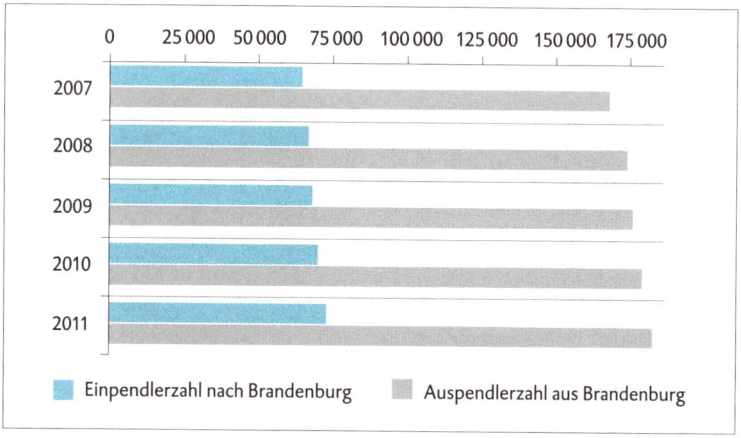

Pendlerverflechtungen Brandenburg–Berlin

Städtische Verkehrspolitik hat zum Ziel, Engpässe zu mildern, z. B. durch eine zeitliche Streuung der Nachfrage, durch den Einsatz von Verkehrsleitsystemen oder durch Verkehrsverlagerung zugunsten umweltfreundlicher Verkehrsmittel, wie das folgende Beispiel zeigt.

2.2 Eine Citymaut als Lösung der Pendlerproblematik?

Citymaut, auch Innenstadtmaut oder Straßenzoll: Erhebung von Gebühren (Maut) für die Nutzung innerstädtischer Verkehrsinfrastruktur

Aufgrund hoher Bodenpreise und starker Bebauung ist Straßenraum in europäischen Großstädten knapp bemessen. Daher übersteigt zu bestimmten Zeiten die Nachfrage nach Flächen für den motorisierten Individualverkehr die verfügbare Kapazität. Lange Anfahrtszeiten, Staus sowie Umweltbelastungen (v. a. Luftverschmutzung und Lärm) sind als schwerwiegende Folgen zu nennen. Als möglicher Lösungsansatz wird in Deutschland eine **Citymaut** nach britischem Vorbild der Londoner „Congestion Charge“ diskutiert. Positiv werden v. a. folgende Effekte bewertet: Die Luftqualität wird durch geringere Schadstoffemissionen verbessert, der Verkehrslärm verringert. Durch die zeitliche und räumliche Steuerung der Verkehrsnachfrage wird der Verkehrsfluss verbessert. Die Kommunen erhalten zusätzliche Einnahmen. Insgesamt wird die Lebensqualität in der Stadt durch Verringerung des Verkehrsaufkommens erhöht. Kritiker nennen aber auch Probleme, z. B. Fortbestand des Parksuchverkehrs, Attraktivitätsverlust der Innenstadt gegenüber dem Umland usw.

3 Tourismus

3.1 Was ist Tourismus?

Tourismus/Fremdenverkehr: Maßnahmen und Begleiterscheinungen, die mit dem Reisen und dem vorübergehenden Aufenthalt Ortsfremder zu Heil-, Erholungs- oder Bildungszwecken in bestimmten Regionen zu tun haben

Der **Tourismus** weicht von anderen Formen der Mobilität ab. Die Abweichungen betreffen Motiv (Erholung vs. Geschäftsreise/Studium), Dauer (einige Tage oder Wochen vs. Stunden oder auf Dauer) und Zielort (Urlaubsreise vs. Spaziergang im Wohnumfeld). Folgende Formen des Tourismus lassen sich unterscheiden:

Merkmal	Beispiele für entsprechende Reiseformen
Reisezeit	Sommer, Winter; Hoch-, Vor-, Nebensaison
Anzahl der Teilnehmer	Individual-, Gruppenreise
Unterkunft	Campingplatz, Hütte, Hotel, (Kreuzfahrt-)Schiff
Standard	Low-Budget, Pauschal, Luxus
Verkehrsmittel	zu Fuß, Fahrrad, Auto, Bahn, Bus, Flugzeug, Schiff
Motiv	Bildung (Ethnotourismus, Kulturtourismus, Städtereise), Erholung i. e. S. (Strandurlaub), Shopping, Wellness
Organisationsform	Pauschalreise, individuelle Reise, Gruppenreise

Unterschiede beim Tourismus

Die touristische Attraktivität eines Ziels hängt von der subjektiven **Bewertung** des Raumes durch den/die Reisenden ab. Hierbei spielen auch **naturgeographische Faktoren** wie Relief, Klima, Flora, Fauna etc. eine Rolle. Ebenso sind **kultur- und sozialgeographische Aspekte** wie ein ausreichendes kulturelles und infrastrukturelles Angebot wichtig. Hierzu zählen Hotelangebot und Entertainment, Verkehrserschließung und -anbindung, Image, Sicherheit und Preisniveau.

3.2 Tourismus – grenzenloses Wachstum?

Tourismus in Deutschland und weltweit

Abgesehen von frühen Sonderformen wie Pilgerfahrten oder Bäderreisen ist Tourismus eine recht junge **Form der Mobilität**. In Mitteleuropa gewann der Tourismus erst um 1850, im Zeitalter der Industrialisierung, über die Gruppen des Adels, der Künstler und des Bildungsbürgertums hinaus an Bedeutung.

1793	erstes Seebad (Heiligendamm)
1801	erstes Großhotel (Baden-Baden)
1839	erster Reiseführer (Baedeker)
1840	Schienennetz 548 km
1842	erstes Reisebüro (Stuttgart)
1864	erster Wanderverein (Schwarzwald)
1869	erste Pauschalreise (Ägypten)
1895	Schienennetz 45 560 km

Anfänge des Tourismus in Deutschland

Reiseintensität: Anteil an Menschen eines Landes > 14 Jahre, die eine Reise von 5 und mehr Tagen pro Jahr unternehmen

In Deutschland hat die **Reiseintensität** seit den 1930er- bzw. 1950er-Jahren kontinuierlich bis zum Rekordwert des Jahres 1994 (78 %) zugenommen und stagniert seither auf hohem Niveau (2010: 75,7 % = europäischer Höchstwert).

Der Wunsch nach Erholung vom schnelllebigen Alltag ist hoch. In vielen Industriestaaten wurde inzwischen dank der Zunahme der Zahl freier Tage, des gestiegenen Wohlstands, des höheren Motorisierungsgrads, der gestiegenen Akzeptanz von Pauschalreisen, der Erleichterung des Reisens durch computergestützte Buchungssysteme und der offenen Grenzen die **massentouristische Reifephase** erreicht.

Massentourismus: intensiver und massiver Fremdenverkehr an einem Ort einschließlich seiner negativen Auswirkungen

Auf Europa, die wichtigste Tourismusregion der Erde, entfallen über 50 % der internationalen Ankünfte. Dabei liegt Deutschland mit 60,3 Mio. Touristen (2010) hinter Spanien in der Beliebtheitsskala ausländischer Reisender unter den europäischen Ländern auf Platz 2 (weltweit: Platz 8 bei den Übernachtungen, Platz 6 beim Umsatz).

Reiseverkehrsbilanz: Differenz zwischen den Ausgaben der Reisenden eines Landes im Ausland und den Einnahmen dieses Landes durch ausländische Touristen

Wegen der großen Anzahl der Deutschen, die ihren Urlaub im Ausland verbringt, ist die **Reiseverkehrsbilanz** Deutschlands negativ. Dennoch ist der Fremdenverkehr im Inland nach der Automobilindustrie die zweitwichtigste Branche der deutschen Wirtschaft. Auf den **Tagestourismus** entfallen dabei über 70 % des Bruttoumsatzes.

Das touristische Angebot in Deutschland ist breit gefächert: Es gibt u. a. 310 Kurorte, 6 500 Museen, 27 Freizeit- und Erlebnisparks, 693 Golfplätze, 75 000 km Radfernwege, 200 000 km Wanderwege, ca. 40 Weltkulturerbestätten und 55 000 Beherbergungsbetriebe mit 3,5 Mio. Betten. Jede dritte Gemeinde ist in einem Tourismusverband organisiert.

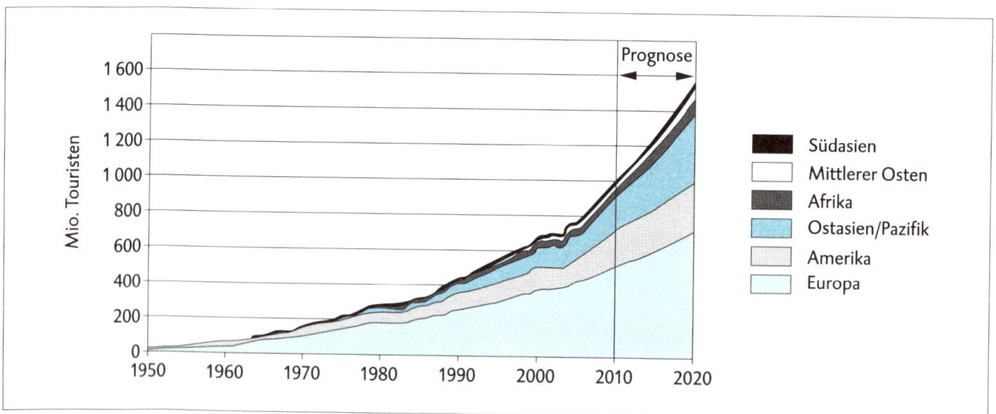

Zielregionen des Tourismus

Malediven	70,6 %	Portugal	15,2 %	Costa Rica	12,3 %
Seychellen	60,9 %	Spanien	14,9 %	Frankreich	9,3 %
Malta	27,7 %	Neuseeland	14,5 %	Guatemala	8,7 %
Kroatien	26,5 %	Österreich	13,8 %	Kanada	4,4 %
Marokko	19,0 %	Griechenland	12,6 %	Deutschland	4,6 %

Beitrag des Tourismus zum BIP, Stand 2011 (Auswahl)

Der Tourismus trägt knapp 5 % zum deutschen BIP bei. Wie die obige Tabelle zeigt, kommt ihm in vielen Ländern eine große wirtschaftliche Bedeutung zu – als Devisenbringer, für den Arbeitsmarkt und als Motor der Regionalentwicklung.

Auch global betrachtet ist der Tourismus eine Wachstumsbranche, die weltweit rund 9 % zum BIP sowie 5% zum Investitionsvolumen beiträgt und 5% aller Exporte bedingt. Einer von 12 Arbeitnehmern ist in der Tourismusbranche beschäftigt (2011).

Regional begrenzte Einnahmeeinbrüche, z. B. durch Naturkatastrophen, Unruhen, Terroranschläge oder Epidemien, werden meist rasch durch andere Reiseziele ausgeglichen. Selbst globale negative Entwicklungen können das Wachstum der Tourismusbranche offenbar nur verlangsamen. So sanken infolge der weltwirtschaftlichen Rezession die Touristenzahlen von 2008 auf 2009 um 4,2 %, stiegen jedoch 2010 und 2011 wieder deutlich um 7 bzw. 5 % an.

Touristische Modelle

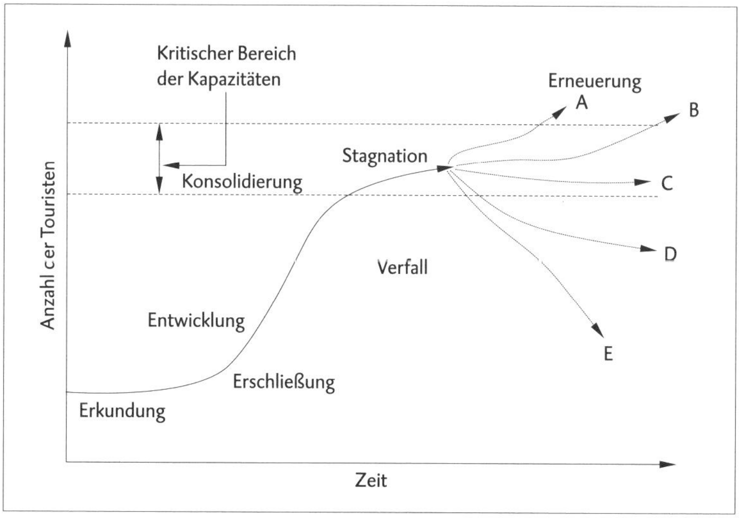

Destinationslebenszyklusmodell nach RICHARD BUTLER

→ **Produktlebenszyklus:** vgl. S. 160

Ist ein grenzenloses Wachstum des Tourismus möglich? Ähnlich dem **Produktlebenszyklus** unterliegen auch touristische Ziele einer Art „Lebenszyklus“. Wie sich Tourismusregionen entwickeln, hat RICHARD BUTLER in seinem **Destinationslebenszyklus-Modell** untersucht.

- **Erkundung:** Pionier-Touristen, unbekanntes, schlecht erreichbares Zielgebiet, eingeschränktes Beherbergungsangebot
- **Erschließung:** Steigerung des Bekanntheitsgrades durch Mundpropaganda, Ausbau der Beherbergungs- und Verkehrsinfrastruktur
- **Entwicklung/Konsolidierung:** Kommerzialisierung und Bewerbung des touristischen Angebots, steigende ökonomische Bedeutung des Tourismus, auch für den Arbeitsmarkt, erste ökologische Belastungen durch den Fremdenverkehr
- **Stagnation:** sinkende Zuwachsraten, erste Degradierungserscheinungen: Lärm, Enge, unstimmiges Preis-Leistungs-Verhältnis, renovierungsbedürftige Hotels, zunehmend künstliche Attraktionen, sinkendes Gästeniveau, nur wenige Erstreisende, Arbeitsplatzabbau.
- Der Standort erleidet einen Niedergang **(Verfall)**, wenn es nicht gelingt, durch eine nachfrageorientierte Änderung des Angebots eine **Erneuerung** einzuleiten, z. B. durch eine Etablierung als exklusives Reiseziel für ein kaufkräftiges Publikum, als gesundheitsorientiertes Reiseziel oder als Ziel mit ausgesprochenem Event- und Funcharakter.

Deutlicher raumbezogen hat der deutsche Geograph KARL VORLAUFER versucht, modellhaft die Entwicklung des Tourismus in einem Entwicklungsland darzustellen:

- **Phase 0:** abseits der Hauptstadt und abseits von wenigen leicht erreichbaren kulturellen, naturräumlichen oder ethnozentrierten Attraktionen außer einigen „Entdeckungsreisenden“ nahezu kein Ferntourismus;
- **Initialphase:** verbesserte Anbindung des (einzigen) internationalen hauptstädtischen Flughafens; Ausbau von Hotellerie, Andenkenhandel und Agenturen zur Organisation von Reisen in Sekundärzentren an der Küste, in der Nähe von Kulturdenkmälern, Nationalparks oder Siedlungsräumen „exotischer“ Völker; Individualtouristen in abgelegenen Regionen;

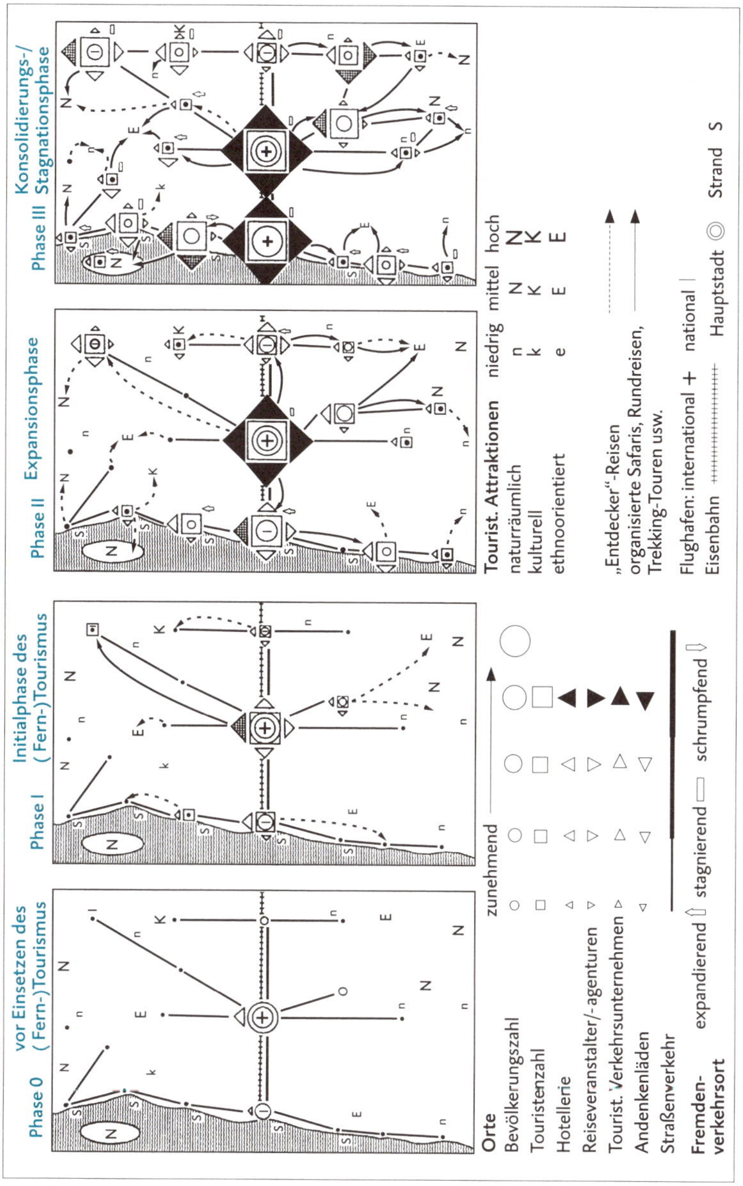

Modell der raum-zeitlichen Entfaltung des Tourismus in einem Entwicklungsland nach KARL VORLAUFER

- **Expansionsphase:** starke Zunahme der Touristenzahlen, des Hotelangebots, von Reiseagenturen und Andenkenläden; fortbestehende Dominanz des Hauptstadt-Tourismus: Überagglomeration, Umweltbelastung, Imageprobleme → allmähliche Umwandlung der Hauptstadt zur Durchgangsstation; Entstehen weiterer nationaler Flughäfen im Hinterland und sekundärer Touristenzentren mit Schwerpunkt Strandtourismus;
- **Konsolidierungsphase:** flächendeckende, vernetzte Erschließung des Staatsgebietes sowie weiterer touristischer Quellgebiete, Anlage weiterer Flughäfen, Vielzahl touristischer Sekundärzentren im Hinterland; Abenteuertouristen nur noch in Gebieten in extremer Randlage; Stagnation in einigen Landesteilen und der Hauptstadt: Schrumpfungsprozesse und Beeinträchtigung der Umwelt durch Massentourismus; Marktsättigung.

In einer gewissen Entsprechung zum Modell von VORLAUFER haben zahlreiche Staaten wie Kenia, Tansania, Madagaskar, Philippinen, Vietnam oder Peru touristische **Master-Pläne** zur Förderung des Fremdenverkehrs in peripheren Regionen aufgestellt. Aufgrund der unüberwindlichen Dominanz der Hauptstadtregion waren häufig nur geringe Erfolge zu verzeichnen.

3.3 Gefährdet zunehmender Tourismus seine Grundlagen?

Binnentourismus: alle Formen des Tourismus im jeweiligen Inland

Ausländer-Tourismus: Tourismus mit Überschreitung einer Staatsgrenze

Jeder dritte deutsche Tourist verbringt seinen Urlaub im Heimatland; in Kanada sind 80 %, in der Schweiz 45 % der Reisenden Inländer. Der **Binnentourismus** ist eine Domäne der Industriestaaten, doch auch in Schwellenländern nehmen Reisen innerhalb des eigenen Landes zu. So kommen in Indien rund 50 indische auf einen ausländischen Touristen (Brasilien: 8, Indonesien: 6).

Dennoch beziehen sich in wirtschaftlich weniger entwickelten Ländern staatliche Förderprogramme meist auf den **Ausländer-Tourismus**. Dies geschieht in aller Regel aus ökonomischen und raumplanerischen Gründen, v. a. zum Ausgleich regionaler Disparitäten zwischen Zentrum und der (häufig touristisch besonders interessanten) Peripherie des Landes. Die negativen **wirtschaftlichen Folgen** des Fremdenverkehrs werden häufig ausgeblendet.

info

Positive wirtschaftliche Folgen des Fremdenverkehrs

⊕ Devisenzufluss
⊕ Beschäftigungseffekte in Berufsfeldern, die direkt mit dem Fremdenverkehr zusammenhängen (1,5–2,5 Arbeitsplätze im Hotel pro Fremdenbett)
⊕ Sekundär-/Multiplikatoreffekte (z. B. Bauwirtschaft, Zulieferindustrie, Transport, informeller Sektor): **Trickle-down-Effekte**
⊕ Ausbau der Infrastruktur (Kläranlage, Trinkwasseraufbereitung etc.)
⊕ Entlastung bestehender wirtschaftlicher Zentren durch Umleitung von Migrantenströmen
⊕ Abbau regionaler Disparitäten durch die Entwicklung abgelegener und damit häufig touristisch interessanter Landesteile

Negative wirtschaftliche Folgen des Fremdenverkehrs

⊖ Preissteigerungen, auch der Bodenpreise → Rückgang der Landwirtschaft
⊖ Abfluss der Gewinne ins Ausland durch Import z. B. hochwertiger Lebensmittel, Beauftragung ausländischer Dienstleister (Airlines, Baufirmen) oder ortsfremder Eigentümer: hohe **Sickerrate**
⊖ einseitig auf den Tourismus ausgerichtete Wirtschaftsstruktur (Beispiel Seychellen: 60,9 % des BIP) mit der Gefahr der Abhängigkeit
⊖ Infrastrukturausbau ohne oder mit nur geringem Wert für die Einheimischen (Straße zum Flughafen, zum Strand)
⊖ vorwiegend einfache, saisonale, entwürdigende (Vergnügungssektor) oder Nicht-Ortsansässigen vorbehaltene Beschäftigung, z. T. mit schlechterer Entlohnung im Vergleich mit Ausländern

Trickle-down-Effekt: über Kapitalflüsse „von oben nach unten“ ausgelöste Steigerung des Wohlstands auch bei der ärmeren Bevölkerung

Sickerrate: Fachbegriff der Tourismusforschung zur Erklärung des Zurückfließens von Deviseneinnahmen aus dem Tourismus in einem Land weg ins Ausland; dieser Abfluss entsteht durch Import von Gütern für Touristen (etwa Lebensmitteln und Getränken) oder durch Beauftragung von ausländischen Dienstleistern (Transport, Bauaufträge)

Auch **ökologisch** stehen den positiven Auswirkungen des Tourismus (z. B. Einrichtung und Unterhalt von Naturschutzgebieten und Reservaten oder verstärkte Umwelterziehung) zahlreiche mögliche **Umweltschäden** gegenüber:

- Versiegelung (Straßen, Hotels, Startbahnen) und Zerschneidung der Landschaft (Lifte, Skipisten);
- Beeinträchtigung des Landschaftsbildes;
- Störung empfindlicher Ökosysteme (Riff, Hochgebirge);
- Ressourcenverbrauch: Wasser, Energie;
- Beeinträchtigung der Fauna (Laichplätze, Wanderungen);
- erhöhter CO_2-Ausstoß (Flugzeug, Auto);
- Anstieg weiterer Emissionen: Müll, Abwasser, Lärm.

Verschmutzter Strand in Ungarn

Auch in **soziokultureller Hinsicht** sind vielfach bedenkliche Entwicklungen möglich:

- Abwendung von der traditionellen Kultur (Akkulturation);
- Zwangsumsiedlung für touristische Großprojekte;
- Zunahme von Kriminalität, (Kinder-)Prostitution, Bettelei;
- Produktion von Tourismus-Kitsch („Airport-Art");
- Verstärkung gesellschaftlicher/sozialer Disparitäten;
- Kommerzialisierung des Verhaltens;
- fehlende Bürgerbeteiligung.

Diese negativen ökonomischen, ökologischen und soziokulturellen Entwicklungen haben seit Ende der 1970er-Jahre den Wunsch entstehen lassen, den Fremdenverkehr umwelt- und sozialverträglich als **sanften** (nachhaltigen) **Tourismus** zu gestalten (vgl. nächste Seite). Insbesondere FRED BAUMGARTNER und ROBERT JUNGK haben einen solchen Tourismus gefordert.

Touristische Gütesiegel sind Versuche, dem Reisenden die Einhaltung von Kriterien eines nachhaltigen Tourismus zu garantieren. Durchaus auch in Erwartung eines Imagevorteils schmücken sich neben einzelnen Hotelketten („Travellife"), Reiseveranstaltern („Green Globe Certification") auch Regionen („Bioregion Ramsau" in Österreich) und Staaten (Costa Rica: „Bandera Azul Ecologica"; Kenia: „Eco Tourism Kenya") mit derartigen Siegeln.

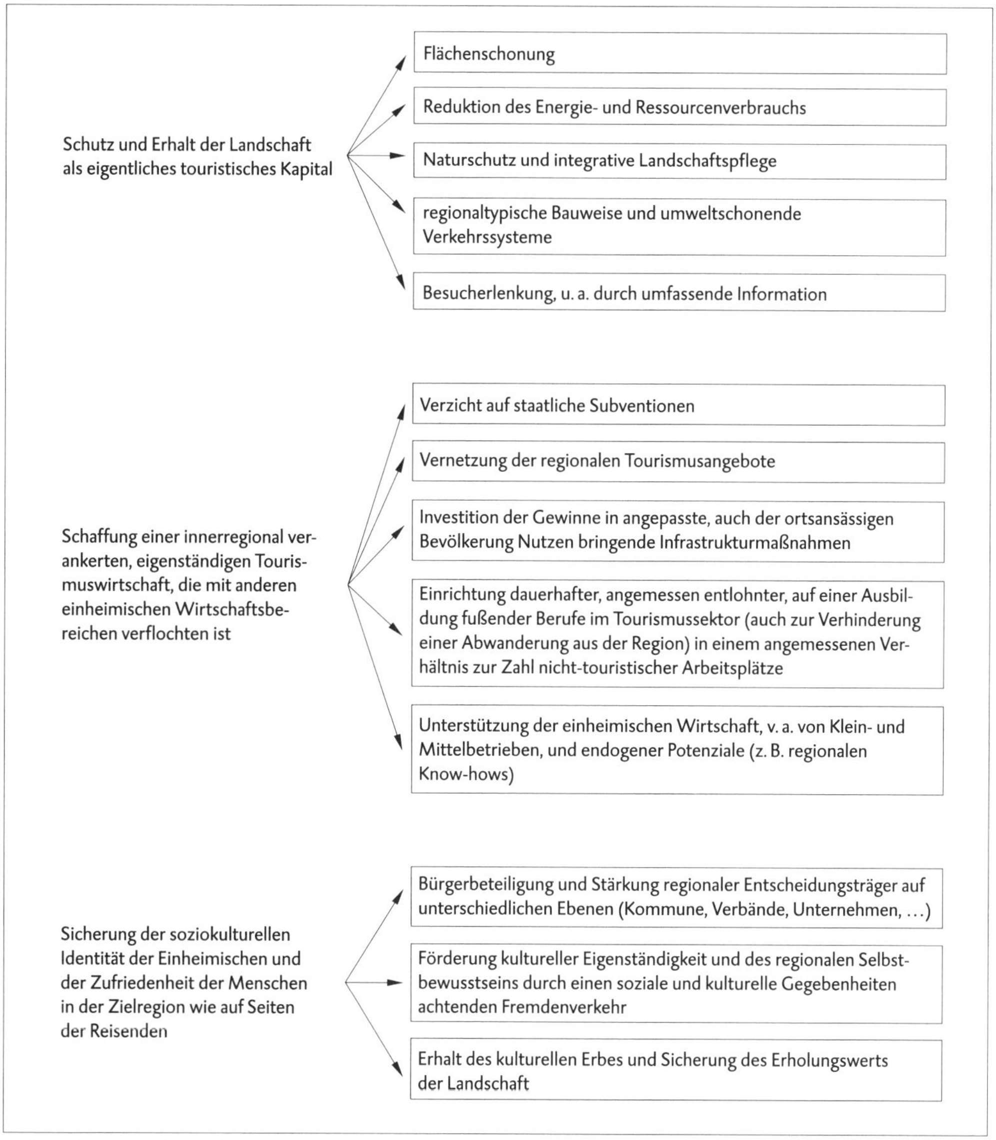

Ziele und Kriterien des sanften Tourismus

Zusammenfassung

- Moderne Gesellschaften sind durch ein hohes Maß an räumlicher Mobilität gekennzeichnet.
- Migration ist ein globales Phänomen. Es gibt kein Land, das nicht grenzüberschreitende Zu- und Abwanderungen (internationale Migration) oder Wanderungsbewegungen im Landesinneren (Binnenmigration) verzeichnet.
- Ein wichtiges Motiv für Migration ist die Arbeitssuche.
- In vielen Ländern werden gut ausgebildete Arbeitskräfte angeworben. Als Folge entsteht im Herkunftsland ein Braindrain, in der Zielregion ein Braingain.
- Einige Staaten bemühen sich um eine Steuerung des Umfangs und der räumlichen Verteilung der Zuwanderung.
- Der Umfang erzwungener Migration steigt: Menschen suchen Schutz vor Unterdrückung und Verfolgung, vor Naturkatastrophen und Umweltschäden.
- Zunehmende Motorisierung und Verdrängungsprozesse in den Innenstädten haben zu einer deutlichen Steigerung des Pendlerverkehrs geführt.
- Tourismus ist eine junge Form der Mobilität mit großer wirtschaftlicher Bedeutung für zahlreiche Staaten und mit wohl auch in Zukunft hohen Wachstumsraten.
- Im Hinblick auf Adressatengruppe, Ausgestaltung der Reise, Verkehrsmittel und Unterbringung sind die Erscheinungsformen des Tourismus äußerst vielfältig, ebenso seine direkten und indirekten Auswirkungen. Diese sind am sinnvollsten unter Nachhaltigkeitsgesichtspunkten zu bewerten.
- Weltweit ist Europa mit großem Abstand die wichtigste Tourismusregion, Amerika und der ostasiatisch-pazifische Raum sind wichtige Wachstumsregionen.

Weltwirtschaft vor dem Hintergrund der Globalisierung

1 Was ist eigentlich Globalisierung?

1.1 Erscheinungsformen der Globalisierung

(wirtschaftliche) **Liberalisierung:** Abbau von Hemmnissen und Regulierungen, die den freien Wettbewerb beeinträchtigen

(wirtschaftlicher) **Liberalismus:** Idee unbeschränkten Wirtschaftens nach Wegfall sämtlicher Hemmnisse und Regulierungen, die den freien Wettbewerb beeinträchtigen

Binnenmarkt: Austausch von Waren und Dienstleistungen im Inland

Egal zu welcher Jahreszeit: Landwirtschaftliche Produkte aus allen Klimazonen finden wir täglich in den Auslagen von Geschäften und Märkten. Der Kurztrip mit dem Flugzeug ins europäische Nachbarland für oft weniger als 50 Euro ist keine Ausnahme, Interkontinentalflüge für Geschäftsreisende und Urlauber sind an der Tagesordnung, das Telefongespräch nach Übersee per Skype ist preiswert und nichts Besonderes. Die weltweiten Beziehungen und Erreichbarkeiten sind seit der **Liberalisierung des Welthandels** nach dem Ende des Zweiten Weltkriegs und den politischen Veränderungen nach 1990 in Europa besser und selbstverständlicher geworden. Gäbe es weder Handelsbeschränkungen noch Zölle, könnte man von einem **weltweiten Binnenmarkt** sprechen. Der **Globalisierungsprozess** bedeutet eine Intensivierung globaler Verflechtungen auf transnationaler Ebene in den Bereichen Wirtschaft, Politik, Ökologie, Kultur, Tourismus, Technologie, Kommunikation und Kapitalbeschaffung. Er erfordert einen sehr hohen Interaktionsgrad aller Beteiligten.

Globalisierung – ein Naturgesetz?

Globalisierung erfasst im Grunde genommen jeden. Sie bedeutet für einige neue Möglichkeiten bzgl. Reisen, weltweiter Kontakte, weltweiten Warenhandels und blitzschneller Kommunikation per Internet. **Globale Warenketten** z. B. sind Erscheinungsformen solcher weltumspannender Handelsbeziehungen.

globale Warenkette: Netzwerk ökonomischer Beziehungen beim internationalen Handel von der primären Produktion bis zum Endverbrauch(er)

Für andere wirkt sich Globalisierung negativ aus, z. B. wenn Arbeitsplätze aus Kostengründen ins Ausland verlagert oder wenn die eigene Kultur und Sprache durch sogenannte Weltsprachen verdrängt werden.
Globalisierung bezeichnet gleichermaßen einen Prozess wie einen Zustand: einen **Prozess**, bei dem sich etwas nach und nach über den Globus ausbreitet; einen **Zustand**, der letztlich überall oder zumindest weit verbreitet auf allen Kontinenten vorhanden ist.
An Globalisierungsprozessen sind viele Entscheidungsträger beteiligt: Privatpersonen, Unternehmen, Staaten und internationale Gesellschaften. Globalisierung schlägt sich nieder in Handelsabkommen, technischen Netzwerken oder in der Standardisierung von Waren und Normen. Solche Prozesse laufen nicht automatisch ab, sondern können in unterschiedlicher Hinsicht beeinflusst werden.
Die Ausweitung von Produktionsstandorten und Absatzmärkten **internationaler** und **multinationaler Unternehmen** schlägt sich z. B. nieder in gestiegenen **ausländischen Direktinvestitionen**. Die Möglichkeit des weltweiten Güteraustausches hat das Handelsvolumen weltweit steigen lassen; aufgrund der Notwendigkeit, weltweite Handelsnetzwerke zentral zu steuern, sind **Global Citys** entstanden.

→ **multinationale Unternehmen:** vgl. S. 283

ausländische Direktinvestitionen (ADI): Teil des internationalen Kapitalverkehrs; Kennzeichen laut IWF: Beteiligung von mind. 10% am ausländischen Unternehmen mit dem Ziel, Einfluss und Kontrolle auf die geschäftlichen Aktivitäten und damit auf Erfolg und Gewinn auszuüben

→ **Global Citys:** vgl. S. 176

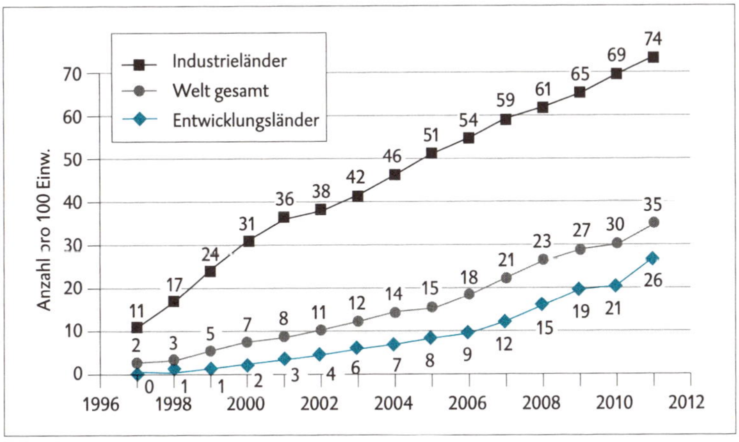

Telefon- und Internetnutzer weltweit

Die wichtigsten Herkunftsländer der weltweiten ADI (Mio. US-$)	
USA	328 905
Deutschland	104 857
Frankreich	84 112
Hongkong	76 077
VR China	68 000
Schweiz	58 253
Japan	56 263
Russland	51 697
Kanada	38 585
Belgien	37 735

Die wichtigsten Empfängerländer der weltweiten ADI (Mio- US-$)	
USA	228 249
VR China	105 735
Hongkong	68 904
Belgien	61 714
Brasilien	48 438
Deutschland	46 134
Großbritannien	45 908
Russland	41 194
Singapur	38 638
Frankreich	33 905

ADI: Geber- und Empfängerländer 2010

Die Globalisierung bringt nicht nur für den Einzelnen, sondern auch für die gesamte Gesellschaft teilweise negative Erscheinungsformen mit sich: Der Zusammenbruch des US-amerikanischen Bankensystems 2007, die Eurokrise im Zusammenhang mit der Staatsverschuldung Griechenlands seit 2011 oder die wiederholte weltwirtschaftliche Rezession seit der Jahrtausendwende machen deutlich, dass Globalisierung auch ein schnelles erdumspannendes Betroffensein von wirtschaftlichen oder gesellschaftlichen Negativmerkmalen bedeuten kann.

Im Zuge (zu) stark ökonomisch ausgerichteten Denkens besteht die Gefahr, dass soziale Bedürfnisse ignoriert oder vernachlässigt werden; dasselbe gilt für Aspekte und Bedürfnisse der Umwelt und des Umweltschutzes. Uniforme globale Ausprägungen können zudem die kulturelle nationale oder die persönlich-individuelle Identität und Eigenständigkeit gefährden. Die zunehmende Uniformität von Schaufensterauslagen in den Fußgängerzonen westlicher Großstädte ist hierfür ebenso ein Indikator wie der Verdrängungsprozess regionaltypischer Gaststätten durch Filialen globaler Fastfood-Ketten.

McDonalds-Filiale in Moskau

1.2 Ursachen und Voraussetzungen der Globalisierung

Die Gründung der Vereinten Nationen 1945 sowie die Erklärung der Menschenrechte 1948 nach dem Schrecken und Terror des Zweiten Weltkriegs waren Versuche, zukünftig weltweite kriegerische Auseinandersetzungen zu vermeiden. Das globale Bevölkerungswachstum in der zweiten Hälfte des 20. Jh., damit verbunden der zunehmende Bedarf an Nahrungsmitteln, Rohstoffen und Energie, die Steigerung industrieller Produktion oder wachsende Ansprüche der Konsumenten in den Industrieländern ließen den Bedarf nach globalem Handel(n) deutlich werden. Technische Entwicklung und deutliche **Kostensenkungen** im Bereich der **Kommunikation** und des **Transportwesens** waren Voraussetzung für eine zunehmende **globale Vernetzung**. Im Weltraum kreisende oder geostatische Satelliten schufen zusammen mit weiteren technischen Entwicklungen die Möglichkeit, seit den 1960er-Jahren weltweite Kommunikationsnetze aufzubauen, die einen umfangreicheren, schnelleren und preiswerteren Informations- und Datenaustausch ermöglichen.

→ **Kostensenkungen bei Transport und Kommunikation:** vgl. S. 182

technologische Ursachen
- weltumspannendes Kommunikationsnetz (Mobiltelefon, Internet, Glasfaserkabel u. a.)
- Computerisierung, Miniaturisierung
- Senkung von Transaktionskosten durch moderne Verkehrs- und Kommunikationstechnologien

soziokulturelle Ursachen
- zunehmende Mobilität des Menschen
- globale Produkte
- wachsende Angleichung von Lebensstilen, Normen, Ritualen und Wertvorstellungen

politisch-rechtliche Ursachen
- neue Wachstumszentren im asiatisch-pazifischen Raum, z. B. China
- Zusammenbruch des Sozialismus und Abbau politischer Spannungen
- Transformation der Wirtschaftsordnungen in den mittel- und osteuropäischen Ländern (Öffnung der Märkte für Sachgüter, Dienstleistungen und Kapital)
- EU-Erweiterung

ökonomische Ursachen
- Deregulierung auf den Güter- und Faktormärkten
- Abbau von Handelshemmnissen
- Abbau von Devisen- und Kapitalverkehrsbeschränkungen
- Mobilität von Kapital und Wissen
- steigende Direktinvestitionen von Firmen im Ausland
- Bildung multinationaler Unternehmen
- verändertes Verbraucherverhalten (Produktvielfalt)
- zunehmende Konkurrenz durch Schwellen- und Entwicklungsländer

Ursachen der Globalisierung

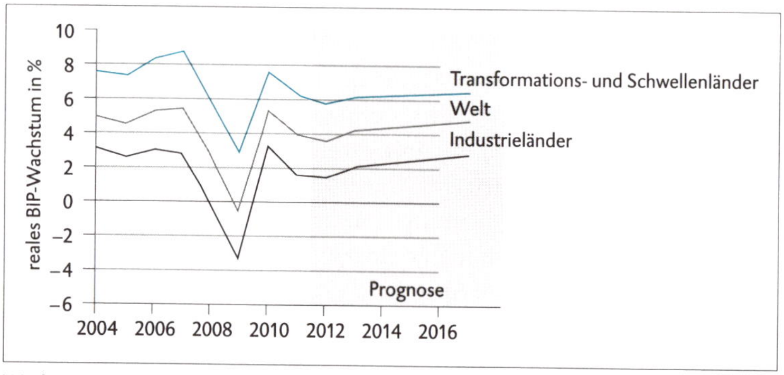

Wachstum der Weltwirtschaft

Nach Ende des sogenannten **Kalten Kriegs** fiel das sozialistische System der Planwirtschaft als Konkurrenz zum Kapitalismus weg, wodurch freier Handel, vernetzte Finanzmärkte und schnellere Transaktionen möglich wurden.

→ **Club of Rome:** vgl. S. 86

Andererseits wurde auch globales Denken befördert: Die Veröffentlichungen des **Club of Rome** schufen in den 1970er-Jahren erstmals das weltweite Bewusstsein vom **„Raumschiff Erde"** und seinen ressourcenmäßigen Grenzen und Risiken – Umweltbewusstsein entwickelte sich danach weltweit und in verstärktem Maße. All diese Entwicklungen lassen die Diskussion über das Für und Wider der Globalisierung nicht verstummen.

1.3 Internationale Arbeitsteilung

→ **internationale Arbeitsteilung:** vgl. S. 159

Produktionssystem: logistische Anordnung von Arbeitskräften und Betriebsmitteln bei der Güterproduktion (vgl. Grafik S. 159)

Der globale Markt ist ohne **internationale Arbeitsteilung** undenkbar. Das **traditionelle Produktionssystem** sieht vor, dass sich sämtliche Produktionsschritte im Land des Unternehmenssitzes befinden: Forschung, Produktion, Verpackung, Versand. Im **räumlich gegliederten Produktionssystem** wird dieser Standortverbund aufgelöst, die einzelnen Produktionsschritte verteilen sich über zwei oder mehrere Länder, im Extremfall über sämtliche Kontinente, wobei deren jeweilige Standortvorteile genutzt werden. Vor dem Hintergrund des Kostendrucks werden Produktionsstandorte im Zeitalter der Globalisierung immer schneller verlagert (vgl. das Beispiel Nokia auf S. 151).

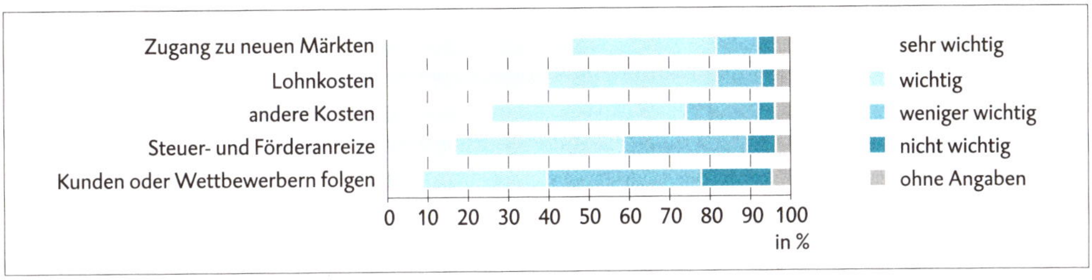

Motive für die Verlagerung ins Ausland (Auswahl)

Im Jahr 2009 betrug der Anteil von Halbfertig- und Fertigwaren bereits 40 % am Welthandel, Ergebnis des immer stärkeren Ausgliederungsprozesses **(Outsourcing)** von Teilschritten der Produktion durch Großkonzerne an ein Netzwerk global verstreuter Tochtergesellschaften und Zulieferer. Im Zuge dieser globalen **fragmentierenden ökonomischen Entwicklung** sind neue Märkte für Waren, Dienstleistungen, Kapital, Informationen und Technologien entstanden.

→ **Outsourcing:** vgl. S. 163

info

Internationale Unternehmen, Multinationale Unternehmen (Multis)/ Transnationale Konzerne (TNKs)

Kennzeichen: Wirtschaftliche Aktivitäten in mindestens zwei Ländern; ggf. ausländische Firmenbeteiligungen, Tochterunternehmen, Joint Ventures; Handel/Absatz auf nationalen und internationalen Märkten; große Finanzkraft, Möglichkeit umfangreicher, z. T. risikobehafteter Investitionen; Kapitalanlage im Ausland; Koordination und Kontrolle wirtschaftlicher Tätigkeiten in verschiedenen Ländern; durch nationalen Markt oder staatliche Politik kaum beeinflussbar

Globale Unternehmen (Global Player)

Kennzeichen: Auslandsaktivitäten auf allen Kontinenten, umfangreiche ADI, zahlreiche Tochtergesellschaften; multinationales Unternehmensgeflecht ohne besondere nationale Bindung; ziehen Vorteile aus unterschiedlichen räumlichen Rahmenbedingungen, z. B. andersartiger Gesetzgebung, anderen Wissensständen und Währungsparitäten für eigene Zwecke (z. B. Reduzierung von Steuerabgaben); keine wirksame Kontrolle durch Staaten oder Organisationen

Multis, TNKs und Global Player besitzen die Flexibilität, ihre Tätigkeiten und Standorte den sich ändernden Rahmenbedingungen innerhalb von Staaten kurzfristig anzupassen – im Extremfall verlassen sie nach kurzer Zeit Produktions- und Investitionsstandorte wieder und ziehen weiter

Die internationale Arbeitsteilung bringt auch Nachteile mit sich:

- Häufig werden Produktionsschritte an einen Standort verlagert, an dem das Lohnniveau niedriger ist. Dies zieht Arbeitsplatzverluste und häufig Arbeitslosigkeit für die traditionellen Industriestaaten nach sich.
- Eine zu starke Spezialisierung in diesen Billiglohnländern führt zu starken Abhängigkeiten von den Absatzpreisen auf dem Weltmarkt und zu geringer Wertschöpfung. Häufig partizipiert nur ein kleiner Teil der Bevölkerung an diesen schlecht bezahlten Tätigkeiten.

→ **Terms of Trade:** Preisverhältnis zwischen Import- und Exportgütern; gibt an, wie viele Einheiten an Importgütern man für eine Einheit an Exportgütern erhält

→ **Global Player:** vgl. S. 162

- Die **Terms of Trade** haben sich beim Handel mit Rohstoffen seit Jahrzehnten ungünstig für die Rohstofflieferländer entwickelt.
- Gestiegene **ADI** belegen zwar den Erfolg der nationalen Ökonomien und von einzelnen Unternehmen; ausländische Einflussnahme gefährdet jedoch stellenweise eine nachhaltige Entwicklung des Landes.
- **Global Player** sind vielfach an die Stelle von Nationalstaaten getreten; die fehlende Steuerung globaler wirtschaftlicher Vorgänge durch die Politik birgt die Gefahr nicht mehr zu beherrschender weltwirtschaftlicher Risiken und Krisen.
- Globalisierung ist ein inzwischen nicht mehr umkehrbarer Prozess – im anderen Fall würden sich globale Standortverteilung, Warenangebot und Warenpreise ungünstig entwickeln. Auch wir als Konsumenten z. B. überseeischer exotischer Früchte oder als Käufer z. B. amerikanischer oder asiatischer Pkws haben Einfluss auf diesen Prozess. Bei der Bewältigung der globalen Zukunftsaufgaben sind deshalb globale Lösungsansätze und Visionen erforderlich.

2 Weltwirtschaftliche Entwicklungen und Verflechtungen

2.1 Der globalisierte Warenhandel

Weltwirtschaft: Summe aller wirtschaftlichen Aktivitäten und die Beziehungen von Volkswirtschaften untereinander; hierzu zählen die Produktion von Waren, deren Austausch/Handel sowie der Austausch von Kapital und Dienstleistungen

Mit Ausnahme des Rezessionsjahres 2009 ist die **Weltwirtschaft** seit 1970 gekennzeichnet durch steigende Produktionswerte, einen höheren Grad an weltweiter Vernetzung und ein gestiegenes Welthandelsvolumen. In dieser Zeit haben sich die einzelnen Volkswirtschaften auf den einzelnen Kontinenten sehr unterschiedlich entwickelt, woraus unterschiedliche Möglichkeiten resultierten, an den globalen wirtschaftlichen Entwicklungen teilzuhaben. Die **wirtschaftlichen Disparitäten** haben sich bis zur Gegenwart vergrößert.

Land	2000	2005	2010
Norwegen	35 860	62 490	87 350
Luxemburg	43 660	69 300	76 980
Schweiz	40 270	56 870	71 520
Dänemark	31 830	48 590	59 400
Schweden	29 490	42 920	50 100
...	...	...	...
Eritrea	170	250	340
Malawi	160	220	330
Liberia	140	130	200
DR Kongo	90	120	180
Burundi	130	100	170

Die fünf reichsten und die fünf ärmsten Staaten (ohne Kleinststaaten): Bruttonationaleinkommen je Einwohner in US-$

Zu den Regionen mit der dynamischsten Entwicklung zählen Nordamerika, Europa und Ostasien. Die meisten Staaten dieser Erdteile weisen einen großen Anteil an **Forschungs- und Entwicklungsindustrien** auf, die Arbeitskräfte sind äußerst qualifiziert, der Lebensstandard und die allgemeine gesellschaftliche Entwicklung sind überdurchschnittlich hoch. Die sogenannte **Triade** dominiert den Welthandel, sie weist sowohl hohe **Intra-** als auch **interregionale Handelsvolumina** auf. Hingegen gibt es entwicklungsmäßig rückständige Staaten mit sehr ungünstigen natürlichen, wirtschaftlichen und/oder politischen Voraussetzungen für eine wirtschaftlich eigenständige Weiterentwicklung, z. T. leiden sie unter den negativen Folgen der Globalisierung. Von der Liberalisierung der Finanzmärkte und der schnell fortschreitenden Entwicklung der Kommunikationstechnologie profitieren sie kaum. Sie befinden sich nicht am profitablen Ende der **Wertschöpfungskette**, sondern als Rohstofflieferanten oder „verlängerte Werkbänke" an deren Anfang oder in der Mitte. Zu diesen Regionen gehören weite Teile Afrikas,

→ **Triade:** vgl. S. 176

Intra-Block-Handel/ Intraregionalhandel: Außenhandel zwischen Mitgliedern eines Wirtschaftsbundes, z. B. zwischen den EU-Mitgliedstaaten

Wertschöpfungskette: Gesamtentwicklung eines Produktes oder einer Dienstleistung vom Wareninput über Produktion, Vertrieb/Marketing, Kundendienst bis zu Entsorgung/Recycling (= primäre Aktivitäten), unterstützt durch sekundäre Aktivitäten wie Finanzierung, Infrastrukturbereitstellung, Personalwirtschaft, Rechnungswesen/Verwaltung

Importeur (Rang)	in Mrd. US-$	Weltanteil in %
1. USA	2 263	12,3
2. VR China	1 743	9,5
3. Deutschland	1 254	6,8
4. Japan	854	4,6
5. Frankreich	715	3,9

Exporteur (Rang)	in Mrd. US-$	Weltanteil in %
1. VR China	1 899	10,4
2. USA	1 481	8,1
3. Deutschland	1 474	8,1
4. Japan	823	4,5
5. Niederlande	660	3,6

Die jeweils fünf größten Importeure und Exporteure der Welt, Stand 2011

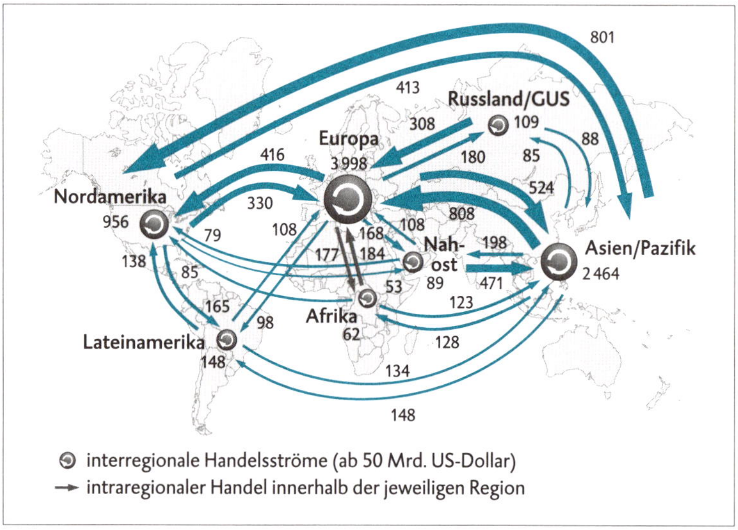

Globale Handelsströme: Inter- und intraregionaler Warenhandel in Mrd. US-$, Stand 2010

Teile Süd- und Zentralasiens sowie Teile Südamerikas. Sie sind weit hinter der allgemeinen Wirtschafts- und Handelsdynamik zurückgeblieben, weisen ein geringes Handelsvolumen und eine wenig diversifizierte Handelsstruktur auf.

2.2 Gründe für globale Disparitäten

Protektionismus: staatlicher Schutz der eigenen Wirtschaft durch Handelshemmnisse für ausländische Konkurrenten, z. B. durch Zölle oder Importbeschränkungen, oder aber durch Vergünstigungen für die eigene Wirtschaft, z. B. Subventionen oder Steuererleichterungen

Ursachen für die weltweit unterschiedlichen Strukturen sind auch **protektionistische Maßnahmen** der wirtschaftlichen Wachstumsregionen. Hierzu zählen **Schutzzölle** und **Handelshemmnisse** gegenüber Importwaren einerseits sowie **öffentliche Subventionen** als Unterstützungsmaßnahmen der eigenen Wirtschaft andererseits. Bilaterale Vereinbarungen schränken den Verhandlungsspielraum für den wirtschaftlich schwächeren Partner meist ein. Oft handelt es sich hierbei um Entwicklungsländer, die meist keinen Einfluss auf die Marktpreisgestaltung haben. Solche Wirtschaftszonen bieten folgende Vorteile für den jeweils stärkeren Handelspartner: Sie haben einen besonderen Rechtsstatus; Grundstückspreise, Pachtzinsen und Steuerabgaben sind niedrig; in Entwicklungsländern kommen noch niedrige Arbeitslöhne hinzu. Diese Produktions- und Handelserleichterungen stellen einen deutlichen Wettbewerbsvorsprung dar.

Solche begünstigten lokalen oder regionalen Zonen gibt es in Form von **Freihäfen** oder **Sonderwirtschaftszonen** nicht nur in Entwicklungsländern, sondern auch in vielen Transformations- und Industriestaaten.

Freihafen: Teilhafenzone als Zollfreigebiet, in der Waren gelagert oder weiterverarbeitet werden, ohne dass Zölle oder Umsatzsteuer zu bezahlen sind, vorausgesetzt, der Wiederexport erfolgt auf dem Wasserwege

Sonderwirtschaftszone: weltmarktorientierter Standorttyp, der Ansiedlungsanreize für ausländische Investoren z. B. durch Zollfreiheit, Steuervergünstigung oder kostenfreie Bereitstellung der Infrastruktureinrichtungen bietet

2.3 Gründe für das Entstehen von Wirtschaftsblöcken

Im Rahmen der fortschreitenden Globalisierung haben Staaten und Staatengruppen versucht, ihr Wirtschaftspotenzial durch Handelsabkommen abzusichern, sowohl beim intra- als auch beim interregionalen Handel. 1980 waren es weltweit erst 21 zwischenstaatliche Abkommen, 2005 bereits 168. Diese **regionale Blockbildung**, auch **regionale Integration** genannt, hat zum Ziel, Zölle und Handelshemmnisse aller Art zwischen den Beteiligten eines solches Wirtschaftsblocks beim Intrahandel abzubauen und damit Handel und Wirtschaftswachstum zu steigern. Solche Freihandelszonen sind z. B. **NAFTA**, **EFTA**, **MERCOSUR** oder **ASEAN**, Mitglieder sind Länder der Triade, aber auch andere. Ein solcher Zusammenschluss bietet wirtschaftliche Vorteile: So hat z. B. der gesamte ost- und südostasiatische Raum mit Wachstumsraten von jährlich +4 bis 8 %, China sogar mit +10 % zwischen 2002 und 2008 vom ASEAN-Wirtschaftsbündnis profitiert, während in diesem Zeitraum die USA nur +2,8 % und Deutschland sogar nur +1,2 % Wirtschaftswachstums aufwiesen.

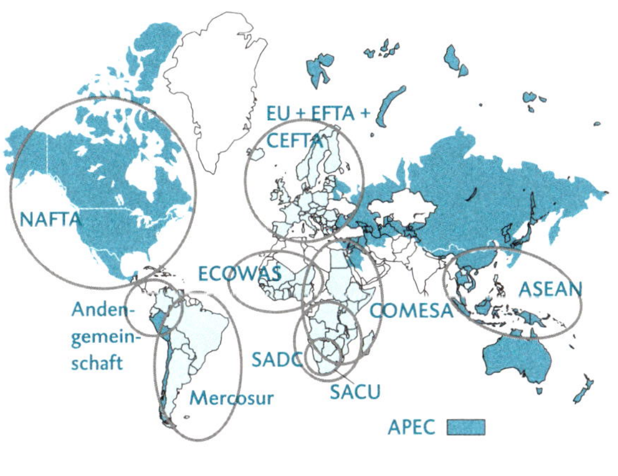

APEC: Asia-Pacific Economic Cooperation (21 Staaten, 2 647 Mio. Ew.)
ASEAN: Association of South East Asian Nations (10 Staaten, 550 Mio. Ew.)
CEFTA: Central European Free Trade Agreement (39 Staaten, 520 Mio. Ew.)
COMESA: Common Market for Eastern and Southern Africa (20 Staaten, 392 Mio. Ew.)
ECOWAS: Economic Community of West African States (15 Staaten, 248 Mio. Ew.)
EFTA: European Free Trade Association (siehe CEFTA)
EU: Europäische Union (siehe CEFTA)
MERCOSUR: Mercado Común del Sur (5 Staaten, 245 Mio. Ew.)
NAFTA: North American Free Trade Agreement (3 Staaten, 423 Mio. Ew.)
SACU: Southern Africa Customs Union (5 Staaten, 52 Mio. Ew.)
SADC: Southern African Development Community (14 Staaten, 215 Mio. Ew.)
Andengemeinschaft (4 Staaten, 92 Mio. Ew.)

Wirtschaftszusammenschlüsse (Auswahl), Stand 2010

Wirtschaftliche Gründe sind es jedoch nicht allein, die zur Bildung von Wirtschaftsbündnissen führen – oft spielen auch **politische Gründe** eine Rolle. Dies ist z. B. bei der Europäischen Union der Fall, die eine wichtige Voraussetzung für ein politisch vereintes Europa darstellt.
Solche **Wirtschaftsblöcke** werden durchaus auch kritisch gesehen: So befürchten Globalisierungsbefürworter, dass die geplante Gründung der **FTAA** (Free Trade Association of America; Mitglieder: alle 34 Staaten in Nord-, Süd- und Mittelamerika sowie in der Karibik) einen zu mächtigen gesamtamerikanischen Binnenmarkt in Form einer **Freihandelszone** entstehen lassen wird. Deren überaus großer Intrahandel mit den Handelsvergünstigungen für ihre Mitglieder könne es u. a. Entwicklungsländern sehr erschweren, wenn nicht gar sie daran hindern, Zugang zum Weltmarkt zu finden.

Freihandelszone: Wirkungsbereich einer Wirtschaftsunion; die Mitgliedsländer schaffen untereinander Zölle und andere Wirtschaftshemmnisse ab, behalten aber ihre Autonomie beim Außenhandel mit Nichtmitgliedern

Aktuelle globalwirtschaftliche Tendenzen

Selbst innerhalb von Wirtschaftsblöcken geben ein Staat bzw. wenige Staaten den Ton an (z. B. die USA innerhalb der NAFTA).
Innerhalb global agierender Organisationen wie z. B. Weltbank oder **UNCTAD** bestimmen die Industrieländer auf der Grundlage ihres meist privilegierten Stimmrechts auch über die wirtschaftliche Integration weniger entwickelter Länder.

UNCTAD (engl. **UN C**onference on **T**rade **a**nd **D**evelopment): Handels- und Entwicklungskonferenz der UN, 1964 gegründet mit dem Ziel, die internationalen Wirtschaftsbeziehungen so weiterzuentwickeln, dass Entwicklungsländer voll integriert sind

Seit dem Zusammenbruch des Ostblocks in den 1990er-Jahren ist in der Weltwirtschaft ein immer stärker werdender **Intensivierungsprozess globaler Netzwerke** in den Bereichen Kommunikation, Technologie und Kapitaltransfer festzustellen. Gerade diese Bereiche werden von den Industriestaaten dominiert – Folge des starken Technologie- und Wissensvorsprungs sowie der vorhandenen Management-Infrastruktur.
Die Staaten mit Entwicklungsdefiziten lassen sich nicht schematisch mit einem „Generalplan“ in die Weltwirtschaft integrieren, da die Ursachen und Ausprägungen wirtschaftlicher Unterentwicklung äußerst verschiedenartig und komplex sind.
Die Globalisierung wirkt sich in einer globalen Konkurrenzsituation und in verschärften Wettbewerbsbedingungen aus. Hierdurch werden die weniger entwickelten Länder gezwungen, bereits initiierte außerwirtschaftliche Entwicklungen (z. B. Aufbau von Bildungssektor und Gesundheitswesen) zugunsten einer kostenminimierenden Produktion und von Investitionen in die wirtschaftliche Entwicklung aufzugeben. Dieses Phänomen des Abbaus bestehender gesellschaftlicher und sozialer Standards wird als **„Race to the Bottom“** bezeichnet.

3 Einfluss der Politik auf die Wirtschaft

3.1 Wirtschaftsordnungen im Vergleich

Die unterschiedlichen politischen Systeme haben sich auf das Gesellschafts- und Wirtschaftssystem des jeweiligen Macht- und Einflussbereichs ausgewirkt. So prägte in Staaten mit kommunistischen Regimes **(Ostblock)** die **zentrale Wirtschaftsplanung** das wirtschaftliche Handeln und Planen; hingegen dominierten in demokratisch regierten Staaten **marktwirtschaftliche Formen** und Ordnungen. In Europa überwiegt heute die Mischform der **sozialen Marktwirtschaft**.

Ostblock: Bezeichnung aus der Zeit des Kalten Kriegs vor 1990 für diejenigen europäischen und asiatischen kommunistischen Länder, die unter dem politischen Einfluss der Sowjetunion standen („Bruderstaaten")

Merkmale zentraler Wirtschaftsplanung

- zentral gelenkte Planung, z. B. Aufstellen von Jahres-/5-Jahres-Plänen
- Wirtschaftsziel: Planerfüllung, vor allem im Hinblick auf Bedarfsdeckung mit Gütern des täglichen Bedarfs zu niedrigen Preisen
- fehlender Wettbewerb, u. a. mit der Folge geringer Investitionen in FuE-Branchen
- fehlende Modernisierung
- staatliche Lenkung und Kontrolle aller Wirtschaftsvorgänge
- kein/kaum Privateigentum an Produktionsmitteln, sondern Staatsbesitz
- Geld- und Kreditwesen in Staatsbesitz
- zentrale Verteilung von Waren, Außenhandel staatlich organisiert
- zentrale Preisfestlegung durch den Staat (Preisdiktat)
- enge Verknüpfung von Politik und Wirtschaft durch z. B. identische Personen

ideologische Basis: Marxismus/Leninismus

Zentrale Wirtschaftsplanung

Merkmale sozialer Wirtschaftsplanung

- Sozialgesetzgebung durch den Staat = ordnungspolitischer Rahmen; „sozial": Sicherung der Wettbewerbsordnung und menschenwürdiger Arbeits- und Lebensverhältnisse
- freie unternehmerische Entscheidungen
- Wirtschaftsziel: Gewinnmaximierung
- freie Kräfte des Marktes = Wettbewerb/Angebot und Nachfrage
- freier Handel und freie Preisgestaltung; Möglichkeit des Staates zur Intervention, z. B. durch Protektionismus, Subventionen

Begründer: Adam Smith (1723–1790: Wirtschaftsliberalismus)
Motto: „So viel Markt wie möglich, so viel Staat wie nötig"

Soziale Marktwirtschaft

Ziel solcher **Wirtschaftsordnungen** ist ein sinnvoller und sparsamer Umgang der Volkswirtschaften mit den begrenzten Ressourcen, damit möglichst viele Menschen ihre Bedürfnisse befriedigen können. Im Rahmen dieses Ordnungswesens müssen die wichtigen **Produktionsfaktoren** Arbeit, Wissen, Kapital und Ressourcen koordiniert, die produzierten Waren auf die Märkte zu den Abnehmern transportiert und Dienstleistungen an geeigneten Standorten angeboten werden.

3.2 Transformationsprozesse im Osten Europas

sozialistisch, Sozialismus: politische Bewegung, die auf der Basis von Kollektiveigentum mithilfe von Vergesellschaftung des Eigentums (Enteignung) an den Produktionsmitteln, Mitbestimmung der Arbeitnehmer u. a. ein gerechteres Wirtschaftssystem anstrebt

→ **Transformation:** vgl. S. 156

Kombinat: organisatorischer Zusammenschluss von Industriebetrieben in den kommunistischen Staaten; starke vertikale Verflechtung; Ziel: rationelle Erzeugung u. a. durch Reduzierung der Transportkosten, z. B. Eisenhüttenkombinat

Territorialer Produktionskomplex (TPK): wirtschaftsräumliche Einheit in der früheren Sowjetunion mit solider Energiebasis, guter Verkehrsanbindung und Rohstoffvorkommen; vertikale und horizontale Verflechtung der Betriebe

Konversion: (hier) Änderung des Wirtschaftssystems hin zur Marktwirtschaft

Anfang der 1990er-Jahre ist das **sozialistische Gesellschaftssystem** im Osten Europas zusammengebrochen. Zeitgleich hat das System der zentralen Wirtschaftsplanung (zentrale Verwaltungswirtschaft, Planwirtschaft) seine Bedeutung weitestgehend verloren. Das Prinzip der Marktwirtschaft setzte sich in den osteuropäischen Ländern im Rahmen des Prozesses der **Transformation** zunehmend durch.
Anfang der 1990er-Jahre befand sich die Landwirtschaft der Sowjetunion in einem kaum mit dem Westen konkurrenzfähigen Zustand: Fehlende Modernisierungen und viel zu geringe Investitionen in die landwirtschaftlichen Betriebe waren der Grund hierfür.
Nicht nur in der Landwirtschaft, auch in der Industrie waren Strukturen und Produktivität im Vergleich mit westlichen Konkurrenten rückständig: **Kombinate** und **Territoriale Produktionskomplexe** hielten dem Vergleich mit westlichen Standards nicht stand. Der Zusammenbruch der Sowjetunion bedingte auch in den ehemaligen östlichen Mitgliedstaaten des **Rates für Gegenseitige Wirtschaftshilfe (RGW)** die politische und wirtschaftliche Transformation. 1991 schlossen sich bis auf Georgien und die baltischen Staaten Estland, Lettland und Litauen alle übrigen zu einem neuen Verbund zusammen, der **Gemeinschaft unabhängiger Staaten (GUS)**; Georgien folgte 1994.
Estland, Litauen, Polen, Slowenien, die Slowakei, Tschechien und Ungarn wurden im Jahr 2004, Bulgarien und Rumänien 2007 in die EU aufgenommen. Die Slowakei und Slowenien haben zudem den Euro als Währung eingeführt. Die Marktwirtschaft trat in all diesen Staaten an die Stelle der vorherigen staatlichen Zentralwirtschaft.
Je nach Ausgangslage, politischem Willen sowie Unterstützung durch westliche Staaten und multinationale Unternehmen ergab sich eine unterschiedliche Geschwindigkeit der **Konversion**. Man spricht von **Transformationsländern**, **Konversionsländern** oder **„countries in transition“**.

Nach einer zwischenzeitlichen weltweiten Rezessionsphase und einem starken Konjunktureinbruch 2009 (GUS-Staaten –7,5 %, osteuropäische Staaten ohne Russland –4,3 %) weisen die Transformationsstaaten seitdem wieder ein deutliches Wirtschaftswachstum auf, darunter besonders die rohstoffexportierenden Staaten Kasachstan, Turkmenistan, Usbekistan und Russland.

In der ehemaligen DDR ergab sich vor Einführung der Wirtschafts-, Währungs- und Sozialunion am 1. Juli 1990 eine ähnliche gesamtwirtschaftlich negative Situation wie in den ehemaligen Ostblockstaaten. Diese führte u. a. dazu, dass zum Zeitpunkt der deutschen Wiedervereinigung ein deutliches **West-Ost-Gefälle** u. a. bezüglich der Wirtschaftsleistung und des Lebensstandards vorhanden war. Mithilfe von Transferzahlungen (Solidaritätsbeitrag „Soli") soll deshalb über einen langen Zeitraum eine Unterstützung der neuen durch die alten Bundesländer erfolgen, um eine Angleichung der Lebensverhältnisse und der Wettbewerbsfähigkeit im Westen und im Osten Deutschlands zu erzielen.

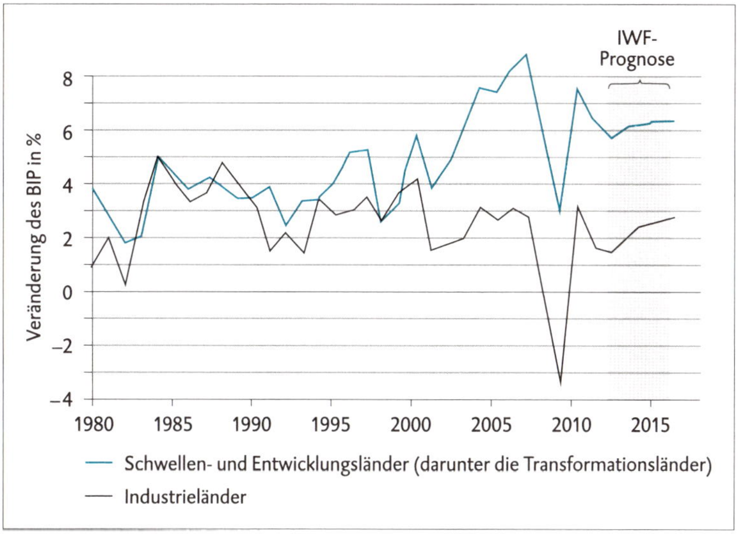

Wirtschaftswachstum in den Industrie- sowie Schwellen- und Entwicklungsländern

Kolchose: russ. Bezeichnung für einen in sozialistischer Kollektivwirtschaft organisierten landwirtschaftlichen Großbetrieb mit Genossenschaftsbauern als Beschäftigten; Bezeichnung in der DDR: **LPG** (**L**andwirtschaftliche **P**roduktions**g**enossenschaft)

Sowchose: staatseigener landwirtschaftlicher Großbetrieb > 18 000 ha in der früheren Sowjetunion, meist hochspezialisiert, z. B. auf Getreideanbau, mit Lohnarbeitern als Beschäftigten (ernteunabhängiger Lohntarif)

Transformationsprozesse in der Landwirtschaft

Die ehemaligen flächengroßen Staatsbetriebe (**Kolchosen** bzw. **LPGs** sowie **Sowchosen**) wurden überwiegend in kleinere Betriebseinheiten zerlegt, z. T. auch privatisiert oder in Agrargenossenschaften nach westlichem Muster umgewandelt. In den GUS-Staaten entstanden weitestgehend **Genossenschaften** und **Kapitalgesellschaften** oder privatwirtschaftliche Betriebe.

Der bisherige Transformationsprozess kann nur bedingt als erfolgreich bewertet werden: Mit Ausnahme von stark spezialisierten Kleinbetrieben (Geflügel, Obst, Gemüse, z. T. Kartoffeln) erweisen sich die anderen Kleinbetriebe allein schon wegen ihrer Größe als nicht konkurrenzfähig. Schlechte Infrastrukturausstattung in den ländlichen Regionen und fehlende Mitarbeitermotivation hemmen oft die Entwicklung. Die Folgen sind gesunkene Beschäftigtenzahlen im primären Sektor und eine deutliche Zunahme von Großbetrieben.

Im Hinblick auf einen gemeinsamen **EU-Agrarmarkt** im Zuge der EU-Osterweiterung befindet sich eine große Anzahl der osteuropäischen Landwirtschaftsbetriebe im Quervergleich mit den durchschnittlichen Produktions- und Produktivitätszahlen der EU in einer schwierigen Situation. Während z. B. die durchschnittliche LNF in Dänemark, Frankreich, Deutschland, Schweden, Luxemburg und Großbritannien größer als 40 Hektar ist, beträgt sie in Lettland, Litauen, Polen und Ungarn weniger als 10 Hektar. Diese Unterschiede wirken sich hinsichtlich Mechanisierungs- und Automatisierungsmöglichkeiten aus, was wiederum die Produktivität beeinflusst.

Land	Staatsbetriebe 1989	Kolchosen 1989	Privatbetriebe 1989	Staatsbetriebe 1995	Agrargenossenschaften 1995	Privatbetriebe 1995
Polen	19	4	77	18	4	78
Tschechien	38	61	1	16	66	18
Ungarn	14	80	6	7	35	38

Landwirtschaftliche Betriebsformen und Betriebsgrößen im Zuge der Transformation

Betriebsformen in Tschechien	1989	1996
Staatsgüter	6 259 ha	732 ha
Genossenschaften	2 577 ha	1 415 ha
Private Betriebe	4 ha	35 ha

Durchschnittliche Betriebsgrößen in Tschechien

Transformationsprozesse in der Industrie

Staatliche Lenkung und Förderung hatten sich vor der politischen Wende besonders in den Kombinaten der Industrie ausgeprägt, nicht zuletzt aus **militärischen** und strategischen Gründen wie bei der Rüstungsindustrie oder der Förderung und Vermarktung von Bodenschätzen wie Erdöl und Erdgas. Als diese Inputs nach der Auflösung der UdSSR wegfielen, stockten Investitionsvorhaben plötzlich; es gab keinen Ersatz für fehlendes ökonomisch-marktwirtschaftliches Know-how und Kapital.

Die von der Schwerindustrie dominierte **Branchenstruktur** wurde weitgehend beibehalten, Modernisierungsmaßnahmen fanden hierbei nicht in ausreichendem Maße statt. Die notwendige **Diversifizierung** der Produktion, z. B. ein schneller Aufbau einer eigenen Konsumgüterindustrie, unterblieb und die Qualität vieler Produkte entsprach oft nicht den westlichen Standards: Es kam zwangsläufig zu Absatz- und Wettbewerbsproblemen.

Diversifizierung: bewusste Auflösung von Monostrukturen, um durch größere Produktionsvielfalt bessere Marktchancen zu erhalten und besser gegen Krisen geschützt zu sein

In der ehemaligen DDR waren bis 1971 fast alle Betriebe verstaatlicht und in **Volkseigene Betriebe** umgewidmet worden. Kombinate der Grundstoffindustrie, z. B. Braunkohleförderung und -verarbeitung, Elektroindustrie und Chemie wurden wegen ihrer gesamtwirtschaftlichen und militärisch-strategischen Bedeutung direkt von der Staatsführung geleitet.

Volkseigener Betrieb (VEB): in der ehemaligen DDR Bezeichnung für einen verstaatlichten oder vom Staat neu gegründeten öffentlichen Betrieb in der Industrie und im Handel (vgl. LPG in der Landwirtschaft)

	1989	1990	1995	2000	2008	2011
Braunkohleförderung (Mio. t)	195,1	168,0	70,7	55,0	57,9	59,8
Briketterzeugung (Mio. t)	24,6	22,2	2,8	0,7	0,5	0,9
Bergbau und Energieerzeugung (Beschäftigte)	79 016	65 478	19 248	7 081	7 862	8 126

Der Braunkohlebergbau in der Lausitz vor und nach der Wende

Transformationsprozesse im tertiären Sektor

Zu Zeiten der zentralen Wirtschaftsplanung mangelte es in den osteuropäischen Staaten an Waren, Wettbewerb und dienstleistungsbezogener Einstellung. Verwaltung/Ministerien, Bildungs- und Gesundheitseinrichtungen, wissenschaftliche Zentren, Polizei, Militär und Sicherheitsorgane dominierten den tertiären Sektor. Vielen fiel es anfangs schwer, nach der politischen Wende 1990 plötzlich **standortbezogene marktwirtschaftliche Überlegungen** anzustellen, in denen der Absatzmarkt eine Rolle spielte, oder **Kundenorientierung** als wichtige Gelingensbedingung für Akzeptanz, Umsatz und wirtschaftlichen Erfolg

	Erwerbsstruktur (I./II./III. Sektor)	BIP (I./II./III. Sektor)
Russische Föderation	10/28/62 (2009)	4/37/59 (2011)
Estland	4/31/65 (2011)	4/28/68 (2010)
Lettland	9/24/67 (2011)	4/22/74 (2010)
Litauen	8/25/67 (2011)	3/28/69 (2010)
Ukraine	17/24/59 (2007)	8/31/61 (2011)
Weißrussland	11/34/55 (2005)	9/46/45 (2011)

Wirtschaftliche Situation in Osteuropa nach der Wende

anzuerkennen. Doch nach und nach entwickelte sich dieser Wirtschaftsbereich überproportional, indem die genannten Prinzipien beherzigt, ehemalige Angebotsnischen gefüllt und westliche Lebens- und Konsumgewohnheiten übernommen wurden.
In der ehemaligen DDR entsprach die Situation im tertiären Sektor derjenigen im übrigen Osteuropa. Hier gelang jedoch der Wandel hin zu den Anforderungen einer Dienstleistungsgesellschaft mithilfe westlicher Unterstützung und westlichen Know-hows aus den alten Bundesländern schneller.

Folgen des Transformationsprozesses in Ostdeutschland

Reprivatisierung: Rückführung von in staatlichem Besitz befindlichem Grund und Boden sowie Unternehmen in den privaten Besitz; in der ehemaligen DDR Vorkaufsrecht früherer Eigentümer

→ **Deindustrialisierung:** vgl. S. 154

In Ostdeutschland führte der Transformationsprozess zu vielfältigen Veränderungen in Politik, Gesellschaft und Ökonomie: Die LPGs wurden aufgelöst, **Reprivatisierung** fand statt; in der Industrie führte fehlende Wettbewerbsfähigkeit zu umfangreicher **Deindustrialisierung**, der Tertiärisierungsprozess beschleunigte sich. Es kam zu Massenarbeitslosigkeit, zu umfangreichen Abwanderungen in den Großraum Berlin und in die alten Bundesländer; Stadtumbaumaßnahmen wurden notwendig.
Auch in sozialer Hinsicht sind deutliche Veränderungen durch den Transformationsprozess zu erkennen: Die an soziale Gleichheit und Vollbeschäftigung gewöhnte Bevölkerung der ehemaligen DDR wurde von dem Phänomen der Arbeitslosigkeit vollkommen überrascht. Die Vision „blühender Landschaften" mit positiven Entwicklungen für jeden Einzelnen, wie vom damaligen Bundeskanzler Helmut Kohl prognostiziert, wurde trotz aller politischen, wirtschaftlichen und sozialen Anstrengungen nur selten Wirklichkeit.

3.3 EU – auf dem Weg zu einem „vereinten" Europa?

Europa erstreckt sich, je nach Abgrenzung im Osten, über eine Fläche von 4–10,5 Mio. km^2 und hat rund 500 bzw. 700 Mio. Einwohner. Das Ziel eines geeinten Europas, in dem die Bewohner in allen Regionen gleiche Lebensbedingungen vorfinden, ist gegenwärtig noch Utopie – die Realität sieht anders aus. Aufgrund unterschiedlicher Entwicklungen und Einflussfaktoren haben sich die seit dem 1. Januar 2007 insgesamt **27 EU-Mitgliedstaaten** in der Vergangenheit unterschiedlich schnell und unterschiedlich weit entwickelt, mit der Folge, dass es nicht nur innerhalb Europas, sondern auch innerhalb der EU deutliche **regionale Disparitäten** gibt (vgl. Karte unten).

Durch den Ausbau von Verkehrsnetzen wurden solche Unterschiede z. T. noch verstärkt, ebenso durch den **Tertiärisierungsprozess**, in dessen Zuge die Bedeutung von Verdichtungsräumen und (Ober-)Zentren weiter gewachsen ist. Auf diese Weise haben sich Aktiv- und Passivräume herausgebildet; diese unterscheiden sich z. B. hinsichtlich Wertschöpfung, Arbeitslosenzahl, Einkommen, Bildung und Infrastrukturangeboten. Viele Migrationsbewegungen der Gegenwart haben in diesen regionalen Unterschieden ihre Ursache.

→ **Tertiärisierungsprozess:** vgl. S. 168 ff.

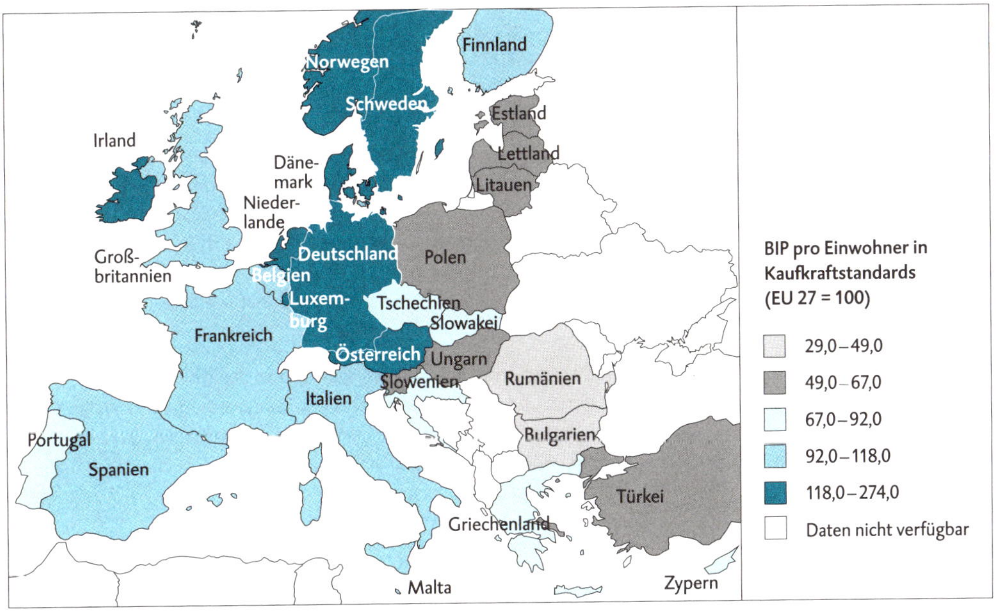

Wirtschaftskraft der EU-Staaten, Stand 2012

EU-Binnenmarkt: seit dem 1. Januar 1993 bestehender zusammenhängender Wirtschaftsmarkt der EU-Mitgliedstaaten mit den Merkmalen freier Waren-, Dienstleistungs-, Kapital- und Personenverkehr

Mit der Errichtung des **EU-Binnenmarktes** 1993 und der Einführung des **Euro** als gemeinsamer Währung 2002 wurden wichtige Voraussetzungen für das Erreichen der ökonomischen Einheit geschaffen. Diese hat u. a. zum Ziel, in Zeiten fortschreitender Globalisierung mit den anderen multinationalen Wirtschaftsbündnissen und den Handelsriesen China, USA und Japan Schritt halten zu können sowie den Lebensstandard der EU-Bewohner zu verbessern. Agrar-, Währungs-, Struktur-, Wettbewerbs-, Raumordnungs- (nur bzgl. Umweltpolitik) und Kulturpolitik sollen hierzu dienen.

info

Verteilung von Aktiv- und Passivräumen in Europa

Die **Aktivräume Europas** befinden sich hauptsächlich im Bereich der Metropolen und ihres Umlands, z. B. das Pariser Becken mit der Ile de France, die Region Greater London, die Großräume um Wien, Hamburg und Brüssel. Die einzelnen metropolitanen Schwerpunktgebiete wirtschaftlicher Entwicklung haben sich bis heute räumlich zu zwei **Hauptverdichtungszonen** geformt:

→ **Blaue Banane:** vgl. S. 299

- Eine ältere Zone, die sogenannte **Blaue Banane**, reicht von den englischen Midlands über Südengland und die Randstad Holland entlang der Rheinachse bis nach Norditalien. Sie besteht einerseits aus Räumen mit **hoher und differenzierter wirtschaftlicher Dynamik** (Rhein-Main-Gebiet, Rhein-Neckar-Raum, Großraum München, Raum Basel-Zürich u. a.), andererseits aus **altindustrialisierten Gebieten** (z. B. Midlands, Südwales, Ruhrgebiet, Saargebiet, Nord-Pas-de-Calais), die heute einem **wirtschafts- und sozialräumlichen Strukturwandel** unterliegen.
- Eine jüngere Zone, die als **europäischer Sunbelt** bezeichnet werden kann, erstreckt sich von Nordostspanien (Katalonien mit Barcelona) über die südfranzösischen Verdichtungsräume Toulouse und Marseille und die Region Rhône-Alpes (Großraum Lyon-Grenoble). Sie setzt sich fort bis zu den italienischen Städten Verona, Ravenna und Bologna. Diese Verdichtungszone ist noch im Wachstum begriffen und zeigt eher punktuelle räumliche Schwerpunkte.

Sunbelt: Regionstyp mit mildem, sonnigem Klima und weiteren weichen Standortfaktoren; abgeleitet vom Süden und Südwesten der USA südl. des 37. nördlichen Breitenkreises mit starkem wirtschaftlichen Aufschwung aufgrund der Ansiedlung zahlreicher Zukunftsindustrien

Nahezu alle **Passivräume** Europas befinden sich an der Peripherie. Beispiele sind die mittleren und nördlichen Regionen Skandinaviens, die westlichen und nördlichen Gebiete Schottlands, die Bretagne, Nordwestspanien und Nordportugal, der größte Teil der Balkanhalbinsel, große Teile Griechenlands und (noch) Mittelost- und Osteuropa.

Die EU hat kein **politisches Mandat** für eine gemeinsame Raumordnungspolitik ihrer Mitgliedstaaten. Gleichwohl versucht sie, Einfluss auf die Raumordnung in Europa zu nehmen, und zwar durch:

- Aufstellen von Leitlinien für den Ausbau von Verkehrs-, Energie- und Telekommunikationsnetzen,
- Aufstellen des Europäischen Raumentwicklungskonzeptes **EUREK**,
- Regionalpolitik.

Letztere soll dazu beitragen, durch Abbau der regionalen Disparitäten die Kluft zwischen Arm und Reich innerhalb Europas zu beseitigen (sogenanntes **Konvergenzziel**). Außerdem sollen strukturelle Schwächen durch Unterstützung beim Strukturwandel beseitigt sowie der soziale und wirtschaftliche Zusammenhalt gefördert werden (sogenanntes **Kohäsionsziel**).

3.4 EU-Strukturpolitik als Folge regionaler Disparitäten

Neben den regionalen Unterschieden gibt es in der EU auch strukturelle und sektorale Probleme. Die Agrarwirtschaft bleibt ein Sorgenkind, zumal durch die Osterweiterung mit dem Beitritt ehemals stark agrarisch geprägter Staaten das wirtschaftliche Gefälle zugenommen hat. Als Folge hiervon gibt es weiterhin Agrarsubventionen in größerem Umfang, obwohl sich die **Gemeinsame Agrarpolitik** der EU an den Marktgegebenheiten ausrichten wollte. Dieses Ziel konnte vorerst nicht konsequent verfolgt werden.

Gemeinsame Agrarpolitik (GAP): einheitliche Maßnahmen im Agrarsektor, die die Rahmenbedingungen der Landwirtschaft im Sinne des einheitlichen Binnenmarktes festlegen

Im Rahmen ihrer Strukturpolitik legt die EU seit 1999 ein **Europäisches Raumentwicklungskonzept (EUREK)** vor, das benachteiligte und rückständige Zielgebiete ausweist.

Diese **Konvergenz-Regionen** sollen durch planerische Unterstützung und finanzielle Förderung in die Lage versetzt werden, sich weiterzuentwickeln. Die Änderung der Förderbedingungen im Jahr 2007 hatte Auswirkungen auf die Förderung von Regionen in den alten und neuen Bundesländern: Durch die EU-Osterweiterungen der Jahre 2004 und 2007 veränderten sich die EU-Durchschnittswerte, was zur Folge hatte, dass v. a. die neuen Bundesländer plötzlich statistisch besser dastanden als vorher. Viele Regionen fielen deshalb aus der Gruppe der als wirtschaftlich schwach entwickelt eingestuften und daher förderwürdigen Regionen heraus. Einige erhielten weniger Fördergeld oder wurden zu **Phasing-Out-Regionen**; Ost-Berlin wurde von der Liste der förderwürdigen Regionen ganz gestrichen. Für die alten Bundesländer gibt es seit 2007 bis auf eine Teilregion Niedersachsens keine Fördergelder mehr aus dem EU-Regionalfonds.

Phasing-Out-Regionen: EU-Regionen, die bis 2006 als Ziel-Regionen gefördert wurden, danach wegen des Beitritts der osteuropäischen Mitgliedstaaten rechnerisch nicht mehr förderwürdig waren: übergangsweise auslaufende Förderung auf niedrigerem Niveau

Die politischen Veränderungen in Osteuropa nach 1990 haben das europäische Miteinander beeinflusst. So sind viele Regionen, die früher an der **Peripherie** beider Wirtschaftsbündnisse lagen, plötzlich in eine **zentrale Lage** geraten, mit positiven Konsequenzen u. a. für ihre wirtschaftlichen Perspektiven. Hierzu zählen auch die Regionen an den deutschen Ostgrenzen. Nachdem **Euroregionen** mit deutscher Beteiligung zunächst nur an der Nord-, West- und Südgrenze Deutschlands entstanden, wurden sie nach 1990 auch an der Ostgrenze gegründet. Heute gibt es sowohl an den Binnen- als auch an den Außengrenzen der EU zahlreiche Euroregionen. Der schnellen wirtschaftlichen Entwicklung dieser Grenzgebiete stehen allerdings fehlende Normierungen, unterschiedliche nationale Gesetzgebungen und unterschiedliche Raumplanungskonzepte entgegen. Hier müssen in Zukunft Anpassungen und Vereinheitlichungen erfolgen, soll neben ökonomischem Fortschritt auch die **Förderung des europäischen Gedankens** gelingen.

Euroregion (auch: **Euregio**): Zusammenschluss grenzüberschreitender, wirtschaftlich rückständiger Regionen in nationaler Randlage; Ziel: gemeinsame Stärken nutzen und eine Weiterentwicklung ermöglichen

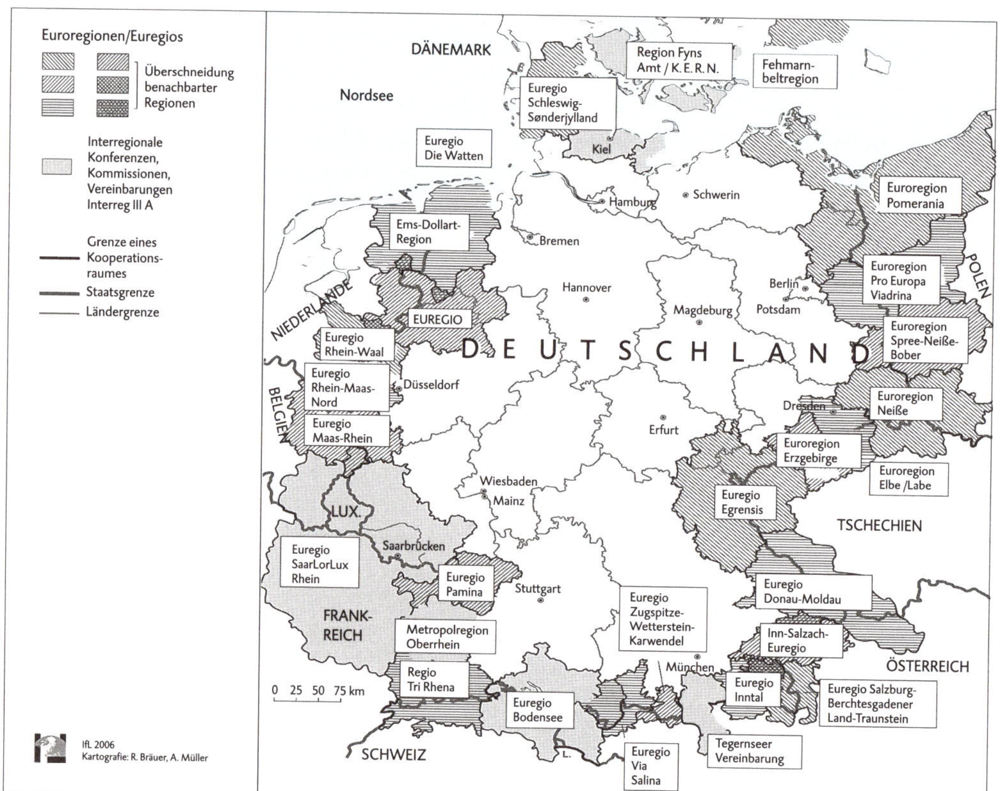

Internationale Kooperationsräume an den Grenzen Deutschlands

3.5 Zukunftsvorstellungen vom Wirtschaftsraum Europa

Seit den 1980er-Jahren haben Wissenschaftler versucht, die differenzierten und komplexen Raummerkmale Europas modellhaft darzustellen. Dabei sollten zentrale und periphere, **Aktiv- und Passivräume** modellhaft abgebildet werden. Auf der Grundlage von 16 Kriterien, die die unterschiedlichen Strukturen der einzelnen europäischen Regionen erfassen sollten, hat der Franzose Roger Brunet 1989 ein Modell entwickelt, das als herausstechendes optisches Merkmal eine zentrale, wachstumsstarke und verstädterte Großregion ausweist, die von der Form her einer Banane gleicht. Da diese in der Originalkarte blau eingefärbt war, ergab sich der metaphorische Begriff der **Blauen Banane**. Auf der Grundlage dieser Kartenaussage haben später Politiker und Raumplaner einzelnen Regionen oder Standorten in Europa positive oder negative Zukunftsaussichten zugeschrieben, je nachdem, ob sie innerhalb oder außerhalb dieser Blauen Banane lagen.

→ **Aktiv- und Passivraum:** vgl. S. 243

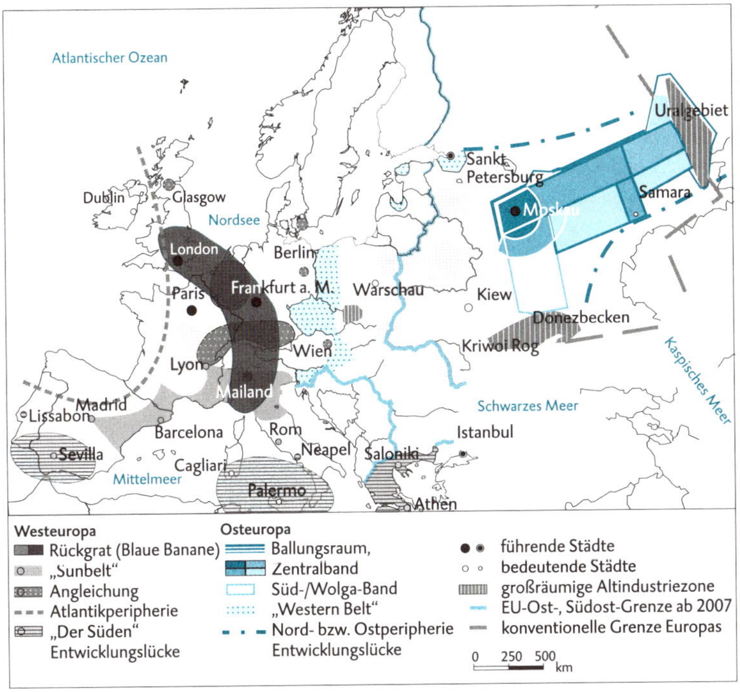

Der Wirtschaftsraum Europa, Modell 2000

Im Laufe der Zeit wurde diese modellhafte Darstellung variiert und fortgeschrieben, u. a. weil die Öffnung Osteuropas ursprünglich ebenso wenig bedacht werden konnte wie Prozesse der Globalisierung zu Beginn des 21. Jh. Das Modell **„Der Wirtschaftsraum Europa“** aus dem Jahr 2000 (vgl. vorige Seite) greift die Perspektive Osteuropas auf und modifiziert, ausgehend von der „Blauen Banane“, auch die Bedeutung anderer Teilregionen Europas.

Daneben gibt es weitere Raumvorstellungen, die zukünftige **Wachstumsregionen** und Passivräume in Europa zeigen, z. B. das **Modell der „europäischen Trauben“**.

Laut diesem Modell werden nicht geschlossene Großregionen die strukturbestimmenden Räume der Zukunft sein, sondern vielmehr wirtschaftlich starke, untereinander vernetzte Einzelmetropolen, die von der Spitze des italienischen Stiefels bis in den Norden der skandinavischen Länder den kompletten europäischen Raum abdecken.

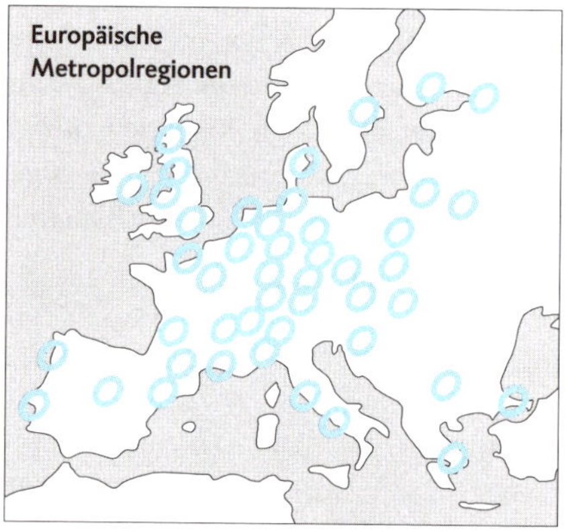

Das Modell der „europäischen Trauben“

4 Lässt sich der Welthandel steuern?

4.1 Leitbilder und Instrumente zur Steuerung des Welthandels

Aktuell wie zukünftig bedarf es überstaatlicher Ziele und Regelungen, um die weltweite wirtschaftliche Entwicklung in möglichst geordneten Bahnen stattfinden zu lassen.

Als Nachfolgeorganisation des Allgemeinen Zoll- und Handelsabkommens **(GATT)** nahm 1995 die **WTO** als freiwilliger Zusammenschluss von gegenwärtig 148 Staaten die Arbeit auf. Sie ist, zusammen mit dem **Internationalen Währungsfonds** (IWF) und der **Weltbank**, die wichtigste Institution zur Behandlung internationaler Wirtschaftsprobleme.

GATT (engl. **G**eneral **A**greement on **T**ariffs and **T**rade): 1947 abgeschlossenes Abkommen von 23 Staaten

WTO (engl. **W**orld **T**rade **O**rganization): Welthandelsorganisation

info

Leitbilder und Instrumente zur Steuerung des Welthandels

- 1950er-/1960er-Jahre: Wachstum und Modernisierung („**Aid by Trade**", „**Trickle-down-Effekt**" – nachholende Industrialisierung, u. a. mittels Kapitalhilfe und Technologietransfer)
- 1960er-Jahre: Befriedung der Grundbedürfnisse („**Basic Needs**", „**Basic Human Needs**")
- 1960er-/1970er-Jahre: Neue Weltwirtschaftsordnung: Forderung zur Reformierung internationaler Wirtschaftsbeziehungen durch die Entwicklungsländer, u. a. gerechtere Austauschbeziehungen/**Terms of Trade**, stabilere Rohstoffpreise
- 1970er-/1980er-Jahre: Abkoppelung der Entwicklungsländer vom Weltmarkt und autozentrische Entwicklung („**Self Reliance**")
- 1990er-Jahre: Nachhaltigkeit („**Good Governance**")
- 2000er-Jahre: Armutsminderung im Rahmen der **Millenniumentwicklungsziele** bis 2015

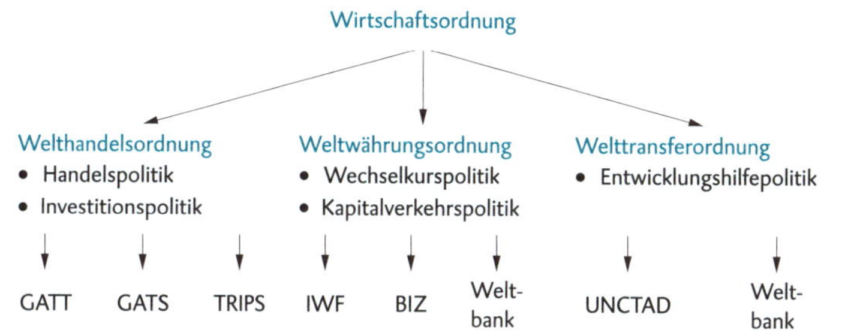

BIZ = Bank für Internationalen Zahlungsausgleich
IWF = Internationaler Währungsfonds
UNCTAD = United Nations Conference on Trade and Development
GATT = General Agreement on Tariffs and Trade
GATS = General Agreement on Trade in Services
TRIPS = Agreement on Trade-Related Aspects of Intellectual Property Rights

Neuere globalwirtschaftliche Tendenzen

- Aus der ehemals **bipolaren Weltordnung** (USA und UdSSR) treten die USA als Globalisierungsgewinner hervor. Bis heute behaupten sie mit ihren zahlreichen Großunternehmen/Global Players einen Spitzenplatz innerhalb der Weltwirtschaft.
- Infolge der fehlenden Bindung der Entwicklungsländer an einen der beiden Wirtschaftsblöcke kommt es zu verstärkten **Differenzierungsprozessen**. Länder mit mittlerem Entwicklungsstand verbessern tendenziell Wirtschaftskraft und Lebensstandard – bei gleichbleibender Anzahl der ärmsten Länder. Insbesondere im subsaharischen Afrika (Afrika südlich der Sahara) gibt es immer mehr **Failed**

States, Länder mit ethnischen Konflikten, Bürgerkriegen, organisierter Kriminalität und Korruption.

- Gleichzeitig erleben **Schwellenländer**, allen voran China und Indien, aber auch Mexiko und Brasilien, gigantische Wachstumsraten, die eine zukünftige eher multipolar geprägte Weltwirtschaftsordnung ankündigen.
- Parallel zur Internationalisierung von Waren-, Dienstleistungs- und Kapitalströmen verstärken sich **Regionalisierungstendenzen** in Großregionen, die als **Wirtschaftsblöcke** Marktanteile und spezifische Interessen sichern wollen (z. B. NAFTA, ASEAN, EU).

→ **Wirtschaftsblöcke:** vgl. S. 287 f.

Wachsende Zukunftsängste v. a. der jüngeren Bevölkerungsgruppen, Ressourcenknappheit, Kampf ums Wasser, ungleiche Entwicklungsstände in der Welt mit der Folge weltweiter Migrationsbewegungen, drohender Klimawandel, Auslandsverschuldungen der Nationalstaaten oder die Frage der finanziellen Versorgung im Alter haben den Ruf nach einer neuen Weltwirtschaftsordnung aufkommen lassen.

4.2 Fairer (Welt-)Handel – gibt es den überhaupt?

Diejenigen, die den größten Anteil an der Herstellung der Agrarprodukte haben, nämlich Kleinbauern und Plantagenarbeiter, sind nicht diejenigen, die auch den größten Anteil an dem auf dem Weltmarkt erzielten Verkaufspreis erlangen: Das sind i. d. R. Zwischenhändler im Erzeugerland und Händler in Übersee. Dieser Umstand führt sehr häufig zu wirtschaftlichen und sozialen Problemen der Kleinbauern, da sie die Folgen von Preisschwankungen auf dem Weltmarkt in Form niedrigerer Löhne oder Arbeitslosigkeit am stärksten zu spüren bekommen. Bereits in den 1960er-Jahren entstand deshalb eine Bewegung, die sich gegen diese Ungerechtigkeiten im weltweiten Handel wandte. Es handelte sich anfangs um private Initiativen oder **NGOs**, die sogenannte „**Weltläden**“ führten, in denen zunächst nur handwerkliche Erzeugnisse verkauft wurden. In den 1980er- und 1990er-Jahren schließlich entwickelte sich nach und nach ein organisiertes Netzwerk aus Produzentenverbänden, Importeuren und Weltläden auf nationaler, europäischer und globaler Ebene.

→ **NGOs:** vgl. S. 176

Das **Konzept des Fairen Handels** sieht vor, durch garantierte Mindestpreise den Produzenten ein angemessenes und sicheres Einkommen zu bieten. Das Funktionieren dieses Konzepts setzt voraus, dass die Konsumenten gut informiert sind und ein Verantwortungsbewusstsein gegenüber den Produzenten entwickeln. Neben der unmittelbaren Verbesserung der Einkommens- und Lebenssituation der Produzenten soll auch die **Wirtschafts-** und **Agrarstruktur** der Erzeugerländer gefördert und verbessert werden. So wird der Zusammenschluss von Kleinbauern zu dörflichen und überörtlichen Genossenschaften oder Kooperativen unterstützt, die groß genug sind, mit Importeuren in Übersee direkt zu verhandeln und damit den Gewinn abschöpfenden Zwischenhandel überflüssig zu machen.

→ **Agrarstruktur:** vgl. S. 131

Prinzipien und Standards des fairen Handels

Für den Erfolg des **Fairen Handels** war es förderlich, dass Zertifizierungssysteme mit verbindlichen Standards für Produktion und Handel verbunden mit einem **Produktsiegel** entwickelt wurden. Eines der bekanntesten ist das 2002 eingeführte **Fairtrade-Siegel** (vgl. oben). Es wird ausschließlich von den angeschlossenen Verbänden und Unternehmungen vergeben und hat nach und nach nationale Siegel ersetzt.

Die Standards der **Fairtrade Labelling Organization International** (FLO-I e. V.) für Kleinbauern-Organisationen, Vertragsanbau sowie für Landarbeiterinnen und -arbeiter sehen eine demokratische Organisationsstruktur sowie eine gleichberechtigte Aufteilung der Erlöse vor. Die Kooperativen erhalten zusätzlich zum Verkaufserlös auch Prämien, falls sie Investitionen in wirtschaftlicher oder sozialer Hinsicht leisten. Solche Prämien können z. B. Maschinen, der Bau von Trinkwasseranlagen, Schulen oder Beiträge für die Altersversorgung der Mitglieder sein.

Ökonomie	Soziales	Ökologie
stabile Mindestpreise	gute Arbeitsbedingungen	umweltschonender Anbau
Fairtrade-Prämie	Gemeinschaftsprojekte	Liste verbotener Substanzen
langfristige Handelsbeziehungen	keine illegale Kinderarbeit	Ausschluss gentechnisch veränderter Organismen
Vorfinanzierung	Diskriminierungsverbot	Förderung des Bioanbaus
Beratung	Versammlungsfreiheit	Bioaufschlag

Standards im Fairen Handel gemäß Fairtrade Labelling Organization International (FLO)

Das **Verbot von Kinder- und Zwangsarbeit** ist ein wichtiges Ziel der Fairtrade-Organisationen bzgl. des Anbaus auf Plantagen; dazu zählt auch die Absicherung von Löhnen, die sich am Landesdurchschnitt oder an gesetzlichen Mindestlöhnen orientieren. Außerdem muss eine unabhängige Interessenvertretung der Beschäftigten vorhanden sein.

Gegenwärtige Situation und Perspektiven

In den letzten Jahren ist eine starke Zunahme beim Fairen Handel zu beobachten: Die Anzahl der beteiligten Länder ist gewachsen, die Zahl der Weltläden weltweit gestiegen, das Handelsvolumen hat sich z. B. von 832 Mio. € (2004) innerhalb von nur drei Jahren auf 2,4 Mrd. € verdreifacht, in Deutschland im selben Zeitraum vervierfacht. Fair gehandelte Waren genießen hohes Ansehen bei den Kunden; der Kauf fair gehandelter Produkte basiert auf ethischen und sozialen Werten.

Nischenangebot: Angebot für eine begrenzte Käufergruppe, nicht für den traditionellen Absatzmarkt

Diese Wachstumszahlen dürfen nicht darüber hinwegtäuschen, dass es sich um ein sogenanntes „**Nischenangebot**" handelt: Nur 1 % aller in Deutschland gehandelten Lebensmittel trägt ein Fairtrade-Siegel, bei Kaffee beträgt der Wert immerhin 1,25 %. Dass Steigerungen möglich sind, beweist der Umstand, dass in Großbritannien einzelne Produkte bereits einen Marktanteil von über 25 % aufweisen.

Fairtrade kann zur Änderung der Wertvorstellungen von Konsumenten bzgl. ihres Kaufverhaltens führen und einen Beitrag zur weltweiten Armutsbekämpfung leisten. Wenngleich er nicht flächendeckend die Probleme ländlicher Regionen in Übersee lösen kann, so ist er doch ein Beitrag zur Nachhaltigkeit und ein Ansatz zur Verbesserung der Lebensqualität in weit entfernten Erzeugerländern.

Zusammenfassung

- Globalisierung bezeichnet sowohl einen Prozess weltumspannender Veränderungen als auch einen Zustand. Sie betrifft den Einzelnen ebenso wie ganze Staaten und wirkt sich u. a. in ökonomischer, politischer, ökologischer und kultureller Hinsicht aus.
- Wesentliche Indikatoren der Globalisierung sind ausgeprägte globale Kommunikations- und Transportnetze, große Handelsvolumina und Auslandsdirektinvestitionen.
- Negative Begleiterscheinungen und Folgen des Globalisierungsprozesses können Arbeitsplatzverluste in den traditionellen Industriestaaten sein, daneben ungünstige Terms of Trade für Rohstoffländer,

die Überformung nationaler Ökonomien und Kulturen sowie der Verlust von Einfluss auf globales Geschehen für Nationalstaaten im Vergleich mit Global Playern.

- Der Welthandel wird von den Ländern der Triade bestimmt, die sowohl einen starken intra- als auch einen starken interregionalen Warenaustausch aufweisen.
- Protektionistische Maßnahmen wie Zölle und Handelshemmnisse einerseits oder Subventionsmaßnahmen andererseits behindern und gefährden den freien Welthandel; sie tragen zur Zunahme globaler Disparitäten bei, indem sie wirtschaftsstarken Ländern ihre (Handels-) Vorteile erhalten.
- Nach der Auflösung der Sowjetunion und dem Ende des Kalten Kriegs verschwand die zentrale Planwirtschaft im Zuge des Transformationsprozesses weitgehend, marktwirtschaftliches Denken und Handeln traten in Osteuropa an ihre Stelle.
- Die Gesamtsituation innerhalb der EU ist geprägt von regionalen Disparitäten. Binnenmarkt, Euro-Währung und Fördermaßnahmen im Rahmen der EU-Strukturpolitik sollen einerseits den Einigungsprozess absichern und fördern, andererseits den Abbau der regionalen Unterschiede ermöglichen. Euregios sollen dazu beitragen, Grenzräume zusammenwachsen zu lassen.
- Zur künftigen Raumordnung in Europa gibt es unterschiedliche Modellvorstellungen, z. B. die „Blaue Banane".
- WTO, Weltbank und IWF sind Instrumente und Einrichtungen zur Behandlung weltweiter Wirtschaftsprobleme.
- Im Zuge wirtschaftlicher Differenzierungsprozesse verschärfen sich die Unterschiede zwischen Entwicklungs- und Schwellenländern sowie Industrie- und Dienstleistungsgesellschaften; daneben kristallisieren sich verstärkt Regionalisierungstendenzen in Form neuer Wirtschaftsblöcke heraus.
- Fairtrade stellt zwar nur ein Nischenangebot im Rahmen des Welthandels dar, ist aber ein Ansatz zur Verringerung von Armut in Übersee und ein Beitrag zu Nachhaltigkeit und Verbesserung der Lebensqualität in weit entfernten Erzeugerländern.

Unterschiedliche Entwicklung in der Einen Welt

1 Merkmale und Ursachen unterschiedlicher Entwicklung

1.1 Die Utopie der „Einen Welt“

UN/UNO (Vereinte Nationen, engl. **U**nited **N**ations **O**rganization): Gründung 1945, Ziele: Erhaltung des Weltfriedens und der internationalen Sicherheit sowie Zusammenarbeit in politischer, wirtschaftlicher und kultureller Hinsicht

1992 wurde auf der **UN**-Konferenz über Umwelt und Entwicklung in Rio de Janeiro gefordert, dass es in Anbetracht der globalen Ressourcenproblematik und der Gefährdung des globalen Ökosystems in Zukunft darum gehen müsse, im Sinne einer globalen Verantwortungsgemeinschaft zusammenzuhalten und künftige Entwicklungen gemeinsam und partnerschaftlich zu gestalten. Ziel der **„Einen Welt“** müsse es sein, soziale Gerechtigkeit, demokratische Strukturen und ein friedliches Miteinander für alle Menschen in allen Staaten der Erde zu erreichen.
Die Wirklichkeit der ersten Jahrzehnte des 21. Jh. sieht z. T. deutlich anders aus: Sie ist geprägt von Gegensätzen, ungleichen Lebenschancen, gravierenden Entwicklungsunterschieden sowie einer wachsenden Kluft zwischen armen und reichen Staaten. Gesellschaften im Überfluss stehen solchen in Armut gegenüber, Lebenserwartungen von über 80 Jahren in einigen Staaten solchen von nur 40 Jahren in anderen. Die „Eine Welt“ ist noch keine einheitliche, die Ziele des Jahres 1992 sind noch lange nicht erreicht worden.

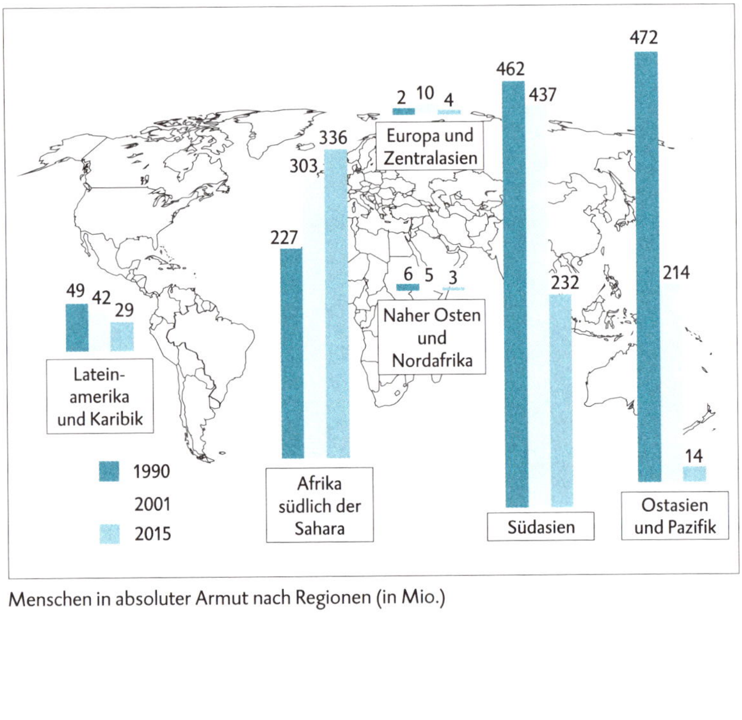

Menschen in absoluter Armut nach Regionen (in Mio.)

1.2 Gründe für die unterschiedliche Entwicklung von Staaten

Ungefähr 83 % aller Menschen leben gegenwärtig in Entwicklungsländern, in Staaten der sogenannten **„Dritten Welt“** – nur 17 % in Ländern, die als entwickelt gelten. Diese Unterschiede zwischen Staaten gab es nicht vom Beginn der Menschheitsgeschichte an, sie haben sich im Laufe der Geschichte erst herausgebildet. Dies hatte verschiedene Ursachen:

Dritte Welt: früherer Begriff für die Entwicklungsländer, heute nur noch populärwissenschaftlich gebraucht; nach früherer Einteilung wurde unterschieden zwischen Erster Welt (westliche Staaten), Zweiter Welt (östliche bzw. ehemals sozialistische Staaten) und Dritter Welt (südliche Staaten)

Nicht überall auf der Welt sind die natürlichen Lebensbedingungen gleich – dies führte u. a. zu unterschiedlichen Nutzungsformen, unterschiedlicher Besiedlungsdichte und unterschiedlichen kulturellen Traditionen. Weite Gebiete früherer Hochkulturen wie die der Inkas oder Mayas in Südamerika, aber auch Staaten des 20. Jh. fielen Kriegen zum Opfer oder gingen aus bis heute nicht bekannten Gründen wieder unter, andere überwanden nie die Folgen gewaltiger Naturkatastrophen.

Die Länder der sogenannten **Alten Welt** entwickelten sich früher und anders als die der **Neuen Welt**. Vom 15. Jh. an gingen europäische See- und Handelsnationen auf Entdeckungs- und Eroberungsfahrten und nahmen v. a. ab dem 18. Jh. überseeische Ländereien und Staaten als Kolonien in Besitz. Diese Kolonien in Afrika, Amerika und Asien dienten im Rahmen der Arbeitsteilung als Rohstofflieferanten und Abnehmerländer für die in den **Mutterländern** produzierten Industriewaren. Sie hatten im Zuge dieser aufgezwungenen Abhängigkeit keine Chance, eine eigenständige Wirtschaft zu entwickeln.

Alte Welt: jene Landes- und Kontinentteile, die vor Beginn der Neuzeit (1492 Entdeckung Amerikas) seit dem Altertum bekannt waren: Europa, Afrika, Asien

Neue Welt: Bezeichnung für den 1492 wiederentdeckten Doppelkontinent Nordamerika (Anglo-Amerika) sowie Mittel- und Südamerika (Latein- oder Ibero-Amerika)

Mutterland: Bezeichnung der europäischen Kolonialmächte hinsichtlich ihrer Beziehungen zu ihren Kolonien

Im Zuge des sogenannten **„Dreieckshandels“** während der Kolonialzeit erfolgte eine Ausbeutung menschlicher Arbeitskraft sowie agrarischer und mineralischer Rohstoffe (vgl. Abb. unten). Folgen aus diesen sich teilweise bis ins 20. Jh. auswirkenden ungleichen Wirtschafts- und Handelsbeziehungen reichen bis in die Gegenwart, zumal viele Industrieländer ihre eigene Wirtschaft durch unterschiedliche Formen von **Protektionismus** gegen Importe zu schützen versuchen.

→ **Protektionismus:** vgl. S. 286

Unterschiedliche politische Systeme haben v. a. nach dem Ende des Zweiten Weltkriegs zu unterschiedlichen Wirtschafts- und Gesellschaftssystemen geführt. Diese bedingen in Zeiten der Globalisierung unterschiedliche Möglichkeiten der Partizipation am Welthandel.

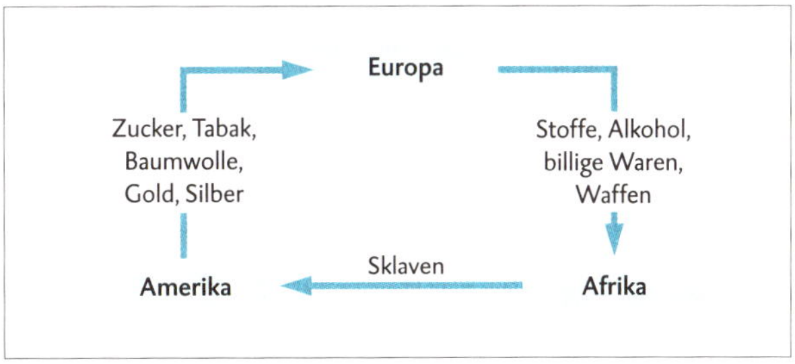

Dreieckshandel während der Kolonialzeit

Forschung und Entwicklung sowie technische Neuerungen, die schwerpunktmäßig in den hoch entwickelten Staaten stattfinden, lassen den vorhandenen Entwicklungsunterschied weiter wachsen.
Der Verlauf des **sektoralen Wandels** in Entwicklungsländern weist folglich deutliche Unterschiede auf zu demjenigen in Industriestaaten.

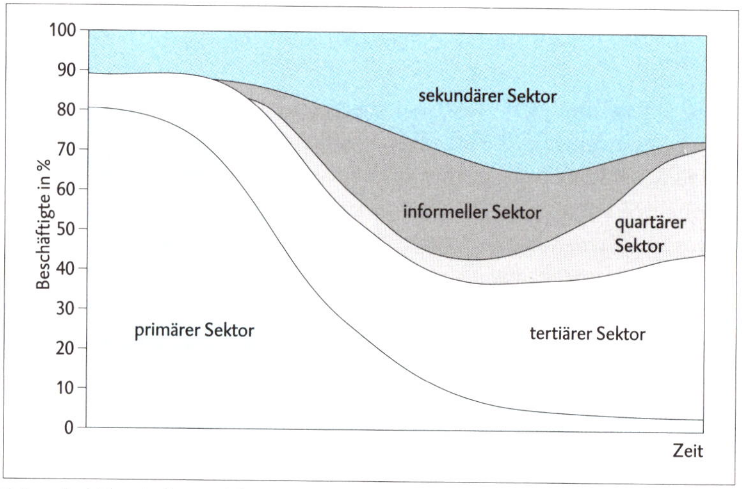

Sektoraler Wirtschaftswandel in Entwicklungsländern

1.3 Unterschiede zwischen Entwicklungsländern

„Entwicklungsland" ist ein geläufiger Begriff, der sowohl im Alltag als auch in wissenschaftlichen Veröffentlichungen verwendet wird. Er ist jedoch mit Vorsicht zu benutzen. Denn mit diesem Begriff transportieren die Benutzer ihre eigenen **(i. d. R. „westlichen") Wert- und Zielvorstellungen**, und diese sind überwiegend ökonomischer Natur.

Bruttonationaleinkommen (BNE; frühere Bezeichnung: **Bruttosozialprodukt/BSP):** Geldwert der Bruttowertschöpfung im Inland, d. h. produzierte Sachgüter + erbrachte Dienstleistungen, modifiziert durch Steuern, Importabgaben, Subventionen sowie Einkommenszu- und -abflüsse vom/ins Ausland

Den Entwicklungszustand eines Landes überwiegend anhand seiner Wirtschaftsleistung oder seines Wirtschaftswachstums zu bewerten, stellt eine unzulässige Verkürzung dar. Schließlich ist es nicht möglich, einen entwicklungsmäßigen Zustand allein dadurch zu verbessern, dass man das **Bruttonationaleinkommen** steigert. An den Erscheinungsformen der Unterentwicklung wie Armut, Hunger oder Kindersterblichkeit würde dies nur bedingt etwas ändern, da i. d. R. die ärmeren Bevölkerungsgruppen am wirtschaftlichen Fortschritt kaum Anteil haben.
Den einzelnen Staaten kann man nur dann vollständig gerecht werden, wenn man neben ökonomischen Daten auch kulturelle Andersartigkeit oder grundsätzlich unterschiedliche Rahmenbedingungen berücksichtigt.

Ganz abgesehen davon, dass in Zeiten von Weltwirtschaftsrezessionen, drohendem Klimawandel und zunehmenden sozialen Spannungen westliche Maßstäbe und Normen grundsätzlich zu überprüfen sind. Eine Dominanz westlicher Sicht und Entwicklungsbewertung verbietet sich auch deshalb, weil ein Teil der Entwicklung des „Nordens“ abhängig ist von den (Rohstoff-)Lieferungen des „Südens“: Ohne die niedrigen Löhne in den Entwicklungsländern wären Fortschritt und Wohlstand in den „Nord“-Staaten nicht im gegenwärtigen Umfang möglich. Gleichzeitig ist die ökonomische und soziale Weiterentwicklung der „Süd“-Staaten nicht ohne Know-how und finanzielle Unterstützung aus dem Norden denkbar.

„Ist dir klar, dass ich dich in der Hand habe?“

Karikatur zum Verhältnis der „Nord“- und „Süd“-Staaten

info

Binnendifferenzierung von Entwicklungsländern

Der Begriff der „**Dritten Welt**“ entstand im historischen Kontext des Ost-West-Konflikts: Neben der Ersten Welt im Westen und der Zweiten Welt im Osten bildeten die Entwicklungsländer die Gruppe der Dritten Welt. Seit Ende des Kalten Kriegs wird der Begriff kaum noch verwendet. Die UNO spricht zwar nach wie vor von **Less Developed Countries** (LDCs, Entwicklungsländer), in der Praxis erfährt diese Ländergruppe aber unter Anwendung statistischer Methoden eine immer stärkere Binnendifferenzierung.

Kategorie	Merkmale	Beispiele
Least Developed Countries	extrem niedriges Pro-Kopf-Einkommen, geringe Bedeutung des sekundären Sektors, geringe Alphabetisierungsrate	Angola, Benin, Lesotho, Madagaskar, Mali, Niger, Togo, Jemen, Kambodscha, Laos, Haiti
Newly Declining Countries	Teilgruppe der Transformationsstaaten der ehemaligen Zweiten Welt, die ähnliche Strukturprobleme wie viele Entwicklungsländer aufweist	Albanien, Armenien, Georgien, Kasachstan, Turkmenistan, Usbekistan
Landlocked Countries	Staaten ohne Zugang zum Meer, Verteuerung der Importe und Exporte	Bolivien, Nepal, Niger
Small Island Developing States	ebenfalls hohe Transportkosten, Gefährdung durch Anstieg des Meeresspiegels	Malediven, Fidji, Mauritius
Failed States	Staaten mit zerbrechlicher oder bereits zusammengebrochener Staatlichkeit, oft fehlende Daten	DR Kongo, Liberia, Somalia, Irak, Pakistan
Newly Industrializing Countries/Economies („Schwellenländer“)	Länder mit hohem Wirtschaftswachstum, hoher Arbeitsproduktivität, niedrigem Lohnniveau, Exportorientierung	Südkorea, Taiwan, Hongkong, Singapur, Brasilien, Mexiko, Südafrika, Thailand, Indien, Malaysia, Philippinen
Ölländer (OPEC-Staaten)	Länder, die wirtschaftlich stark vom Anstieg des Ölpreises profitieren, hohes Pro-Kopf-Einkommen, aber Schwächen bei sozialen Indikatoren	Saudi-Arabien, Iran, Irak, weitere Golfstaaten
Emerging Markets	neue dynamische Märkte in Schwellenländern, interessant für ausländische Kapitalanleger	China, Indien, Indonesien, Brasilien, Mexiko, Russland, Türkei, weitere asiatische Länder

1.4 Möglichkeiten zum Erfassen unterschiedlicher Entwicklungsstände von Staaten

Ökonomische Merkmale und Indikatoren

Als Maßstab für die Kennzeichnung der Wirtschaftskraft wurde lange Zeit das durchschnittliche **Bruttoinlandsprodukt (BIP)** bzw. das **Bruttonationaleinkommen (BNE)** angesehen.

Die scheinbare Eindeutigkeit ökonomischer Daten bzgl. der Definition von Entwicklungsständen trügt jedoch: Bei allen ermittelten Werten handelt es sich um Durchschnittswerte; diese sagen z. B. nichts darüber aus, ob es in einem Land Disparitäten gibt.

In Wirtschaftstabellen (vgl. Tabelle nächste Seite) fehlen auch häufig bestimmte Angaben, die sich entweder nicht messen lassen (z. B. Traditionen oder kulturelle Besonderheiten) oder die nicht statistisch erfasst werden können (z. B. Bedeutung des informellen Sektors, der Subsistenzwirtschaft und des Tauschhandels). Häufig gibt es im Zusammenhang mit ökonomischen Daten auch keine Vergleichsmöglichkeit der realen Kaufkraft; gelegentlich sind deshalb Hinweise zur **Kaufkraftparität pro Kopf** beigefügt.

Das Ausmaß der Unterschiede innerhalb eines Landes ermöglicht weitergehende Aussagen zur Entwicklungssituation innerhalb eines Landes; es wird mit dem sogenannten **Gini-Koeffizienten** gemessen.

Kaufkraftparität (KKP): KKP in Räumen gleicher Währung, z. B. in Euro-Ländern, liegt dann vor, wenn mit demselben Geldbetrag dieselben Waren und Dienstleistungen erworben werden können; in Räumen unterschiedlicher Währung machen Wechselkurse die Kaufkraft vergleichbar; engl. Begriff: Purchasing Power Parity **(PPP)**

Gini-Koeffizient: statistisches Maß, das die Ungleichverteilung in einem Staat ausdrückt, z. B. bezüglich der Einkommensverteilung; Wert variiert zwischen 0 und 1; je näher er an 1 liegt, desto größer ist die Ungleichheit

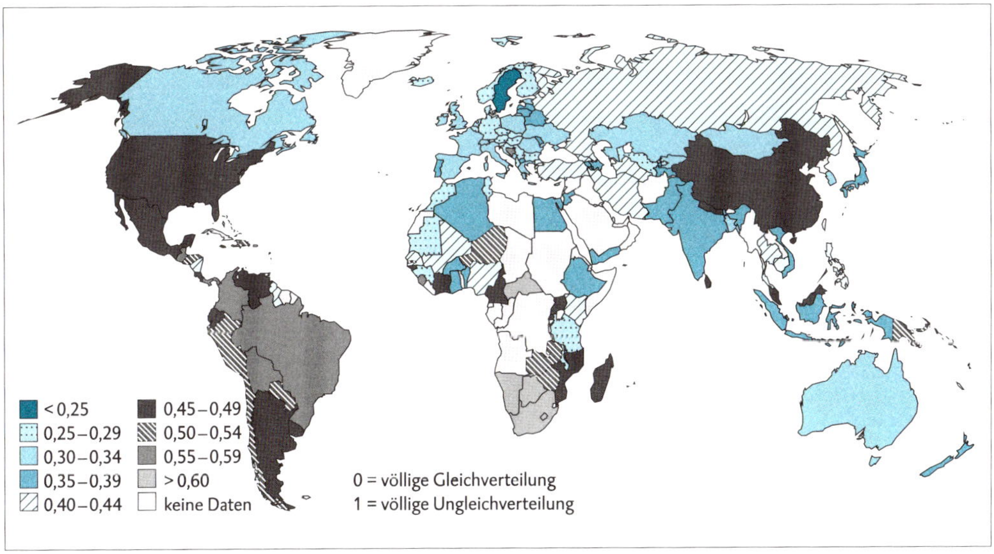

Gini-Koeffizient der Einkommensverteilung, Stand 2009

	Bangladesch	Brasilien	China	Deutschland	Ghana	Russland
Anteil der Bev. unter der Armutsgrenze (2005–11)	31,5	21,4	–	–	28,5	11,1
BNE je Einw. (2011) in PPP-$	1 940	11 500	8 430	40 170	1 820	20 050
BIP gesamt (2011)	113 Mrd. US-$	2 493 Mrd. US-$	7 420 Mrd. US-$	2 570,8 Mrd. €	37,2 Mrd. US-$	1 857 Mrd. US-$
Beschäftigte in den Wirtschaftssektoren	k. A.	(2009): I: 17 % II: 22 % III: 61 %	k. A.	(2011): I: 1,6 % II: 24,6 % III: 73,8 %	k. A.	(2009): I: 10 % II: 28 % III: 62 %
BIP-Beiträge der Wirtschaftssektoren	(2011): I: 18 % II: 29 % III: 53 %	(2011): I: 6 % II: 27 % III: 67 %	(2011): I: 10 % II: 47 % III: 43 %	(2011): I: 1,0 %; II: 30,1 %; III: 68,9 %	(2011): I: 28 % II: 21 % III: 51 %	(2011): I: 4 % II: 37 % III: 59 %
Arbeitslosenquote (2011)	k. A.	6,0 %	4,1 %	7,1 %	k. A.	6,6 %
Energieverbrauch je Einw. in kg Öleinheiten (2009–2010)	201	1 243	1 695	4 054	388	4 561
CO_2-Emission je Einw. in t (2008)	0,3	2,1	5,3	9,6	0,4	12,0
Handels-/Exportvolumen (2011)	22,9 Mrd. US-$	256 Mrd. US-$	1 899 Mrd. US-$	1 060 Mrd. € bzw. 1474 Mrd. US-$	12,8 Mrd. US-$	516 Mrd. US-$
Wichtigstes Exportgut (2011)	Bekleidungsartikel (77 %)	Primärgüter (v. a. Eisenerz, Erdöl, Fleisch, Zucker) (40 %)	Elektronik (32 %)	Kfz u. -Teile (17 %), Maschinen (15 %)	Gold, Kakao, Diamanten, Mangan, Bauxit	Energieträger (59 %)
Auslandsverschuldung in % des BNE (2010)	23	17	9	–	27	27

Ökonomische Indikatoren zum Entwicklungsstand von Staaten

Demographische Merkmale und Indikatoren

Da eines der Schlüsselprobleme der Entwickungsländer das hohe Bevölkerungswachstum ist, gehören **demographische Indikatoren** zu einer Beschreibung des Entwicklungsstands zwingend dazu. Hierzu zählen Altersaufbau, Geburten- und Sterberate, Säuglings- und Kindersterblichkeit. Daneben spielt eine Rolle, wo die Bevölkerung lebt: Verstädterungsgrad und Städtewachstum, Binnenmigration (Land-Stadt-Wanderung), der **Metropolisierungsgrad**, der Anteil von **Marginalsiedlungen** und der **Index of Primacy** liefern wichtige Hinweise auf den Grad einer ausgewogenen regionalen Entwicklung bzw. auf regionale Disparitäten.

Index of Primacy: Verhältnis zwischen der bevölkerungsmäßig größten Stadt eines Landes zur nächstgrößten

Soziale Merkmale und Indikatoren

Des Weiteren sind **soziale Indikatoren** zu berücksichtigen wie z. B. Art und Umfang der Nahrungsmittelversorgung, Gesundheitszustand (Lebenserwartung, HIV-/AIDS-Rate), medizinischer Versorgungsgrad (Krankenhaus-, Ärztebesatz), hygienische Verhältnisse oder Zugang zu sauberem Trinkwasser.

Voraussetzung für wirtschaftliche Produktivität, Innovationen und wirtschaftliche Expansion sind gut ausgebildete einheimische Arbeitskräfte; insofern sind **Art und Umfang schulischer und beruflicher Bildung** wichtige Voraussetzungen (Einschulungsrate, Bildungsdauer, Alphabetisierungsquote), ferner die Berücksichtigung der weiblichen Bevölkerung bei der Bildung sowie die allgemeine **soziale Situation der Frauen** in der Gesellschaft.

	m	w
Mali	35	18
Burkina Faso	37	22
Äthiopien	42	18
Niger	43	15
Tschad	43	23
Guinea	51	28
Sierra Leone	53	30
Benin	54	29
Gambia	58	36

Alphabetisierungsrate 2005–2010 (in %)

Ökologische Merkmale und Indikatoren

Schließlich führt auch ein unsachgemäßer Umgang mit den natürlichen Ressourcen dazu, dass regional und global auf Dauer Schäden auftreten und Entwicklung verhindert wird. Gerade in Entwicklungsländern wirkt sich ein solches Fehlverhalten besonders schnell und besonders negativ aus. Hierzu gehört z. B. die **Übernutzung von Ressourcen** wie Boden, Vegetation, Wasser oder Bodenschätzen, die weitgehend auf den Versuch zurückzuführen ist, genügend Nahrungsmittel und Energie für die weiter wachsende Bevölkerung sowie Exportgüter zur Beschaffung von Devisen zur Verfügung zu stellen. Die Abholzung des tropischen Regenwalds stellt hierbei ebenso eine großräumige nachhaltige Entwicklungsgefährdung dar wie der dadurch mitbedingte **Klimawandel**.

→ **Ressourcen:** vgl. S. 78 ff.

→ **Klimawandel:** vgl. S. 38 ff.

Politische Merkmale und Indikatoren

Undemokratische Strukturen, schwache politische Eliten, autoritäre Regimes und Korruption verhindern eine Entwicklung, die bei **Good Governance** möglich wäre. Gerechtigkeit, Achtung der Menschenrechte und Rechtsstaatlichkeit fehlen in autoritär regierten Staaten – hier hat die Bevölkerung kein Vertrauen in die Machthaber, was sich u. a. in fehlender Investitions- oder Sparbereitschaft niederschlägt. (Bürger-) Kriege, Verfolgung und Vertreibung werfen solche Staaten immer wieder

→ **Good Governance:** vgl. S. 93

schwacher Staat: Entwicklungsland ohne Good Governance, in dem die verfügbaren Mittel nicht für Entwicklung oder die Versorgung der Bevölkerung ausgegeben werden, sondern für Korruption, das Militär oder private Zwecke der Regierenden

in ihrer Entwicklung zurück. Politische Stabilität und demokratische Verhältnisse begünstigen dagegen eine positive Entwicklung.
Wissenschaftler halten den „**schwachen Staat**" für ein entscheidendes Merkmal der Entwicklungsländer. Viele Regierungen seien nicht in der Lage, Entwicklung zum zentralen Thema ihrer Politik zu machen. Anstatt in Bildung und Wirtschaftsförderung zu investieren, würden außer für Korruption und überteuerte Verwaltung Gelder in umfangreiche Rüstungsausgaben investiert. Als Folge dieser Misswirtschaft würden sich die **Teufelskreise der Armut** weiter verstärken, in denen sich besonders die ärmsten der armen Staaten befänden.

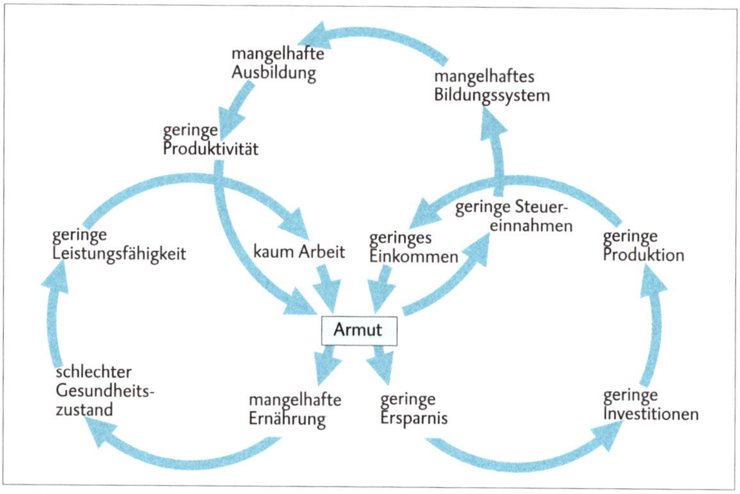

Teufelskreise der Armut

Der Human Development Index

Grundbedürfnisse:
- materiell („basic needs"): z. B. Nahrung, Kleidung, sauberes Trinkwasser, medizinische Versorgung, menschenwürdiges Wohnen
- immateriell („basic human needs"): z. B. Arbeit, Bildung, soziale Selbstbestimmung

→ **HDI:** vgl. Karte auf hinterer Umschlaginnenseite

In jüngerer Zeit wählt man anstelle des rein ökonomischen einen anderen „Entwicklungs-"Ansatz, der die Teilhabe des Einzelnen an wirtschaftlichen, sozialen, politischen und kulturellen Entwicklungen in den Blick nimmt. Ferner wird dargestellt, in welchem Umfang die **Grundbedürfnisse** befriedigt werden.
Seit 1990 wählt man deshalb als Index für die Diagnose des Entwicklungsstands der Länder den **Human Development Index (HDI)** (vgl. Karte auf hinterer Umschlaginnenseite). Die Parameter für die Berechnung des HDI wurden mehrfach verändert. Seit 2011 fließen ein:
- das BNE pro Kopf (Indikator für Lebensstandard),
- die Lebenserwartung bei der Geburt (Indikator für Gesundheit),
- die Dauer schulischer Bildung ungeachtet von Abschlüssen oder Qualifikationen (Indikator für Bildung).

2 Entwicklungstheorien

Es gibt mehrere Theorien, die zu erklären versuchen, warum es in manchen Staaten zu Entwicklungsrückständen gekommen ist. Keine dieser Theorien vermag für sich allein eine befriedigende Erklärung zu liefern, denn i. d. R. handelt es sich um ein komplexes Begründungsgeflecht, das zu betrachten ist.

2.1 Geodeterministische Theorie

In der (ältesten) **geodeterministischen Theorie** werden nachteilige **naturgeographische Faktoren** dafür verantwortlich gemacht, dass bestimmte Staaten gar keine andere Entwicklung nehmen konnten. Hierzu zählen ungünstige klimatische Bedingungen (z. B. Hitze und Trockenheit in den Subtropen), schlechte Bodenverhältnisse (z. B. Nährstoffarmut und fehlendes Grundwasser in der Sahel-Zone), ungünstige Reliefbedingungen (z. B. Höhenlagen) und ein labiles Ökosystem (z. B. Staaten mit großen Regenwaldanteilen). Armut an Bodenschätzen (z. B. Somalia) und verkehrsmäßig ungünstige **Binnenlagen** (z. B. Bolivien) vervollständigen die Defizit-Liste.

Geodeterminismus: theoretischer Ansatz, der davon ausgeht, dass durch die natürlichen Gegebenheiten (v. a. Klima, Boden, Vegetation, Bodenschätze, Reliefstruktur) Entwicklungsmöglichkeiten oder -nachteile weitestgehend vorbestimmt sind

2.2 Dependenztheorie

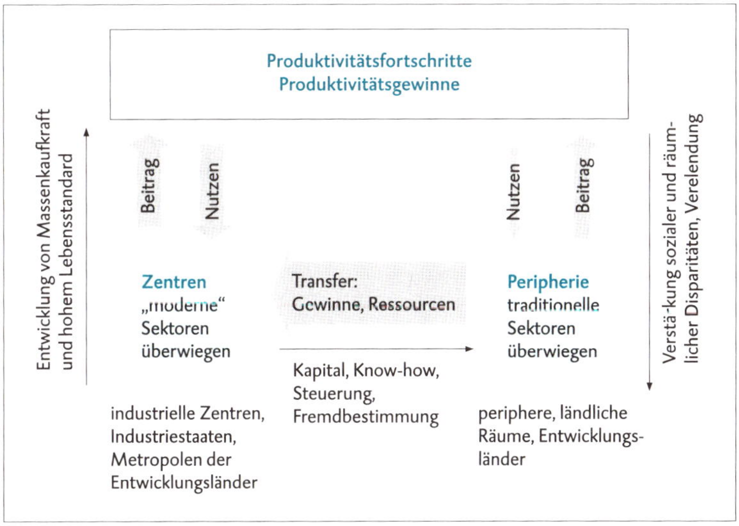

Entstehung von Unterentwicklung nach der Dependenztheorie

Kolonialismus: Beherrschung und Ausbeutung von Gebieten, die außerhalb des eigenen Staatsgebiets liegen, als Rohstofflieferanten und wirtschaftliche Ergänzungsräume

Neokolonialismus: der Kolonialherrschaft ähnelnde Form wirtschaftlicher und politischer Abhängigkeit in der Gegenwart

Die Dependenztheorie sieht die Gründe für die Unterentwicklung außerhalb des Landes **(exogene Gründe)**. Aufgrund historisch gewachsener Abhängigkeiten **(Dependenz)**, Fremdbestimmung und Ausbeutung durch die **europäischen Kolonialmächte** Spanien, Portugal, Frankreich, Niederlande, Belgien und Deutschland sowie Nordamerika seien die ehemaligen **Kolonien** nie in der Lage gewesen, ihre eigene Entwicklung im 18.–20. Jh. im Gleichschritt mit den Mutterländern voranzutreiben. Diese ehemalige Abhängigkeit zur Zeit des **Kolonialismus**, die für viele Staaten Afrikas erst Mitte der 1950er-Jahre endete, erfahre ihre Fortsetzung im heutigen **Neokolonialismus** durch eine Abhängigkeit vom Kapital und Einfluss transnationaler und globaler Handelskonzerne.

2.3 Modernisierungs- oder Wachstumstheorie

Im Unterschied zum exogenen Begründungsansatz der Dependenztheorie sehen die Vertreter der Modernisierungstheorie die Ursachen im Entwicklungsland selbst **(endogene Gründe)**: Sozioökonomische und politische Strukturen wie traditionelle Gesellschaftsordnungen (Großfamilien, Kastenwesen, Vetternwirtschaft) oder statische Wirtschafts-

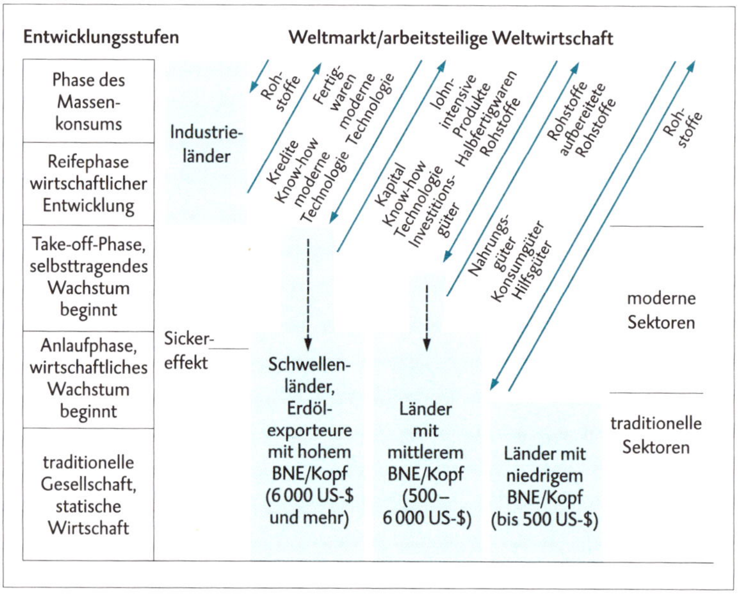

Theorie vom Ablauf der Modernisierung

formen (Subsistenzwirtschaft, **Rentenkapitalismus**) haben nach ihrer Ansicht eine schnellere Entwicklung verhindert. Eine z. T. religiös bedingte **fatalistische** Grundeinstellung führe zu fehlender Eigeninitiative und entwicklungsmäßigem Stillstand.
Die Annahme, eine Industrialisierung nach europäischem Vorbild führe die Entwicklungsländer aus ihrer Rückständigkeit heraus, stellte sich als falsch heraus: **Kapital-Input** in großem Stil sowie **Know-how-Transfer** führten nicht dazu, dass große Teile der Bevölkerung **(Trickle-down-Effekt)** an der Entwicklung partizipierten. Von solchen Entwicklungsmaßnahmen profitierten vielmehr überwiegend die schon vorher besser gestellten Mitglieder der Oberschicht: Soziale und regionale Disparitäten vergrößerten sich.

Rentenkapitalismus: Wirtschaftssystem überwiegend im Orient; Abschöpfung der Erträge durch die Besitzer der Produktionsmittel ohne Reinvestitionen oder Modernisierung mit der Folge abnehmender Produktivität; häufig verpachten städtische Eliten Land an Kleinpächter, die nach und nach in Verschuldungsabhängigkeit geraten

→ **Trickle-down-Effekt:** vgl. S. 273

2.4 Wirtschaftlicher Dualismus

Das **zeitliche und räumliche Nebeneinander** von **unterschiedlichen wirtschaftlichen Strukturen** wird als Ursache für die fehlende Gesamtentwicklung angesehen: Laut dieser Theorie schwächt eine solche Heterogenität die Wirtschaft, Ressourcen können nicht effektiv eingesetzt werden. Im ländlichen Raum stehen traditionelle agrarische Formen wie Subsistenzwirtschaft neben absatz- und weltmarktorientierten Formen wie Plantagenwirtschaft (Produktion von Cashcrops); im städtischen Raum arbeiten Beschäftigte in modernen Betrieben des sekundären und tertiären Sektors neben der großen Masse der im informellen Sektor Tätigen – erkennbar an einem engen Nebeneinander moderner Stadtviertel und zahlreicher Elendsviertel **(Fragmentierung)**.

→ **Fragmentierung:** vgl. S. 235

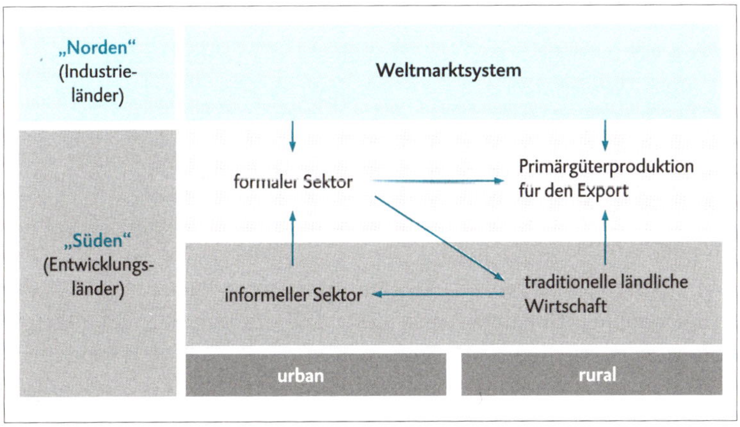

Modell des wirtschaftlichen Dualismus

3 Entwicklungsstrategien und deren Erfolgsaussichten

3.1 Theoretische Grundlagen und Anknüpfungspunkte

Ursachen der Unterentwicklung

- endogen/exogen, z. B. Naturraum/Einbindung in die Weltwirtschaft
- historisch und aktuell, z. B. koloniale Vergangenheit

↓

Entwicklung der Einen Welt

↑

Strategien der Entwicklung

- Veränderungen und Entwicklungen in den Industrieländern
- Veränderungen und Entwicklungen in den Entwicklungsländern

Ursachen der Unterentwicklung und Strategien der Entwicklung

Es gibt unterschiedliche Einschätzungen, auf welchem Weg Entwicklungsländer die schnellste und beste Weiterentwicklung erreichen können; einige der in diesem Zusammenhang entworfenen Strategien knüpfen dabei unmittelbar an Theorien wie die Modernisierungstheorie an.

3.2 Grundbedürfnisstrategie

→ **Grundbedürfnisse:** vgl. S. 316

Hilfe zur Selbsthilfe: Prinzip, Maßnahmen zu treffen oder zu fördern, die eine Gruppe von Personen oder ein ganzes Land in die Lage versetzen, sich selbst zu helfen

In den 1970er-Jahren galt die Befriedigung der **Grundbedürfnisse** als wichtige Voraussetzung für Entwicklung. Ohne Zurückdrängen von Armut sei ein Wirtschaftswachstum nicht möglich. Mithilfe eines Selbsthilfekonzepts „von unten" **(Hilfe zur Selbsthilfe)** sollten lokale und regionale Ressourcen (Arbeitskraft, Boden, Rohstoffe, tradiertes Wissen) bei der Schaffung möglichst zahlreicher Arbeitsplätze genutzt werden.
Kritik besteht dahingehend, dass auf diese Weise Regierungen aus der Verantwortung flüchteten und diese auf die einfache Bevölkerung übertrugen. Zudem sei der Anschluss an moderne Technologien verpasst und damit der Entwicklungsunterschied noch vergrößert worden.

3.3 Nachholende Industrialisierung

Auf dem Weg vom bloßen Rohstoffexporteur hin zum Industrie-/ Schwellenland haben viele Entwicklungsländer Fortschritte gezeigt. Die entscheidende dritte Phase, nach ROSTOW die sogenannte Startgesellschaft **(take-off)**, erreichen jedoch nur wenige.

info

Stadien der wirtschaftlichen Entwicklung

Im Jahr 1960 formulierte der amerikanische Wirtschaftswissenschaftler WALT WHITMANN ROSTOW seine rein ökonomische Theorie der wirtschaftlichen Entwicklung eines Staates. Den „Höhepunkt" bildet dabei die Phase des Massenkonsums.

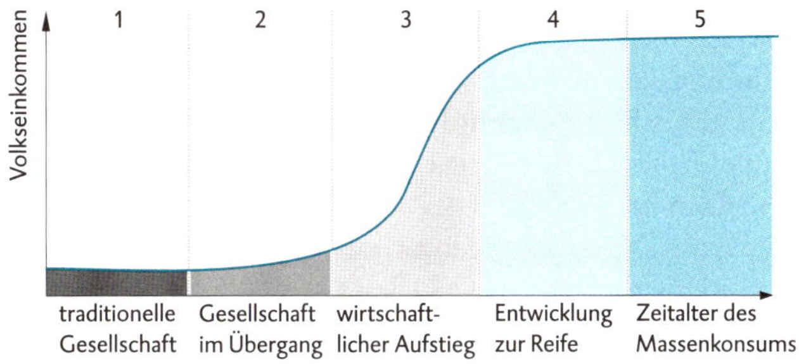

- **Phase 1:** agrarische Prägung der Gesellschaft; moderne Wissenschaft und Technik fehlen; hierarchische Sozialstruktur; geringe Mobilität
- **Phase 2:** neue Produktionsmethoden in Landwirtschaft und Industrie verändern Gesellschaft (Westeuropa 17./18. Jh.)
- **Phase 3:** Entstehen neuer Industrien, gestiegene Nachfrage nach industriellen Gütern und Dienstleistungen, hohe Gewinne = höhere Investitionsrate
- **Phase 4:** Industrialisierung erfasst gesamte Gesellschaft, hohes Produktionsvolumen, hohe Gewinne, noch höhere (Re-)Investitionen
- **Phase 5:** Grundbedürfnisse aller sind befriedigt, Nachfrage nach hochwertigen Gütern steigt, hoher Motorisierungsgrad als Indikator von Wohlfahrtsstaaten

Die Hauptkritik am Modell von ROSTOW richtet sich dagegen, dass z. B. soziale Faktoren völlig außer Acht gelassen werden.

Haupthindernis ist der **Kapitalmangel** (gewesen); doch ohne Kapital, so die Vertreter dieses Ansatzes, lasse sich ein sich von selbst tragender Wachstumsprozess nicht einleiten. Ohne umfangreiche Kapitalhilfe aus dem Ausland **(ADI)** einschließlich finanzieller Entwicklungshilfe sei dies nicht möglich.

→ **ADI:** vgl. S. 279

Kritisiert wird an dieser Strategie, dass bei der Fokussierung auf den sekundären Sektor die Landwirtschaft und der tertiäre Sektor vernachlässigt werden. Im Normalfall finde die notwendige Diversifizierung der industriellen Produktion nicht statt, da sich die Produktion an den Weltmarktinteressen der Geldgeber ausrichte.
Außerdem würden die industriellen Produktionsstandorte nicht flächendeckend platziert, sondern wegen der Infrastrukturvoraussetzungen und Exportorientierung überwiegend in Hauptstadtregionen und Küstenstädten. Dies führe zu einer **Verstärkung regionaler ökonomischer und sozialer Disparitäten**.
Während in Südostasien und Lateinamerika hohe industrielle Wachstumsraten zu verzeichnen waren und der Großteil der dortigen Staaten den Status eines Schwellenlandes erreicht hat, ist dies in den meisten Staaten Afrikas nicht der Fall gewesen. Inzwischen kann man dort sogar einen **Deindustrialisierungsprozess** feststellen.
Teilweise wird auch von **nachholender Modernisierung** gesprochen, bei der auf die individuellen Gegebenheiten eines jeden Entwicklungslandes zu achten ist. Bei diesem Ansatz wird der Fokus nicht unbedingt nur auf die Entwicklung des sekundären Sektors gelegt, und neben ökonomischen werden auch soziale Aspekte in den Blick genommen.

→ **Tourismus:** vgl. S. 267 ff.

Ebenso spielen Überlegungen zur Bedeutung des **Tourismus als Entwicklungsfaktor** eine Rolle. Hier gelte es abzuwägen, in welchem Maß das jeweilige Entwicklungsland durch Schaffung von Arbeitsplätzen, Infrastrukturentwicklung oder Deviseneinnahmen profitiere, wie groß andererseits der Devisenrückfluss an internationale Tourismuskonzerne sei, wie nachhaltig die Beschäftigung und wie hoch der Preis im Hinblick auf Gefährdung von Traditionen oder kultureller Eigenständigkeit.

3.4 Theorie der Wachstumspole – Industrialisierung peripherer Regionen

Eine **dezentralisierte Konzentration** auf wenige ausgesuchte Räume abseits der bereits entwickelten Zentren gestützt auf sogenannte **„Leitindustrien"** soll nach der Theorie der Wachstumspole die Voraussetzung dafür bieten, dass das angestrebte Wirtschaftswachstum an Eigendynamik gewinnen und auf benachbarte Regionen überspringen kann **(Spread-Effekt)**. Europäische, japanische und nordamerikanische Unternehmen folgten solchen Entwicklungsansätzen. Sie wurden angelockt von einer entwickelten Infrastruktur, wachsenden heimischen Märkten

Spread-Effekt: erhoffter Ausbreitungseffekt, der von Wachstumspolen oder Innovationszentren ausgeht, zur Peripherie hin tempomäßig abnehmend

und der Nähe zu Standorten der Rohstoffgewinnung; deren Aufbereitung und Verarbeitung war häufig das Ziel.
Die bis Ende der 1990er-Jahre zu beobachtenden Ergebnisse waren wenig überzeugend:

- Ausländische Konzerne orientierten sich mehr an eigenen Weltmarktinteressen als an Entwicklungszielen der einzelnen Entwicklungsländer.
- Die Beschäftigungseffekte waren geringer als erhofft, da die Produktion mithilfe modernster Technologien Voraussetzung für Konkurrenzfähigkeit auf dem Weltmarkt war. Dies stand einer Vielbeschäftigung entgegen.
- Eine Leitindustrie-Ausrichtung entspricht einer industriellen Monostruktur – mit den bekannten Risiken und Folgen bei Absatzproblemen auf dem Weltmarkt.
- Die Entgegennahme von ADI mit der Verpflichtung zur Zurückzahlung hat häufig die Auslandsverschuldung steigen lassen.

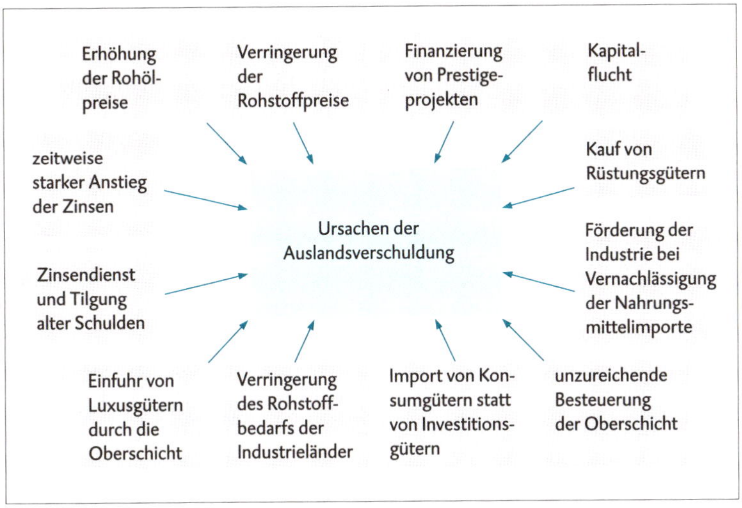

Verschuldung der Entwicklungsländer

3.5 Autozentrierte Entwicklung

Feminisierung der Armut: im Geschlechter-Vergleich ergibt sich bei den ökonomischen und sozialen Indikatoren eine deutliche Benachteiligung der weiblichen Bevölkerung; insofern ist Frauenförderung die Grundvoraussetzung einer nachhaltigen Entwicklung

→ **Good Governance:** vgl. S. 93

Die Vertreter dieser Strategie formulieren als Prämisse für Entwicklung eine Abkopplung des Wirtschaftsgebietes vom Weltmarkt für eine bestimmte Zeit. Nach der Befriedigung der Grundbedürfnisse in einem ersten Schritt solle der behutsame Aufbau einer Industrie stattfinden, die am heimischen Handwerk und Gewerbe anknüpft und möglichst arbeitsintensiv ist. Der Binnenmarkt soll durch Zoll- und Handelsbeschränkungen gesichert werden; Ex- und Import sollen lediglich zur Ergänzung des Binnenmarktangebotes dienen. Als Bedingungen für das Gelingen werden eine Bekämpfung der **„Feminisierung der Armut“** und die Beteiligung der Frauen in politischen Gremien sowie gutes Regierungshandeln **(Good Governance)** genannt.
Kritiker dieses Ansatzes befürchten, dass die Entwicklungszeit hierfür deutlich länger dauert als die zeitgleich ablaufenden globalen Weiterentwicklungen, sodass auf Dauer keine erfolgreiche Integration in das globale Handelsgeschehen stattfinden könne.

3.6 Entwicklungszusammenarbeit und Entwicklungshilfe

Entwicklungszusammenarbeit

Entwicklungshilfe: Zufluss von (Geld-)Mitteln oder personelle Hilfe von nicht-öffentlicher Seite mit dem Ziel, die Lebensverhältnisse in Entwicklungsländern zu verbessern

Entwicklungszusammenarbeit: terminologischer Ausdruck des geänderten Rollenverständnisses zwischen Industrie- und Entwicklungsländern im Zusammenhang mit staatlicher (öffentlicher) Unterstützung

Der Begriff **„Entwicklungshilfe“** ist im politischen Sprachgebrauch ersetzt worden durch **„Entwicklungszusammenarbeit“**. Dies verdeutlicht die gleichwertige Position der jeweiligen Partner (Entwicklungsland einerseits, zwei Staaten, internationale Organisation oder Gruppe von Ländern andererseits). Außerdem wird deutlich gemacht, dass es sich nicht um unentgeltliche Unterstützung handelt.
Im Rahmen **öffentlicher Entwicklungszusammenarbeit** unterstützen Deutschland **(Bundesministerium für Entwicklung und Zusammenarbeit, BMZ)**, die Europäische Union, die Weltbankgruppe oder der Internationale Währungsfonds (IWF) sowie weitere unter dem Dach der UN befindliche Organisationen im Rahmen unterschiedlicher Zielsetzungen und Förderschwerpunkte Staaten bei ihrem Bemühen um Weiterentwicklung. Hierzu zählen u. a. finanzielle und technische Zusammenarbeit oder Nahrungsmittel- und Katastrophenhilfe.

Dimensionen nachhaltiger Entwicklung

Nachdem man bis Ende der 1990er-Jahre die Erfahrung gemacht hatte, dass erfolgreiche Entwicklung nur mithilfe der Beteiligung aller, auch der Armen, stattfinden könne, einigte man sich auf die für Industrie- wie Entwicklungsländer gleichermaßen gültige Maxime der **Nachhaltigkeitsförderung**.

Entwicklungshilfe

Neben der öffentlichen Entwicklungszusammenarbeit kommt der Entwicklungshilfe durch **Nichtregierungsorganisationen (NGOs)** eine wichtige Bedeutung zu. Kirchliche Einrichtungen wie Misereor oder Brot für die Welt, politische Stiftungen der im Bundestag vertretenen Parteien und etwa 100 private Organisationen (z. B. Ärzte ohne Grenzen, Welthungerhilfe) leisten Beiträge zur Lösung von Entwicklungsproblemen mit dem Schwerpunkt der Hilfe zur Selbsthilfe bei der Bekämpfung der Armut. Im Rahmen von **Public-Private-Partnerships** arbeiten Regierungen und Unternehmen aus Industrie- und Entwicklungsländern nach ökonomischen **Win-Win-Prinzipien** zusammen. Zudem soll die Zusammenarbeit als solche den Menschen in den Entwicklungsländern zugutekommen (z. B. Know-how-Transfer, allgemeine Infrastrukturverbesserung). Unter bestimmten Voraussetzungen erhalten sie finanzielle Zuschüsse vom Bundesministerium für wirtschaftliche Zusammenarbeit und Entwicklung.
Die NGOs genießen in den Entwicklungsländern häufig ein hohes Ansehen, da ihnen keine politische Beeinflussungsabsicht unterstellt wird. Daneben stellen private Unternehmen (ADI) und Banken (Kredite) finanzielle Unterstützung zu kapitalmarktüblichen Bedingungen bereit.

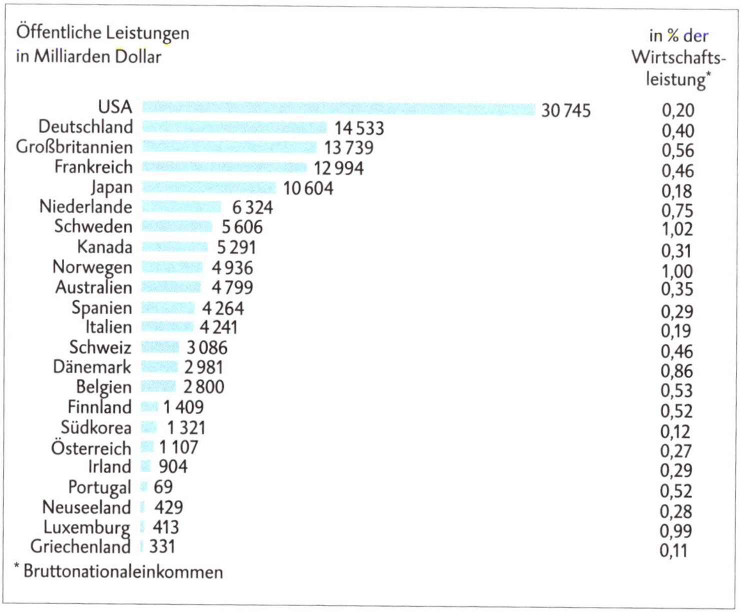

Entwicklungshilfe ausgewählter Länder, Stand 2011

Millenniumsentwicklungsziele 2015 und Zwischenbericht 2012

Im September 2000 kamen die Staats- und Regierungschefs von 189 Ländern zu einem Gipfeltreffen der Vereinten Nationen in New York zusammen. Als Ergebnis ihrer Beratung verabschiedeten sie die Millenniumserklärung, die die **globalen Herausforderungen zu Beginn des 21. Jh.** beschreibt. Acht international vereinbarte Entwicklungsziele wurden in einer Liste zusammengestellt sowie mit 60 konkreten Indikatoren bzw. 21 konkreten Zielvorgaben bis 2015 belegt, den sogenannten **Millenniumsentwicklungszielen**. Die Vereinten Nationen überwachen die Umsetzung der Millenniumserklärung. Der Generalsekretär berichtet der UN-Vollversammlung jedes Jahr im September über die Fortschritte, die erzielt werden konnten.

Die meisten der Millenniumsziele werden bis 2015 nicht erreicht werden können. Gleichwohl ist es wichtig, auf diese Weise der Weltöffentlichkeit die weltweiten Disparitäten konkret vor Augen zu führen, ebenso die globalen Anstrengungen und Teilergebnisse einzelner Länder beim Kampf gegen Armut und Hunger.

Die Zwischenergebnisse des Jahres 2010 haben dazu geführt, dass über eine den Millenniumszielen folgende **Agenda 2015** nachgedacht wird.

Diese soll ebenfalls zum Ziel haben, gerechte Lebensbedingungen auf der Welt zu schaffen.

Neben den in der folgenden Grafik aufgeführten Zielen gibt es noch weitere: Gleichstellung und größeren Einfluss der Frauen fördern; Müttersterblichkeit um drei Viertel senken; HIV/AIDS, Malaria und andere schwere Krankheiten bekämpfen; eine nachhaltige Umwelt gewährleisten; eine globale Partnerschaft im Dienst der Entwicklung schaffen.

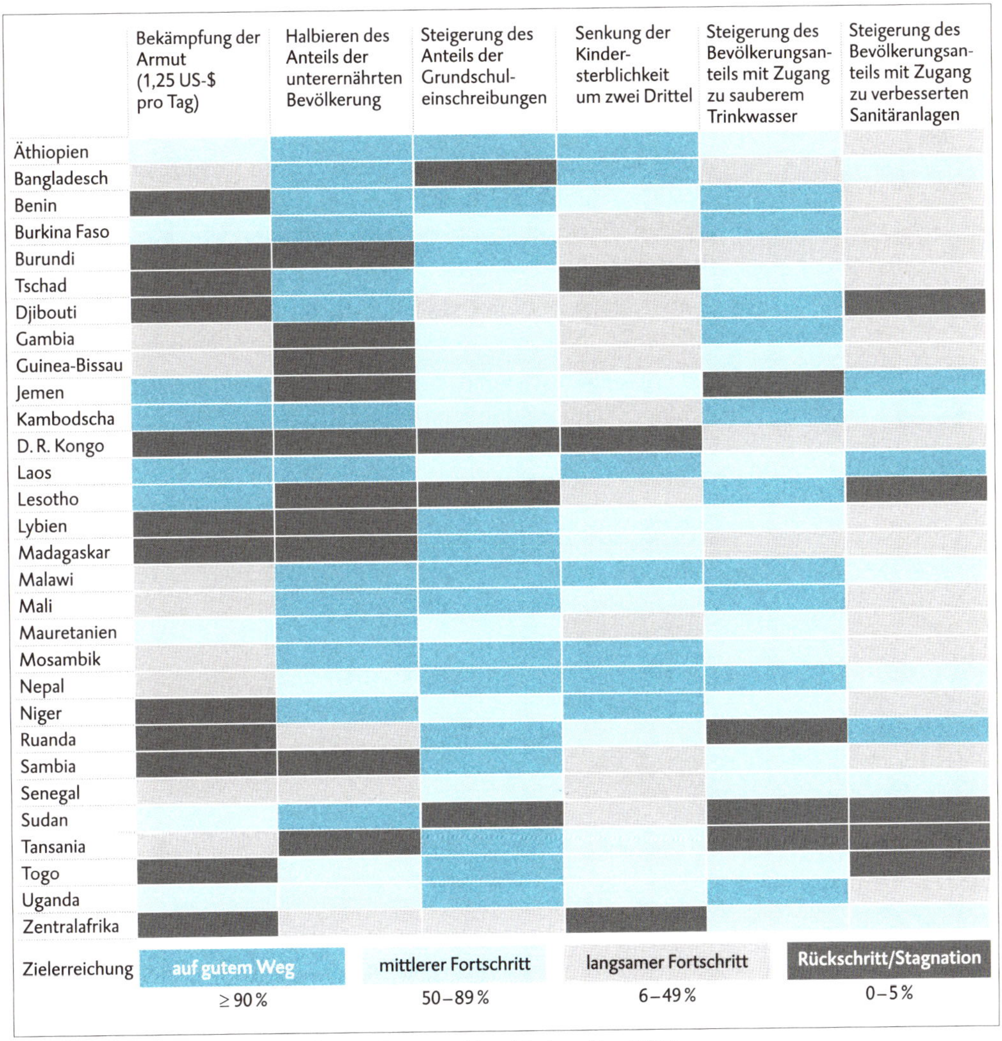

Millennium-Entwicklungsziele: Fortschritt nach ausgewählten Ländern, Stand 2010

Zusammenfassung

- Deutliche globale Unterschiede kennzeichnen zurzeit die „Eine Welt“.
- Der unterschiedliche Entwicklungsstand einzelner Staaten hat jeweils individuelle Gründe, v. a. die Naturausstattung und die geschichtliche Entwicklung.
- Der Entwicklungsgrad eines Landes wird seit 1990 mit dem Human Development Index (HDI) bestimmt.
- Es gibt unterschiedliche theoretische Ansätze zur Erklärung von Entwicklungsunterschieden. Nur im Zusammenspiel ihrer Aussagen ergibt sich eine hinreichende Aussagekraft.
- Entwicklungsstrategien gehen meist auf Entwicklungstheorien zurück. Sie unterscheiden sich hinsichtlich ihres ökonomischen und sozialen Entwicklungsschwerpunkts ebenso wie hinsichtlich der Breite ihrer Zielsetzungen.
- „Entwicklungszusammenarbeit“ hat „Entwicklungshilfe“ als Fachbegriff im 21. Jh. abgelöst. Sie wird geleistet von öffentlichen Trägern.
- Die Millenniumsziele 2015 haben acht wesentliche Zielperspektiven künftiger Entwicklung zum Gegenstand. Bis 2010 konnte nur ein Teil davon erreicht werden, weshalb in der Nachfolge eine „Agenda 2015“ geplant wird.

Stichwortverzeichnis

Quellennachweis

Umschlag:
Umschlagbild: © Antartis/Dreamstime.com; Karte auf vorderer Umschlaginnenseite: © GFZ Deutsches Geoforschungszentrum; Karte auf hinterer Umschlaginnenseite: © UNDP; hdr.undp.org/en/data/map

Kapitel-Auftaktseiten:
1: © Yi Xiang Yeng/istockphoto.com („Horseshoe Bend" des Colorado River im US-Bundesstaat Arizona), © Aketkov/Dreamstime.com (Savica-Wasserfall in Slowenien), © Hugoht/Dreamstime.com (Pilzfelsen „Arbol de piedra" in Bolivien); **17:** © NOAA (Hurrikan Katrina bei größter Stärke am 28. August 2005), © Raysie/Dreamstime.com (Strand und Wolken bei San Felice Circeo, Italien), © Phgphotographe/Dreamstime.com (Wetterstation im Gebirge); **51:** © Dirk Ercken/Dreamstime.com (Brettwurzeln im tropischen Regenwald), © elxeneize/Fotolia.com (Matterhorn), © Hennie Kissling/Fotolia.com (Rotfeuerfisch); **77:** Photo: Øyvind Hagen/Statoil (norwegische Ölplattform Brage), © Asterixvs/Dreamstime.com (Solarzellen), © Radovan Smokon/Dreamstime.com (Braunkohletagebau in der Tschechischen Republik); **113:** Transfair e.V./Foto: C. Nusch (Teepflückerin in Indien), picture alliance/dpa (Getreideernte in Brasilien), © Konstantin32/Dreamstime.com (Reisterrassen in Guangxi, China); **147:** Foto: Carl Zeiss (Montagearbeiten an der Beleuchtung einer Starlith-Optik eines EUV-Systems von Carl Zeiss), @ SilviaJansen/istockphoto.com (Zeche Zollverein, Essen), picture alliance/Zhang lianxun – Image China (chinesische Näherinnen); **167:** © Adveniat (Schuhputzer in Haiti), Deutsche Börse (Handel an der Deutschen Börse, Frankfurt am Main), picture alliance/Roland Weihrauch (DHL-Container); **191:** © panthermedia.net/Erika Utz (Hauptverkehrszeit in Ho-Chi-Minh-Stadt, Vietnam), © Ferguswang/Dreamstime.com (Wüste); @ Mark Bowden/istockphoto.com (Großeltern mit Enkel); **211:** © Typhoonski/Dreamstime.com (Dorf in Bayern), © Netforever/Dreamstime.com (Wolkenkratzer in Moskau), © Nigel Spier/Dreamstime.com (Slum in Delhi, Indien); **249:** © Ryan Beiler/Dreamstime.com (US-amerikanische Einwanderer); © Blue2008/Dreamstime.com (Tourismus am Strand); © Jörg Hackemann/Fotolia.com (Zug in Bewegung); **277:** Rainer Koch (Lidl-Werbung auf Malta), © MC_PP/Fotolia.com (Flughafen-Timetable), © Maersk Line (Containerschiff der Maersk Line); **307**: picture-alliance/ Godong (Mädchen beim Wasserholen), © Elena Elisseeva/ Dreamstime.com (Beregnungsanlage in den USA), © Uptall/Dreamstime.com (Schwebebahn in Shenzhen, China)

Seiten:
4: verändert nach Topinka/USGS/CVO, 1997; **6:** Darstellung nach Rast, H. (1987): Vulkane und Vulkanismus. Stuttgart: Enke-Verlag; **7:** nach USGS; http://pubs.usgs.gov/gip/interior/fig2.gif (Grafik); **11:** Wagenbreth, Otfried: Geologische Streifzüge, 4. Auflage © 2001 Spektrum Akademischer Verlag, Heidelberg; **12:** Michael Lamberty; **14:** aus R. Jätzold: Typische Karstformen in Mitteleuropa, 1976; **19:** Klohn, W./Windhorst, H.-W.: Vechtaer Materialien zur Geographie 5 (Physische Geographie), 2000, S. 15 (unten); **21:** Gesellschaft für Geokommunikation mbH, Köln/Geoagentur Landscape/Martin, Christiane: Lexikon der Geowissenschaften. Bd. 5. 2002, S. 99; © Spektrum Akademischer Verlag, Heidelberg. Spektrum Akademischer Verlag ist ein Imprint von Springer SBM (oben); **22:** Lauer, Wilhelm: Klimatologie. Westermann Schulbuchverlag GmbH, Braunschweig 1993, S. 76 (oben); **23:** Darstellungen nach Heyne Verlag, München (Theoto, G.: Stichwort Klima. 1992, S. 24) (unten links); Jungfer, E./Lambert, K.: Einführung in die Klimatologie. 1995, S. 59 (unten rechts); **24:** Haversath, J.-B.: Geographie heute. Sammelband Wetter und Klima. Seelze/Velber: Friedrich Verlag 2000; **25:** Lauer, W.: Klimatologie. 3. Aufl. Braunschweig: Westermann Verlag 1999, S. 76; **29, 32, 35, 37:** Schulz, C./Hanisch, W.: Geoklima 2.01 für Windows; **33:** Weischet, W.: Einführung in die Allgemeine Klimatologie. Physikalische und meteorologische Grundlagen. 6. überarb. Aufl., unveränderter Nachdruck. © 2002 Stuttgart, Berlin: Gebrüder Bornträger; **34:** Klohn, W./Windhorst, H.-W.: Vechtaer Materialien zur Geographie 5 (Physische Geographie), 2000, S. 211 (oberer Teil); Bendix, J./Lauer, W.: Klimatologie. 2. Aufl. Braunschweig: Westermann Verlag 2004, S. 239 (unterer Teil); **36:** nach Troll, C.: Thermische Klimatypen der Erde. In: Petermanns Geographische Mitteilungen 1943 (a); **38:** Allianz Umweltstiftung; **40:** nach www.learn-line.nrw; www.schule.provinz.bz.it/nikolaus-cusanus/fhwbck/co2.htm; **41:** nach Daten von: Carbon Dioxide Information Analysis Center; **42:** IPCC: Zusammenfassung für politische Entscheidungsträger: Klimaänderung 2007, S. 11; **44:** Darstellung nach Rahmstorf, S. (2007): A semi-empirical approach to projecting future sea-level rise.

Science 315; **45:** nach IPCC: Zusammenfassung für politische Entscheidungsträger: „Klimaänderung 2007“, S. 11; **46:** © Vattenfall (oben); UNFCCC, IEA (unten); **49:** © NASA; http://www.nasa.gov/vision/earth/lookingatearth/ozone_record.html; **55:** © NASA; http://de.wikipedia.org/w/index.php?title=Datei:Northwest_passage.jpg&filetimestamp=20080510000555; **63** (von links nach rechts): © Chris Kruger/Dreamstime.com; © Oleg Znamenskiy/Fotolia.com; © Gorshkov13 – Dreamstime.com; **66:** eigene Darstellung nach Kümmerle, U./v. d. Ruhren, N.: Fundamente Kursthemen Dritte Welt, Entwicklungsräume in den Tropen. Stuttgart: Klett 1990 (unten); **68:** FAO Global Forest Resources Assessment 2010, Main Report; **70 oben:** eigene Darstellung nach http://www.klima-der-erde.de/grafiken/hoehenst.gif (oben); eigene Darstellung nach Lichtenberger, E.: Österreich; 2., völlig neu bearb. Aufl. WBG, Darmstadt 2002, S. 197 (unten); **73, 74:** FAO, The State of World Fisheries and Aquaculture; **75:** Darstellung nach U.S. Geological Survey; **79** Zusammenstellung nach www.mineralienatlas.de (Tabelle); Michael Lamberty (Grafik); **80:** Zusammenstellung nach Kaminske, V. (2010): Bodenschätze – Schätze im Boden? In: PG 4, S. 4 – 6 und www.geo.uni-tuebingen.de/sammlungen/mineralogische-sammlung/inhalt/aufbau-der-erde-und-kreislauf-der-gesteine.html; **82:** OAR/National Undersea Research Program (NURP); NOAA; **83:** Darstellung nach Fundamente, Grundbuch für Sek II, Klett Verlag, 1994, Stuttgart; **85, 88, 89:** © BGR Hannover; **86:** nach IEA World Energy Outlook 2012; **87:** nach Kurzstudie Reserven, Ressourcen und Verfügbarkeit von Energierohstoffen des BGR 2006 und Center for Security Studies (CSS), ETH Zürich; **90:** Sachverständigenrat für Umweltfragen/SRU, http://www.umweltrat.de/SharedDocs/Downloads/DE/01_Umweltgutachten/2012_Umweltgutachten_Kap_02.pdf;jsessionid=B5F16828B232252128FAC7B4174DDC16.1_cid137?__blob=publicationFile); **91:** © DBREV; **92:** HWWI 2012; **94:** Bundesumweltministerium/BMU, www.bmu.de/files/pdfs/allgemein/application/pdf/ee_innovationen_energiezukunft_bf.pdf; **95:** nach REN21, 2012 Renewable 2012 Global Status Report; Daten von IEA, BP, REN21; **97:** nach Desertec; **98:** Global Wind Statistics 2011, GWEC, 2012; **99:** GFZ Deutsches Geoforschungszentrum; **100:** © Statistisches Bundesamt Wiesbaden 2011; **101:** eigene Berechnung nach ÖKO-Test Spezial Umwelt und Energie 2008, S. 93; **103:** Darstellung nach Engelman, R./LeRoy, P.: Mensch, Wasser! Die Bevölkerungsentwicklung und die Zukunft der erneuerbaren Wasservorräte. Hg. von der Stiftung Weltbevölkerung. Hannover: Balance-Verlag 1995; Datengrundlage: UN World Water Development Report; **104 oben:** Igor Shiklomanov; SHI/UNESCO World Water Resources and their use, 1999; **104:** UNESCO Weltwasserbericht 4/2012; Bd.1, S. 47 (unten); **106:** Philippe Recacewicz, UNEP/GRID-Arendal; **107:** DGVN; www.menschliche-entwicklung-staerken.de (oben); nach Daten von Deutsche Bank Research (unten); **109:** © dpa/picture alliance; **110:** © WWF; **118:** nach H.-U. Bender u.a., Fundamente Landschaftszonen, Stuttgart: Klett 1986, S. 70, verändert; **119:** Philippe Rekacewicz, UNEP/GRID-Arendal, Stand 2005; **120:** nach Klohn, W./Voth, A. (2010): Agrargeographie. Darmstadt: Wissenschaftliche Buchgesellschaft, S. 20; **121:** IAASTD/UNEP/GRID-Arendal, K. Berger; **123, 127, 129:** Arnold, A. (1997): Allgemeine Agrargeographie. Gotha, Stuttgart: Klett-Perthes; **125:** nach www.welthungerhilfe.ch; **126, 132, 137:** Situationsbericht 2011/12 des Deutschen Bauernverbandes; **129/130:** Arnold, A.: Allgemeine Agrargeographie. Gotha/Stuttgart: Klett-Perthes, 1997, S. 120 (Karte); eigene Zusammenstellung auf der Basis von Arnold, A.: Allgemeine Agrargeographie. Gotha/Stuttgart: Klett-Perthes, 1997 (Tabelle); **135:** © Branex/Dreamstime.com; **139:** FAO Statistical Yearbook 2012, S. 313; **141:** © Snyderdf/Dreamstime.com; **145:** Darstellung nach: FiBL-IFOAM Survey 2012; **149:** Schätzl, L.: Wirtschaftsgeographie 1, Theorie. Paderborn: Schöningh 2003, S. 40–42 (unten); **152** © Statistisches Bundesamt, Wiesbaden 2012 (Tabelle oben); zusammengestellt nach Bibliographisches Institut Mannheim (Hg.): Meyers Kontinente und Meere. Europa Bd. 1 Mannheim/Wien/Zürich 1971. S. 262; Bundesministerium für innerdeutsche Beziehungen (Hg.): DDR-Handbuch. 2. Aufl. Köln 1979. S. 1180; Der Fischer-Weltalmanach (Tabelle unten); **156:** nach Daten von UNCATD und Berechnungen von Ewgeniy Narodetski, Examensarbeit Universität Hamburg; **158:** Infraserve GmbH & Co. Hoechst AG; **159:** Darstellung nach Kulke, E.: Räumliche Aspekte der wirtschaftlichen Globalisierung. In Geographie und Schule 122, 199, S. 12, hg. vom Aulis Verlag in der Stark Verlagsgesellschaft; **161:** nach Daten von CIA World Fact Book und www.csa.gov (Tabelle); **163:** Toyota Produktionssystem nach: www.vpk-engineering.de; **169:** aus Der neue Fischer Weltalmanach 2013. Zahlen Daten Fakten. © S. Fischer Verlag GmbH. Frankfurt am Main 2012 (Tabelle oben); © Statistisches Bundesamt, Wiesbaden 2012 (Grafik unten); **170**: Leo A. Nefiodov: Der fünfte Kondratieff: Strategien zum Strukturwandel in Wirtschaft und Gesellschaft. Betriebswirtschaftlicher Verlag Dr. Th. Gabler 1991 (Tabelle oben); Zusammenstellung nach Fischer Weltalmanach 1982, 1994 und CIA World Fact Book 2011 (Grafik unten); **171:** aktualisierte Version nach Fourastié, J.: Le Grand Espoir du XXe siècle. Progrès technique, progrès économique, progrès social. Presses Universitaires de France, Paris 1949 (Grafik links); aktualisiert nach Kulke, E. (Hg.): Wirtschaftsgeographie Deutschlands. Gotha: Klett Perthes (Grafik rechts); **172:** verändert nach Nefiodow, Leo. A., Der sechste Kondratieff – die großen Märkte des 21. Jahrhunderts. In: Thomas, Hans und Nefiodow, Leo. A. (Hg.), Kondratieffs Zyklen der Wirtschaft. Herford: Verlag Busse Seewald GmbH 1998, S. 156; **173:** verändert nach Kulke, E. (Hg.): Wirtschaftsgeographie Deutschlands. Gotha: Klett Perthes; **174:** zusammengesellt nach Daten aus Paul-Nowak, J./Stoll, R., http://doku.iab.de/forschungsbericht/2008/fb0808.pdf; **175:** © oro2011/Fotolia.com (Foto unten); **176:** © Jonas Panten/Fotolia.com; **177:** © Statistisches Bundesamt, Wiesbaden 2012; **178:** © picture alliance/ZB/euroluftbild.de; **179:** © Statistisches Bundesamt, Wiesbaden 2012 (Tabelle); **181:** Darstellung nach Taaffee, E.J./Morrill, R.L./Gould, P.R: Transport Expansion in Underdeveloped Countries: A Comparative Analysis. In: The Geographical Review 3 (1963), p. 504 (oben); ProgTrans World Transport Reports 2010/2011, Basel 2010, Datenverwendung mit freundlicher Genehmigung der ProgTrans AG 2012 (unten); **182:** Busse, M.: HWWA Discussion Paper Nr. 116. BDI: Außenwirtschafts-Report 04/2002. CC- by-nc-nd/3.0/de. Bundeszentrale für politische Bildung (2009): http://www. bpb.de/files/YFCXFT.pdf, ergänzt nach Daten von UNCTAD (Grafik); **184:** Kaluza et al., J.R. Soc. Interface 7: 1093–1103 (2010), mit freundlicher Genehmigung von Bernd Blasius (Karte); nach www.worldshipping.org (Tabelle); **185:** Flughafenverband ADV; **186:** EU-Kommission, Stand: Juni 2011 (Grafik); nach Daten von LITRA Schweiz (Tabelle); **188:** Weltbank 2012; **192, 193:** nach Daten von www.prb.org (Grafik und Tabellen); **194:** Darstellung nach Witthauer, K: Quantitative Veränderungen der Bevölkerungsdynamik. In: Petermanns Geographische Mitteilungen 123/1979; aktualisiert mithilfe von 2011 World Population Sheet, PRB; **197:** Wehrhahn, R./Sandner Le Gall, V.: Bevölkerungsgeographie. WBG, Darmstadt, 2011; **199:** Daten nach International Labour Organization; **201/202:** nach Daten von 2011 World Population Data Sheet; www.prb.org; **204:** nach Daten von Statistisches Bundesamt, Wiesbaden 2009; **205:** © Statistisches Bundesamt, Wiesbaden 2012; **206:** United Nations, Department of Economic and Social Affairs, Population Division (2011): World Population Prospects: The 2010 Revision. New York; **207:** nach Daten von United Nations, Department of Economic and Social Affairs, Population Division (2011): World Population Prospects: The 2010 Revision. New York; **208:** © Eurostat; **209:** ullstein bild – Lineair/Sean Sprague; **212:** ullstein bild/Imagebroker.net; **213:** Zusammenstellung nach Krause, Ch.L./Klöppel, D.: Landschaftsbild in der Eingriffsregelung (Angewandte Landschaftsökologie H. 8; hg. vom Bundesamt für Naturschutz; Bonn/Bad Godesberg 1996; **214:** Borsdorf, A./Bender, O.: Allgemeine Siedlungsgeographie, Wien 2012, S. 321 (Info-Kasten); **216:** © Anizza/Dreamstime.com; **217** (von links nach rechts): © Eyewave/Dreamstime.com; © Hiro-1775/Dreamstime.com; © Kris Vandereycken/Dreamstime.com; **218:** bearbeitet nach TERRA global – Das Jahrtausend der Städte. Stuttgart: Klett Verlag; **219:** ullstein bild/dpa; **221:** nach Daten des Statistischen Bundesamtes Wiesbaden, 2009; Bevölkerung Deutschlands bis 2060. 12. koordinierte Bevölkerungsvorausberechnung; **222:** Heinz Schickora; **223:** Daniel Schoenen, Freiburg (Foto); **224:** Heineberg, H.: Stadtgeographie. Paderborn 2006, S. 133; **225:** Darstellung nach BBSR 1997; **227**: eigene Darstellung nach Stewig, R.: Die Stadt in Industrie- und Entwicklungsländern. Paderborn: Schöningh, 1983; **228:** © Ron Chapple Studios/Dreamstime.com; **229:** © Gepapix/Dreamstime.com; **230:** nach Dangschat, J. in Gentrification: die Aufwertung innenstadtnaher Wohnviertel, 1990; **231:** Hahn, R. USA. Perthes Länderprofile, Klett Perthes 2002, S. 44; **233:** © Edyta Pawlowska/Dreamstime.com; **234:** Borsdorf, A., Institut für Geographie der Universität Innsbruck; **236:** © Jvdwolf/Dreamstime.com; **237:** nach Ehlers, E.: Die Stadt des Islamischen Orients. Modell und Wirklichkeit. In: GR 45, H. 1/1993, S. 32 – 39; **238**: nach Daten von 2012 World Population Sheet, www.prb.org; **239:** UN/DESA: World Population Prospects: The 2003/2004/ 2007/2010 Revision (unten); **241:** Stewig, R.: Die Stadt in Industrie- und Entwicklungsländern. Paderborn: Schöningh 1983, S. 233; **243:** nach BBSR Bonn 2011; Datenbasis: Laufende Raumbetrachtung des BBSR, geometrische Grundlage: BKG, Kreise, 31. 12. 2009; **245:** Darstellung nach Schätzl, L.: Wirtschaftsgeographie 1, Paderborn 1988, S. 34; **251:** Kortum, G.: Räumliche Aspekte ausgewählter Theorieansätze zur regionalen Mobilität und Möglichkeiten ihrer Anwendung in der wirtschafts- und sozialhistorischen Forschung. In: Brockstedt, J.: Regionale Mobilität in Schleswig-Holstein 1600–1900. Neumünster 1979, S. 13 – 40; **253:** nach Daten BBSR 2012; **254:** Chrispin, J./Jegede, F.: Population, Resources and Development. Collins Educational, übersetzt und verändert; **255:** © Bundesagentur für Arbeit; **256:** Grafik/Berechnung: © Bundesinstitut für Bevölkerungsforschung; Daten: Statistisches Bundesamt, Wiesbaden, 2011 (Diagramm); © Statistisches Bundesamt, Wiesbaden 2012 (Tabelle); **257, 258:** © Eurostat; **259:** Atlas der Globalisierung, 2. Aufl. 2010; Le Monde Diplomatique/TAZ, S. 17; **260:** © dpa/picture alliance (Foto); nach Daten von UNHCR, Global Trends 2011 (Karte); **261:** nach Voss, F.: Inventur natürlicher Ressourcen und Transmigration in Ost-Borneo, in: GR 41/1989, S. 414–422; **262:** © Statistisches Bundesamt, Wiesbaden 2009; **264:** © Statistisches Bundesamt, Wiesbaden 2009 (Diagramm); Initiative Neue Soziale Marktwirtschaft (Tabelle); **265**: BBR 2008; **266:** nach Daten der Bundesagentur für Arbeit, aufbereitet durch die LASA Brandenburg GmbH (Diagramm); © Transport for London (Schild); **268:** UNWTO 2001, 2010; **269:** nach Daten des World Travel & Tourism Council 2012 (Tabelle); **271:** Vorlaufer, K.: Tourismus in Entwicklungsländern. Darmstadt: Wissenschaftliche Buchgesellschaft 1996; **274:** © svedoliver/Fotolia.com; **278:** Thomas Plaßmann; **279:** nach Daten von www.internetworldstats.com; **280:** UNCTAD 2012 (Tabelle); © Hans-Heinrich Rieser 1994 (Foto); **281:** Koch, M./Eggert, K.: Handelsblatt macht Schule: Globalisierung. Hg. Handelsblatt; **282:** IWF 2012; **283:** © Statistisches Bundesamt, Wiesbaden, 2008; **285:** Weltbank 2012 (Tabelle oben); WTO 2012 (Tabelle unten); **286:** nach picture-alliance/dpa-infografik; **287:** aktualisierte Darstellung nach Engelhard, K. (Hg.): Welt im Wandel. Omnia-Verlag Stuttgart, 2007, S. 5; **291:** IWF 2012; **292:** eigene Zusammenstellung nach Büttner/Müller/Raab: Abitur-Wissen Europa, Aufl. 2006, S. 71; **293:** nach Daten von www.kohlestatistik.de; **294:** aus

Der neue Fischer Weltalmanach 2013, Zahlen – Daten – Fakten. © S. Fischer Verlag GmbH. Frankfurt/Main 2012; **295:** © Eurostat © Euro Geographics Association; **298:** © IFL 2006; Kartographie: R. Bräuer, A. Müller; **299:** Darstellung nach Werner, F.: Zur wirtschaftsräumlichen Struktur Osteuropas. Berliner Osteuropa Info Nr. 14, S. 16–18; **300:** Darstellung nach Prof. Kunzmann, K.; in: Kleine Atlas van de Metropool Ruhr, RVR Essen 2011, S. 16; **301:** nach Ökonomie AG, Heinrich-Heine-Gymnasium Ostfildern (Grafik); **303:** alle Rechte Transfair e.V. (Logo); **308:** nach Daten von World Bank, Global Economic Prospects 2006, S. 9; **311:** Horst Haitzinger, München; **313:** nach Daten von CIA World Fact Book; **314:** aus Der neue Fischer Weltalmanach 2013. Zahlen Daten Fakten. © S. Fischer Verlag GmbH. Frankfurt/Main 2012; **315:** UNESCO Institute for Statistics: Adult and Youth Literacy: Global Trends in Gender Parity. UIS Fact Sheet, September 2010, No. 2; **316:** Andersen, U.: Entwicklung und Entwicklungspolitik. Informationen zur politischen Bildung H. 286, Bonn 2005, S. 18; **317/318:** nach Weltbank, Weltentwicklungsbericht 1991, S. XII; **325:** von der Ruhren, N.: Entwicklungsländer. In: Geographie und Schule H. 185/2010, hg. vom Aulis Verlag in der Stark Verlagsgesellschaft mbH & Co. KG; **326:** OECD; **327:** Darstellung nach Lohnert, B./Wegener, M. in Geographische Rundschau 11/2012; Datengrundlage: United Nations Statistics Division, MDG indicators database, June 2010

Der Verlag hat sich bemüht, die Urheber der in diesem Werk abgedruckten Abbildungen ausfindig zu machen.
Wo dies nicht gelungen ist, bitten wir diese, sich gegebenenfalls an den Verlag zu wenden.

Ihre Meinung ist uns wichtig!

Ihre Anregungen sind uns immer willkommen. Bitte informieren Sie uns mit diesem Schein über Ihre Verbesserungsvorschläge!

Titel-Nr.	Seite	Vorschlag

Bitte hier abtrennen

Lernen • Wissen • Zukunft
STARK

Zutreffendes bitte ankreuzen!

Die Absenderin/der Absender ist:

- ☐ Lehrer/in in den Klassenstufen: ______
- ☐ Fachbetreuer/in
  Fächer: ______
- ☐ Seminarlehrer/in
  Fächer: ______
- ☐ Regierungsfachberater/in
  Fächer: ______
- ☐ Oberstufenbetreuer/in
- ☐ Schulleiter/in
- ☐ Referendar/in, Termin 2. Staats-
  examen: ______
- ☐ Leiter/in Lehrerbibliothek
- ☐ Leiter/in Schülerbibliothek
- ☐ Sekretariat
- ☐ Eltern
- ☐ Schüler/in, Klasse: ______
- ☐ Sonstiges: ______

Unterrichtsfächer: (Bei Lehrkräften!)

______

STARK Verlag
Postfach 1852
85318 Freising

22_V1T_14901
Bitte ausfüllen und im frankierten Umschlag an uns einsenden. Für Fensterkuverts geeignet.

Kennen Sie Ihre Kundennummer?
Bitte hier eintragen.

Absender (Bitte in Druckbuchstaben!)

Name/Vorname ______

Straße/Nr. ______

PLZ/Ort/Ortsteil ______

Telefon privat ______ Geburtsjahr ______

E-Mail ______

Schule/Schulstempel (Bitte immer angeben!)

Bitte hier abtrennen